# 电气控制
# 与PLC应用

## 第三版

巫 莉 主 编

黄江峰 副主编

罗建君 梁远博 参 编

中国电力出版社
CHINA ELECTRIC POWER PRESS

## 内 容 提 要

本书以项目集思政教育为主线，内容包括三相异步电动机的继电器—接触器控制、楼宇常用设备电气控制、将继电器—接触器控制系统改造为 PLC 控制系统、PLC 与变频器在电梯控制中的综合应用，以及 PLC 与变频器、触摸屏在建筑设备节能控制中的综合应用及各项目对应的实训项目，展现了电气控制技术的发展。五个项目层层递进，每个项目都配有项目背景、教学目标、课程思政育人教学设计。项目中基于实际工程的工作任务，由简单到复杂、由单一到综合，突出职业教育和课程思政教育的特点。

本书适用于职业院校相关专业的教学，可为高校课程思政建设工作提供参考、借鉴，也可供技术培训及在职技术人员、广大初中级电工自学使用。

**图书在版编目（CIP）数据**

电气控制与 PLC 应用/巫莉主编. —3 版. —北京：中国电力出版社，2022.8（2024.1 重印）
ISBN 978-7-5198-6803-1

Ⅰ. ①电… Ⅱ. ①巫… Ⅲ. ①电气控制②PLC 技术 Ⅳ. ①TM571.2②TM571.6

中国版本图书馆 CIP 数据核字（2022）第 088106 号

---

出版发行：中国电力出版社
地　　址：北京市东城区北京站西街 19 号（邮政编码 100005）
网　　址：http://www.cepp.sgcc.com.cn
责任编辑：王杏芸（010-63412394）
责任校对：黄　蓓　郝军燕　李　楠
装帧设计：赵姗姗
责任印制：杨晓东

---

印　　刷：三河市航远印刷有限公司
版　　次：2008 年 5 月第一版　2022 年 8 月第三版
印　　次：2024 年 1 月北京第十五次印刷
开　　本：787 毫米×1092 毫米　16 开本
印　　张：22.25
字　　数：513 千字
定　　价：69.00 元

---

# 前　言

随着科学技术的发展，电气控制与 PLC 应用技术在各个领域的应用越来越广泛，我们国家正在从制造大国向制造强国转变，掌握电气控制与 PLC 应用技术对提高我国工业自动化水平和生产效率具有重要的意义。

为了落实立德树人根本任务，培养德智体美劳全面发展的社会主义建设者和接班人，将课程思政建设落到实处，编者在第二版的基础上，深入挖掘《电气控制与 PLC 应用》课程所蕴含的思政教育资源，坚持理论与实践相结合，在讲解典型项目的同时，嵌入与知识相关的思政要素，本书是广东省 2008 年省级精品课程、2013 年省级精品资源共享课程和 2019 年国家级建筑设备工程技术专业教学资源库的标准化课程《电气控制与 PLC 应用》的配套教材。

本书有以下特色：

（1）本书以项目集思政教育为主线，引导学生学习科学知识、培育科学精神、掌握思维方法。本书包括五个项目和二十二个实训，重要项目和实训录制了视频，采用二维码的形式读者通过扫码可观看视频。本书在写作上由简单到复杂、由单一到综合，遵循适用、应用的原则，突出职业教育和课程思政的特点。每个项目配有项目背景、教学目标（包括知识目标、技能目标、思政育人目标）、课程思政育人教学设计，进行价值引领与知识传授的融通。

（2）运用二维码技术打造立体化教材，让教材与课堂教学有机地结合，方便教与学。

（3）本书打破大篇幅文字说明的传统编写方法，利用现代计算机 Flash 动画技术，将所制作的 Flash 动画课件以图解的方式展现在教材中，"静"中有"动"，使读者通过教材的阅读就可以达到观看动画课件的效果，非常有利于读者自学。

①本书采用阴影和元件触头断开、闭合的变化图解 Flash 动画课件，通过有无阴影的变化，"动态"地展示了电路中"有电"和"无电"，元件的"通

电"和"断电",即当元件涂上阴影则表示"有电"或"通电",当元件的阴影消失则表示"无电"或"断电"。

②对电路中开关的状态、电路中电流的状态、控制电器的工作状态进行动画复现,通过动画的图解演示,大大提高了读者对于控制电路的理解能力。

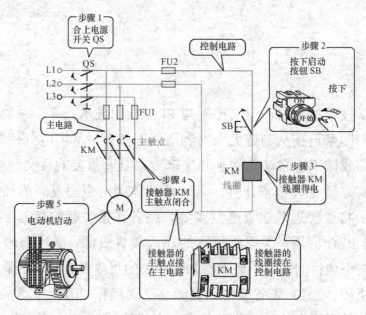

Flash 动画课件的图解(图解点动正转控制线路)

③以"动态"的图解方式展现控制线路的工作状态(或 PLC 程序的运行状态)与被控对象的动作,与软件仿真的效果相媲美,有效地解决了学生学习中的"难点"。

④以"动态"的图解方式将 Flash 动画课件中 PLC 的输入设备的动作、PLC 的工作原理、PLC 程序的运行状态、PLC 输出设备的动作展现出来,直观地反映了 PLC 控制系统与继电器—接触器控制系统的不同之处,达到了软件仿真的效果,提高了学生(读者)对于 PLC 程序的理解能力,大大降低了学生的学习难度。

本书适用于职业院校相关专业的教学,为高校课程思政建设工作提供参考、借鉴,也可供技术培训及在职技术人员、广大初中级电工自学使用。

本书由广东建设职业技术学院巫莉担任主编,黄江峰任副主编,罗建君、梁远博参编。巫莉编写了项目一的八个任务、项目二的任务及实训项目、项目三的任务一、任务二、任务三及实训项目、项目四的任务二及实训项目,巫莉、罗建君共同编写项目一的实训项目,巫莉、黄江峰共同编写项目四的任务一、项目五，广东工业大学的梁远博编写项目五的实训项目，巫莉、梁远博共同编写项目三的任务四、项目三和项目四的实训项目，巫莉制作项目一、项目二、项目三任务一～任务三、项目四的二维码资源，巫莉、梁远博共同制作项目三任务四的二维码资源。

　　本书在编写过程中，参考了有关文献和教材，在此感谢本书所列参考文献的作者，限于编者水平，书中难免有错漏之处，恳请各位读者及同行专家批评指正。

编　者

2022 年 8 月

# 前　言

## 第二版

　　随着科学技术的发展，电气控制与 PLC 应用技术在各个领域得到越来越广泛的应用。本书图文并茂、通俗易懂、内容丰富，第一版多次重印，受到了广大院校师生和读者的好评。为了满足广大院校师生和不同层次读者的多种需求，对本书进行了修订和完善工作，保持了第一版图书的体系结构，完善了本书配套的网络课件和动画课件，并增添了 PPT 课件。

　　本书有以下特色：

　　（1）本书遵循适用、应用的原则，在编写上力求做到由浅入深，以电气控制和 PLC 应用能力培养为根本出发点，突出职业教育特点；在内容编排上，前后内容相互呼应。前一部分以电气控制线路为主线，将知识相互穿插讲解，达到即学即用的目的；后一部分以 PLC 应用为主线，首先运用 PLC 技术对前面所介绍的继电器—接触器控制进行改造；最后列举了 PLC、变频器、触摸屏综合应用的实例，体现了 PLC 控制的先进性及其与当今电气控制领域的新器件综合应用的实力。

　　（2）本书打破大篇幅文字说明的传统编写方法，利用现代计算机 Flash 动画技术，将所制作的 Flash 动画课件以图解的方式展现在教材中，"静"中有"动"，使读者通过教材的阅读就可以达到观看动画课件的效果，非常有利于读者自学。

　　1）本书采用黑色和蓝色两种颜色图解 Flash 动画课件，运用色彩的变化，"动态"地展示了电路中的"有电"和"无电"，元件的"通电"和"断电"，即当电路或元件变为蓝色则表示"有电"或"通电"，当电路或元件变为黑色则表示"无电"或"断电"。

　　2）对电路中开关的状态、电路中电流的状态、控制电器的工作状态进行动画复现，通过动画的图解演示，大大提高了读者对于控制电路的理解能力，如下图所示。

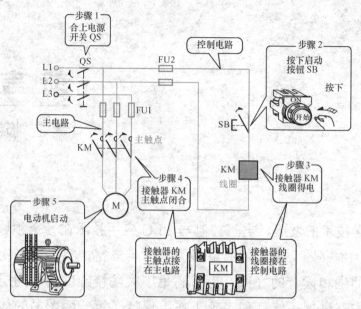

Flash 动画课件的图解（点动正转控制电路的动作示意图）

3）以"动态"的图解方式展现控制电路的工作状态（或 PLC 程序的运行状态）与被控对象的动作，与软件仿真的效果相媲美，有效地解决了读者学习中的"难点"。

4）以"动态"的图解方式将 Flash 动画课件中 PLC 的输入设备的动作、PLC 的工作原理、PLC 程序的运行状态、PLC 输出设备的动作展现出来，直观地反映了 PLC 控制系统与继电器—接触器控制系统的不同之处，达到了软件仿真的效果，提高了读者对于 PLC 程序的理解能力，大大降低了读者的学习难度。

本书适用于职业院校相关专业的教学，也可供技术培训及在职技术人员、广大初中级电工自学使用。

本书由广东建设职业技术学院巫莉担任主编，并编写了第一～七章、第十、十一章实训项目 2 及附录，黄江峰、巫莉共同编写了第八章，黄江峰编写了第九章，罗建君编写了第十一章实训项目 1，同时，庄一鸣、巫萍、涂阳文、邹导夫、吴小涛、巫天华、黎玉华等在本书的编写过程中也付出了辛勤的劳动，在此感谢他们。

本书在编写过程中，参考了有关文献和教材，在此感谢本书所列参考文献的作者，限于作者水平，书中难免有错漏之处，恳请各位读者及同行专家批评指正。

编　者

2010 年 8 月

# 前 言

第 一 版

随着科学技术的发展，电气控制与 PLC 应用技术在各个领域的应用越来越广泛。PLC（可编程序控制器）是在传统的继电器—接触器控制基础上发展起来的，它是以微机技术为核心的通用工业控制装置，它将继电器—接触器控制技术与计算机技术和通信技术融为一体，具有功能强大、环境适应性好、编程简单、使用方便等优点，掌握电气控制与 PLC 应用技术对提高我国工业自动化水平和生产效率具有重要的意义。

本书包括十一章，第一章重点讲述三相异步电动机的工作原理、结构和特性。第二章介绍了常用的低压电器和电动机的启动、反转、调速、制动的方法及其控制电路。第三章主要介绍楼宇设备的电气控制，包括生活给水排水系统、消防给水控制系统和中央空调装置的电气控制。第四～七章以三菱 $FX_{2N}$ 系列 PLC 为对象，对 PLC 的由来、发展、构成、工作原理及其接线做了详细说明，并对其编程元件、基本指令、步进指令和常见编程方法（如经验法、状态编程方法）做了系统、详细的介绍。第八、九章分别介绍了常用的应用指令和模拟量控制，并列举了许多编程实例，通俗易懂。第十章概述了 PLC、变频器、触摸屏的使用，并列举了 PLC、变频器、触摸屏综合应用的实例，如彩灯控制、电梯控制、恒压供水系统的控制及中央空调节能改造系统的控制等。最后一章安排了与理论知识相呼应的实训内容，加强理论与实践的结合。

本书特色如下：

（1）本书遵循适用、应用的原则，在编写上力求做到由浅入深，以电气控制和 PLC 应用能力培养为根本出发点；在内容编排上，前后内容相互呼应，前一部分以电气控制电路为主线，将知识相互穿插讲解，达到即学即用的目的；后一部分以 PLC 应用为主线，利用 PLC 技术对前面所介绍的继电器—接触器控制进行改造，并列举了 PLC、变频器、触摸屏综合应用的实例，体现了 PLC 控制的先进性及其与当今电气控制领域的新器件综合应用的实力。

（2）本书以大量的实例为载体，运用图解的方法，以图为主，以文为辅。对电气控制电路、梯形图都添加注解说明，并用电路工作过程图与电气元件和编程元件动作顺序相结合的方法来说明电气控制电路和 PLC 的控制过程。

本书图文并茂，通俗易懂，内容丰富，分析详细、清晰。读者通过本书的学习，可以尽快地、全面地掌握电气控制和 PLC 应用技术。本书适用于职业院校相关专业的教学，也可供技术培训及在职技术人员、广大初中级电工自学使用。

本书由广东建设职业技术学院巫莉担任主编，并编写了第一～七章、第十章、第十一章实训项目 2 及附录，黄江峰编写了第九章，第八章由黄江峰、巫莉共同编写，罗建君编写第十一章实训项目 1，同时，庄一鸣、巫萍、涂阳文、邹导夫、吴小涛、巫天华、黎玉华等在本书的编写过程中也付出了辛勤的劳动，在此感谢他们。

本书在编写过程中，参考了有关文献和教材，在此感谢本书所列参考文献的作者，限于编者水平，书中难免有错漏之处，恳请各位读者及同行专家批评指正。

编　者

2008 年 1 月

# 目 录

第 三 版

前言
第二版前言
第一版前言

## 项目一 三相异步电动机的继电器—接触器控制 ·················1

### 项目背景、目标及思政育人教学设计 ·················1

一、项目背景 ·················1

二、教学目标和思政育人教学设计 ·················1

任务一 电动机的正确使用 ·················5

一、三相异步电动机的结构 ·················5

二、三相异步电动机的工作原理 ·················9

三、三相异步电动机的工作特性 ·················12

实训项目 三相异步电动机实训 ·················15

习题 ·················17

任务二 三相异步电动机的正转控制 ·················18

一、常用低压电器概述 ·················18

二、配电电器 ·················22

三、控制电器 ·················28

四、热继电器 ·················35

五、三相异步电动机的单向直接启动控制 ·················37

实训项目 三相异步电动机的点动正转控制线路的安装 ·················46

实训项目 三相异步电动机连续运行控制线路的安装 ·················48

习题 ·················50

任务三 三相异步电动机的正反转控制 ·················51

一、三相异步电动机的正反转控制原理 ·············································51

二、三相异步电动机正反转控制的安全措施 ·································52

三、接触器联锁的正反转控制电路的工作原理分析 ·············54

四、按钮联锁的正反转控制电路 ·················································55

五、按钮、接触器双重联锁的正反转控制电路 ·····················58

**实训项目** 三相异步电动机的正反转控制线路的安装 ·······60

习题 ·······································································································62

**任务四 自动往返控制** ··································································62

一、位置开关（文字符号 SQ） ···················································62

二、自动往返控制线路 ·······························································64

**实训项目** 自动往返控制线路的安装 ·······························68

习题 ·······································································································69

**任务五 顺序控制和多地控制** ·················································70

一、顺序控制 ················································································70

二、两（多）地控制 ····································································73

**实训项目** 电动机顺启逆停控制线路的安装 ···················73

习题 ·······································································································75

**任务六 三相异步电动机降压启动控制** ································75

一、电磁式继电器 ········································································76

二、时间继电器（文字符号 KT） ··············································78

三、三相异步电动机降压启动控制电路 ·····································80

**实训项目** Ｙ—△降压启动控制线路的安装 ·······················86

习题 ·······································································································88

**任务七 三相异步电动机的制动控制** ····································89

一、速度继电器 ············································································89

二、三相异步电动机的制动控制电路 ·········································90

习题 ·······································································································95

**任务八 三相异步电动机的调速控制** ····································95

一、变极调速 ················································································95

二、变转差率调速 ········································································97

三、变频调速 ················································································97

习题 ·······································································································99

## 项目二　楼宇常用设备电气控制 ························100

### 项目背景、目标及课程思政育人教学设计 ···········100

一、项目背景和内容 ····································100

二、项目的教学目标和思政育人教学设计 ···········100

### 任务一　生活给水排水系统的电气控制 ···············102

一、万能转换开关（文字符号 SA） ·················102

二、水位开关 ·········································102

三、生活给水排水系统的电气控制 ··················104

四、识读复杂电气图的步骤和方法 ··················114

**实训项目**　小功率生活水泵电动机控制线路的安装 ···117

习题 ·················································118

### 任务二　消防给水控制系统 ··························118

一、室内消火栓灭火系统 ····························119

二、湿式自动喷水灭火系统 ··························125

**实训项目**　自动喷水灭火系统消防泵电气控制线路的安装 ···129

习题 ·················································130

## 项目三　将继电器—接触器控制系统改造为 PLC 控制系统 ···131

### 项目背景、目标及课程思政育人教学设计 ···········131

一、项目背景和内容 ····································131

二、项目的教学目标和课程思政育人教学设计 ·······131

### 任务一　三相异步电动机单向运转的 PLC 控制 ·······134

一、PLC 概述 ········································134

二、PLC 的构成 ·····································140

三、$FX_{2N}$ 系列 PLC 的系统配置 ·················146

四、PLC 的工作原理 ································149

五、GX Developer 编程软件的使用 ···············158

**实训项目**　将货物升降机上升的继电器—接触器控制改造为 PLC 控制系统···163

习题 ·················································165

### 任务二　三相异步电动机循环正反转的 PLC 控制 ·····165

一、$FX_{2N}$ 系列 PLC 的编程元件 ················165

二、$FX_{2N}$ 系列 PLC 的基本指令 ···············173

三、梯形图的编程规则 ························································ 182

四、常用基本环节编程 ························································ 184

五、PLC 应用开发的步骤 ···················································· 191

六、三相异步电动机循环正反转的定时控制 ····················· 192

实训项目 将货物升降机上升、下降的继电器—接触器控制改造为 PLC
控制系统 ····················································· 197

实训项目 自动往返的 PLC 控制 ·········································· 198

实训项目 三相异步电动机的 Y—△降压启动的 PLC 控制 ········· 199

习题 ················································································· 200

任务三 自动台车的 PLC 控制 ··················································· 201

一、梯形图经验设计法 ························································ 201

二、自动台车控制的经验法编程 ············································ 203

实训项目 彩灯闪亮循环控制 ··············································· 206

实训项目 建筑消防排烟系统的 PLC 控制 ······························ 207

习题 ················································································· 208

任务四 复杂工艺流程的 PLC 控制（状态思想编程）····················· 209

一、状态编程思想及步进顺控指令 ·········································· 209

二、$FX_{2N}$ 系列 PLC 状态编程方法 ······································ 214

三、GX Developer 和 SFC 顺序功能图 ···································· 218

四、选择性流程、并行性流程的程序编制 ··································· 223

五、交通信号灯的 PLC 控制 ··············································· 231

实训项目 彩灯的 PLC 控制 ················································ 235

实训项目 将电动机顺序启动逆序停止的继电器—接触器控制改造为 PLC
控制系统 ····················································· 236

实训项目 多台电动机的 PLC 控制 ········································ 237

实训项目 花样喷泉的 PLC 控制 ··········································· 237

习题 ················································································· 239

项目四 PLC 与变频器在电梯控制中的综合应用 ······················ 240

项目背景、目标及课程思政育人教学设计 ··························· 240

一、项目背景和内容 ·························································· 240

二、项目的教学目标和课程思政育人教学设计 ························ 240

任务一 数码管循环点亮的 PLC 控制 ········································· 242

一、应用指令的基本规则 ……………………………………… 242

二、常用的应用指令及其编程 ………………………………… 246

三、基于 PLC 的数码管循环点亮控制系统 …………………… 283

**实训项目** 停车场的 PLC 控制 ……………………………… 287

习题 …………………………………………………………… 289

**任务二** PLC 与变频器在电梯控制中的综合应用 ……………… 289

一、变频器的使用 ……………………………………………… 290

二、基于 PLC 与变频器的电梯控制系统设计 ………………… 297

**实训项目** PLC 与变频器的综合应用 ……………………… 303

习题 …………………………………………………………… 305

**项目五** **PLC 与变频器、触摸屏在建筑设备节能控制中的**

**综合应用** ………………………………………… 306

 **项目背景、目标及课程思政育人教学设计** ………………… 306

一、项目背景和内容 …………………………………………… 306

二、项目的教学目标和课程思政育人教学设计 ……………… 306

**任务一** PLC 与变频器、触摸屏在恒压供水系统中的应用 …… 308

一、模拟量输入/输出混合模块 $FX_{0N}$-3A ……………………… 308

二、触摸屏的使用 ……………………………………………… 313

三、基于 PLC 与变频器、触摸屏的恒压供水系统设计 ……… 315

**实训项目** PLC 与变频器、触摸屏的综合应用 …………… 320

习题 …………………………………………………………… 325

**任务二** PLC 与变频器、触摸屏在中央空调节能改造技术中的应用 …… 325

一、温度 A/D 输入模块 ………………………………………… 325

二、$FX_{2N}$-2DA 输出模块 ……………………………………… 327

三、基于 PLC 与变频器、触摸屏的中央空调节能改造技术 … 329

习题 …………………………………………………………… 337

**参考文献** ……………………………………………………… 338

# 项目一

# 三相异步电动机的继电器—接触器控制

## 项目背景、目标及思政育人教学设计

### 一、项目背景

电气控制技术是以各类电动机为动力的传动装置与系统为对象，以实现生产过程自动化的控制技术。它应用于社会生活生产的各个行业，代表着一个国家的科技发展水平，也关乎着一个国家的经济发展速度。人类科学技术的进步，为电气控制技术的发展提供了原动力，19 世纪末到 20 世纪初为生产机械电力拖动的初期，继电器—接触器控制产生于 20 世纪 20 年代，60 年代出现了顺序控制器，直至 1969 年一种新型工业控制——可编程控制器 PLC 问世，电气控制技术实现了质的飞跃，并不断地朝自动化、智能化和信息化方向发展。

青年兴则国家兴，青年强则国家强。在习近平新时代中国特色社会主义思想指引下，贯彻新发展理念，推进产业结构优化升级，中国正在从制造大国向制造强国转变。要学好先进的电气控制技术，立志为祖国立功劳，必须脚踏实地打好基础，从电气控制技术的基础——继电器—接触器控制入手。本项目主要研究三相异步电动机的继电器—接触器控制，包括八个由简到繁、层层递进的项目任务，实现三相异步电动机的单向启动控制、正反转控制、自动往返、降压启动控制、制动控制、调速控制等。

### 二、教学目标和思政育人教学设计

本项目的教学目标包括知识目标、技能目标、思政育人目标，将这三项目标有效地融合，培养"智育"和"德育"的双优人才，知识目标和技能目标分任务进行描述，思政育人目标是培养学生的爱国情怀，增强学生的民族自信心和责任感，启发学生建立辩证唯物主义世界观，提高学生正确认识问题、分析问题和解决问题的能力。引导学生坚持以人为本，培养学生树立社会主义职业道德观，培养学生团队合作的意识和工匠精神，具体内容见表 1-1。本项目的思政育人教学设计思路是"理论与实践相结合"，基于实际项目的工作过程提炼出递进式的八个工作任务，并从工作任务的知识点中挖掘出与知识相关的思政要素"爱国情怀，民族自信心和责任感""新发展理念""坚持以人为本，具有保护设置的控制系统是安全生产的保障"。启发学生建立辩证唯物主义世界观，运用磁场和转子导体的相对运动分析转子导体感应电动势的方向，分析三相异步电动机的工作原理，解决知识难点。最后通过与任务相关的 7 个实训项目的实践教学环节，切入辩证唯物主义"一切从实践出发,实践是检验真理的唯一标准",提高学生电动机基本控制电路的安装接线、故障的判断及检修,以及调试的技能。项目一的课程思政育人教学设计示例见表 1-2。

表 1-1 　　　　　　　　　　　项目一的教学目标

| 项目名称 | 具体工作任务 | 教学目标 | | |
| --- | --- | --- | --- | --- |
| | | 知识目标 | 技能目标 | 思政育人目标 |
| 项目一 三相异步电动机的继电器—接触器控制 | 任务一 电动机的正确使用 | 掌握三相异步电动机的结构和原理 | 能够根据工程实际需求选用合适的电动机,学会使用电动机。能够正确测量三相异步电动机绝缘电阻。能够准确地判别三相异步电动机定子绕组的首末端。能够按照铭牌要求将三相异步电动机绕组接成三角形接法或星形接法 | |
| | 任务二 三相异步电动机的正转控制 | 熟悉低压开关、按钮、交流接触器等常用低压电器的符号与作用,掌握电气控制线路国家统一的绘图原则和标准,理解自锁的概念和作用,掌握三相异步电动机的点动正转控制线路和连续正转控制线路的电气控制原理 | 能够根据国家标准绘制三相异步电动机的点动正转控制线路和连续正转控制线路的电气原理图和电气安装接线图,并能够正确选择低压电器并判断其是否完好,完成控制线路的安装与检修 | (1)培养学生胸怀祖国、服务人民的爱国精神,增强学生的民族自信心和责任感,坚定"四个自信"树立新发展理念。 (2)启发学生建立辩证唯物主义世界观,理论联系实际,实践认识,再实践再认识,加强科学思维习惯的培养,提高学生正确认识问题、分析问题和解决问题的能力。 (3)坚持以人为本,引导学生重视学习和工作中的安全问题,教育学生只有掌握好电气控制技术,才能设计出安全可靠的控制系统,将来才可以立足岗位,为人民的幸福生活保驾护航。 (4)树立安全用电意识,树立社会主义职业道德观,培养良好的职业素养,培养团结协作意识,培养严谨认真、精益求精的工匠精神,培养"实事求是"评价的辩证唯物主义观 |
| | 任务三 三相异步电动机的正反转控制 | 理解联锁的概念和作用,掌握三相异步电动机正反转控制线路的组成及其电气控制原理 | 能够按照国家标准在三相异步电动机连续正转控制线路的基础上绘制出其正反转控制线路的电气原理图和电气安装接线图,能够正确分析其控制线路工作原理,并能够正确选择低压电器并判断其是否完好,完成控制线路的安装与检修 | |
| | 任务四 自动往返控制 | 掌握位置开关的构造、原理及其使用,掌握自动往返控制线路的组成及其电气控制原理 | 能够按照国家标准绘制出自动往返控制线路的电气原理图和电气安装接线图,并能够正确选择低压电器并判断其是否完好,完成自动往返控制线路的安装与检修 | |
| | 任务五 顺序控制和多地控制 | 掌握顺序控制和多地控制线路的组成及其电气控制原理 | 能够按照国家标准绘制出顺序控制和多地控制线路的电气原理图和电气安装接线图,并能够正确选择低压电器并判断其是否完好,完成控制线路的安装与检修 | |
| | 任务六 三相异步电动机降压启动控制 | 掌握三相异步电动机降压启动控制线路的组成及其电气控制原理 | 能够按照国家标准绘制出三相异步电动机降压启动控制线路的电气原理图和电气安装接线图,并能够正确选择低压电器并判断其是否完好,完成控制线路的安装与检修 | |

| 项目名称 | 具体工作任务 | 教学目标 | | |
|---|---|---|---|---|
| | | 知识目标 | 技能目标 | 思政育人目标 |
| 项目一 三相异步电动机的继电器—接触器控制 | 任务七 三相异步电动机的制动控制 | 掌握速度继电器的结构和原理，掌握三相异步电动机制动控制的方法及其控制线路的组成、控制原理 | 能够按照国家标准绘制出三相异步电动机的制动控制线路的电气原理图和电气安装接线图，并能够正确选择低压电器并判断其是否完好，完成控制线路的安装与检修 | （1）培养学生胸怀祖国、服务人民的爱国精神，增强学生的民族自信心和责任感，坚定"四个自信"，树立新发展理念。（2）启发学生建立辩证唯物主义世界观，理论联系实际，实践认识，再实践再认识，加强科学思维习惯的培养，提高学生正确认识问题、分析问题和解决问题的能力。（3）坚持以人为本，引导学生重视学习和工作中的安全问题，教育学生只有掌握好电气控制技术，才能设计出安全可靠的控制系统，将来才可以立足岗位，为人民的幸福生活保驾护航。（4）树立安全用电意识，树立社会主义职业道德观，培养良好的职业素养，培养团结协作意识，培养严谨认真、精益求精的工匠精神，培养"实事求是"评价的辩证唯物主义观 |
| | 任务八 三相异步电动机的调速控制 | 掌握三相异步电动机调速控制的方法及其控制线路的组成、控制原理 | 能够按照国家标准绘制出三相异步电动机的调速控制线路的电气原理图和电气安装接线图，并能够正确选择低压电器并判断其是否完好，完成控制线路的安装与检修 | |

表 1-2　　　　　　　　　项目一的课程思政育人教学及内容

| 任务名称（或实训项目） | 知识点（或实训名称） | 思政要素切入点 | 预期效果 |
|---|---|---|---|
| 任务一 电动机的正确使用 | 项目背景 三相异步电动机的结构 | 通过播放"中国制造2025"和"2022年冬奥村黑科技"视频，让学生充分了解我国正在从制造大国向制造强国转变，增强学生的民族自信心和自豪感。引导学生查找我国电机类设备和低压电器元件的先进生产水平以及电气控制技术发展的历程，结合专业，通过提问的方式融入思政要素，我国为什么要提出"中国制造2025"？电机和低压电器元件国产化的重要意义是什么？电气控制技术领域科技进步对制造强国战略具有什么作用？再列举我国电机类设备制造的典型案例，彰显前辈的奉献精神和工匠精神，从而激发学生的专业自豪感和爱国主义情怀 | 增强学生的民族自信心和责任感，坚定"四个自信"；激发学生对工业自动化的学习热情，认识电气控制技术发展离不开中国共产党的领导，离不开劳动者的奋斗与科学精神，深刻认识到党的初心，为中国人民谋幸福，为中华民族谋复兴 |
| | 三相异步电动机的工作原理 | 切入"辩证唯物主义世界观"，依据客观的物理事实建立合适的物理模型，引出相对运动的概念，运用磁场和转子导体的相对运动分析转子导体感应电动势的方向，难点迎刃而解 | 启发学生建立辩证唯物主义世界观 |
| 任务二 三相异步电动机的正转控制 | 配电电器、控制电器、热继电器、三相异步电动机的单向直接启动控制 | 切入思政要素"理论联系实际"，理论与实践相结合，引导学生对低压电器等实物进行拆卸和组装，研究低压电器的结构、原理及其检测，实践认识，再实践再认识。分析三相异步电动机的点动正转控制，一方面结合专业，选择工程中的控制对象启发学生思考，例如对于建筑设备工程技术专业，可以研究货物升降机（或电梯）的点动正转控制。另一方面通过提问的方式融入思政要素，切入"科学思维方法，科学的探究精神"，引导学生提出问题"如果要实现三相异步电动机连续运行控制，应如何对点动控制线路进行改进？"，从而引出自锁的概念来解决问题 | 理论联系实际，实践认识，再实践再认识，加强科学思维习惯的培养，提高学生正确认识问题、分析问题和解决问题的能力 |
| | 接触器自锁正转控制线路 | 分析"自锁"的概念，即当松开启动按钮后，接触器KM不再依赖启动按钮而是通过自身常开辅助触头而使线圈保持得电的作用叫作自锁（或自保）。引申到"中国要发展，最终要靠自己。"抚今追昔，自力更生正是新中国实现从赶上时代到引领时代伟大跨越的经验总结。教育学生要用自力更生、发愤图强的信心照亮前行的路，战胜一切困难 | 激发学生自力更生、发愤图强，实现远大的理想 |

| 任务名称（或实训项目） | 知识点（或实训名称） | 思政要素切入点 | 预期效果 |
|---|---|---|---|
| 任务二<br>三相异步电动机的正转控制 | 电气控制电路的绘图原则及标准 | 分析电气控制线路国家统一的绘图原则和标准，切入思政要素"遵守规则"，通过展示以往学生手绘的三相异步电动机的电气控制线路，引导学生一起来"找茬"，规范电气控制线路标准画法。由"遵守国标"引申到"遵纪守法" | 培养学生良好的职业道德素养，养成严格遵守国标的习惯，增强遵纪守法的意识 |
| | 三相异步电动机的连续运行控制线路的保护设置 | 分析三相异步电动机的连续运行控制线路的保护设置（短路保护、过载保护、欠压保护、失压保护），通过引入缺乏保护设置控制线路的故障案例，切入思政要素"以人为本"，安全生产第一，重视人民的生命财产，注重控制线路的各种保护设置 | 坚持以人为本，引导学生重视学习和工作中的安全问题，教育学生只有掌握好电气控制技术，才能设计出安全可靠的控制系统，将来才可以立足岗位，为人民的幸福生活保驾护航 |
| 任务三<br>三相异步电动机的正反转控制 | 三相异步电动机的正反转控制 | 分析三相异步电动机的正反转控制时，切入思政要素"理论联系实际"，在学生完成三相异步电动机连续运行控制实训时，引导学生思考"如何实现电梯的上升下降、自动门的开关控制等"，联系相关联的理论知识"旋转磁场的旋转方向"，解决电梯由上升转变为下降的实际问题<br>教师创设故障情境引导学生思考：错误地使正转用接触器和反转接触器同时动作，会出现什么事故呢？应该采取什么安全措施？培养学生科学的探究精神，引出联锁的概念来解决问题 | 培养学生理论联系实际的能力，培养学生的关联思维，培养学生逻辑思维和分析判断能力以及分析、解决问题能力 |
| | 双重联锁的正反转控制 | 三相异步电动机的接触器联锁、按钮联锁正反转控制都有各自的优点和缺点，而双重联锁的正反转控制采用前两者的组合方式，故发挥出了前两者的优势。引申到众人皆有所长，亦皆有所短，相互配合，取长补短，是人生的大智慧 | 在为人处世、学习生活上学会配合，优势互补 |
| 任务四<br>自动往返控制<br><br>任务五<br>顺序控制和多地控制 | 自动往返控制线路顺序控制 | 在学生完成三相异步电动机的接触器联锁的正反转控制实训的基础上，切入思政要素"理论联系实际"，引导学生思考：如果运动部件需要两个方向的往返运动，应采用什么元件作为检测元件，在接触器联锁的正反转控制线路的基础上如何进行修改？分析顺序控制时，引入三条皮带运输机案例，引导学生思考：如何防止货物在皮带上堆积？如何保证停车后皮带上不残存货物？培养学生科学的探究精神，训练学生的逻辑思维能力，培养学生独立思考获取答案的学习能力，提高学生的自信心 | 培养学生理论联系实际的能力，培养学生逻辑思维以及分析、解决问题能力，培养学生科学的探究精神 |
| 任务六<br>三相异步电动机降压启动控制<br><br>任务七<br>三相异步电动机的制动控制 | 三相异步电动机降压启动控制<br><br>三相异步电动机的制动控制 | 分析比较三相异步电动机常用的几种降压启动方法、制动控制的特点时，培养学生辩证思维方法，理解各种降压启动和制动方法的异同点及其适用场合，根据实际情况选用合适的降压启动方法和制动方法 | 培养学生运用马克思主义辩证思维方法认识问题 |
| 任务八<br>三相异步电动机的调速控制 | 三相异步电动机的调速控制 | 分析比较三相异步电动机常用的调速控制方法时，融入思政要素"节能环保的意识"，理论联系实际，列举生活中的供水案例，帮助学生理解变频调速具有调速性能好、稳定性好、效率高和节能等优势。引导学生在今后的学习和工作中，应从节能环保的角度选择最佳的控制方案 | 培养学生节能环保的意识，节能降耗，从我做起，造福社会，促进人与自然的和谐 |
| 实训项目 | 三相异步电动机实训、三相异 | 切入辩证唯物主义"一切从实践出发，实践是检验真理的唯一标准"，同时切入工匠精神和团队合作的思政要素，采用学生分组实训的教学模式 | （1）树立安全用电意识，树立社会主义职业道德观，培养良好的职业素养 |

续表

| 任务名称（或实训项目） | 知识点（或实训名称） | 思政要素切入点 | 预期效果 |
|---|---|---|---|
| 实训项目 | 步电动机的点动正转控制电路的安装等 | 课前：要求学生提前观看《实训操作视频》，撰写头训预习报告，提前规划完成实训任务方法和步骤，分配小组成员之间的实训任务，做到心中有数地走进实训室。<br>课中：教师演示实训操作，以身作则，为学生示范正确的操作方法，引导学生严格按照安全用电规范进行操作，小组成员分工合作共同完成任务，实训任务完成后，按照管理标准，归置实训设备，整理实训室，养成良好的职业习惯。<br>课后：要求学生总结反思，撰写实训的心得体会和实践安装接线的经验，评价自己在小组合作中所发挥的作用，总结个人的不足之处，思考如何不断提升自身综合素质。<br>考核方式：采用过程考核，通过教师评价+小组互评+自评的方式，培养学生"实事求是"评价的辩证唯物主义观，让学生感受到团队合作的重要性 | （2）培养团结协作意识，培养严谨认真、精益求精的工匠精神，培养"实事求是"评价的辩证唯物主义观。激发学生在小组合作实训中有一分热就发一分光，不断进步 |

# 任务一　电动机的正确使用

扫一扫

## 任务要点

电动机按照电能的性质分为直流电动机和交流电动机。直流电动机具有良好的启动和调速性能，但其结构较复杂，使用、维护较麻烦。交流电动机按所需交流电源相数的不同，又可分为单相和三相两大类。目前使用最广泛的是三相交流异步电动机，这主要是由于三相异步电动机具有结构简单、操作方便、运行可靠、性能价格比高等优点。三相异步电动机根据其转子结构的不同，又可分为笼型和绕线型两大类，其中以笼型应用最广。

以任务"电动机的正确使用"为驱动，应用动画、图解的方式重点讲述三相异步电动机的工作原理、结构和特性，最后通过完成实训项目三相异步电动机实训，使学生学会使用电动机。

### 一、三相异步电动机的结构

如图1-1所示的是三相异步电动机的分解图，三相异步电动机主要分为两个基本部分：定子（静止部分）和转子（旋转部分），定子、转子中间是空气隙。

（一）定子（静止部分）

三相异步电动机定子主要包括有定子铁芯、定子绕组、机座等部件，如图1-2所示。

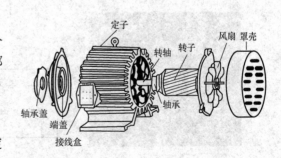

图1-1　三相异步电动机的分解图

1. 定子铁芯

定子铁芯是作为电动机磁路的一部分，并在其上放置定子绕组。

如图1-3所示，定子铁芯一般由0.35～0.5mm厚的表面具有绝缘层的硅钢片冲制、叠压而成，在铁芯的内圆冲有均匀分布的槽，用以嵌放定子绕组。

图 1-2 定子

图 1-3 定子铁芯

**2. 定子绕组**

定子绕组是电动机的电路部分，通入三相交流电，可产生旋转磁场。

小型异步电动机定子绕组通常用高强度漆包线（铜线或铝线）绕制成各种线圈后，再嵌放在定子铁芯槽内。大中型异步电动机则用各种规格的铜条经绝缘处理后，再嵌放在定子铁芯槽。为了保证绕组的各导电部分与铁芯之间的可靠绝缘以及绕组本身之间的可靠绝缘，在定子绕组制造过程中采取了许多绝缘措施。定子绕组的主要绝缘项目有以下三种：

（1）对地绝缘。对地绝缘是定子绕组整体与定子铁芯间的绝缘。

（2）相间绝缘。相间绝缘是各相定子绕组间的绝缘。

（3）匝间绝缘。匝间绝缘是每相定子绕组各线匝间的绝缘。

Y 系列电动机绝缘等级为 B 级，常用的薄膜类绝缘材料有聚酯薄膜青壳纸、聚酯薄膜、聚酯薄膜玻璃漆布箔及聚四氟乙烯薄膜。

定子三相绕组在槽内嵌放完毕后，共有六个出线端引到电动机机座的接线盒内，可按需要将三相绕组接成星形接法（丫形接法）或三角形接法（△形接法），如图 1-4 所示。

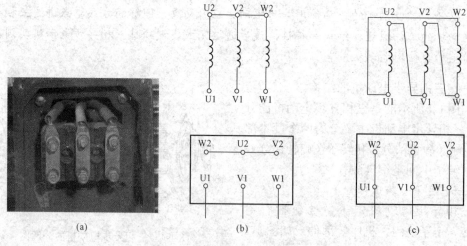

图 1-4 定子三相绕组的接线方式

（a）接线盒；（b）丫形接法；（c）△形接法

**3. 机座**

机座的作用是固定定子铁芯和定子绕组，并以两个端盖支撑转子，同时起保护整台电动机的电磁部分的作用并散发电动机运行中产生的热量。

机座通常为铸铁件,大型异步电动机机座一般用钢板焊成,而有些微型电动机的机座则采用铸铝件,以降低电动机的质量。

**(二)转子(旋转部分)**

转子是电动机的旋转部分,包括转子铁芯、转子绕组和转轴等部件。

**1. 转子铁芯**

转子铁芯是作为电动机磁路的一部分,并放置转子绕组,一般用 0.5mm 厚的硅钢片冲制、叠压而成,硅钢片外圆冲有均匀分布的孔,用来安置转子绕组。通常用定子铁芯冲落后的硅钢片内圆来冲制转子铁芯。一般小型异步电动机的转子铁芯直接压装在转轴上,大、中型异步电动机(转子直径在 300~400mm 以上)的转子铁芯借助于转子支架压在转轴上。

**2. 转子绕组**

转子绕组的作用是切割定子旋转磁场产生感应电动势及电流,并形成电磁转矩以使电动机旋转。根据构造的不同转子绕组可分为笼型转子和绕线型转子,如图 1-5 所示。

图 1-5  转子绕组

(1)笼型转子。笼型转子绕组由插入转子槽中的多根导条和两个环形的端环组成。若去掉转子铁芯,整个绕组的外形就像一个鼠笼,故称笼型转子。小型笼型电动机采用铸铝转子绕组,对于 100kW 以上的电动机则采用铜条和铜端环焊接而成,如图 1-6 所示。

(2)绕线型转子。绕线转子绕组与定子绕组相似,也是一个对称的三相绕组,一般接成星形,三个出线端接到转轴的三个集电环(滑环)上,再通过电刷与外电路连接,如图 1-7 所示。这种转子结构较复杂,故绕线型电动机的应用不如笼型电动机广泛。但通过集电环和电刷在转子绕组回路中串入附加电阻等元件,可以改善异步电动机的启动、制动性能及调节电动机的转速。

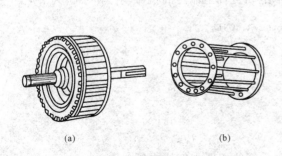

(a)                           (b)

图 1-6  笼型转子

(a)笼型绕组;(b)转子外形

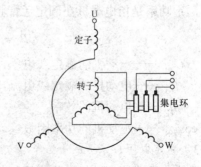

图 1-7  绕线型转子异步电动机的转子接线

3. 转轴

转轴用以传递转矩及支撑转子的质量，一般由中碳钢或合金钢制成。

（三）其他附件

（1）端盖。端盖分别装在机座的两侧，起支撑转子的作用，一般为铸铁件。

（2）轴承。轴承连接转动部分与不动部分。

（3）轴承端盖。轴承端盖保护轴承，使轴承内的润滑油不致溢出。

（4）风扇。风扇用于冷却电动机。

（四）铭牌

在三相异步电动机的机座上都装有一块铭牌，如图 1-8 所示，铭牌上标出了电动机的型号和一些技术数据，以便正确选用电动机。

| 三相异步电动机 | | | | | |
|---|---|---|---|---|---|
| 型号 | Y90L-4 | 电压 | 380V | 接法 | Y |
| 容量 | 1.5kW | 电流 | 3.7A | 工作方式 | 连续 |
| 转速 | 1400r/min | 功率因数 | 0.79 | 温升 | 90℃ |
| 频率 | 50Hz | 绝缘等级 | B | 出厂年月 | ×年×月 |
| ×××电机厂 | | 产品编号 | | 重量 | kg |

图 1-8　三相异步电动机铭牌

1. 型号含义

型号为 Y90L-4 的电动机的含义如下：

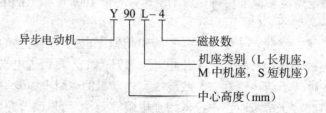

2. 额定功率 $P_N$

额定功率是指电动机在额定运行状态下电动机轴上输出的机械功率，单位为 kW。

$$P_N = \sqrt{3}U_{N1}I_{N1}\eta_N \cos\varphi_N$$

式中　$U_{N1}$——电动机的额定线电压，V；

$I_{N1}$——电动机的额定线电流，A；

$\eta_N$——电动机的效率；

$\cos\varphi_N$——电动机的功率因数。

3. 额定电压 $U_{N1}$

额定电压是指电动机在额定运行状态下定子绕组所加的线电压。

4. 额定电流 $I_{N1}$

额定电流是指电动机加额定电压、输出额定功率时，流入定子绕组中的线电流。

5. 额定转速 $n_N$

额定转速是指电动机在额定运行状态下转子的转速，单位为 r/min。

6. 额定频率 $f_N$

我国规定工频为 50Hz。

7. 额定功率因数 $\cos\varphi_N$

额定功率因数是指电动机在额定运行状态下定子边的功率因数。

8. 接法

接法是指电动机定子三相绕组与交流电源的连接方法。

此外，铭牌还标明绝缘等级、温升、工作方式等，对绕线型转子异步电动机还常标明转子绕组接法、转子电压（指定子加额定电压、转子开路时，集电环之间的线电压）和额定运行时的转子电流等技术数据。

## 二、三相异步电动机的工作原理

三相异步电动机的工作原理可以用一个简单的试验观察，如图 1-9 所示。在蹄形磁铁中放置一个笼型转子，当摇动磁铁时，笼型转子跟随转动；如果摇把摇动方向发生改变，笼型转子转动方向也会发生变化。故可得出如下结论：旋转磁场可拖动笼型转子转动。

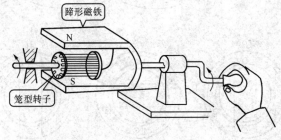

图 1-9　笼型转子随旋转磁场而转动的实验

### （一）旋转磁场的产生

将三相异步电动机的三相定子绕组接成星形，并且绕组在空间上相差120°，在绕组内放一个可转动的笼型转子，当向三相绕组中通入三相交流电时，笼型转子便转动起来。故可得出以下结论：当向三相绕组通入对称的三相交流电时，可在绕组空间内产生旋转磁场。下面分析旋转磁场产生的原理。

1. 旋转磁场产生的原理

以两极电动机即 $2p=2$ 为例说明，如图 1-10（a）所示，对称的三相绕组 U1U2、V1V2、W1W2 假定为集中绕组，三相绕组接成星形，并通以三相对称电流 $i_A$、$i_B$、$i_C$，如图 1-10（b）、（c）所示。假定电流的瞬时值为正时电流是从各绕组的首端流入，末端流出。电流流入端用"×"表示，流出端用"·"表示。

当 $\omega t=0$ 时，$i_A=0$；$i_B$ 为负值，即 $i_B$ 由末端 V2 流入，首端 V1 流出；$i_C$ 为正值，即 $i_C$ 由首端 W1 流入，末端 W2 流出。利用右手螺旋定则可确定在 $\omega t=0$ 瞬间由三相电流所产生的合成磁场方向，如图 1-10（d）所示。可见合成磁场是一对磁极，磁场方向与纵轴轴线方向一致，上方是北极，下方是南极。

当 $\omega t=\dfrac{\pi}{2}$ 时，$i_A$ 为正最大值，即 $i_A$ 由首端 U1 流入，末端 U2 流出；$i_B$ 为负值，即 $i_B$ 由末端 V2 流入，首端 V1 流出；$i_C$ 为负值，即 $i_C$ 由末端 W2 流入，首端 W1 流出。其合成磁场方向，如图 1-10（e）所示。可见合成磁场方向以较 $\omega t=0$ 时按顺时针方向转过 90°。

同理可画出 $\omega t = \pi$、$\omega t = \dfrac{3}{2}\pi$、$\omega t = 2\pi$ 时的合成磁场，分别如图 1-10（f）～（h）所示，可看出磁场的方向逐步按顺时针方向旋转，共转过 360°，即旋转一周。

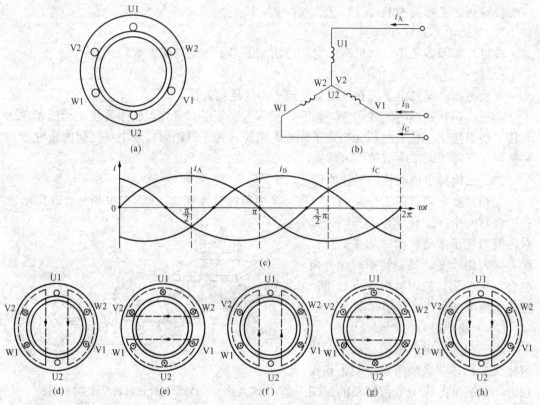

图 1-10　两极定子绕组的旋转磁场

（a）简化的三相绕组分布图；（b）按星形连接的三相绕组接通三相电源；

（c）三相对称电流波形图；（d）～（h）两极绕组的旋转磁场

综上所述，在三相交流电动机定子上布置有结构完全相同在空间位置各相差 120°的三相绕组，分别通入三相交流电，则在定子与转子的空气隙间所产生的合成磁场是沿定子内圆旋转的，故称旋转磁场。

2. 旋转磁场的旋转方向

由图 1-10 可见，三相交流电的变化次序（相序）为 A 相达到最大值→B 相达到最大值→C 相达到最大值→A 相……。将 A 相交流电接 U 相绕组，B 相交流电接 V 相绕组，C 相交流电接 W 相绕组，则所产生的旋转磁场的旋转方向为 U 相→V 相→W 相（顺时针旋转），即与三相交流电的变化相序一致。如果任意调换电动机两相绕组所接交流电源的相序，即 A 相交流电仍接 U 相绕组，将 B 相交流电改接 W 相绕组，C 相交流电接 V 相绕组，参照图 1-10（c）～（h），分别绘出 $\omega t = 0$ 和 $\omega t = \dfrac{\pi}{2}$ 时的合成磁场图，如图 1-11所示，合成磁场的旋转方向已经变为逆时针旋转。综上所述，旋转磁场的旋转方向由通入定子绕组中的三相交流电源的相序决定。只要任意调换电动机两相绕组所接交流电源的相序，旋转磁场即反转。

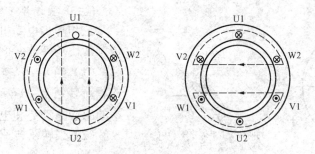

图 1-11　旋转磁场转向的改变

3. 旋转磁场的旋转速度

由图 1-10 可见，两极三相异步电动机（即 $2p = 2$）定子绕组产生的旋转磁场，当三相交流电变化一周后，其所产生的旋转磁场也正好旋转一周。故在两极电动机中旋转磁场的转速等于三相交流电的变化速度，即 $n_1 = 60 f_1 = 3000 \text{r/min}$。

当三相异步电动机定子绕组为 $p$ 对磁极时，旋转磁场的转速为

$$n_1 = \frac{60 f_1}{p}$$

式中　$n_1$——旋转磁场转速（又称同步转速），r/min；

　　　$f_1$——三相交流电源的频率，Hz；

　　　$p$——磁极对数。

（二）三相异步电动机的转动原理

如图 1-12 所示，当向三相定子绕组中通入对称的三相交流电时，就产生一个以同步转速 $n_1$ 沿定子和转子内圆空间做逆时针方向旋转的旋转磁场。由于旋转磁场以 $n_1$ 转速逆时针旋转，转子导体开始时是静止的，故转子导体将切割定子旋转磁场而产生感应电动势，感应电动势的方向可用右手定则判定。在使用右手定则时必须注意：右手定则指的磁场是静止不动的，而导体在做切割磁力线的运动。这里正好相反，磁场按逆时针方向旋转，导体不动。因此，用右手定则分析受力方向时，可以假定磁场不动而导体按顺时针方向旋转切割磁力线。则转子导体中的感应电动势方向如图 1-12（a）所示。由于转子导体两端被短路环短接，在感应电动势的作用下，转子导体中将产生与感应电动势方向基本一致的感应电流（由于转子导体中有感抗 $X_L$，故两者实际上将相差一个 $\varphi$ 角）。

由于通电导体在磁场中要受到电磁力的作用，所以有感应电流的转子导体在旋转磁场中也将受电磁力的作用，力的方向可用左手定则判定，如图 1-12（b）中 $f_{em}$ 的箭头所示方向，由图 1-12（b）可以看出，作用于转子导体上的电磁力对转子轴产生的电磁转矩方向与旋转磁场的旋转方向是一致的，从而驱动转子沿着旋转磁场的转向旋转。

通过以上分析可以总结出三相异步电动机的转动原理为：向在空间各相差 120°的三相定子绕组中通入三相交流电后，在空气隙中即产生一个旋转磁场，该旋转磁场切割转子绕组，从而在转子绕组中产生感应电动势，并形成转子电流。载流转子导体在定子旋转磁场作用下将产生电磁力，从而在电动机轴上形成电磁转矩，驱动电动机旋转，并且电动机的旋转方向与旋转磁场的转向相同。

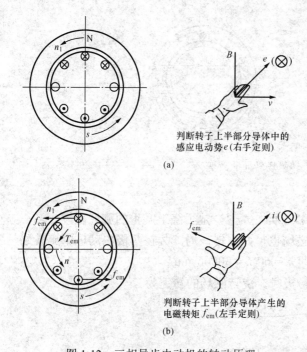

判断转子上半部分导体中的
感应电动势 $e$（右手定则）

(a)

判断转子上半部分导体产生的
电磁转矩 $f_{em}$（左手定则）

(b)

图 1-12　三相异步电动机的转动原理

（a）感应电动势的产生；（b）电磁转矩的产生

（三）三相异步电动机的转差率

三相异步电动机转子转速 $n$ 和定子旋转磁场转速 $n_1$ 间的关系如下。

（1）当 $n=0$，转子切割旋转磁场的相对转速 $n_1-n=n_1$ 为最大，故转子中的感应电动势和电流最大。

（2）当转子转速 $n$ 增加时，$n_1-n$ 开始下降，故转子中的感应电动势和电流下降。

（3）当 $n=n_1$ 时，则 $n_1-n=0$，此时转子导体不切割定子旋转磁场，转子中就没有感应电动势及电流产生，也就不产生转矩。因此，转子转速在一般情况下不可能等于旋转磁场的转速，即转子转速与定子旋转磁场的转速两者的步伐不可能一致，异步电动机由此而得名。因此 $n$ 和 $n_1$ 的差异是异步电动机能够产生电磁转矩的必要条件，又由于异步电动机的转子绕组并不直接与电源相接，而是依靠电磁感应原理来产生感应电动势和电流的，从而产生电磁转矩使电动机旋转，又可称之为感应电动机。

我们将同步转速 $n_1$ 与转子转速 $n$ 之差对同步转速 $n_1$ 之比值称为转差率，用 $s$ 表示，即

$$s=\frac{n_1-n}{n_1} \tag{1-1}$$

转差率 $s$ 是衡量异步电动机性能的一个重要参数，分析几个特定工作状态下的 $s$ 值。

（1）电动机静止或在启动的瞬间，$n=0$，$s=1$。

（2）电动机空载时，需克服的阻力很小，故转速 $n$ 很高，$s$ 很小。

（3）电动机在额定工作状态下运行时，对于中小型异步电动机而言，转差率 $s$ 为 0.01～0.07。

（4）电机处于电动机状态运行时，$0<s<1$。

### 三、三相异步电动机的工作特性

对用来拖动其他机械工作的电动机而言，我们最关心的是它的输出转矩和转速。

（一）三相异步电动机的转矩特性

1. 电磁转矩

异步电动机的电磁转矩是由载流导体在磁场中受电磁力的作用而产生的，它使电动机旋转。异步电动机的电磁转矩除与气隙合成磁场的强弱、转子电流的大小有关以外，还要受到转子电路功率因数的影响，电磁转矩可以表示为

$$T=C_M\Phi_m I_2\cos\varphi_2 \tag{1-2}$$

式中　$T$——电磁转矩，N·m；

$C_M$ ——转矩常数（与电动机结构有关）；

$\Phi_m$ ——旋转磁场每极磁通最大值，Wb；

$I_2$ ——转子每相绕组的电流，A；

$\cos\varphi_2$ ——转子每相电路的功率因数。

式（1-2）在实际应用或分析时不太方便，常用式（1-3）进行分析

$$T \approx \frac{CsR_2U_1^2}{f_1[R_2^2 + (sX_{20})^2]} \qquad (1-3)$$

式中　$U_1$ ——定子绕组相电压有效值，V；

　　　$f_1$ ——定子电源频率，Hz；

　　　$s$ ——电动机的转差率；

　　　$R_2$ ——转子绕组一相电阻，Ω；

　　　$X_{20}$ ——转子不动时一相感抗，Ω；

　　　$C$ ——与电动机结构有关的比例常数。

为了分析方便，将异步电动机的电磁转矩 $T$ 代替电动机的输出转矩 $T_2$（实际上电磁转矩稍大于输出转矩，两者相差一个空载转矩，在近似分析或计算时可忽略）。

2．异步电动机的转矩特性

由式（1-3）可看出：由于电动机的转子参数 $R_2$ 及 $X_{20}$ 是一定的，电源频率 $f_1$ 也是一定的，故当电源电压 $U_1$ 一定时，该公式即表明异步电动机的电磁转矩 $T$ 只与转差率 $s$ 有关，因此可用函数式 $T=f(s)$ 表示，称为异步电动机的转矩特性，画出其图像则称为转矩特性曲线，如图 1-13 所示。

根据二次函数极限值知识可以算出，当 $S = \dfrac{R_2}{X_{20}}$ 时转矩出现最大值 $T_m$，此时对应的转差率 $s$ 称临界转差率 $s_m$。

综上分析，我们可得到如下结论：

（1）最大转矩 $T_m$ 的大小与转子电路电阻

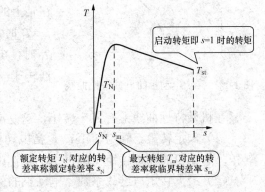

图 1-13　异步电动机的转矩特性曲线

$R_2$ 无关，因此，改变转子电阻 $R_2$ 的大小不会影响电动机最大转矩的大小，而只会影响产生最大转矩时的转差率（即转速）。

（2）最大转矩 $T_m$ 的大小与电源电压的平方成正比，电源电压的波动对电动机的最大转矩 $T_m$ 影响很大。

（3）产生最大转矩时的临界转差率 $s_m$ 与外加电压无关，而与转子电路电阻 $R_2$ 有关，即 $s_m = \dfrac{R_2}{X_{20}}$，故改变转子电路电阻 $R_2$ 的数值（例如，在绕线型异步电动机转子电路中串接启动变阻器），即可改变产生最大转矩时的临界转差率 $s_m$。

（二）异步电动机的机械特性

1．电动机的额定转矩的实用计算式

旋转机械的机械功率等于转矩和转动角速度的乘积，对于电动机而言，就有

$$P_2 = T_2\omega \tag{1-4}$$

式中　$T_2$ ——电动机的输出转矩，N·m；

　　　$\omega$ ——旋转角速度，rad/s；

　　　$P_2$ ——输出功率，W。

在电动机中计算转矩时输出功率 $P_2$ 的单位是千瓦(kW)，转速 $n$ 的单位是转/分(r/min)，所以可以将计算公式简化，如在额定状态下转矩公式为

$$T_N = \frac{P_N}{\omega} = \frac{1000P_N}{\dfrac{2\pi n_N}{60}} = \frac{1000 \times 60}{2\pi}\frac{P_N}{n_N} = 9500\frac{P_N}{n_N} \tag{1-5}$$

式中　$T_N$ ——电动机的额定转矩，N·m；

　　　$P_N$ ——电动机的额定功率，kW；

　　　$n_N$ ——电动机的额定转速，r/min。

2. 异步电动机的机械特性曲线

将异步电动机的转矩特性曲线顺时针转过 90°，并把转差率 $s$ 换成转速 $n$，即得如图

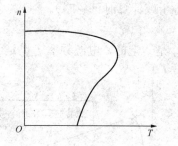

图 1-14　异步电动机的机械特性曲线

1-14 所示的曲线，称为异步电动机的机械特性曲线，可表示为 $n = f(T)$。

电动机在旋转时，作用在轴上的有两种转矩，一种是电动机产生的电磁转矩 $T$；另一种是生产机械作用在轴上的负载转矩 $T_L$（其他如摩擦转矩忽略不计）。当 $T = T_L$ 时，电动机便以某种相应转速稳定运行；当 $T > T_L$ 时，电动机则提高转速；当 $T < T_L$ 时，电动机将降低转速。

3. 异步电动机的机械特性参数

在机械特性曲线上有三个转矩，这是应用和选择电动机时应该注意的。

（1）额定转矩。额定转矩 $T_N$ 是指电动机在额定状态下工作时，轴上输出的最大允许转矩。电动机的额定转矩可根据电动机铭牌的额定功率和额定转速用式（1-5）来求得。

（2）最大转矩与过载系数。电动机的额定转矩应小于最大转矩 $T_m$，而且不许太接近 $T_m$，否则，电动机略一过载便会停转。因此，一般电动机的额定转矩较最大转矩小得多。把最大转矩与额定转矩的比值称作过载系数 $\lambda$，它是表示电动机过载能力的一个参数，其表达式为

$$\lambda = \frac{T_m}{T_N} \tag{1-6}$$

一般的电动机的过载系数在 1.8～2.5 之间，特殊用途的电动机，如冶金、起重机械所用的电动机，其过载系数可达到 2.5～3.4 或更大。

（3）启动转矩与启动能力。电动机的启动转矩 $T_{st}$ 是指电动机刚启动瞬间（$n = 0$，$s = 1$）的转矩。启动转矩与额定转矩之比可表示启动能力，用启动转矩倍数来表示，是标明异步电动机启动性能的重要指标。

空载或轻载启动的电动机，启动能力为 1～1.8，一般的电动机启动能力为 1.5～2.4，在重负荷下启动的电动机，要求有大的启动转矩，故启动能力可达 2.6～3。

（4）异步电动机启动转矩和转速的改变。通常情况，电源频率 $f_1$ 不变，影响启动转矩大小的只有电源电压 $U_1$ 和转子电路中的电阻 $R_2$，如果 $R_2$ 增大，在一定范围内功率因数可提高，启动转矩增大，这种方法只有在绕线型电动机中才能采用。异步电动机转子回路串联电阻以后的机械特性称为人工机械特性。电动机负载增大时，转速下降较多，人工机械特性为软机械特性。串接电阻后，绕线型异步电动机的启动转矩增大了。当阻值足够大（即 $R_2 = X_{20}$，$s_m = 1$）时，启动转矩可以达至最大值。可以在转子回路采用串接电阻的方法来提高绕线型异步电动机的启动转矩，以提高启动能力。

笼型电动机转子回路不能串接电阻，因此不能得到相应的人工机械特性曲线。通过对异步电动机机械特性的分析，可以得出下面的结论：

（1）异步电动机有较大的过载能力。

（2）当外加电源电压变化时，转矩有较大的变化，转速也随之变化。

（3）在一定范围内增大转子电路电阻 $R_2$，可以使绕线型异步电动机的启动转矩增大。

### 实训项目　三相异步电动机实训

1．实训目的

（1）能够正确测量三相异步电动机绝缘电阻。

（2）能够准确地判别三相异步电动机定子绕组的首末端。

（3）能够按照铭牌要求将三相异步电动机绕组接成三角形接法或星形接法。

2．实训器材

（1）常用电工工具。常用电工工具包括试电笔、钢丝钳、剥线钳、螺丝刀、尖嘴钳、斜口钳等。

（2）万用表、绝缘电阻表。

（3）小型三相异步电动机。

（4）220/36V 变压器。

（5）开关与连接导线、干电池。

3．实训操作步骤

（1）测量三相异步电动机绝缘电阻。测量三相异步电动机各相绕组之间以及各相绕组对机壳之间的绝缘电阻，可判别绕组是否严重受潮或有缺陷。测量方法通常用手摇式绝缘电阻表，额定电压低于 500V 的电动机用 500V 的绝缘电阻表测量；额定电压在 500～3000V 的电动机用 1000V 的绝缘电阻表测量；额定电压大于 3000V 的电动机用 2500V 的绝缘电阻表测量。

测量三相异步电动机绝缘电阻的注意事项如下：

1）选用合适的量程的绝缘电阻表。

2）测量前要先检查绝缘电阻表是否完好。即在绝缘电阻表未接上被测物之前，摇动手柄使发电机达到额定转速（120r/min），观察指针是否指在标尺的"∞"位置；将接线柱"线"（L）和"地"（E）短接，缓慢摇动手柄，观察指针是否指在标尺的"0"位置。如果指针不能指到应该指定的位置，就表明绝缘电阻表有故障，应检修后再用。

3）测量三相异步电动机的绝缘电阻。当测量三相异步电动机各相绕组之间的绝缘电阻时，将绝缘电阻表"L"和"E"分别接两绕组的接线端；当测量各相绕组对地的绝缘电阻，将"L"接到绕组上，"E"接机壳。接好线后开始摇动绝缘电阻表手柄，摇动手柄的转速须保持基本恒定（约 120r/min），摇动 1min 后，待指针稳定下来再读数。将测得的数据填入表 1-3 中。

表 1-3 　　　　　　　　　　　　　绝缘电阻测量记录表

| 相间绝缘 | 绝缘电阻 | 各相对地绝缘 | 绝缘电阻 |
|---|---|---|---|
| U 相与 V 相 | | U 相对地 | |
| V 相与 W 相 | | V 相对地 | |
| W 相与 U 相 | | W 相对地 | |

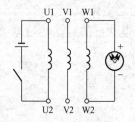

图 1-15　万用表检查方法之一

（2）判别三相异步电动机定子绕组的首末端。

1）用万用表检查方法之一。①判断各相绕组的两个出线端；用万用表电阻挡分清三相绕组各相的两个线头，并进行假设编号，按图 1-15 的方法接线。②判断首末端。注视万用表（微安挡）指针摆动的方向，合上开关瞬间，若指针摆向大于 0 的一边，则接电池正极的线头与万用表负极所接的线头同为首端或末端；如指针反向摆动，则接电池正极的线头与万用表正极所接的线头同为首端或末端。③再将电池和开关接另一相两个线头，进行测试，就可正确判别各相的首末端。

2）用万用表检查方法之二。①判断各相绕组的两个出线端。用万用表电阻挡分清三相绕组各相的两个线头。②给各相绕组假设编号为 U1、U2、V1、V2 和 W1、W2，按图 1-16 的方法接线。③判断首末端。用手转动电动机转子，如万用表（微安挡）指针不动，则证明假设的编号是正确的，若指针有偏转，说明其中有一相首末端假设编号不对，应逐相对调重测，直至正确为止。

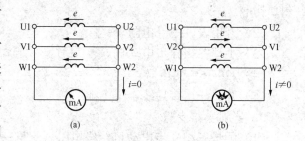

图 1-16　万用表检查方法之二

（a）指针不动首末端正确；（b）指针指动首末端错误

3）低压交流电源法。①判断各相绕组的两个出线端。用万用表电阻挡分清三相绕组各相的两个线头，并进行假设编号，按图 1-17 的方法接线。②把其中任意两相绕组串联后再与电压表或万用表的交流电压挡连接，第三相绕组与 36V 低压交流电源接通。③判断首末端。通电后，若电压表无读数，说明连在一起的两个线头同为首端或末端；电压表有读数，连在一起的两个线头中一个是首端，另一个是末端；任定一端为已知首端，同法可定第三相的首末端。

4. 实训时应注意的问题

（1）测量三相异步电动机绝缘电阻时，绝对不允许设备带电时用绝缘电阻表测绝缘电阻；测量完毕，应对设备进行放电，否则容易引起触电事故。

（2）绝缘电阻表未停止转动之前，禁止用手触及设备的测量部分或绝缘电阻表接线柱。拆线时，也不可触及引线的裸露部分。

5．实训报告要求

根据实训要求，撰写实训预习报告，写出实训器材的名称、规格和数量，写出实训操作步骤。

6．实训思考

（1）测量三相异步电动机绝缘电阻有什么目的？

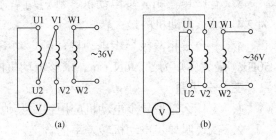

图1-17　低压交流电源法

（a）电压表有读数情况；（b）电压表无读数情况

（2）分析判别三相异步电动机定子绕组的首末端的各种方法的原理。

（3）撰写实训心得体会和实践经验，评价自己在小组合作中所发挥的作用，总结个人的不足之处，思考如何不断提升自身综合素质。

# 习　题 🚀

## 一、填空题

1．三相异步电动机根据转子绕组的结构形式分为_____和_____电动机。

2．三相异步电动机主要由_____和_____两部分组成。根据_____的结构不同，分为笼型和绕线型电动机。

3．异步电动机转子旋转方向总是与旋转磁场的方向_____。

4．旋转磁场的旋转方向与三相电源的_____一致。要使旋转磁场反转，只要把接到_____绕组上的任意_____对调即可实现。

5．一台在工频电源作用下的两极三相异步电动机，其旋转磁场的转速为_____r/min，当磁极对数 $p$=2 或 3 时，旋转磁场的转速为_____或_____r/min。

6．所谓转差率，就是_____与_____的比值，其数学表达式为_____。

7．异步电动机的转子转速总是_____同步转速。

8．一台四极异步电动机，通入工频三相交流电，若转差率 $s$ = 4%，则电动机的转速为_____r/min，同步转速为_____r/min。

9．三相笼型异步电动机稳定运行时，如果负载加重，则电动机转速_____，而电磁转矩将_____，直到转矩平衡，电动机将以较_____的转速重新稳定运行。如果阻力矩超过最大转矩，则电动机的转速将很快_____，直到_____。

10．若三相笼型异步电动机铭牌上电压为 380V/220V，当电源电压为 380V，定子绕组应接成_____形；当电源电压为 220V 时，定子绕组应接成_____形。

## 二、计算题

1．三相异步电动机以 480r/min 的转速旋转，如果旋转磁场的转速为 500r/min，电源频率为 50Hz，求电动机的磁极对数和转差率。

2．笼型异步电动机的额定电压为 380V，额定转矩为 80N·m，启动转矩为 100N·m，最大转矩为 140N·m，则电动机的启动能力为多少？过载能力为多少？若电动机在额定电压下运行，负载转矩短时间内由 80N·m 增至 150N·m，其后果是什么？

3. 有一台三相异步电动机，额定功率为 17kW，额定转速为 1460r/min，过载能力为 2.4，求该电动机的最大转矩。

4. 一台三相两极异步电动机，额定功率为 7.5kW，额定转速为 2890r/min，频率为 50Hz，最大转矩为 50.96N·m。求该电动机的过载能力。

## 三、分析题

1. 为什么笼型异步电动机应用得比其他电动机更普遍？

2. 试说明异步电动机转差率的含义。

3. 为了检查三相电动机是否过载，常用电流表测量其线电流，观察它是否超过铭牌上的额定电流值。如果被测试的电动机定子绕组是接成三角形的，那么是否要把测得的数据换算成相电流，再与铭牌上的额定电流进行比较，以确定它是否过载？

4. 异步电动机在低于额定电压下运行对电动机寿命有何影响？

# 任务二　三相异步电动机的正转控制

扫一扫

### 任务要点

　　控制电器按照一定要求和规律组成的控制电路，用来控制电动机的运行，以满足生产机械设备的控制要求。常见电动机的基本控制电路有以下几种：单向直接启动控制、正反转控制、自动往返控制、顺序控制、降压启动控制、调速控制及制动控制等。

　　以"三相异步电动机的正转控制"任务为驱动，主要介绍低压电器的发展、配电电器、控制电器、热继电器等常用的低压电器的构造、原理及其使用，从最简单的控制——三相异步电动机的点动正转控制入手，用动画图解的方式讲述点动正转控制、接触器自锁正转控制线路的组成及其电气控制原理，学习电气控制电路的绘图原则及标准，最后通过完成电气控制线路安装实训项目，提高安装接线、故障的判断及检修、调试的技能。

## 一、常用低压电器概述

　　低压电器包括配电电器和控制电器两大类，它们是组成成套电气设备的基础配套元件。本书将低压电器定义为：根据使用要求及控制信号，通过一个或多个器件组合，能手动或自动分合额定电压在 1500V（DC）、1200V（AC）及以下的电路，以实现电路中被控制对象的控制、调节、变换、检测和保护等作用的基本器件称为低压电器。利用电磁原理构成的低压电器元件，称为电磁式低压电器；利用集成电路或电子元件构成的低压电器元件，称为电子式低压电器；利用现代控制原理构成的低压电器元件或装置，称为自动化电器、智能化电器或可通信电器。

　　（一）常用低压电器的分类

　　低压电器的种类繁多，功能多样，用途广泛，构造及工作原理各不相同，因而有多种分类方法。

　　1. 按用途分类

　　（1）控制电器。控制电器是用于各种控制电路和控制系统的电器，如手动电器有转换开关、按钮开关等；自动电器有接触器、继电器、电磁阀等；自动保护电器有热继电器、熔断器等。

（2）配电电器。配电电器是用于电能输送和分配的电器，如隔离开关、熔断器、低压断路器等。

（3）终端电器。终端电器是用于电路末端的一种小型化、模数化的组合式开关电器，可根据需要组合成对电路和用电设备进行配电、保护、控制、调节、报警等功能，包括各种智能单元、信号指示、防护外壳和附件等。

（4）执行电器。执行电器是用于完成某种动作或传送功能的电器，如电磁铁、电磁离合器等。

（5）可通信低压电器。可通信低压电器带有计算机接口和通信接口，可与计算机网络连接，如智能化断路器、智能化接触器及电动机控制器等。

（6）其他电器，包括变频调速器、软启动器、稳压电器与调压电器等。

2. 按电气传动控制系统分类

（1）低压开关。低压开关主要用作隔离、转换以及接通和分断电路用。低压开关一般为非自动切换电器，常用的类型有刀开关、转换开关和低压断路器等。

（2）熔断器。熔断器是低压配电系统和电力拖动系统中的保护电器，有瓷插式熔断器、螺旋式熔断器、无填料封闭管式熔断器、有填料封闭管式熔断器、快速熔断器等。

（3）主令电器。主令电器是在自动控制系统中发出指令或信号的操纵电器，它是专门发号施令的，主要有按钮开关、位置开关、万能转换开关等。

（4）接触器。接触器是用来接通或断开交、直流主电路及大容量控制电路的自动控制电器，有交流接触器、直流接触器、切换电容器接触器、真空接触器和智能化接触器等类型。

（5）继电器。继电器是根据电量（电压、电流）或非电量（如转速、时间、温度、压力等）的变化，接通或断开控制电路，实现自动控制和保护电力拖动装置的电器。

**（二）低压电器行业的飞速发展**

随着产业结构不断优化升级，中国低压电器业也拥有了较好的发展环境，得到了快速地发展。

1. 配电网智能化建设促进智能型低压电器的发展

具备智能化电路通断及控制功能的低压电器产品是决定配电网自动化、智能化能力的关键性元器件，是构建坚强智能配电网的重要组成部分。中国低压电器行业创新研发了第四代低压电器产品，其总体目标是实现智能低压电器的网络化和高可靠性，主要特征是能够提供低压配电系统整体解决方案、适用于新能源发电系统、节能环保等。随着国家大力落实智能电网建设，不断加大配电网投资，推进配电网智能化升级，低压电器行业整体技术水平和产量产值的全面提升。

2. 新能源发电市场高速增长，推动专用型低压电器技术快速发展

进入21世纪以来，我国能源发展成就显著，供应能力稳步增长，能源结构不断优化。随着火电为主的发电方式与生态环境的矛盾持续突出，风电、核电、太阳能光伏等新能源产业实现了高速发展，这势必会带动一系列低压电器的需求增长。然而，由于各类新能

源发电的能源获取的方式、发电原理各不相同，就需要根据各类能源的发电及配电特点对低压电器进行改良甚至重新设计，这对进入新能源发电领域的低压电器厂商提出了更高挑战。

3. 电动汽车充电桩市场需求带动低压电器的销售增长

随着国民经济与电器工业的不断发展，电力用户的类型和需求也在不断发生变化。近年来，国家政策大力鼓励电动汽车的生产制造，电动汽车在我国的普及程度不断上升，电动汽车充电设施的建设速度也随之加快。随着新能源汽车产业继续蓬勃发展，充电桩、大容量储能等配套设备市场的大规模增长将有效带动相关低压电器产品的销售增长。

4. 通信数据行业高速发展促进高性能低压电器的发展

通信数据行业是低压电器行业中高端产品最为重要的应用领域之一，需要高效、智能、稳定的供配电系统。电信领域的通信基站及数据中心属于一级负荷中特别重要的负荷，一旦出现用电故障，损失将无法衡量，其配电系统担负着网络服务器、数据硬盘等关键用电负荷，需要配电系统拥有极高的连续性和可靠性。电信客户及数据中心建设运营商往往对低压电器产品的可靠性、稳定性等有很高的要求，制定了非常严格的产品采购标准，从而有效推动了高性能低压电器的发展。

（三）我国低压电器产品的发展史和总体发展方向

低压电器发展方向，取决于国民经济的发展和现代工业自动化发展的需要，以及新技术、新工艺、新材料研究与应用，低压电器产品向智能化、可通信、网络化、高可靠、绿色环保发展，不断开拓具有我国自主知识产权的低压电器产品，目前中国在世界低压电器领域占有十分重要的地位。

1. 我国低压电器产品的发展史

我国低压电器行业从 20 世纪 50 年代末、60 年代初至 21 世纪初，经过 50 多年时间，先后开发了四代低压电器产品。每一代产品开发的时间大约为 15 年，每一代产品在结构、性能和功能上的差异非常明显，每一代产品开发的模式和思路也有很大差异。

20 世纪 60 年代至 70 年代，是我国低压电器产业的形成阶段。我国在模仿苏联的基础上，设计开发出第一代统一设计的低压电器产品。第一代低压电器产品的结构尺寸大，材料消耗多，性能指标不理想，品种规格不齐全。1978～1990 年，我国更新换代和引进国外先进技术，制造了第二代产品。第二代产品技术指标明显提高，保护特性较完善，产品体积缩小，结构上适应成套装置要求，成为此后很长一段时间内我国低压电器的支柱产品。1990～2005 年，我国自行开发试制了智能化的第三代产品，以 DW40 等产品为代表，其性能优良、工作可靠、体积小，具有电子化、智能化、组合化、模块化和多功能化，总体技术性能达到或接近国外 20 世纪 80 年代末、90 年代初水平。第三代产品较之第二代产品，有高性能、小型化和智能化三个突出的特点。所谓的高性能是指控电量提高了一倍。从体积看，跟第一代产品相比又小了很多，体积大概是第一代产品的四分之一。另外，电磁技术与芯片技术得到应用，这使得低压电器开始带有智能化的功能，所以第三代产品又叫"智能电器"。

与前三代相比，第四代低压电器有重大突破和明显差异。2005 年低压电器行业开始联合开发我国第一批第四代低压电器，包括新一代智能化万能式断路器（Air Circuit Breaker，ACB），新一代高性能、小型化塑壳断路器（Moulded Case Circuit Breaker，MCCB），新一代小型化、电子化控制与保护开关电器（Control and Protective Switch，CPS），新型带选择性保护小型断路器（Selection Miniature Circuit Breaker，SMCB）等。至 2009 年第四代低压电器研发成功，且达到了当前国际先进水平，部分技术与产品指标达到国际领先水平，开创了我国低压电器自主创新设计的新时代，是我国低压电器发展史上新的里程碑。

2. 新一代低压电器的特点

低压电器性能的提高主要得益于新技术的应用。我国第一代塑壳断路器（Moulded Case Circuit Breaker，MCCB）分断能力的提高主要得益于限流技术的应用。第二代空气断路器（Air Circuit Breaker，ACB）短路性能提高和保护性能的完善，主要是采用了电动力补偿新型触头灭弧系统及脱扣器采用三段保护技术。第三代智能型 ACB 主要采用了带微处理器的智能控制器，以及多回路并联触头、防止相间和对地飞弧的新型触头灭弧系统，使 ACB 不仅具有智能化功能，而且分断能力也有明显提高，更加安全、可靠。大电流分断技术在第三代产品基础上又有了新的发展，特别是双断点触头系统的应用，进一步提高了 MCCB 限流性能与分断能力，也为 ACB 省去软连接、触头多回路并联与电动力相结合技术的应用创造了条件，使新一代 ACB 短时耐受电流明显提高；模块化、集成化、现代设计技术和先进材料的进一步发展和应用，使第四代低压电器更加小型化、功能更加强大。

新一代产品研发、设计和试制过程中，普遍采用现代设计和现代测试技术。产品设计主要应用数字化仿真技术，而产品性能验证采用现代测试技术。借助新技术的应用和结构的创新，第四代低压电器产品性能和功能有明显提升，除了继承第三代产品的特性外，还深化了智能的特性，具有高性能、多功能、小型化、高可靠、绿色环保、节能与节材等显著特点。第三代产品和二次开发产品将成为低压电器主导产品，新一代产品将成为低压电器高端产品和发展方向。

（1）高性能。以低压断路器为例，我国第三代低压电器分断能力已达到相当高的水平，保护特性也相当完善。新一代低压断路器能实现低压配电系统全选择性保护，包括终端配电系统及配电系统任何短路电流出现时，都能避免上、下级断路器同时跳闸或越级跳闸的状况，使短路故障限制在最小范围，确保配电系统安全运行。

（2）小体积。新一代低压电器进一步实现产品小型化。产品小型化既是低压电器设计技术的综合体现，又是成套设备和系统小型化的需要，对电器产品节材、节能具有重要意义。低压电器小型化主要借助于新技术、新工艺的应用和产品结构上的创新。与上一代产品相比，体积平均缩小 20%～50%。

（3）高可靠性。对新一代低压电器，从产品的设计阶段开始就提出了高可靠性的要求。利用现代低压电器设计技术，尽可能减少设计缺陷，对产品可靠性尽可能提出量化要求，并作为内控标准。在产品试制阶段，采用 VA 测试（产品适应性试制），在产品装配过程设置必要的在线检测和质量监控点等。

（4）绿色环保。新一代低压电器所用材料应严格采用环保材料，并实现主要材料可回收。在产品试制、试验、生产、使用中均不应污染环境。

3. 我国新一代低压电器总体发展方向

目前国内的低压电器产品正朝着高性能、高可靠性、小型化、数模化、模块化、组合化、电子化、智能化、可通信、零部件通用化的方向发展。

（1）个性化、有特色、具有自主知识产权的低压电器产品发展。开发具有个性化、有特色、有亮点且具有自主知识产权的低压电器产品，已成为大部分企业的首选。同质化产品带来的只能是价格竞争和利润的不断下降，一个系列产品满足全行业需求的年代已一去不返。个性化、有特色、具有自主知识产权的产品给企业的发展带来生机与活力。

（2）低压电器系统集成和整体解决方案发展。一个企业在系统集成与总体方案上领先一步，就有可能在市场竞争中步步领先。应在以下几个方面开展深入研究：①低压配电系统典型方案和各类低压断路器选用原则和性能协调研究；②低压配电与控制网络系统研究包括网络系统、系统整体解决方案、各类可通信低压电器，以及其他配套元件选用和相互协调配合；③配电系统过电流保护整体解决方案，其目标是在极短时间内实现全范围、全电流选择性保护；④配电系统（包括新能源系统）过电压保护整体解决方案；⑤各类电动机起动、控制与保护整体解决方案；⑥双电源系统自动转换开关电器（Automatic Transfer Switching Equipment，ATSE）选用整体解决方案。

（3）数字化、网络化、智能化、连接化发展。新技术的应用给低压电器产品的发展注入了新的活力，在一个万物相连、万物智能的时代，可能引发低压电器产品一场新的"革命"。低压电器在这场革命中将起到万物连接器的作用，能够把各个万物孤岛和每一个人接入到统一的生态体系。

（4）绿色节能电器发展。先进的低压电器技术和节能技术则成为世界科技发展的前沿和技术竞争的热点领域，打造具有核心竞争力的绿色节能电器，为客户提供更安全、更智能、更绿色的电器解决方案已经是大势所趋。绿色革命的到来对低压电器行业内厂商带来的既是挑战也是机遇。

**二、配电电器**

低压配电电器是指正常或事故状态下，接通或者断开用电设备和供电电网所用的电器，广泛应用于电力配电系统，实现电能的输送和分配以及系统的保护。这类电器一般不经常操作，机械寿命的要求比较低，但要求动作准确迅速、工作可靠、分断能力强、操作过电压低、保护性能完善、动稳定和热稳定性能高等。常用的低压配电电器包括开关电器和保护电器等。

**（一）低压开关**

低压开关主要用作隔离、转换以及接通和分断电路用。低压开关多数作为机床电路的电源开关、局部照明电路的控制，有时也可用来直接控制小容量电动机的启动、停止和正反转控制。

低压开关一般为非自动切换电器，常用的主要类型有刀开关、转换开关和低压断路器等。

**1. 刀开关**

刀开关只用于手动控制容量较小、启动不频繁的电动机，刀开关的主要类型有开启式负荷开关、封闭式负荷开关和熔断器式刀开关等。常用的产品有 HK1、HK2 系列开启式负荷开关，HH3、HH4 系列封闭式负荷开关，HR3、HR5 系列熔断器式刀开关。

（1）开启式负荷开关（文字符号 QS）。

1）开启式负荷开关的结构、符号。开启式负荷开关又称胶盖闸刀开关，它是由隔离开关和熔丝组合而成的一种电器，其外形和内部结构如图 1-18（a）所示。隔离开关作为手动不频繁地接通和分断电路用，熔丝作保护用。隔离开关结构简单、使用维修方便、价格便宜，在小容量电动机中得到了广泛应用。闸刀开关的符号如图 1-18（b）和（c）所示。

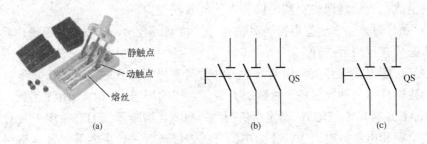

图 1-18　闸刀开关

（a）结构；（b）三极刀开关符号；（c）二极刀开关符号

2）选用方法。

①用于照明电路时，可选用额定电压 220V 或 250V，额定电流不小于电路最大工作电流的两极开关。

②用于电动机的直接启动，可选用 $U_N$ 为 380V 或 500V，额定电流不小于电动机额定电流 3 倍的三极开关。

3）安装注意事项。

①胶盖闸刀开关必须垂直安装在控制屏或开关板上，不能倒装，即接通状态时手柄朝上，否则有可能在分断状态时闸刀开关松动落下，造成误接通。

②安装接线时，刀闸上桩头接电源，下桩头接负载。接线时进线和出线不能接反，否则在更换熔断丝时会发生触电事故。

③操作胶盖闸刀开关时，不能带重负载，因为 HK1 系列瓷底胶盖闸刀开关不设专门的灭弧装置，它仅利用胶盖的遮护防止电弧灼伤。

④如果要带一般性负载操作，动作应迅速，使电弧较快熄灭，一方面不易灼伤人手，另一方面也减少了电弧对动触点和静夹座的损坏。

（2）封闭式负荷开关。封闭式负荷开关又称铁壳开关，它是在闸刀开关基础上改进设计的一种开关。它是由隔离开关、熔断器、速断弹簧等组成的，并装在金属壳内。开关采用侧面手柄操作，并设有机械联锁装置，使箱盖打开时不能合闸，刀开关合闸时，箱盖不能打开，保证了用电安全。手柄与底座间的速断弹簧使开关通断动作迅速，灭弧性能好。封闭式负荷开关能工作于粉尘飞扬的场所。

铁壳开关安装及使用注意事项：

1）为了保障安全，开关外壳必须连接良好的接地线。

2）接开关时，要把接线压紧，以防烧坏开关内部的绝缘。

3）为了安全，在铁壳开关钢质外壳上装有机械联锁装置，当壳盖打开时不能合闸，合闸后壳盖不能打开。

4）安装时，先预埋固定件，将木质配电板用紧固件固定在墙壁或柱子上，再将铁壳开关固定在木质配电板上。

5）铁壳开关应垂直于地面安装，其安装高度以手动操作方便为宜，通常在 1.3～1.5m。

6）铁壳开关的电源进线和开关的输出线，都必须经过铁壳的进出线孔。安装接线时应在进出线孔处加装橡皮垫圈，以防尘土落入铁壳内。

7）操作时，必须注意不得面对铁壳开关拉闸或合闸，一般用左手操作合闸。若更换熔丝，必须在拉闸后进行。

（3）熔断器式刀开关。熔断器式刀开关又称熔断器式隔离开关，它是以熔体或带有熔体的载熔件作为动触点的一种隔离开关。常用的型号有 HR3、HR5 系列，额定电压为 380V（AC），440V（DC），额定电流可达 600A。熔断器式刀开关用于具有高短路电流的配电电路和电动机电路中，作为电源开关、隔离开关、应急开关及电路保护用，但一般不能直接开关单台电动机。熔断器式刀开关是用来代替各种低压配电装置刀开关和熔断器的组合电器。

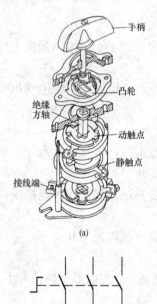

图 1-19 组合开关
(a) 结构；(b) 符号

2. 组合开关（文字符号 QS）

组合开关又称转换开关，实质上是一种特殊刀开关，只不过一般刀开关的操作手柄是在垂直于安装面的平面内向上或向下转动，而转换开关的操作手柄则是在平行于其安装面的平面内向左或向右转动。它具有多触点、多位置、体积小、性能可靠、操作方便、安装灵活等特点。多用在机床电气控制电路中作为电源的引入开关，也可用作不频繁地接通和断开电路、换接电源和负载以及控制 5kW 及以下的小容量异步电动机的正反转和丫—△启动。它的结构、符号如图 1-19 所示，它由多节触片分层组合而成，上部是有凸轮、扭簧、手柄等零件构成的操作机构，该机构由于采用了扭簧储能，可使开关快速闭合或分断，能获得快速动作，从而提高开关的通断能力，使动静触点的分合速度与手柄旋转速度无关。

3. 低压断路器（文字符号 QF）

低压断路器俗称自动空气开关，是低压配电网中的主要电器开关之一，它不仅可以接通和分断正常负载电流、电动机工作电流和过载电流，还可以接通和分断短路电流。在不频繁操作的低压配电电路或开关柜（箱）中作为电源开关使用，并对电路、电气设备及电动机等实行保护，当它们发生严重过电流、过载、短路、断相、漏电等故障时，能自动切断电路，起到保护作用，应用十分广泛。低压断路器按用途分有配电（照明）、限流、灭磁、漏电保护等几种；按动作时间分有一般型和快速型；按结构分有框架式（万能式 DW 系列）、塑壳式（装置式 DZ 系列）和模块式小型断路器（C45 系列）。

（1）结构。低压断路器主要由触点系统、灭弧装置、保护装置、操作机构等组成。低压断路器的触点系统一般由主触点、弧触点和辅助触点组成。灭弧装置采用栅片灭弧方法，灭弧栅一般由长短不同的钢片交叉组成，放置在绝缘材料的灭弧室内，构成低压断路器的灭弧装置。保护装置由各类脱扣器（过流、失电及热脱扣器等）构成，以实现短路、失压、过载等保护功能。低压断路器有较完善的保护装置，但构造复杂、价格较贵、维修麻烦。

（2）工作原理。低压断路器的工作原理如图 1-20 所示。图中低压断路器的 3 副主触点串联在被保护的三相主电路中，由于搭钩钩住弹簧，使主触点保持闭合状态。当电路正常工作时，电磁脱扣器中线圈所产生的吸力不能将它的衔铁吸合。当电路发生短路时，电磁脱扣器的吸力增加，将衔铁吸合，并撞击杠杆，把搭钩顶上去，在弹簧的作用下切断主触点，实现了短路保护。当电路上电压下降或失去电压时，欠电压脱扣器的吸力减小或失去吸力，衔铁被弹簧拉开，撞击杠杆，把搭钩顶开，切断主

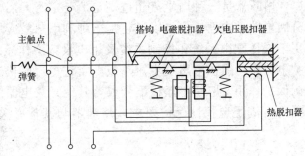

图 1-20　低压断路器的工作原理图

触点，实现了失压保护。当电路过载时，热脱扣器的双金属片受热弯曲，也把搭钩顶开，切断主触点，实现了过载保护。

（3）常用低压断路器。目前，常用的低压断路器按结构形式分为万能框架式断路器、塑壳式断路器和模块式断路器。万能框架式断路器一般有一个有绝缘衬垫的钢制框架，所有部件均安装在这个框架底座内，主要用于配电网络的总开关和保护。塑壳式断路器的主要特征是有一个采用聚酯绝缘材料模压而成的外壳，所有部件都装在这个封闭型外壳中。模数化小型断路器在结构上具有外形尺寸模数化（9mm 的倍数）和安装导轨化的特点。新一代智能化万能式断路器，新一代高性能、小型化塑壳断路器，新型带选择性保护小型断路器的保护功能得到大幅度扩展，满足智能电网的发展要求，断路器的符号如图 1-21 所示。

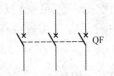

图 1-21　断路器的符号

（4）低压断路器的型号。低压断路器的型号含义如下：

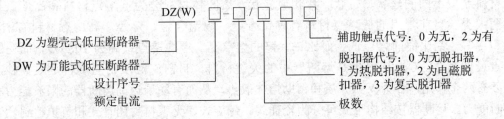

DZ(W) □-□/□□□

DZ 为塑壳式低压断路器
DW 为万能式低压断路器
设计序号
额定电流
极数
脱扣器代号：0 为无脱扣器，1 为热脱扣器，2 为电磁脱扣器，3 为复式脱扣器
辅助触点代号：0 为无，2 为有

（5）低压断路器的选用。

1）根据电气装置的要求确定低压断路器的类型，如框架式、塑料外壳式等。

2）低压断路器的额定电压和额定电流应不小于电路的正常工作电压和工作电流。

3）热脱扣器的整定电流应与所控制的电动机的额定电流或负载额定电流一致。

4）电磁脱扣器的瞬间脱扣整定电流应大于负载电路正常工作时的峰值电流。对于电动机来说，DZ 型低压断路器电磁脱扣器的瞬间脱扣整定电流值 $I_Z$ 的计算公式为

$$I_Z \geq KI_{st}$$

式中　$K$ ——安全系数，可取 1.7；

　　　$I_{st}$ ——电动机的启动电流。

5）初步选定低压断路器的类型和各项技术参数后，还要和其上、下级开关作保护特性的协调配合，从总体上满足系统对选择性保护的要求。

（二）熔断器（文字符号 FU）

熔断器是一种当电流超过规定值一定时间后，以它本身产生的热量使熔体熔化而分断电路的电器，也可以说它是一种利用热效应原理工作的电流保护电器。它广泛应用于低压配电系统和控制系统及用电设备中作短路和过电流保护。熔断器串接于被保护电路中，能在电路发生短路或严重过电流时快速自动熔断，从而切断电路电源，起到保护作用。熔断器互相配合或与其他开关电器的保护特性配合，在一定短路电流范围内可满足选择性保护要求。熔断器与其他开关电器组合可构成各种熔断器组合电器，如熔断器式隔离器、熔断器式刀开关、隔离器熔断器组和负荷开关等。熔断器的外观图、符号如图 1-22 所示。

电气设备的电流保护有两种形式：过载延时保护和短路瞬时保护。过载一般是指 10 倍额定电流以下的过电流，短路则是指 10 倍额定电流以上的过电流。熔断器对过载反应是很不灵敏的，当系统电气设备发生轻度过载时，熔断器持续很长时间才熔断，有时甚至不熔断。因此，熔断器一般不宜作为过载保护，主要用作短路保护。

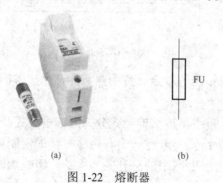

FU

(a) 　　　　(b)

图 1-22　熔断器

（a）RT 系列圆筒帽形熔断器；（b）熔断器的符号

（1）熔断器的结构及分类。熔断器结构上一般由熔断管（或座）、熔断体、填料及导电部件等部分组成。其中，熔断管一般由硬质纤维或瓷质绝缘材料制成封闭或半封闭式管状外壳，熔断体装于其内，并有利于熔断体熔断时熄灭电弧；熔断体是由金属材料制成不同的丝状、带状、片状或笼状，熔断体材料分为低熔点材料和高熔点材料两大类。目前常用的低熔点材料有锑铅合金、锡铅合金、锌等，高熔点材料有铜、银和铝等。铝比银的熔点低，而比铅、锌的熔点高。铜的熔点最高为 1083℃，而锡的熔点最低为 232℃。填料也是熔断器中的关键材料，目前广泛应用的填料是石英砂，主要有两个作用，作为灭弧介质和帮助熔体散热，从而有助于提高熔断器的限流能力和分断能力。熔断器按结构形式可分为瓷插式、螺旋式、无填料封闭管式和有填料封闭管式等。

（2）常用熔断器型号的含义。常用熔断器的含义如下：

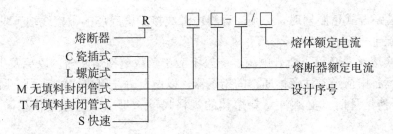

（3）主要参数。低压熔断器的主要参数如下：

1）熔断器的额定电流 $I_{ge}$ 表示熔断器的规格。

2）熔体的额定电流 $I_{Te}$ 表示熔体在正常工作时不熔断的工作电流。

3）熔体的熔断电流 $I_b$ 表示使熔体开始熔断时的电流，$I_b > （1.3 \sim 2.1）I_{Te}$。

4）熔断器的断流能力 $I_d$ 表示熔断器所能切断的最大电流。

如果电路电流大于熔断器的断流能力，熔丝熔断时电弧不能熄灭，可能引起爆炸或其他事故。低压熔断器的几个主要参数之间的关系为：$I_d > I_b > I_{ge} \geqslant I_{Te}$。

（4）选型。熔断器的选型主要是选择熔断器的形式、额定电流、额定电压以及熔体额定电流。熔体额定电流的选择是熔断器选择的核心，其选择方法见表1-4。

表1-4　　　　　　　　　　　　熔 体 额 定 电 流 选 择

| 负 载 性 质 | | 熔体额定电流 $I_{Te}$ |
|---|---|---|
| 电炉和照明等电阻性负载 | | $I_{Te} \geqslant I_N$ |
| 单台电动机 | 绕线型电动机 | $I_{Te} \geqslant （1 \sim 1.25）I_N$ |
| | 笼型电动机 | $I_{Te} \geqslant （1.5 \sim 2.5）I_N$ |
| | 启动时间较长的某些笼型电动机 | $I_{Te} \geqslant 3I_N$ |
| | 连续工作制直流电动机 | $I_{Te} = I_N$ |
| | 反复短时工作制直流电动机 | $I_{Te} = 1.25 I_N$ |
| 多台电动机 | | $I_{Te} \geqslant （1.5 \sim 2.5）I_{Nmax} + \Sigma I_{de}$<br>$I_{Nmax}$ 为最大一台电动机额定电流；<br>$\Sigma I_{de}$ 为其他电动机额定电流之和 |

（5）熔断器安装及使用注意事项如下：

1）安装前检查熔断器的型号、额定电流、额定电压、额定分断能力等参数是否符合规定要求。

2）安装熔断器除保证足够的电气距离外，还应保证足够的间距，以便于拆卸、更换熔体。

3）安装时应保证熔体和触刀，以及触刀和触刀座之间接触紧密可靠，以免由于接触处发热，使熔体温度升高，发生误熔断。

4）安装熔体时必须保证接触良好，不允许有机械损伤，否则准确性将降低。

5）熔断器应安装在各相线上，三相四线制电源的中性线上不得安装熔断器。

6）瓷插式熔断器安装熔丝时，熔丝应顺着螺钉旋紧方向绕过去，同时应注意不要划伤熔丝，也不要把熔丝绷紧，以免减小熔丝截面尺寸或绷断熔丝。

7）安装螺旋式熔断器时，必须注意将电源线接到瓷底座的下接线端（即低进高出的原则），以保证安全。

8）更换熔丝，必须先断开电源，一般不应带负载更换熔断器，以免发生危险。

9）在运行中应经常注意熔断器的指示器，以便及时发现熔体熔断，防止缺相运行。

10）更换熔体时，必须注意新熔体的规格尺寸、形状应与原熔体相同，不能随意更换。

### 三、控制电器

低压控制电器是指完成各种控制所用的电器，广泛应用于电力拖动系统和自动控制系统，包括主令电器、接触器、各种继电器等。这些控制电器要求工作准确可靠、操作频率高、寿命长、体积小、质量小、结构坚固、电气寿命和机械寿命长。

#### （一）主令电器

主令电器是电气控制系统中用于发送或转换控制指令的电器，是一种用于辅助电路的控制电器，主令电器应用广泛，种类繁多，按其作用可分为按钮开关、位置开关和万能转换开关等。下面重点介绍按钮开关，位置开关和万能转换开关详见后面相关的项目任务。

按钮开关是一种短时接通或断开小电流电路的电器，它不直接控制主电路的通断，而是在控制电路中发出手动"指令"去控制接触器、继电器等电器，再由它们去控制主电路，故称"主令电器"。按钮开关的种类很多，在结构上有紧急式、钥匙式、旋钮式、带灯式和打碎玻璃按钮。其中打碎玻璃按钮用于控制消防水泵或报警系统，有紧急情况时，可用敲击锤打碎按钮玻璃，使按钮内触点状态翻转复位，发出启动或报警信号。

#### 1. 按钮开关的结构

按钮开关的结构一般是由按钮帽、复位弹簧、固定触点、可动触点、外壳和支柱连杆等组成。按钮开关的外观、结构示意图、符号如图 1-23 所示，其文字符号为 SB。

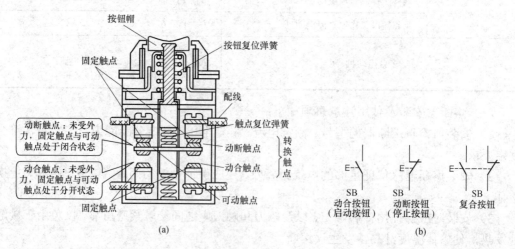

图 1-23  按钮开关

（a）结构示意图；（b）文字符号

动合触点是指原始状态时（电器未受外力或线圈未通电），固定触点与可动触点处于分开状态的触点。

动断触点是指原始状态时（电器未受外力或线圈未通电），固定触点与可动触点处于闭合状态的触点。

动合按钮开关，未按下时，触点是断开的，按下时触点闭合接通；当松开后，按钮开关在复位弹簧的作用下复位断开。在控制电路中，动合按钮常用来启动电动机，也称启动按钮。

动断按钮开关与动合按钮开关相反，未按下时，触点是闭合的，按下时触点断开；当手松开后，按钮开关在复位弹簧的作用下复位闭合。动断按钮常用于控制电动机停车，也称停车按钮。

复合按钮开关是将动合与动断按钮开关组合为一体的按钮开关，即具有动断触点和动合触点。未按下时，动断触点是闭合的，动合触点是断开的。按下按钮时，动断触点首先断开，动合触点后闭合，如图 1-24 所示。当松开后，按钮开关在复位弹簧的作用下，首先将动合触点断开，继而将动断触点闭合，复合按钮用于联锁控制电路中。

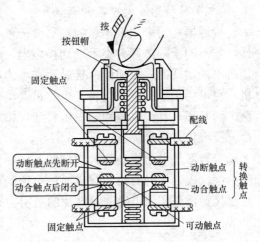

图 1-24　复合按钮动作状态

2. 按钮开关的型号意义

按钮开关的型号意义如下：

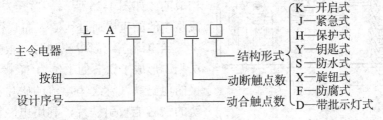

3. 按钮开关的选用

（1）根据使用场合选择按钮的种类。

（2）根据用途选择合适的形式。

（3）根据控制回路的需要确定按钮数。

（4）按工作状态指示和工作情况要求选择按钮和指示灯的颜色。

4. 按钮开关的安装和使用

（1）将按钮安装在面板上时，应布置整齐，排列合理，可根据电动机启动的先后次序，从上到下或从左到右排列。

（2）按钮的安装应牢固，接线应可靠。应用红色按钮表示停止，绿色或黑色表示启动或通电，不要搞错。

（3）由于按钮触点间距离较小，如有油污等容易发生短路故障，因此应保持触点的清洁。

（4）安装按钮的按钮板和按钮盒必须是金属的，并设法使它们与机床总接地母线相连接，对于悬挂式按钮必须设有专用接地线，不得借用金属管作为地线。

（5）按钮用于高温场合时，易使塑料变形老化而导致松动，引起接线螺钉间相碰短路，可在接线螺钉处加套绝缘塑料管来防止短路。

（6）带指示灯的按钮因灯泡发热，长期使用易使塑料灯罩变形，应降低灯泡电压，延长使用寿命。

（7）"停止"按钮必须是红色；"急停"按钮必须是红色蘑菇头式；"启动"按钮必须有防护挡圈，防护挡圈应高于按钮头，以防意外触动使电气设备误动作。

### （二）接触器（文字符号 KM）

接触器是用来频繁地遥控接通或分断交直流主电路及大容量控制电路的自动控制电器。它不同于隔离开关类手动切换电器，也不同于低压断路器，因为它具有手动切换电器所不能实现的遥控功能；接触器在电力拖动和自动控制系统中，主要控制对象是电动机，也可用于控制电热设备、电焊机及电容器组等其他负载。接触器不仅能遥控通断电路，而且还具有欠电压和零电压释放保护、操作频率高、工作可靠、性能稳定、使用寿命长及维护方便等优点。

接触器是电力拖动与自动控制系统中重要的一种低压电器，也是有触点电磁式电器的典型代表。接触器按主触点通过电流的种类，可分为交流接触器和直流接触器两种。电磁接触器是利用电磁铁对铁片的吸引力来完成触点开闭功能的器件。

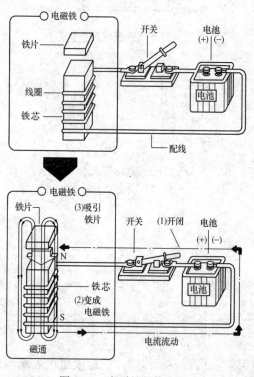

图 1-25　电磁铁的构造图

（1）电磁铁的构造。电磁铁是通过把电线一圈一圈地缠绕到铁棒（铁芯）上，即线圈，并且通过开关与电池（电源）连接起来构成的。如图 1-25 所示，当开关关闭时，电流从电池的正极通过线圈流向负极。

当电流在线圈中流动时，根据右手螺旋法则，形成了铁芯的上侧为 N 极、下侧为 S 极的电磁铁，称之为电流的磁化作用。电磁铁的铁芯能吸引铁片，利用电磁铁对铁片的吸引作用就构成接触器。

（2）电磁接触器的原理结构。如图 1-26 所示，两个 E 形状的铁芯 A 和铁芯 B 相向放置，铁芯 B 的中间的腿上缠着电磁线圈 C，电磁线圈 C 通过开关 D 与电池 GB 连接。现在，闭合开关 D，则电磁线圈 C 中有电流流过，铁芯 A 和铁芯 B 都变成电磁铁。这时，铁芯 A 与铁芯 B 相向的部分就如同 N 极和 S 极一样，变成磁性相反的磁极，由于磁性相反的磁极相互吸引，铁芯 A 与铁芯 B 之间产生吸引力。这时将铁芯 B 固定，铁芯 A 由于吸引力的作用就会向下移动。于是，把 A 叫作可动铁芯，把 B 叫作固定铁芯。

如图 1-27 所示，在铁芯 A 即可动铁芯上连接可动触点 F，与固定触点 G 组合构成触点（所示为动合触点），同时连接复位（还原）弹簧 H。当电磁线圈中没有电流流过，可动铁芯 A 和固定铁芯 B 之间没有吸引力，由于弹簧 H 的作用力，铁芯 A 及可动触点 F 向上移动，回到原来的位置，可动触点 F 与固定触点 G 就分离开——这就是弹簧 H 所起的作用。

在 A 的两侧还有可动触点 J 和固定触点 K 及可动触点 M 和固定触点 N 两组触点，把 J、K 和 M、N 叫作电磁接触器的辅助触点，辅助触点是为完成小电流开关功能而设的触点。与此相对，把 F、G 叫作电磁接触器的主触点，它是能够完成像电动机电路这样的大电流开关功能和具有安全的大电流容量的触点。

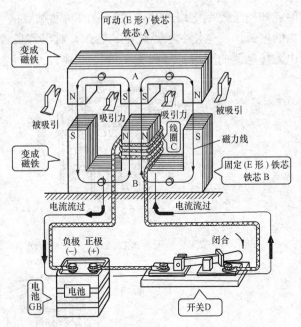

图 1-26　用于接触器的 E 形铁芯的功能

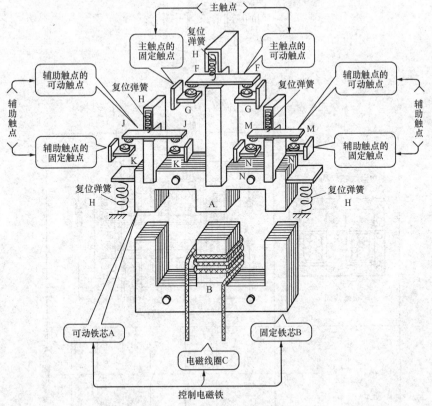

图 1-27　接触器的原理结构图

（3）电磁接触器的实际结构。接触器的外部结构及内部结构如图 1-28 所示，接触器是由电磁系统、触点系统、灭弧装置、复位弹簧等几部分构成的，电磁系统包括可动铁芯（衔铁）、静铁芯、电磁线圈；触点系统包括用于接通、切断主电路的大电流容量的主触点和用于控制电路的小电流容量的辅助触点；灭弧装置用于迅速切断主触点断开时产生的电弧，以免使主触点烧毛、熔焊，对于容量较大的交流接触器，常采用灭弧栅灭弧。电磁接触器的图形符号和文字符号如图 1-29 所示。

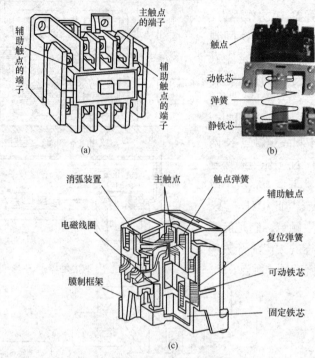

图 1-28　交流接触器

（a）交流接触器的外形结构说明；（b）、（c）接触器内部结构

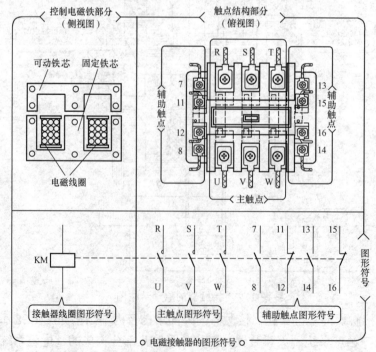

图 1-29　电磁接触器的图形符号和文字符号

（4）交流接触器工作原理如下：当电磁线圈接受指令信号得电后，铁芯被磁化为电磁铁，产生电磁吸力，当克服弹簧的反弹力时使动铁芯吸合，带动触点动作，即动断触点分开、动合触点闭合；当线圈失电后，电磁铁失磁，电磁吸力消失，在弹簧的作用下触点复位。

1）交流接触器的动作方式。如图 1-30 所示，当电磁接触器的电磁线圈中有电流流过时，在固定铁芯和可动铁芯之间有磁力线通过，形成磁电路，由于固定铁芯变成电磁铁，所以可动铁芯被固定铁芯吸引。由于这个吸引力的作用，与可动铁芯机械联动的主触点及辅助触点受到向下的力，主触点闭合的同时，辅助触点中的动合触点闭合，动断触点断开，这就是电磁接触器的"动作"。

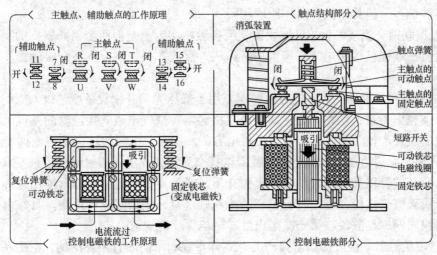

图 1-30　接触器的动作原理

2）交流接触器的复位方式。如图 1-31 所示，当电磁接触器的电磁线圈中没有电流流过时，磁力线消失，固定铁芯就不再是电磁铁，从而可动铁芯无法被固定铁芯吸引，可动铁芯在还原弹簧力的作用下向上移动。

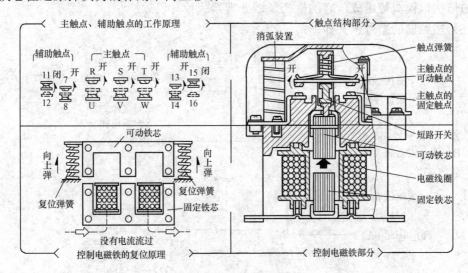

图 1-31　接触器的复位原理

当可动铁芯向上移动时，与可动铁芯机械联动的主触点及辅助触点的可动触点也一起向上移动，主触点断开的同时，在辅助触点中，动合触点断开，动断触点闭合，这就是电磁接触器的"复位"。

交流接触器线圈的工作电压，应为其额定电压的 85%～105%，这样才能保证接触器可靠吸合。如电压过高，交流接触器磁路趋于饱和，线圈电流将显著增大，有烧毁线圈的危险；反之，电压过低，电磁吸力不足，动铁芯吸合不上，线圈电流达到额定电流的十几倍，线圈可能过热烧毁。

（5）常用接触器。

1）空气电磁式交流接触器。在接触器中，空气电磁式交流接触器应用最广泛，产品系列和品种最多，但其结构和工作原理相同。

2）机械联锁交流接触器。机械联锁交流接触器实际上是由两个相同规格的交流接触器再加上机械联锁机构和电气联锁机构所组成，保证在任何情况下两台接触器不能同时吸合。

3）切换电容接触器。切换电容接触器专用于低压无功补偿设备中，投入或切除电容器组，以调整电力系统功率因数，切换电容接触器在空气电磁式接触器的基础上加入了抑制浪涌的装置，使合闸时的浪涌电流对电容的冲击和分闸时的过电压得到抑制。

4）真空交流接触器。真空交流接触器以真空为灭弧介质，其主触点密封在真空开关管内。真空开关管以真空作为绝缘和灭弧介质，当触点分离时，电弧只能由触点上蒸发出来的金属蒸气来维持，真空具有很高的绝缘强度且介质恢复速度很快，真空电弧的等离子体很快向四周打散，在第一次电压过零时电弧就能熄灭。

5）直流接触器。直流接触器结构上有立体布置和平面布置两种结构，电磁系统多采用绕棱角转动的拍合式结构，主触点采用双断点桥式结构或单断点转动式结构。

6）智能化接触器。智能化接触器内装有智能化电磁系统，并具有与数据总线和其他设备通信的功能，其本身还具有对运行工况自动识别、控制和执行的能力。智能化接触器由电磁接触器、智能控制模块、辅助触点组、机械联锁机构、报警模块、测量显示模块、通信接口模块等组成，它的核心是微处理器或单片机。

（6）接触器的型号意义如下：

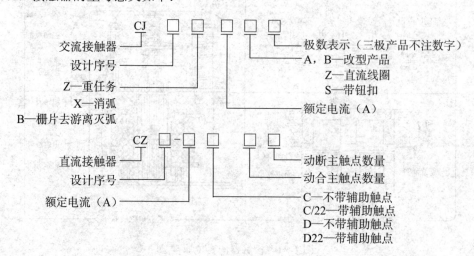

（7）选择接触器时应注意以下几点：

1）接触器主触点的额定电压≥负载额定电压。

2）接触器主触点的额定电流≥1.3 倍负载额定电流。

3）接触器线圈额定电压。当电路简单、使用电器较少时，可选用 220V 或 380V；在电路复杂、使用电器较多或不太安全的场所，可选用 36、110V 或 127V。

4）接触器的触点数量、种类应满足控制电路要求。

5）操作频率（每小时触点通断次数）。当通断电流较大及通断频率超过规定数值时，应选用额定电流大一级的接触器型号。否则，会使触点严重发热，甚至熔焊在一起，造成电动机等负载缺相运行。

## 四、热继电器

继电器是一种根据某种输入信号的变化而接通或断开控制电路，以实现控制目的的电器。继电器的输入信号可以是电流、电压等电量，也可以是温度、速度、时间、压力等非电量，而输出通常是触点的接通或断开动作。继电器一般不用来直接控制有较大电流的主电路，而是通过接触器或其他电器对主电路进行控制。因此与接触器相比，继电器的触点断流容量较小，一般不需灭弧装置，但对继电器动作的准确则要求较高。

继电器的种类很多，按输入信号的性质分为电压继电器、电流继电器、时间继电器、温度继电器、速度继电器和压力继电器等；按工作原理可分为电磁式继电器、感应式继电器、电动式继电器、热继电器和电子式继电器等；按用途可分为控制继电器、保护继电器等。下面先介绍具有过载保护功能的热继电器，其他继电器将在后面介绍。

电动机在实际运行中，常常遇到过载的情况。若过载电流不太大且过载时间较短，电动机绕组温升不超过允许值，这种过载是允许的。但若过载电流大且过载时间长，电动机绕组温升就会超过允许值，这将会加剧绕组绝缘的老化，缩短电动机的使用年限，严重时会使电动机绕组烧毁，这种过载是电动机不能承受的。

### （一）热继电器的结构和原理（文字符号 FR）

热继电器是利用电流的热效应来推动动作机构，使触点系统闭合或分断的保护电器。主要用于电动机的过载保护、断相保护、电流不平衡运行的保护及其他电气设备发热状态的控制。

热继电器的结构示意图、动作原理、符号如图 1-32 所示。热继电器主要由热元件、双金属片和触点组成，热元件由发热电阻丝做成。双金属片由两种热膨胀系数不同的金属辗压而成，当双金属片受热时，会出现弯曲变形。使用时，把热元件串接于电动机的主电路中，而动断触点串接于电动机的控制电路中。当电动机正常运行时，热元件产生的热量虽能使双金属片弯曲，但还不足以使热继电器的触点动作。当电动机过载时，双金属片弯曲位移增大，推动导板使动断触点断开，从而切断电动机控制电路以起保护作用，如图 1-32（b）所示。热继电器动作后，要等双金属片冷却后自动复位或手动按下复位按钮复位。热继电器动作电流的调节可借助旋转凸轮于不同位置来实现。

在三相异步电动机的电路中，一般采用两相结构的热继电器（即在两相主电路中串接热元件），在特殊情况下，在没有串接热元件的一相有可能过载（如三相电源严重不平衡、电动机绕组内部短路等故障），则热继电器不动作，此时需采用三相结构的热继电器。

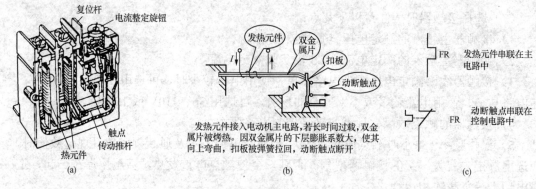

图 1-32　热继电器

（a）结构示意图；（b）动作原理示意图；（c）文字符号

（二）热继电器的型号

热继电器的型号含义如下：

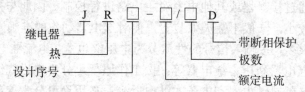

（三）热继电器的选用

（1）热继电器的类型选用。一般轻载启动、长期工作的电动机或间断长期工作的电动机，选择两相结构的热继电器；电源电压的均衡性和工作环境较差或较少有人照管的电动机，或多台电动机的功率差别较大，可选择三相结构的热继电器；而三角形连接的电动机，应选用带断相保护装置的热继电器。

（2）热继电器的额定电流选用。热继电器的额定电流应略大于电动机的额定电流。

（3）热继电器的型号选用。根据热继电器的额定电流应大于电动机的额定电流原则，查表确定热继电器的型号。

（4）热继电器的整定电流选用。热继电器的整定电流是指热继电器长期不动作的最大电流，超过此值即动作。一般将热继电器的整定电流调整到等于电动机的额定电流；对过载能力差的电动机，可将热元件整定值调整到电动机额定电流的 0.6～0.8 倍；对启动时间较长，拖动冲击性负载或不允许停车的电动机，热继电器的整定电流应调节到电动机额定电流的 1.1～1.15 倍。

（四）热继电器的安装、使用和维护

（1）热继电器安装接线时，应清除触点表面污垢，以避免电路不通或因接触电阻太大而影响热继电器的动作特性。

（2）热继电器进线端子标志为 1/L1、3/L2、5/L3，与之对应的出线端子标志为 2/T1、4/T2、6/T3。

（3）必须选用与所保护的电动机额定电流相同的热继电器，如不符合，则将失去保护作用。

（4）热继电器除了接线螺钉外，其余螺钉均不得拧动，否则其保护特性将会改变。

（5）热继电器进行安装接线时，必须切断电源。

（6）当热继电器与其他电器安装在一起时，应将它安装在其他电器的下方，以免其动作特性受到其他电器发热的影响。

（7）热继电器的主回路连接导线不宜太粗，也不宜太细。如连接导线过细，轴向导热性差，热继电器可能提前动作；反之，连接导线太粗，轴向导热快，热继电器可能滞后动作。

（8）当电动机启动时间过长或操作次数过于频繁时，会使热继电器误动作或烧坏电器，故这种情况一般不用热继电器作过载保护。

（9）若热继电器双金属片出现锈斑，可用棉布蘸上汽油轻轻揩拭，忌用砂纸打磨。

（10）当主电路发生短路事故后，应检查发热元件和双金属片是否已经发生永久变形，若已变形，应更换。

（11）热继电器在出厂时均调整为自动复位形式。如欲调为手动复位，可将热继电器侧面孔内螺钉倒退约三四圈即可。

（12）热继电器脱扣动作后，若要再次启动电动机，必须待热元件冷却后，才能使热继电器复位。一般自动复位需等待 5min，手动复位需等待 2min。

（13）热继电器的整定电流必须按电动机的额定电流进行调整，在做调整时，绝对不允许弯折双金属片。

（14）为使热继电器的整定电流与负荷的额定电流相符，可以旋动调节旋钮使所需的电流值对准白色箭头，旋钮上的电流值与整定电流值之间可能有所误差，可在实际使用时按情况适当偏转。如需用两刻度之间整定电流值，可按比例转动调节旋钮，并在实际使用时适当调整。

**五、三相异步电动机的单向直接启动控制**

由于三相笼型异步电动机具有结构简单、价格便宜、坚固耐用等优点而获得广泛的应用。在生产实际中，它的应用占到了使用电动机的 80%以上。电动机通电后由静止状态逐渐加速到稳定运行状态的过程称为电动机的启动。三相笼型异步电动机的启动有两种方式，即直接启动（或全压启动）和降压启动。

（一）笼型异步电动机的直接启动

直接启动是一种简单、可靠、经济的启动方法，但由于直接启动时，电动机启动电流 $I_{st}$ 为额定电流 $I_N$ 的 4～7 倍。过大的启动电流一方面会造成电网电压显著下降，直接影响在同一电网工作的其他电动机及用电设备正常运行；另一方面电动机频繁启动会严重发热，加速绕组老化，缩短电动机的寿命，所以直接启动电动机的容量受到一定的限制。通常认为只需满足下述三个条件中的一条即可。

（1）容量在 7.5kW 以下的三相异步电动机均可采用。

（2）电动机在启动瞬间造成的电网电压降不大于电源电压正常值的 10%，对于不经常启动的电动机可放宽到 15%。

（3）可用经验公式粗估电动机是否可直接启动，公式如下：

$$\frac{I_{st}}{I_N} < \frac{3}{4} + \frac{变压器容量（kVA）}{4×电动机功率（kW）}$$

若该公式成立，则可直接启动。

笼型异步电动机直接启动的优点是所需启动设备简单，启动时间短，启动方式简单、可靠，所需成本低，缺点是对电动机及电网有一定冲击。

（二）单向直接启动控制电路

1. 手动正转控制电路

在三相交流电源和电动机之间只用隔离开关（见图1-33）或用断路器（见图1-34）手动控制电动机的启动和停止，我们把从电源经过受电的动力装置及保护电器直接到达电动机的电路称为主电路，图中这两种手动正转控制电路虽然所用电器很少、电路比较简单，但隔离开关不宜带负载操作。而断路器是切断电流的装置，构造上也不适合用于频繁开关负载，因此在启动、停车频繁的场合，使用这种手动控制方法既不方便，也不安全，操作劳动强度大，要启动或停止电动机必须到现场操作，不能在远距离进行自动控制。为了实现自动控制，目前广泛采用按钮、接触器等电器来控制电动机的运转。

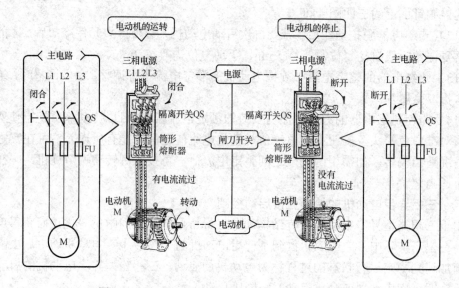

图 1-33　电动机的主电路（使用闸刀开关的情况）

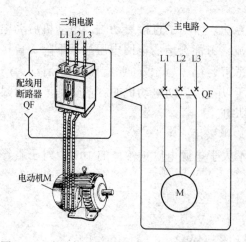

图 1-34　电动机的主电路（使用断路器的情况）

2. 点动正转控制

如图1-35所示，在断路器和电动机之间再连接电磁接触器，构成间接手动操作控制电路。采用这种方法，具有以下优点：

①配线用断路器，作为电源开关在接通、切断电源电压同时，也起到了过电流保护的作用。

②对于平时的负载电流的开闭，使用电磁接触器。

③用按钮开关等电流容量小的小型操作开关，可以开闭具有大电流容量的触点的电

磁接触器，所以能够安全地控制大容量的电动机。

④因为按钮开关等小型操作开关可以使用，所以把那些按钮开关集中到一个地方，能从远处集中地进行运转操作。

（1）三相异步电动机的点动控制电路及电路的组成。点动正转控制电路是用按钮、接触器来控制电动机运转的最简单的正转控制电路，点动控制适合于短时间的启动操作，在生产设备调整工作状态时应用。所谓点动控制是指按下按钮，电动机就得电运转；松开按钮，电动机就失电停转。其接线示意图如图1-36所示。

点动正转控制电路是由转换开关QS、熔断器FU、启动按钮SB、接触器KM及电动机M组成。其中以转换开关QS作电源隔离

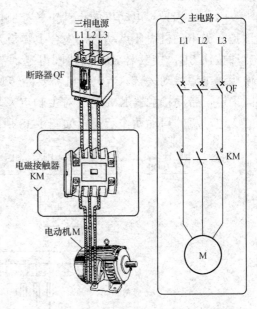

图1-35  电动机的主电路（使用接触器的情况）

开关，熔断器FU作短路保护，按钮SB控制接触器KM的线圈得电、失电，接触器KM的主触点控制电动机M的启动与停止。

如图1-36所示，点动正转控制接线示意图是用近似实物接线图的画法表示的，看起来比较直观，初学者易学易懂，但画起来却很麻烦，特别是对一些比较复杂的控制电路，由于所用电器较多，画成接线示意图的形式反而使人觉得繁杂难懂，很不实用。因此，控制电路通常不画接线示意图，而是采用国家统一规定的电气图形符号和文字符号，画成控制电路原理图。三相异步电动机的点动控制电气原理图如图1-37所示。它是根据实物接线电路绘制的，图中以符号代表电气元件，以线条代表连接导线，用它来表达控制电路的工作原理，故称为原理图。

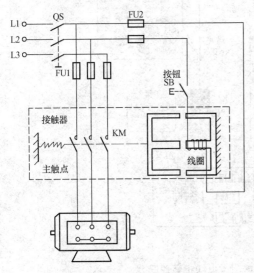

图1-36  点动正转控制接线示意图

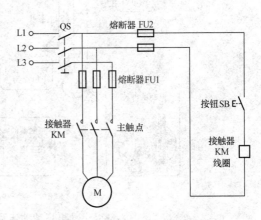

图1-37  点动正转控制电气原理图

39

（2）三相异步电动机的点动正转控制电路的工作原理。点动正转控制电路的工作原理是：当电动机需要点动时，先合上转换开关 QS，此时电动机 M 尚未接通电源。按下启动按钮 SB，接触器 KM 的线圈得电，带动接触器 KM 的三对主触点闭合，电动机 M 便接通电源启动运转。当电动机需要停转时，只要松开启动按钮 SB，使接触器 KM 的线圈失电，带动接触器 KM 的三对主触点恢复断开，电动机 M 失电停转。

电动机的启动动作示意图如图 1-38 所示，启动步骤如下：

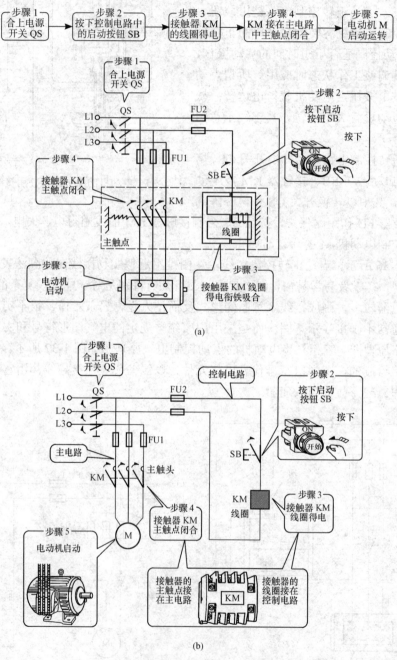

图 1-38　电动机启动动作示意图（点动正转控制）

（a）接线示意图；（b）电气原理图

40

停止动作示意图如图 1-39 所示，停止步骤如下：

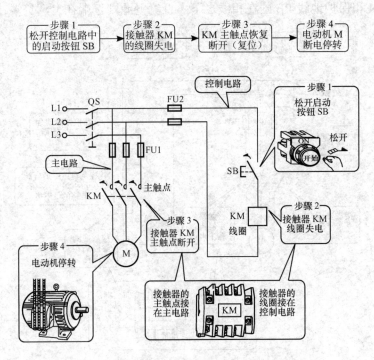

图 1-39　电动机停转的动作示意图（点动正转控制）

3. 电气控制电路的绘图原则及标准

（1）图形符号和文字符号。为了便于交流与沟通，我国参照国际电工委员会（IEC）颁布的有关文件，制定了电气设备有关国家标准，颁布了 GB/T 4728.1—2018《电气简图用图形符号　第 1 部分：一般要求》、GB/T 5465.1—2009《电气设备用图形符号　第 1 部分：概述与分类》、GB/T 6988.1—2008《电气技术用文件的编制　第 1 部分：规则》、GB/T 5094.3《工业系统、装置与设备以及工业产品结构原则与参照代号　第 3 部分：应用指南》等标准。

1）图形符号。图形符号是由符号要素、限定符号、一般符号以及常用的非电操作控制的动作符号（如机械控制符号等）根据不同器件的具体情况组合构成的。

2）文字符号。基本文字符号、单字母符号和双字母符号表示电气设备、装置和元器件的大类，如 K 为继电器类元件这一大类；双字母符号由一个表示大类的单字母与另一表示器件某些特性的字母组成，例如，表示继电器类元件中的 KA 为中间继电器。

（2）绘制电气控制电路原理图的原则。

1）电路绘制。原理图一般分为电源电路、主电路、控制电路、信号电路及照明电路绘制。原理图可水平布置，也可垂直布置。水平布置时，电源电路垂直画，其他电路水平画，控制电路中的耗能元件（如接触器和继电器的线圈、信号灯、照明灯等）要画在电路的最右方。垂直布置时，电源电路水平画，其他电路垂直画，控制电路中的耗能元件要画在电路的最下方。

如图 1-40 所示，电源电路画成水平线，三相交流电源相序 L1、L2、L3 由上而下排列，中性线 N 和保护地线 PE 画在相线之下。直流电源则正端在上，负端在下画出。

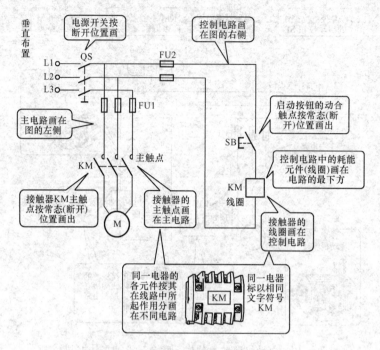

图 1-40　电气控制电路原理图绘制示意图

主电路是指受电的动力装置及保护电器，它通过的是电动机的工作电流，电流较大，主电路的电源电路要垂直画在原理图的左侧。控制电路是指控制主电路工作状态的电路，信号电路是指显示主电路工作状态的电路，照明电路是指实现机床设备局部照明的电路，这些电路通过的电流都较小，画原理图时，控制电路、信号电路、照明电路要依次垂直画在电路的右侧。

2）元器件绘制。原理图中，各电器的触点位置都按电路未通电或电器未受外力作用时的常态位置画出；各电气元件不画实际的外形图，而采用国家规定的统一国标符号画出；同一电器的各元件不按它们的实际位置画在一起，而是按其在电路中所起作用分画在不同电路中，但它们的动作却是相互关联的，必须标以相同的文字符号。

3）电气元件布置图。电气元件布置图主要是表明机械设备上所有电气设备和电气元件的实际位置，是电气控制设备制造、安装和维修必不可少的技术文件。

4）接线图。接线图主要用于安装接线、电路检查、电路维修和故障处理。它表示了设备电控系统各单元和各元器件间的接线关系，并标注出所需数据，如接线端子号、连接导线参数等。实际应用中通常与电路图和位置图一起使用。

4.　接触器自锁正转控制电路

采用点动正转控制不能要求电动机启动后连续运转，为实现电动机的连续运转，可采用接触器自锁正转控制电路。如图 1-41 所示，三相异步电动机的自锁控制电路的主电路与点动控制的主电路大致相同，但在控制电路中又串接了一个停止按钮 SB1，在启动按钮 SB2 的两端并接了接触器 KM 的一对动合辅助触点。接触器自锁正转控制电路不但能使电动机连续运转，而且还有一个重要的特点，就是具有欠压和失压（零压）保护作用。

它主要由按钮开关 SB2、SB1（起停电动机使用）、交流接触器 KM（用作接通和断开电动机的电源以及欠压和失压保护等）、热继电器（用作电动机的过载保护）等组成。

（1）三相异步电动机的自锁控制电路的工作原理分析。启动步骤如下：

电动机的启动动作示意如图 1-42所示，当松开 SB2，其动合触点恢复分断后，因为接触器 KM 的动合辅助触点闭合时已将 SB2 短接，控制电路仍保

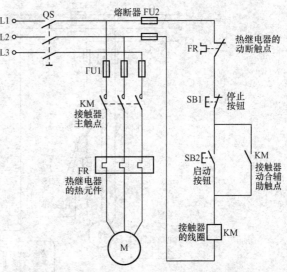

图 1-41　接触器自锁正转控制电路原理图

持接通，所以接触器 KM 继续得电，电动机 M 实现连续运转。像这种当松开启动按钮 SB2 后，接触器 KM 通过自身动合辅助触点而使线圈保持得电的作用叫作自锁（或自保）。与启动按钮 SB2 并联起自锁作用的动合辅助触点称为自锁触点（或自保触点）。

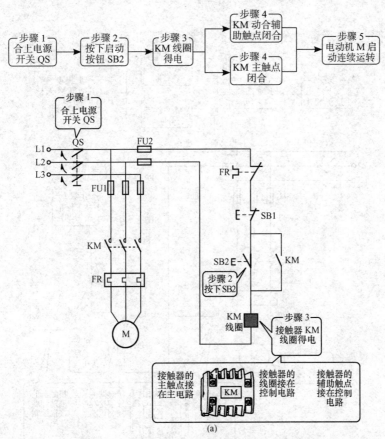

图 1-42　电动机的启动动作示意图（接触器自锁正转控制电路）（一）

（a）动作示意图 1

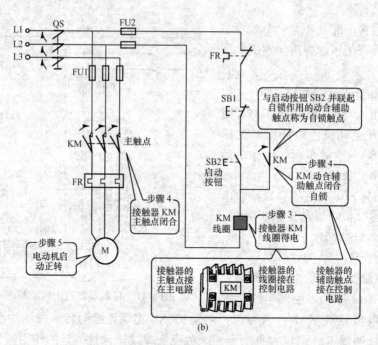

图 1-42 电动机的启动动作示意图（接触器自锁正转控制电路）（二）

（b）动作示意图 2

电动机停止动作示意如图 1-43 所示，停止步骤如下：

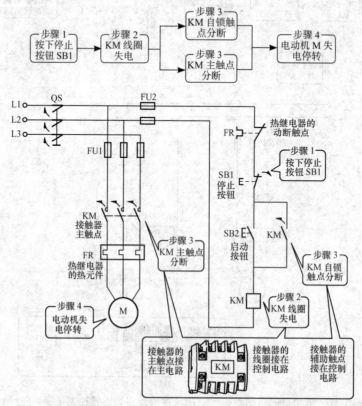

图 1-43 电动机的停止动作示意图（接触器自锁正转控制电路）

当松开 SB1,其动断触点恢复闭合后,因接触器 KM 的自锁触点在切断控制电路时已分断,解除了自锁,SB2 也是分断的,所以接触器 KM 不能得电,电动机 M 也不会转动。

(2)电路的保护设置。

1)短路保护。由熔断器 FU1、FU2 分别实现主电路与控制电路的短路保护。

2)过载保护。电动机在运行过程中,如果长期负载过大、启动操作频繁或者缺相运行等,都可能使电动机定子绕组的电流增大,超过其额定值。而在这种情况下,熔断器往往并不熔断,从而引起定子绕组过热使温度升高,若温度超过允许温升就会使绝缘损坏,缩短电动机的使用寿命,严重时甚至会使电动机的定子绕组烧毁。因此,对电动机还必须采取过载保护措施。过载保护是指电动机出现过载时能自动切断电动机电源,使电动机停转的一种保护。最常用的过载保护是由热继电器来实现的。

如果电动机在运行过程中,由于过载或其他原因使电流超过额定值,那么经过一定时间,串接在电路中的热继电器的热元件因受热发生弯曲,通过动作机构使串接在控制电路中的动断触点断开,切断控制电路,接触器 KM 的线圈失电,其主触点、自锁触点断开,电动机 M 失电停转,达到了过载保护的目的。

在照明、电加热等一般电路里,熔断器 FU 既可以作短路,也可以作过载保护。但对三相异步电动机控制电路来说,熔断器只能用作短路保护。这是因为三相异步电动机的启动电流很大(全压启动时的启动电流能达到额定电流的 4~7 倍),若用熔断器作过载保护,则选择熔断器的额定电流就应等于或略大于电动机的额定电流,这样电动机在启动时,由于启动电流大大超过了熔断器的额定电流,使熔断器在很短的时间内爆断,造成电动机无法启动。所以熔断器只能作短路保护,其额定电流应取电动机额定电流的 1.5~3 倍。

热继电器在三相异步电动机控制电路中也只能作过载保护,不能作短路保护。这是因为热继电器的热惯性大,即热继电器的双金属片受热膨胀弯曲需要一定的时间。当电动机发生短路时,由于短路电流很大,热继电器还没来得及动作,供电电路和电源设备可能已经损坏。而在电动机启动时,由于启动时间很短,热继电器还未动作,电动机已启动完毕。总之,热继电器与熔断器两者所起作用不同,不能相互代替。

3)欠压保护。欠压是指电路电压低于电动机应加的额定电压。欠压保护是指当电路电压下降到某一数值时,电动机能自动脱离电源电压停转,避免电动机在欠压下运行的一种保护。电动机为什么要有欠压保护呢?这是因为当电路电压下降时,电动机的转矩随之减小($T \propto U^2$),电动机还会引起"堵转"(即电动机接通电源但不转动)的现象,以致损坏电动机,发生事故。采用接触器自锁控制电路就可避免电动机欠压运行。这是因为当电路电压下降到一定值(一般指低于额定电压 85% 以下)时,接触器线圈两端的电压也同样下降到此值,从而使接触器线圈磁通减弱,产生的电磁吸力减小。当电磁吸力减小到小于反作用弹簧的拉力时,动铁芯被迫释放,带动主触点、自锁触点同时断开,自动切断主电路和控制电路,电动机失电停转,达到了欠压保护的目的。

4）失压（零压）保护。失压保护是指电动机在正常运行中，由于外界某种原因引起突然断电时，能自动切断电动机电源，当重新供电时，保证电动机不能自行启动。在实际生产中，失压保护是很有必要的。例如，当机床（车床）在运转时，由于其他电气设备发生故障引起突然断电，电动机被迫停转，与此同时机床的运动部件也跟着停止了运动，切削刀具的刃口便卡在工件表面上。如果操作人员没有及时切断电动机电源，又忘记退刀，那么当故障排除恢复供电时，电动机和机床便会自行启动运转，可能导致工件报废或人身伤亡事故。采用接触器自锁控制电路，由于接触器自锁触点和主触点在电源断电时已经断开，使控制电路和主电路都不能接通，所以在电源恢复供电时，电动机就不能自行启动运转，保证了人身和设备的安全。

● **实训项目　三相异步电动机的点动正转控制线路的安装**

1. 实训目的

（1）能够识读和绘制三相异步电动机点动正转控制线路，并能够分析其工作原理。

（2）能够用万用表检测按钮、交流接触器等常用低压电器元件的好坏。

（3）能够在未通电前对电气控制线路进行电路检查。

（4）初步具备电气控制线路安装接线的技能。

2. 实训器材

（1）常用电工工具，包括试电笔、钢丝钳、剥线钳、螺丝刀、电工刀、尖嘴钳、斜口钳等。

（2）万用表、绝缘电阻表。

（3）绝缘导线，主电路采用 BV1.5mm$^2$，控制电路采用 BV1mm$^2$。

（4）三相异步电动机。

（5）电气控制柜（内装交流接触器、时间继电器、中间继电器、位置开关、按钮、熔断器、热继电器等电器元件）。

3. 实训电路

货物升降机的点动控制线路。货物升降机的点动控制线路如图 1-44 所示。

4. 实训步骤

（1）实训开始前，应先画好电气原理图，分析工作原理，写出控制过程。

（2）根据电动机功率的大小选配电器元件的规格。

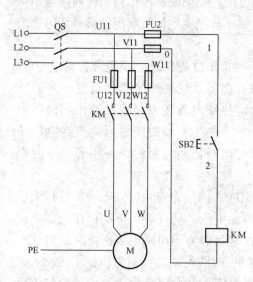

图 1-44　电动机点动控制线路原理图

（3）清点各元件的规格和数量，检查各个电器元件是否完好无损。

（4）根据原理图，设计并画出实际的安装图（见图 1-45），作为接线安装的依据。

（5）按图接线，接线要求符合安装规范，工艺美观、线路正确。

（6）接线完毕，用万用表经检测无误后方可通电校验。

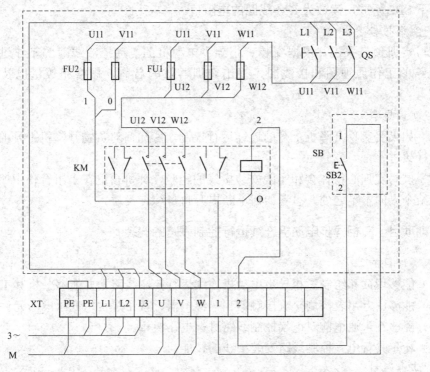

图 1-45　电动机点动控制线路安装接线图

5.　实训时应注意的问题

（1）装接电路应遵循"先主后控、从上到下、从左到右"的原则。

（2）布线应注意走线工艺，要求："横平竖直，变换走向应垂直、避免交叉，多线集中并拢，布线时，严禁损伤线芯和导线绝缘。

（3）导线与接线端子或线桩连接时，应不压绝缘层、不反圈及不露铜过长。并做到同一元件、同一回路的不同接点的导线间距离保持一致。每个接线端连线不得超过二根导线，按钮要求出线最少。

（4）热继电器的整定电流必须按电动机的额定电流进行调整。

（5）电动机和按钮的金属外壳必须可靠接地。使用绝缘电阻表依次测量电动机绕组与外壳间及各绕组间的绝缘电阻值，检查绝缘电阻值是否符合要求。

（6）实训中要文明操作，注意用电安全，需要通电时，应在实训教师指导下进行。

6.　电路检查

（1）主电路检查。

1）将万用表挡位拨到 R×1 挡或数字表的 200Ω 挡（如无说明，主电路检查均置于该位置），将表笔放在 U11、V11 处，模拟 KM 获电吸合（按下 KM），此时万用表的读数应为电动机两绕组的串联电阻值。

2）将表笔分别放在 U11、W11 处和 V11、W11 处，模拟 KM 获电吸合（按下 KM），读数应同上，为两绕组串联电阻值。

（2）控制电路检查。将万用表挡位拨到 R×100（或 10）挡或数字表的 2kΩ 挡（如无说明，控制电路检查均置于该位置），将表笔放在 0、1 两端，此时万用表读数应为无穷大，按下 SB2 不放，读数为 KM 线圈的电阻值。

7. 实训报告要求

撰写实训预习报告，根据安装三相异步电动机的点动控制线路的工作过程，画出控制线路的工作原理图和接线图，写出实训器材的名称、规格和数量以及实训操作步骤。

8. 实训思考

（1）如果要货物升降机上升的连续运行控制，应如何对货物升降机上升的点动控制线路进行改进？

（2）撰写实训心得体会和实践安装接线的经验，评价自己在小组合作中所发挥的作用，总结个人的不足之处，思考如何不断提升自身综合素质。

## ● 实训项目  三相异步电动机连续运行控制线路的安装

1. 实训目的

（1）能够识读和绘制三相异步电动机连续运行控制线路，并能够分析其工作原理。

（2）能够用万用表检测交流接触器、热继电器、按钮等常用低压电器元件的好坏。

（3）能够在未通电前对电气控制线路进行电路检查。

（4）初步具备电气控制线路安装接线的技能。

2. 实训器材

（1）常用电工工具。常用电工工具包括试电笔、钢丝钳、剥线钳、螺丝刀、电工刀、尖嘴钳、斜口钳等。

（2）万用表、绝缘电阻表。

（3）绝缘导线。主电路采用 BV1.5mm²，控制电路采用 BV1mm²。

（4）三相异步电动机。

（5）电气控制柜。电气控制柜内装交流接触器、时间继电器、中间继电器、位置开关、按钮、熔断器、热继电器等电器元件。

3. 实训电路

（1）电动机连续运行控制线路。电动机连续运行控制线路如图 1-46 所示。

（2）电路工作原理。电动机连续运行控制电路工作原理参见图 1-41 的原理说明。

4. 实训步骤

（1）实训开始前，应先画好电气原理图，分析工作原理，写出控制过程。

（2）根据电动机功率的大小选配电器元件的规格，并绘制元件明细表。

（3）清点各元件的规格和数量，检查各个电器元件是否完好无损。

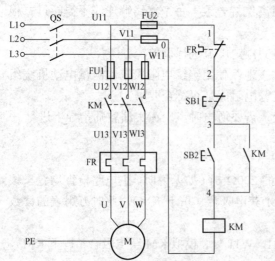

图 1-46  电动机连续运行控制线路原理图

（4）根据原理图，设计并画出实际的安装图，如图 1-47 所示，作为接线安装的依据。

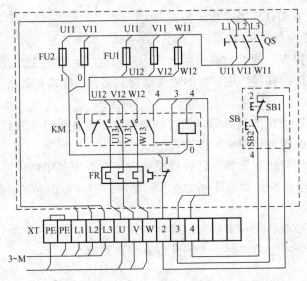

图 1-47　电动机连续运行控制电路安装接线图

（5）按图接线，接线要求符合安装规范，工艺美观、电路正确。

（6）接线完毕，用万用表经检测无误后方可通电校验。

5. 实训时应注意的问题

（1）装接电路应遵循"先主后控、从上到下、从左到右"的原则。

（2）布线应注意走线工艺，要求横平竖直，变换走向应垂直，避免交叉，多线集中并拢，严禁损伤线芯。

（3）导线与接线端子或线桩连接时，应不压绝缘层、不反圈及不露铜过长，并做到同一元件、同一回路的不同接点的导线间距离保持一致。每个接线端连线不得超过两根导线，按钮要求出线最少。

（4）热继电器的整定电流必须按电动机的额定电流进行调整。

（5）电动机和按钮的金属外壳必须可靠接地。使用绝缘电阻表依次测量电动机绕组与外壳间及各绕组间的绝缘电阻值，检查绝缘电阻值是否符合要求。

（6）实训中要文明操作，注意用电安全，需要通电时，应在实训教师指导下进行。

6. 电路检查

（1）主电路检查（设电动机为丫形接法）。

1）将万用表挡位拨到 R×1 挡或数字表的 200Ω 挡（如无说明，主电路检查均置于该位置），将表笔放在 U11、V11 处，模拟 KM 获电吸合（按下 KM），此时万用表的读数应为电动机两绕组的串联电阻值。

2）将表笔分别放在 U11、W11 处和 V11、W11 处，模拟 KM 获电吸合（按下 KM），读数应同上，为两绕组串联电阻值。

（2）控制电路检查。

1）将万用表挡位拨到 R×10 挡、R×10 挡或数字表的 2kΩ 挡（如无说明，控制电路检查均置于该位置），将表笔放在 0、1 两端，此时万用表读数应为无穷大，按下 SB2，读数为 KM 线圈的电阻值。

2）用螺丝刀或尖嘴钳压下 KM，模拟 KM 得电动作，万用表读数应为 KM 线圈的电阻值，若再同时按下 SB1，则读数应为无穷大。

7. 实训报告要求

撰写实训预习报告，根据安装三相异步电动机连续运行控制线路的工作过程，画出控制线路的工作原理图和接线图，写出实训器材的名称、规格和数量以及实训操作步骤。

8. 实训思考

（1）三相异步电动机的接触器自锁控制电路除了能使电动机连续运转外，还具有哪些保护作用？分别说明各种保护的概念？

（2）热继电器如何进行选择，怎样调整整定值？在电路中能否用来作为短路保护？

（3）试画出"电动机点动与连续运行"控制电路的原理图，并在此基础上进行改装，最后通电校验。

（4）撰写实训心得体会和实践安装接体的经验，评价自己在小组合作中发挥的作用，总结个人的不足之处，思考如何不断提升自身综合素质。

# 习　题　🚀

## 一、填空题

1. 在电动机控制电路中，是利用_____作为短路保护，利用_____作为过载保护。

2. 接触器主要控制_____电流的_____电路；而继电器主要控制_____电流的_____电路。故继电器一般不需要_____。

3. 用热继电器对电动机进行保护，其整定电流值应由_____来确定。热继电器可以用来防止电动机因_____而损坏。

4. 交流接触器的_____触头额定电流较大，可以用来_____大电流的主电路；_____触头的额定电流较小，一般为_____A。

5. 自动空气开关又称_____。其热脱扣器作_____保护用，电磁脱扣机构作_____保护用，欠电压脱扣器作_____保护用。

6. 电气控制原理图一般分为电源电路、_____、_____、信号电路及照明电路绘制。原理图中各触头位置都应按电路_____或电器_____时的常态位置画出。

7. 闸刀开关一般来说应_____装于控制板上，不能_____。接线时，进出线不能反接，否则在更换熔丝时会发生_____事故。

8. 电动机控制电路中，具有欠压或失压保护的电器是_____。

## 二、判断题

1. 熔断器既是保护电器又是控制电器。　　　　　　　　　　　　　　　（　　）

2. 主触头额定电流在 20A 以上的交流接触器，一般都配有专门的灭弧装置。（　　）

3. 当吸引线圈未通电时，接触器所处的状态称为接触器的常态。　　　　（　　）

4. 接触器的辅助触头和主触头一样，可以用来切断和接通大电流的主电路。（　　）

5. 不能将吸收线圈额定电压为 220V 的交流接触器接到 380V 的电源上。（　　）

6. 热继电器主要用来对电动机进行短路保护和失压保护。　　　　　　　（　　）

7. 只要流经热继电器的电流超过其整定电流值，热继电器会立即动作。　（　　）

8．低压断路器适用于频繁启动和停止电动机。　　　　　　　　（　　　）

9．在低压断路器中，起短路保护的是电磁脱扣器。　　　　　　（　　　）

10．刀开关、组合开关结构简单，操作方便，但都不具备失压保护功能。（　　　）

三、分析题

1．试举例说明低压电器的分类情况。

2．在电动机控制线路中，已装有接触器，为什么还要装电源开关？它们的作用有何不同？

3．在电动机控制接线中，主电路中装有熔断器，为什么还要加装热继电器？它们各起何作用，能否互相代替？而在电热及照明线路中，为什么只装熔断器而不装热继电器？

4．什么是自锁？画出异步电动机自锁正转控制线路来说明，并在图中标明自锁触头。

5．试画出连续与点动混合控制的正转控制线路。

# 任务三　三相异步电动机的正反转控制

扫一扫

**任务要点**

以任务"三相异步电动机的正反转控制"为驱动，在任务二的基础上，用动画图解的方式介绍三相异步电动机的正反转控制线路的组成及其电气控制原理，最后通过实训项目"三相异步电动机正反转控制线路安装"，提高安装接线、故障的判断及检修、调试的技能。

前面介绍的正转控制只能使电动机朝一个方向旋转，带动生产机械的运动部件朝一个方向运动。电动机从正向旋转转换到反向旋转，以及从反向旋转转换到正向旋转的运行控制称为电动机的正反转控制。电动机的正反转控制应用相当广泛，例如，门扇的自动开关控制、窗帘的自动开关控制及电梯的自动升降控制等。

## 一、三相异步电动机的正反转控制原理

从三相异步电动机的工作原理可知，三相异步电动机的旋转方向取决于定子旋转磁场的旋转方向，并且两者的转向相同，因此只要改变旋转磁场的旋转方向，就能使三相异步电动机反转，而磁场的旋转方向又取决于电源的相序，所以电源的相序决定了电动机的旋转方向。任意改变电源的相序时，电动机的旋转方向就会随之改变，即要改变三相异步电动机转动方向，只要把电动机的3根引出线中两根调换一下，再接上电源电动机就能反转了。

如图1-48所示，电动机的U、V、W和三相电源的L1、L2、L3相对应，L1相和U相、L2相和V相、L3相和W相对应地连接起来时，为电动机正转。如图1-49所示，L1相和L3相调换一下，L1相和W相对应，L3和U相对应，这样调换三相交流电源的L1、L2、L3相中的两相，接上电动机的引出线，电动机就反方向转动。

如图1-50所示，使用了2个分别用于正转和反转的电磁接触器KM1、KM2，对这个电动机进行电源电压相的调换。此时，如果正转用电磁接触器KM1，电源和电动机通过接触器KM1主触点，使L1相和U相、L2相和V相、L3相和W相对应连接，电动机正向转动。如果接触器KM2动作，电源和电动机通过KM2主触点，使L1相和W相、L2相和V相、L3相和U相分别对应连接，因为L1相和L3相交换，所以电动机反向转动。

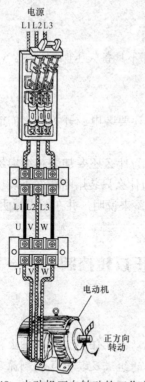

图 1-48  电动机正向转动的工作方式

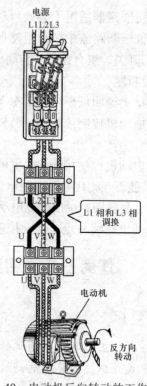

图 1-49  电动机反向转动的工作方式

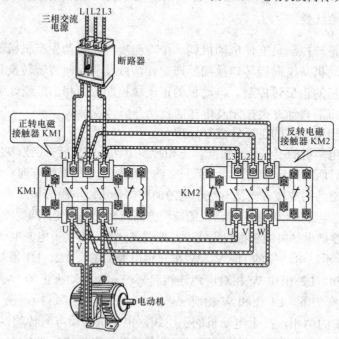

图 1-50  电动机的正反转控制电路的主电路

## 二、三相异步电动机正反转控制的安全措施

电动机的正反转控制操作中，如图 1-51 所示，如果错误地使正转用电磁接触器和反转用电磁接触器同时动作，形成一个闭合电路后会怎么样呢？三相电源的 L1 相和 L3 相的线间电压，通过反转电磁接触器的主触点，形成了完全短路的状态，会有大的短路电

流流过，烧坏电路。所以，为了防止两相电源短路事故，接触器 KM1 和 KM2 的主触点决不允许同时闭合。如图 1-52 所示，三相异步电动机接触器联锁的正反转控制的电气原理图，为了保证一个接触器得电动作时，另一个接触器不能得电动作，以避免电源的相间短路，就在正转控制电路中串接了反转接触器 KM2 的动断辅助触点，而在反转控制电路中串接了正转接触器 KM1 的动断辅助触点。当接触器 KM1 得电动作时，串在反转控制电路中的 KM1 的动断辅助触点分断，切断了反转控制电路，保证了 KM1 主触点闭合时，KM2 的主触点不能闭合。同样，当接触器 KM2 得电动作时，KM2 的动断辅助触点分断，切断了正转控制电路，可靠地避免了两相电源短路事故的发生。这种在一个接触

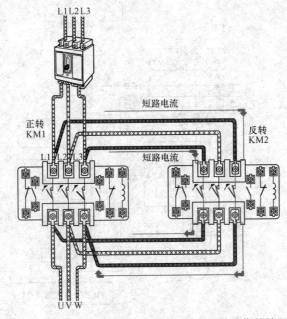

图 1-51　正转用接触器和反转用接触器同时动作的情况

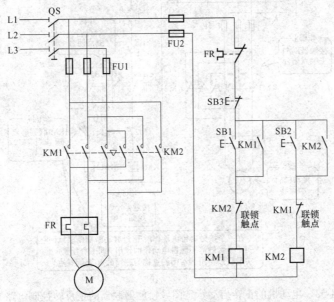

图 1-52　三相异步电动机接触器联锁的正反转控制电路

器得电动作时，通过其动断辅助触点使另一个接触器不能得电动作的作用叫联锁（或互锁），实现联锁作用的动断辅助触点称为联锁触点（或互锁触点）。

### 三、接触器联锁的正反转控制电路的工作原理分析

电动机的正转启动如图 1-53 所示，正转控制步骤如下：

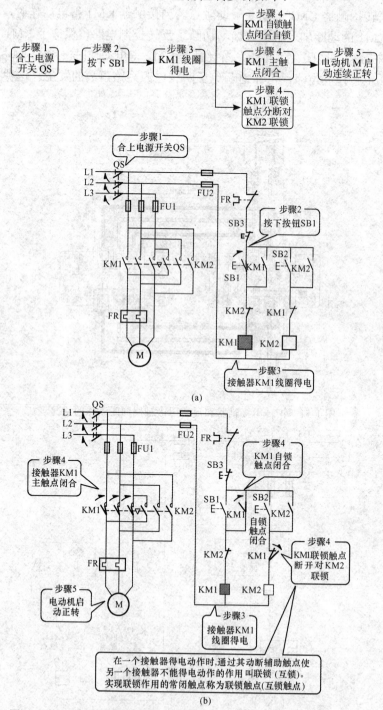

图 1-53 电动机的正转启动示意图（接触器联锁的正反转控制电路）

（a）电动机的正转启动动作示意图 1；（b）电动机的正转启动动作示意图 2

电动机的反转启动如图 1-54 所示，反转控制步骤如下：

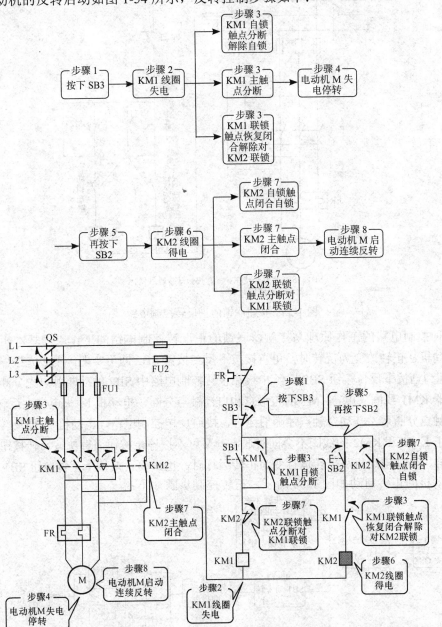

图 1-54　电动机的反转启动示意图（接触器联锁的正反转控制电路）

　　从以上分析可见，三相异步电动机接触器联锁的正反转控制的优点是工作安全可靠，缺点是操作不便。因电动机从正转变为反转时，必须先按下停止按钮后，才能按反转启动按钮，否则由于接触器的联锁作用，不能实现反转。为克服此电路的不足，可采用按钮联锁或按钮和接触器双重联锁的正反转控制电路。

### 四、按钮联锁的正反转控制电路

　　将图 1-52 中的正转按钮 SB1 和反转按钮 SB2 换成两个复合按钮，并使复合按钮的动断触点代替接触器的动断联锁触点，就构成了按钮联锁的正反转控制电路，如图 1-55 所示。

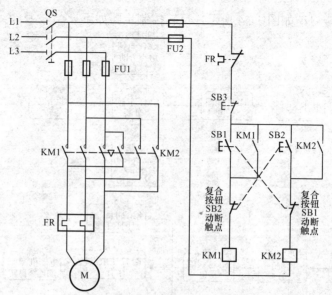

SB1、SB2为复合按钮，复合按钮动断触点代替
接触器的动断联锁触点

图 1-55 按钮联锁的正反转控制电路

这种控制电路的工作原理与接触器联锁的正反转控制电路的工作原理基本相同，只是当电动机从正转改变为反转时，可直接按下反转按钮 SB2 即可实现，不必先按停止按钮 SB3。因为当按下反转按钮 SB2 时，串接在正转控制电路中 SB2 的动断触点先分断，使正转接触器 KM1 线圈失电，KM1 的主触点和自锁触点分断，电动机 M 失电惯性运转。SB2 的动断触点分断后，其动合触点才随后闭合，接通反转控制电路，电动机 M 便反转。这样既保证了 KM1 和 KM2 的线圈不会同时通电，又可不按停止按钮而直接按反转按钮实现反转。同样，若使电动机从反转运行变为正转运行时，也只要直接按下正转按钮 SB1 即可。

电动机的正转启动如图 1-56 所示，正转控制步骤如下：

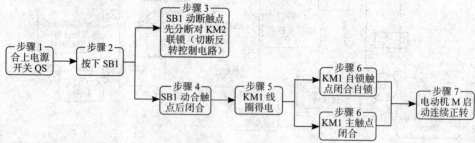

电动机的反转启动如图 1-57 所示，反转控制步骤如下：

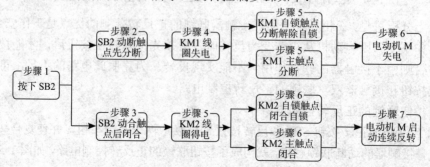

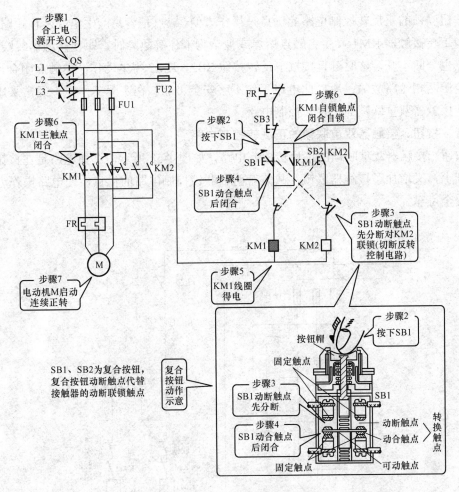

图 1-56　电动机的正转启动示意图（按钮联锁的正反转控制电路）

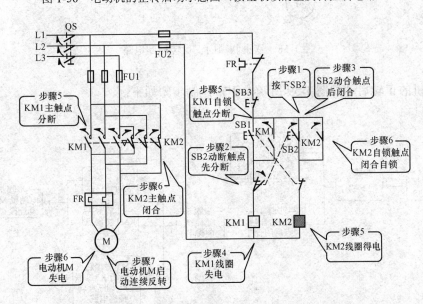

图 1-57　电动机的反转启动示意图（按钮联锁的正反转控制电路）

按钮联锁的正反转控制电路的优点是操作方便,缺点是容易产生电源两相短路故障。如果当正转接触器 KM1 发生主触点熔焊或被杂物卡住等故障时,即使接触器线圈失电,主触点也分断不开,这时若直接按下反转按钮 SB2,KM2 得电动作,主触点闭合,必然造成电源两相短路故障,所以此电路工作不够安全可靠。在实际工作中,经常采用的是按钮、接触器双重联锁的正反转控制电路。

**五、按钮、接触器双重联锁的正反转控制电路**

按钮、接触器双重联锁的正反转控制电路,如图 1-58 所示。这种电路是在按钮联锁的基础上,又增加了接触器联锁,故兼有两种联锁控制电路的优点,使电路操作方便,工作安全可靠。

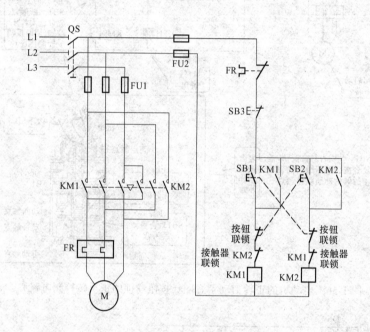

图 1-58 双重联锁的正反转控制电路

电动机的正转启动如图 1-59 所示,正转控制步骤如下:

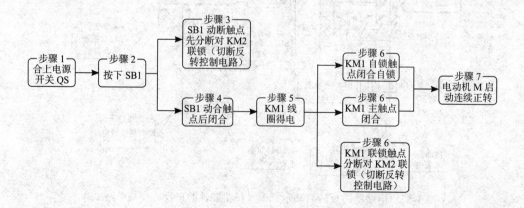

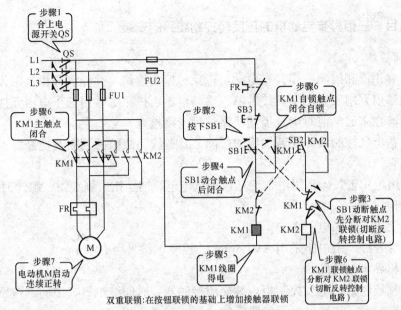

双重联锁:在按钮联锁的基础上增加接触器联锁

图 1-59　电动机的正转启动示意图（双重联锁的正反转控制电路）

电动机的反转启动如图 1-60 所示，反转控制步骤如下：

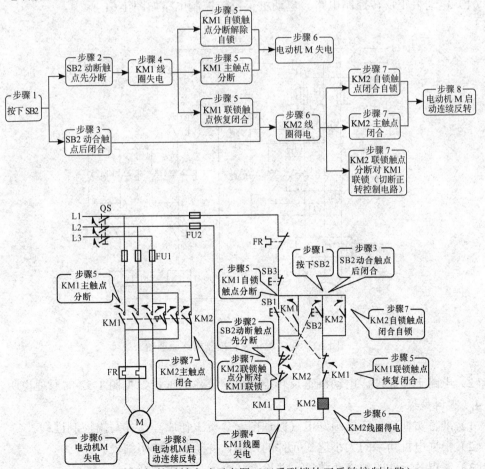

图 1-60　电动机的反转启动示意图（双重联锁的正反转控制电路）

● **实训项目 三相异步电动机的正反转控制线路的安装**

1. 实训目的

（1）能够识读和绘制三相异步电动机正反转控制线路，并能够分析其工作原理。

（2）能够用万用表检测交流接触器、热继电器、按钮等常用低压电器元件的好坏。

（3）能够在未通电前对电气控制线路进行电路检查。

（4）具备电气控制线路安装接线的技能，具备线路故障的判断及检修和调试技能。

2. 实训器材

（1）常用电工工具。常用电工工具包括试电笔、钢丝钳、剥线钳、螺丝刀、电工刀、尖嘴钳、斜口钳等。

（2）万用表、绝缘电阻表。

（3）绝缘导线。主电路采用 BV1.5mm²，控制电路采用 BV1mm²。

（4）三相异步电动机。

（5）电气控制柜。电气控制柜内装交流接触器、时间继电器、中间继电器、位置开关、按钮、熔断器、热继电器等电器元件。

3. 实训电路

（1）电动机正反转控制电路。电动机正反转控制电路如图 1-61 所示。

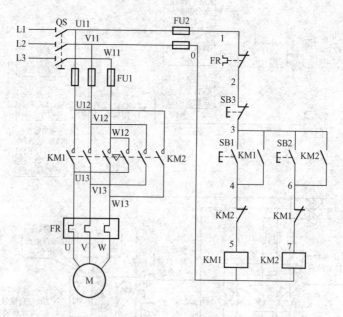

图 1-61 电动机正反转控制电路原理图

（2）电路工作原理。电动机正反转控制电路工作原理请参见图 1-52 的原理说明。

4. 实训步骤

（1）准备实训前，应先画好电气原理图，分析工作原理，并写出控制过程。

（2）根据电机功率的大小选配元件的规格，并绘制元件明细表。

（3）清点各元件的规格和数量，并检查各个元件是否完好无损。

（4）根据原理图，设计并画出安装图如图1-62所示，作为接线安装的依据。

（5）按图进行安装接线。

（6）接线完毕，经检查无误后方可通电检验。

5. 实训时应注意的问题

（1）在主电路中，KM1、KM2的主触点必须换相，否则误操作时会造成相间短路。

（2）在控制电路中，KM1、KM2必须相互串联对方的动断触点，起互锁作用。

（3）用电阻测量法检测电路是否正确的时候，必须断开控制电路的两个熔断器，以免在检查时影响操作者对电阻变化的判断。

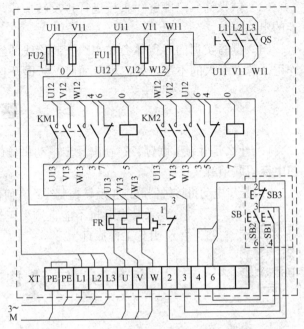

图1-62　电动机正反转控制电路安装接线图

（4）通电时，需注意从正转到反转的时间，最好是当转速下降到差不多时才进行转换，防止发生因突然反转带来的电流过大，烧毁熔断器。

（5）热继电器的整定电流必须按电动机的额定电流进行调整。

（6）电动机和按钮的金属外壳必须可靠接地。使用绝缘电阻表依次测量电动机绕组与外壳间及各绕组间的绝缘电阻值，检查绝缘电阻值是否符合要求。

（7）实训中要文明操作，注意用电安全，需要通电时，应在实训教师指导下进行。

6. 电路检查

（1）主电路检查。主电路检查与三相异步电动机点动正转控制线路安装的检查方法相似。

（2）控制电路检查。

1）将表笔放在0、1两端，此时万用表读数应为无穷大，分别按下SB1、SB2，读数为KM1或KM2线圈的电阻值；同时按下SB1、SB2，万用表读数应比单独按下SB1或SB2时小（因为这时是两个线圈电阻并联）。

2）用螺丝刀或尖嘴钳分别压下KM1、KM2，模拟KM1、KM2得电动作，万用表读数应为KM1或KM2线圈的电阻值，若同时按下KM1和KM2，则读数应为无穷大（联锁触点互锁）。

7. 实训报告要求

撰写实训预习报告，根据安装电动机正反转控制线路的工作过程，画出控制线路的工作原理图和接线图，写出实训器材的名称、规格、数量以及实训操作步骤。

8. 实训思考

（1）电动机启动正转后，按SB2能实现反转吗？

（2）若去掉原理图中KM1和KM2的辅助动断触点，对电路有什么影响？

（3）试设计一个能够"直接进行正反转操作"的控制电路，并在此基础上增加此功能的电路安装。

（4）撰写实训的心得体会和实践安装接线的经验，评价自己在小组合作中所发挥的作用，总结个人的不足之处，思考如何不断提升自身综合素质。

## 习　题

1．什么是互锁（联锁）？画出异步电动机接触器联锁正反转控制线路来说明，并在图中标明联锁触头。

2．异步电动机接触器联锁正反转控制线路有何优缺点？应如何改进？并画出控制线路。

扫一扫

3．要求某电动机不能直接由正转进入反转，试画出其正、反转控制电路，并说明其工作原理。

## 任 务 四　自 动 往 返 控 制

### 任 务 要 点

以任务"自动往返控制"为驱动，在三相异步电动机的正反转控制的基础上介绍位置开关的构造、原理及其使用，并用动画图解的方式讲述自动往返控制线路的组成及其电气控制原理，最后通过完成实训项目"自动往返控制线路安装"，提高安装接线、故障的判断及检修、调试的技能。

**一、位置开关（文字符号 SQ）**

1．位置开关的作用和类型

位置开关又称限位开关，是一种常用的小电流主令电器。在电气控制系统中，位置开关的作用是实现顺序控制、定位控制和位置状态的检测。它可以分为两类：一类是以机械行程直接接触驱动，作为输入信号的行程开关和微动开关；另一类是以电磁信号（非接触式）作为输入动作信号的接近开关。

2．位置开关的构造和原理

（1）行程开关。行程开关是利用生产机械运动部件的碰撞使其触点动作来实现接通或分断控制电路，达到一定的控制目的。通常这类开关被用来限制机械运动的位置或行程，使运动机械按一定位置或行程自动停止、反向运动、变速运动或自动往返运动等。行程开关由操作头、触点系统和外壳组成，按其结构，可分为直动式（按钮式）、滚动式（旋转式）、微动式和组合式。行程开关的结构和符号如图 1-63 所示，其文字符号为 SQ。行程开关的动作原理示意图如图 1-64 所示。

直动式行程开关的动作原理同按钮类似，所不同的是：按钮是手动，直动式行程开关则由运动部件的撞块碰撞，当外界运动部件上的撞块碰压按钮使其触点动作，当运动部件离开后，在弹簧作用下，其触点自动复位。

滚动式行程开关的动作原理是：当运动机械的挡铁（撞块）压到行程开关的滚轮上时，传动杠连同转轴一同转动，使凸轮推动撞块，当撞块碰压到一定位置时，推动微动开关快速动作。当滚轮上的挡铁移开后，复位弹簧就使行程开关复位，这种是单轮自动恢复式行程开关。而双轮旋转式行程开关不能自动复原，它是依靠运动机械反向移动时，挡铁碰撞另一滚轮将其复原。

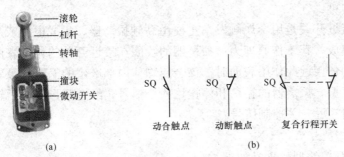

图 1-63　行程开关结构与电路符号

（a）结构；（b）符号

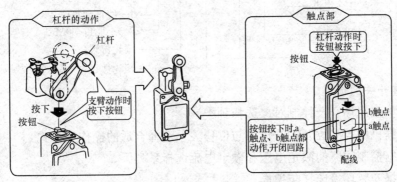

图 1-64　限位开关动作原理图

（2）接近开关。接近开关又称无触点行程开关，它不仅能代替有触点行程开关来完成行程控制和限位保护，还可用于高额计数、测速、液面控制、零件尺寸检测和加工程序的自动衔接等。由于它具有非接触式触发、动作速度快、可在不同的检测距离内动作、发出的信号稳定无脉动、工作稳定可靠、寿命长、重复定位精度高以及能适应恶劣的工作环境等特点，所以在机床、纺织、印刷、塑料等工业生产中应用广泛。

接近开关按工作原理来分，主要有高频振荡式、霍尔式、超声波式、电容式、差动线圈式和永磁式等，其中高频振荡式最为常用。

永磁式接近开关是利用永久磁铁的吸力驱动舌簧开关而输出信号的。

差动线圈式接近开关是利用被检测物体靠近时产生的涡流及磁场的变化，通过检测线圈和比较线圈的差值进行动作的。

电容式接近开关主要是由电容式振荡器及电子电路组成，它的电容位于传感界面，当物体接近时，将因改变了其耦合电容值而振荡，从而产生振荡或停止振荡使输出信号发生改变。电容式接近开关可用各种材料触发，如固体、液体或粉末状物体。

霍尔式接近开关是以将磁信号转换为电信号输出方式工作的，其输出具有记忆保持功能。内部的磁敏感器件仅对垂直于传感器端面磁场敏感，当磁极 S 正对接近开关时，接近开关的输出产生正跳变，输出为高电平；若磁极 N 正对接近开关时，接近开关的输出产生负跳变，输出为低电平。

　　超声波式接近开关主要由压电陶瓷传感器、发射超声波和接收反射波用的电子装置及调节检测范围用的程控桥式开关等几个部分组成。它适于检测不能或不可触及的目标,其控制功能不受声、电、光等因素干扰,检测目标可以是固体、液体或粉末状物体,只要能反射超声波即可。

　　高频振荡式接近开关是用金属触发,主要由高频振荡器、集成电路或晶体管放大器和输出器三部分组成。其工作原理为:振荡器的线圈在接近开关的作用表面产生一个交变磁场,当金属物体接近此作用表面时,该金属物体内部产生的涡流将吸取振荡器的能量,致使振荡器停振。振荡器的振荡和停振这两个信号,经过整形放大后转换成二进制开关信号,并输出接近开关控制信号。

　　3. 位置开关的型号

　　LX 系列限位开关的型号含义如下:

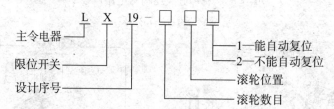

　　4. 位置开关的选用

　　(1) 根据应用场合及控制对象选择种类。

　　(2) 根据机械与限位开关的传力与位移关系选择合适的操作头形式。

　　(3) 根据控制回路的额定电压和额定电流选择系列。

　　(4) 根据安装环境选择防护形式。

　　5. 位置开关的安装和使用

　　(1) 限位开关应紧固在安装板和机械设备上,不得有晃动现象。

　　(2) 限位开关安装时位置要准确,否则不能达到位置控制和限位的目的。

　　(3) 定期检查限位开关,以免触头接触不良而达不到行程和限位控制的目的。

**二、自动往返控制线路**

　　在实践中,从建筑设备到工厂的机械设备都有按行程控制的要求,如混凝土搅拌机的提升降位、桥式吊车的自动往返等,而实现这种控制要求所依靠的主要电器是位置开关。

　　1. 自动往返控制电路的构思

　　如果运动部件需要两个方向的往返运动,拖动它的电动机应能正转、反转,而自动往返的实现应采用行程开关作为检测元件以实现控制。

　　自动往返控制电路如图 1-65 所示,为了使电动机的正反转控制与台车的左右运动相配合,在控制电路中设置了四个位置开关 SQ1、SQ2、SQ3 和 SQ4,并把它们安装在需要限位的地方。其中 SQ1、SQ2 被用来自动换接电动机正反转控制电路,实现台车的自动往返行程控制;SQ3、SQ4 被用来作终端保护,以防止 SQ1、SQ2 失灵,台车越过限定位置而造成事故。行程开关 SQ1 的动断触点串接在正转电路中,行程开关 SQ2 的动断触点串接在反转电路中。当台车运动到所限位置时,其挡铁碰撞位置开关,使其触点动作,自动换接电动机正反转控制电路。控制电路中的 SB1 和 SB2 分别作正转启动按钮和反转启动按钮。

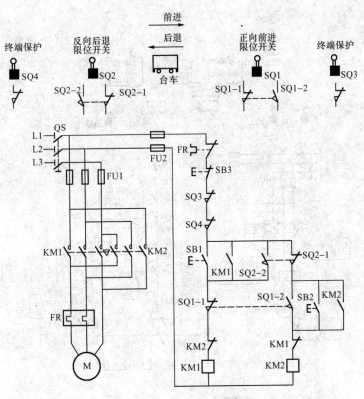

图 1-65　自动往返控制电路

## 2. 自动往返控制电路的工作原理分析

自动往返控制电路的工作原理示意图如图 1-66 所示。

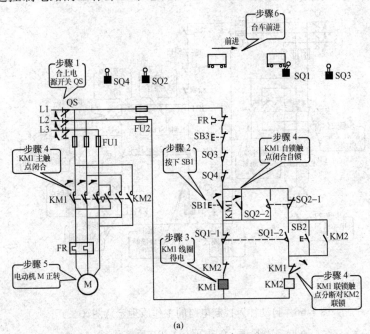

(a)

图 1-66　自动往返控制电路的工作原理示意图（一）

（a）工作原理示意图 1

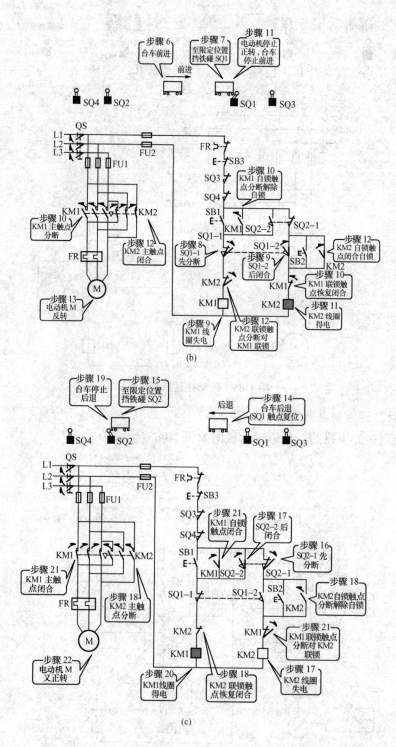

图 1-66  自动往返控制电路的工作原理示意图（二）

（b）工作原理示意图 2；（c）工作原理示意图 3

自动往返控制步骤如下：

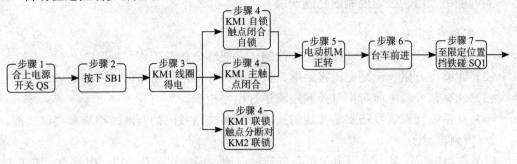

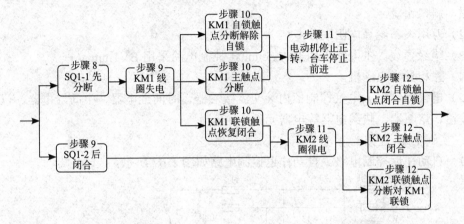

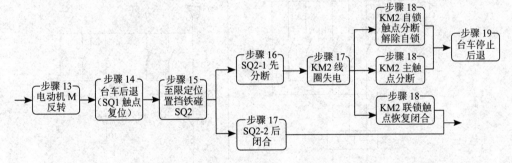

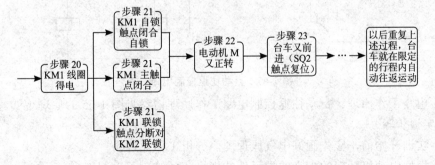

停止步骤如下：

● 实训项目 自动往返控制线路的安装

1. 实训目的

（1）能够识读和绘制自动往返控制线路，并能够分析其工作原理。

（2）能够用万用表检测交流接触器、位置开关等常用低压电器元件的好坏。

（3）能够在未通电前对电气控制线路进行电路检查。

（4）具备电气控制线路安装接线的技能，具备线路故障的判断及检修和调试技能。

2. 实训器材

（1）常用电工工具。常用电工工具包括试电笔、钢丝钳、剥线钳、螺丝刀、电工刀、尖嘴钳、斜口钳等。

（2）万用表、绝缘电阻表。

（3）绝缘导线。主电路采用 BV1.5mm$^2$，控制电路采用 BV1mm$^2$。

（4）三相异步电动机。

（5）电气控制柜。电气控制柜内装交流接触器、时间继电器、中间继电器、位置开关、按钮、熔断器、热继电器等电器元件。

3. 实训电路

（1）自动往返控制电路。自动往返控制电路如图 1-67 所示。

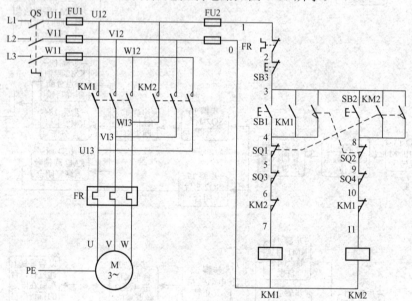

图 1-67 自动往返控制电路

（2）电路工作原理。自动往返控制电路工作原理请参见图 1-65 的原理说明。

4. 实训步骤

（1）实训开始前，应先画好电气原理图，分析工作原理。

（2）根据电动机功率的大小选配元件的规格，并绘制元件明细表。

（3）清点各元件的规格和数量，并检查各个元件是否完好无损。

（4）根据原理图，设计并画出安装图，作为接线安装的依据。

（5）按图安装接线，工艺符合安装的有关规程。

（6）接线完毕，经检查无误后方可通电考核。

**5．实训时应注意的问题**

（1）安装时应注意位置开关的位置，必须是生产机械能碰撞到的部位。SQ 位置开关的安装位置一定要安装正确，碰撞部位要适合。

（2）接线工艺应符合安装要求。

（3）主电路要换相，SQ1、SQ2 的动合触点必须分别并联在 SB1、SB2 的接线头两端。

（4）电动机和按钮的金属外壳必须可靠接地。使用绝缘电阻表依次测量电动机绕组与外壳间及各绕组间的绝缘电阻值，检查绝缘电阻值是否符合要求。

（5）实训中要文明操作，注意用电安全，需要通电时，应在实训教师指导下进行。

**6．电路检查**

（1）主电路检查。主电路检查与三相异步电动机的连续运行控制线路的安装检查方法相似。

（2）控制电路检查。

1）将表笔放在 0、1 两端，此时万用表读数应为无穷大，分别按下 SB1、SB2，读数为 KM1、KM2 线圈的电阻值；同时按下 SB1、SB2，万用表读数应比单独按下 SB1 或 SB2 时小，因为这时是两个线圈电阻并联。

2）用螺丝刀或尖嘴钳压下 KM1、KM2，模拟 KM1、KM2 得电动作，万用表读数应为 KM1、KM2 线圈的电阻值，若同时按下 KM1 和 KM2，则读数应为无穷大（联锁触点互锁）。

（3）按下 SB1，读数为 KM1 线圈电阻值，同时按下 SQ3，万用表读数应为无穷大；同样的方法可以检查 KM2 的控制支路。

**7．实训报告要求**

实训前撰写实训预习报告，根据安装自动往返控制线路的工作过程，画出控制线路的工作原理和接线图，写出实训器材的名称、规格、数量以及实训操作步骤。

**8．实训思考**

（1）图 1-67 中位置开关 SQ1、SQ2、SQ3、SQ4 在实际应用中安装的位置有什么特殊要求？

（2）当机械碰撞 SQ1 时，电动机停止正转，但却不能反向运行，试分析故障点可能出现的接线点，用笔把它标示出来。

（3）在此电路基础上，设计一个小车分别在到达 SQ1 和 SQ2 位置时，自动停留 5s 后才开始运行的控制电路，并安装接线，试电考核。

（4）撰写实训的心得体会和实践安装接线的经验，评价自己在小组合作中所发挥的作用，总结个人的不足之处，思考如何不断提升自身综合素质。

习　题

1．位置开关的作用是什么？

2．设计货物升降机上升、下降的自动停止控制，控制要求如下：按下上升启动按钮 SB1，货物升降机上升连续运行，当货物升降机到达二楼时自动停止。当按下下降启动按钮 SB2 时，货物升降机下降连续运行，当货物升降机到达一楼时自动停止。

扫一扫

3．画出自动往返控制线路，并说明其工作原理。

# 任务五  顺序控制和多地控制

## 任务要点

以任务"三相异步电动机顺启逆停控制"为驱动，主要介绍顺序控制和多地控制线路的组成及其电气控制原理，最后通过完成实训项目"电动机顺启逆停控制线路的安装"，提高安装接线、故障的判断及检修、调试的技能。

### 一、顺序控制

在建筑工程实践中，常常有许多控制设备需要多台电动机拖动，有时还需要一定的顺序控制电动机的启动和停止，例如，传送带的串行运转、锅炉房的鼓风机和引风机控制等，为了防止鼓风机倒烟，要求启动时先引风后鼓风，停止时先鼓风后引风。像这种要求一台电动机启动后，另一台电动机才能启动的控制方式，称为电动机的顺序控制。

三条皮带运输机的工作示意图如图 1-68 所示。对于这三条皮带运输机的电气控制要求是：

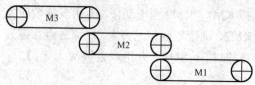

图 1-68  三条皮带运输机工作示意图

（1）启动顺序为 1 号、2 号、3 号，即顺序启动，以防止货物在皮带上堆积。

（2）停车顺序为 3 号、2 号、1 号，即逆序停止，以保证停车后皮带上不残存货物。

（3）当 1 号或 2 号出故障停车时，3 号能及时停车，以免继续进料。

1．控制电路的构思

1 号、2 号、3 号三条皮带运输机分别由电动机 M1、M2、M3 启动，电动机 M1、M2、M3 分别由接触器 KM1、KM2、KM3 控制。

我们先画出三台电动机 M1、M2、M3 相互独立控制的电气控制电路图，如图 1-69

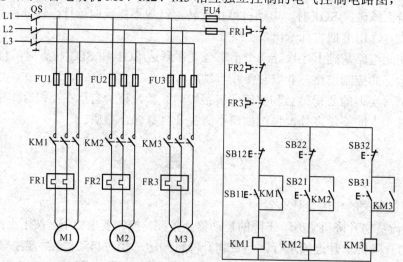

图 1-69  三台电动机相互独立控制的电气控制电路

所示，SB11、SB12 分别为电动机 M1 的启动按钮和停止按钮，SB21、SB22 分别为电动机 M2 的启动按钮和停止按钮，SB31、SB32 分别为电动机 M3 的启动按钮和停止按钮。

如果要实现三台电动机 M1、M2、M3 顺序启动，即 KM1 通电后，才允许 KM2 通电，则可将 KM1 动合辅助触点串联在 KM2 线圈回路；KM2 通电后，才允许 KM3 通电，则可将 KM2 动合辅助触点串联在 KM3 线圈回路，如图 1-70 所示。

如果要实现三台电动机 M1、M2、M3 逆序停止，即 KM3 断电后，才允许 KM2 断电，则可将 KM3 动合辅助触点并联在 KM2 线圈回路停止按钮 SB22 上；KM2 断电后，才允许 KM1 断电，则可将 KM2 动合辅助触点并联在 KM1 线圈回路停止按钮 SB12 上，如图 1-71 所示。

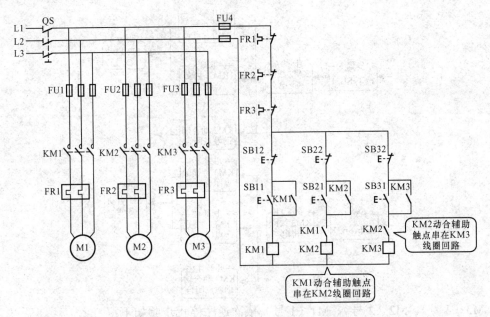

图 1-70　三条皮带运输机顺序启动控制电路

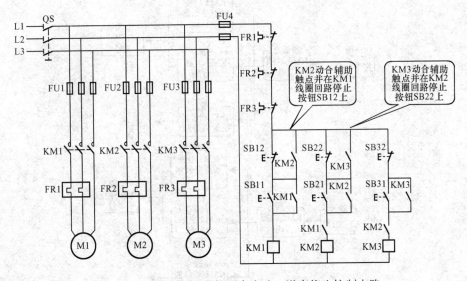

图 1-71　三条皮带运输机顺序启动、逆序停止控制电路

2. 电路的工作原理分析

M1（1 号）、M2（2 号）、M3（3 号）依次顺序启动步骤如下：

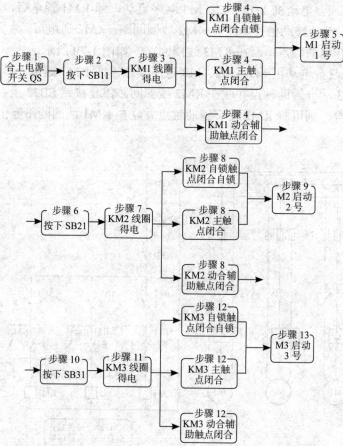

M3（3 号）、M2（2 号）、M1（1 号）依次逆序停止步骤如下：

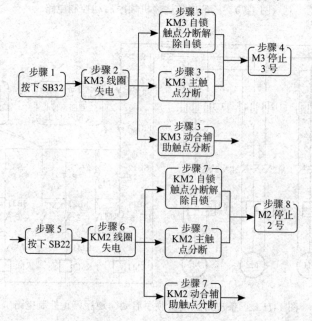

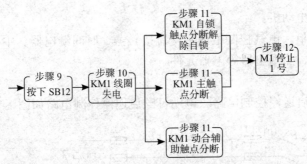

三台电动机都用熔断器和热继电器作短路和过载保护，三台中任意一台过载故障，三台电动机都会停止运转。

**二、两（多）地控制**

在实际工程中，许多设备需要两地或两地以上的控制才能满足要求，如锅炉房的鼓（引）风机、循环水泵电动机，均需在现场就地控制和在控制室远程控制，此外电梯、机床等电气设备也有多地控制要求。能在两地或多地控制同一台电动机的控制方式称为多地控制。

1. 两（多）地控制的作用

两（多）地控制的作用主要是实现对电气设备的远程控制。

2. 两（多）地控制的实现方法

两地控制的控制电路，如图 1-72 所示。其中 SB11、SB12 为安装在甲地的启动按钮和停止按钮，SB21、SB22 为安装在乙地的启动按钮和停止按钮。电路的特点是两地的启动按钮 SB11、SB21 并联在一起，停止按钮 SB12、SB22 串联在一起。这样就可以在甲、乙两地启动、停止同一台电动机，达到操作方便的目的。

对两地以上的多地控制，只要把各地的启动按钮并接，停止按钮串接就可以实现。

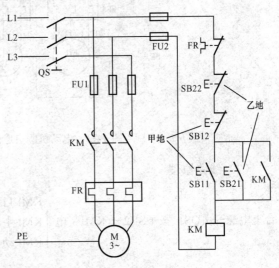

图 1-72　两地控制电路

● **实训项目　电动机顺启逆停控制线路的安装**

1. 实训目的

（1）能够识读和绘制电动机顺启逆停控制线路，并能够分析其工作原理。

（2）能够用万用表检测交流接触器、热继电器、按钮等常用低压电器元件的好坏。

（3）能够在未通电前对电气控制线路进行电路检查。

（4）具备电气控制线路安装接线的技能，具备线路故障的判断及检修和调试技能。

2. 实训器材

（1）常用电工工具。常用电工工具包括试电笔、钢丝钳、剥线钳、螺丝刀、电工刀、尖嘴钳、斜口钳等。

（2）万用表、绝缘电阻表。

（3）绝缘导线。主电路采用 BV 1.5mm$^2$，控制电路采用 BV 1mm$^2$。

（4）三相异步电动机。

（5）电气控制柜。电气控制柜内装交流接触器、时间继电器、中间继电器、位置开关、按钮、熔断器、热继电器等电器元件。

3. 实训电路

（1）电动机顺启逆停控制电路。电动机顺启逆停控制电路如图 1-73 所示。

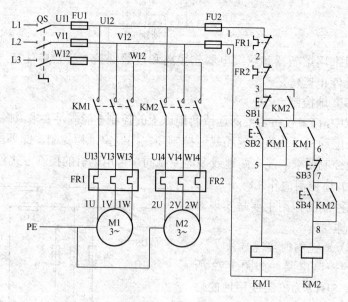

图 1-73　电动机顺启逆停控制电路原理图

（2）线路原理

合上电源开关QS：按下SB2 → KM1获电 $\left\{\begin{array}{l}\text{KM1 自锁触点闭合（自锁）。}\\ \text{KM1 主触点闭合，电动机M1运转。}\\ \text{KM1 动合触点闭合（为第二台电动机启动做准备）。}\end{array}\right.$

按下SB4 → KM2获电 $\left\{\begin{array}{l}\text{KM2 自锁触点闭合（自锁）。}\\ \text{KM2 主触点闭合，电动机M2运转。}\\ \text{KM2 动合触点闭合（为逆序停车做准备）。}\end{array}\right.$

停车：按下SB3 → KM2 线圈失电 → KM2 触点复位 → 第二台电动机停止运行 → 按下SB1 → KM1 线圈失电 → KM1 触点复位 → 第一台电动机停止运行。（逆序停车）

4. 实训步骤

（1）开始实训前，应先画好电气原理图，分析工作原理。

（2）根据电动机功率的大小选配元件的规格，并绘制元件明细表。

（3）清点各元件的规格和数量，并检查各个元件是否完好无损。

（4）根据原理图，设计并画出实际安装图，作为接线安装的依据。

（5）按图安装接线，工艺符合安装的有关规程。

（6）接线完毕，经检查无误后方可通电试车。

5. 实训时应注意的问题

（1）控制电路中，在 KM2 控制支路中串联 KM1 的动合辅助触点，KM2 动合辅助触点应并联在 SB1 的两端。

（2）接线工艺应符合安装要求。

（3）热继电器的整定电流必须按电动机的额定电流进行调整。

（4）电动机和按钮的金属外壳必须可靠接地。使用绝缘电阻表依次测量电动机绕组与外壳间及各绕组间的绝缘电阻值，检查绝缘电阻值是否符合要求。

（5）实训中要文明操作，注意用电安全，需要通电时，应在实训教师指导下进行。

6. 电路检查

（1）主电路检查。主电路检查与三相异步电动机的连续运行控制线路的安装检查方法相似。

（2）控制电路检查。

1）将表笔放在 0、1 两端，此时万用表读数应为无穷大，按下 SB2 时读数应为接触器 KM1 线圈的电阻值。再按下 SB4 时（必须将 KM1 动合联锁触点短接），电阻为两个线圈电阻的并联。

2）用螺丝刀或尖嘴钳压下 KM1，万用表读数应为 KM1 线圈的电阻值，若同时按下 KM1 和 KM2，则阻值变小（KM1、KM2 线圈并联）。

7. 实训报告要求

实训前撰写实训预习报告，根据安装电动机顺启逆停控制线路的工作过程，画出控制线路的工作原理图和接线图，写出实训器材的名称、规格、数量以及实训操作步骤。

8. 实训思考

（1）在原理图中，若电动机 M1、M2 同时启动，则有可能是哪个接线点接错了？

（2）以上面的线路为基础，试画出一个 M1、M2 顺序启动、顺序停止的控制线路。

（3）撰写实训的心得体会和实践安装接线的经验，评价自己在小组合作中所发挥的作用，总结个人的不足之处，思考如何不断提升自身综合素质。

## 习　题

1. 画出三台电动机顺序启动、逆序停止控制线路，并说明其工作原理。
2. 设计三台电动机顺序启动、顺序停止控制线路。
3. 两（多）地控制实现方法是什么，画出控制线路加以说明。

## 任务六　三相异步电动机降压启动控制

### 任务要点

以任务"三相异步电动机降压启动控制"为驱动，主要介绍电磁式继电器、时间继电器的构造、原理及其使用，并用动画图解的方式重点讲述三相异步电动机降压启动控制方法、特点及其线路的组成、电气控制原理，

扫一扫

最后通过完成实训项目 Y—△降压启动控制线路的安装，提高安装接线、故障的判断及检修、调试的技能。

### 一、电磁式继电器

电磁式继电器是应用得最早、最多的一种继电器，属于有触点自动切换电器。它广泛应用于电气控制系统中，起控制、放大、联锁、保护与调节的作用，以实现控制过程的自动化。

电磁式继电器使用时，按吸引线圈的电流种类可分为交流电磁继电器和直流电磁继电器；按继电器反映的参数可分为中间继电器、电流继电器与电压继电器等。

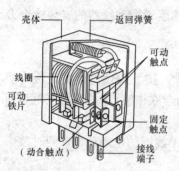

图 1-74　电磁式继电器的结构

1. 电磁式继电器的结构与工作原理

电磁式继电器的结构及工作原理与接触器相似，电磁式继电器是由缠绕于铁芯的线圈的电磁铁部分、安装于铁片上的可动触点与固定触点组合而成的触点部分共同结合构成的，如图 1-74 所示。

2. 中间继电器（文字符号 KA）

中间继电器是将一个输入信号变成一个或多个输出信号的继电器，它的输入信号为线圈的通电或断电，它的输出信号是触点的动作，不同动作状态的触点分别将信号传给几个元件或回路。中间继电器具有的四种功能，如图 1-75 所示。中间继电器的图形、文字符号如图 1-76 所示。

中间继电器与接触器所不同的是中间继电器的触点对数较多，并且没有主、辅之分，各对触点允许通过的电流大小是相同的，其额定电流约为 5A。

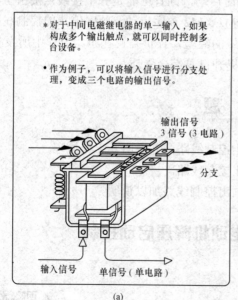

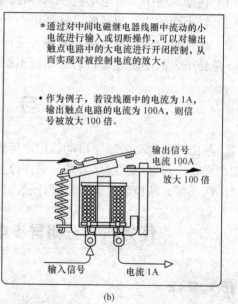

图 1-75　中间继电器的四种功能（一）

（a）信号的分支；（b）信号的放大

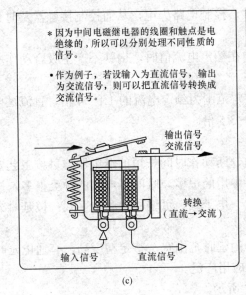

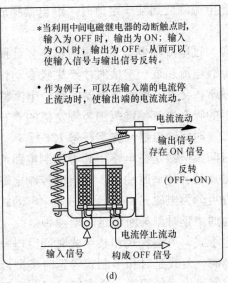

(c)　　　　　　　　　　　　　　　(d)

图 1-75　中间继电器的四种功能（二）

（c）信号的转换；（d）信号的反转

### 3. 电磁式电压继电器

电压继电器用于电力拖动系统的电压保护和控制。使用时电压继电器线圈并联接入主电路，感测主电路的电路电压；触点接入控制电路中，为执行元件。电压继电器的线圈匝数多、导线细、阻抗大。电压继电器又分过电压继电器、欠电压继电器和零电压继电器。

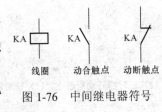

图 1-76　中间继电器符号

（1）过电压继电器。过电压继电器线圈在额定电压值时，衔铁不产生吸合动作，只有当电压高于额定电压 105%～115%以上时才产生吸合动作。

（2）欠电压继电器。当电路中的电气设备在额定电压下正常工作时，欠电压继电器的衔铁处于吸合状态。如果电路出现电压降低时，并且低于欠电压继电器线圈的释放电压，其衔铁打开，触点复位，从而控制接触器及时断开电气设备的电源。

通常欠电压继电器的吸合电压值的整定范围是额定电压值的 30%～50%，释放电压值整定范围是额定电压值的 10%～35%。

（3）零电压继电器。零电压继电器是当电路电压降低到 5%～25% $U_N$ 时释放，对电路实现零电压保护。用于电路的失压保护。

### 4. 电磁式电流继电器

电流继电器用于电力拖动系统的电流保护和控制。使用时电流继电器线圈串联接入主电路，用来感测主电路的电流；触点接入控制电路中，为执行元件。电流继电器反映的是电流信号，根据通过继电器线圈电流的大小而动作实现对被控电路的通断控制。电流继电器的线圈的匝数少、导线粗、阻抗小。电流继电器又分为过电流继电器和欠电流继电器。

（1）欠电流继电器。欠电流继电器用于电路欠电流保护，吸引电流为线圈额定电流 30%～65%，释放电流为额定电流 10%～20%，因此，在电路正常工作时，衔铁是吸合的，只有当电流降低到某一定值时，继电器释放，控制电路失电，从而控制接触器及时分断电路。

（2）过电流继电器。过电流继电器线圈在额定电流值时，衔铁不产生吸合动作，只有当负载电流超过一定值时才产生吸合动作。

通常，交流过电流继电器的吸合电流整定范围为额定电流的 1.1～4 倍，直流过电流继电器的吸合电流整定范围为额定值的 0.7～3.5 倍。

**二、时间继电器（文字符号 KT）**

时间继电器是在电路中起着控制电路通、断动作时间长短的继电器。可按工艺要求完成触点的各种适时动作，在自动控制电路中用的很多。时间继电器的种类很多，按动作原理可分为电磁式、空气阻尼式、电动式、电子式、可编程式和数字式；按延时方式可分为通电延时型与断电延时型两种。

电子式、可编程式和数字式时间继电器的延时范围宽，整定精度高，有通电延时、断电延时、复式延时和多制式等延时类型，应用广泛。

时间继电器的图形、文字符号如图 1-77 所示。

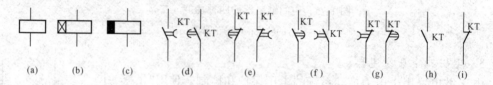

图 1-77　时间继电器的图形、文字符号

（a）线圈一般符号；（b）通电延时线圈；（c）断电延时线圈；（d）延时闭合动合触点；
（e）延时断开动断触点；（f）延时断开动合触点；（g）延时闭合动断触点；（h）瞬动动合触点；（i）瞬动动断触点

**1. 空气阻尼式时间继电器的结构与原理**

空气阻尼式时间继电器是利用空气阻尼原理获得延时，它由电磁系统、工作触点、气室及传动机构四部分组成。其中，电磁系统由线圈、铁芯和衔铁组成，还有反力弹簧和弹簧片，电磁系统起承受信号作用；工作触点是执行机构，由两副瞬时动作触点（一副动合，一副动断）和两副延时动作触点组成；气室和传动机构起延时和中间传递作用，气室内有一块橡皮薄膜，随空气的增减而移动；气室上面的调节螺钉可调节延时的长短。传动机构由推杆、活塞杆、杠杆及宝塔形弹簧组成，如图 1-78 所示。空气阻尼式时间继电器结构简单、价格低廉，但准确度低、延时误差大，因此在要求延时精度高的场合不宜采用。空气阻尼式时间继电器有通电延时和断电延时两种类型。

通电延时型时间继电器的动作原理图如图 1-79 所示，当时间继电器线圈通电时，衔铁被吸合，活塞杆在宝塔形弹簧的作用下移动，移动的速度要根据进气孔的节流程度

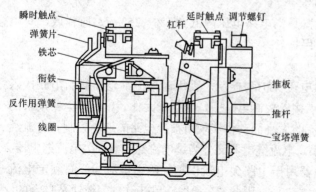

图 1-78　空气阻尼式时间继电器结构示意图

而定，各延时触点不立即动作，而要通过传动机构延长一段整定时间才动作，线圈断电时延时触点迅速复原。

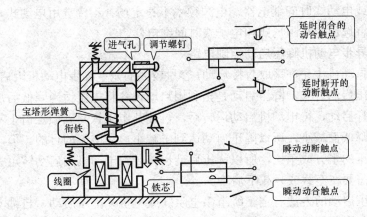

图 1-79  通电延时型时间继电器的动作原理

断电延时型继电器的工作原理是当时间继电器线圈通电时，衔铁被吸合，各延时触点瞬时动作，而线圈断电时触点延时复位。

通电延时型和断电延时继电器共同点是由于两类时间继电器的瞬动触点因不具有延时作用，故通电时立即动作，断电时立即复位，恢复到原来的动合或动断状态。

通电延时与断电延时两种时间继电器的组成元件是通用的，从结构上说，只要改变电磁机构的安装方向，便可获得两种不同的延时方式，就是铁芯和衔铁的位置被掉转180°，即当衔铁位于铁芯和延时机构之间时为通电延时型，而当铁芯位于衔铁和延时机构之间时为断电延时型。

2. 直流电磁式时间继电器

在直流电磁式电压继电器的铁芯上增加一个阻尼铜套，即可构成时间继电器，它是利用电磁阻尼原理产生延时的。由电磁感应定律可知，在继电器线圈通断电过程中铜套内将产生感应电动势，并流过感应电流，此电流产生的磁通总是阻碍原磁通变化。当继电器通电时，由于衔铁处于释放位置，气隙大，磁阻大，磁通小，铜套阻尼作用相对也小，因此衔铁吸合时延时不显著（一般忽略不计）。而当继电器断电时，磁通变化量大，铜套阻尼作用也大，使衔铁延时释放而起到延时作用。因此，这种继电器仅用作断电延时。这种时间继电器延时较短，而且准确度较低，一般只用于要求不高的场合，如电动机的延时启动等。

3. 电子式时间继电器

电子式时间继电器在时间继电器中已成为主流产品，采用晶体管或集成电路和电子元件等构成，目前已有采用单片机控制的时间继电器。电子式时间继电器具有延时范围广、精度高、体积小、耐冲击和耐振动、调节方便及寿命长等优点，所以发展很快，应用广泛。

4. 时间继电器的选择原则

时间继电器形式多样，各具特点，选择时应从以下几方面考虑：

（1）根据控制电路对延时触点的要求选择延时方式，即通电延时型或断电延时型。

（2）根据延时范围和精度要求选择继电器类型。

（3）根据使用场合、工作环境选择时间继电器的类型。如电源电压波动大的场合可选空气阻尼式或电动式时间继电器，电源频率不稳定场合不宜选用电动式，环境温度变化大的场合不宜选用空气阻尼式和电子式时间继电器。

### 三、三相异步电动机降压启动控制电路

容量小的电动机才允许采取直接启动，容量较大的笼型异步电动机因启动电流较大，一般都采用降压启动方式。降压启动是指利用启动设备将电压适当降低后加到电动机的定子绕组上进行启动，待电动机启动运转后，再使其电压恢复到额定值正常运转，由于电流随电压的降低而减小，所以降压启动达到了减小启动电流的目的。但同时，由于电动机转矩与电压的平方成正比，所以降压启动也将导致电动机的启动转矩大大降低。因此，降压启动需要在空载或轻载下启动。

常见的降压启动的方法有定子绕组串电阻（或电抗）降压启动、自耦变压器降压启动、星形—三角形降压启动和使用软启动器等。常用的方法是星形—三角形降压启动和使用软启动器。

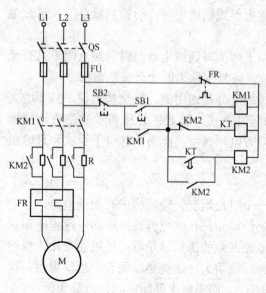

图 1-80 串电阻降压启动控制电路

**1. 定子绕组串接电阻降压启动控制**

（1）定子绕组串接电阻降压启动的方法。定子绕组串接电阻降压启动是指在电动机启动时，把电阻串接在电动机定子绕组与电源之间，通过电阻的分压作用，来降低定子绕组上的启动电压；待启动后，再将电阻短接，使电动机在额定电压下正常运行。由于电阻上有热能损耗，如用电抗器则体积、成本又较大，因此该方法很少用。这种降压启动控制电路有手动控制、接触器控制和时间继电器控制等。

（2）定子绕组串接电阻降压启动控制电路。定子绕组串接电阻降压启动控制电路，如图 1-80 所示，电动机启动电阻的短接时间由时间继电器自动控制。

串电阻（电抗）降压启动控制电路原理如图 1-81 所示，启动控制电路工作步骤如下：

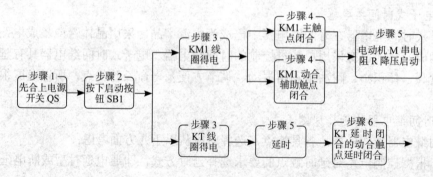

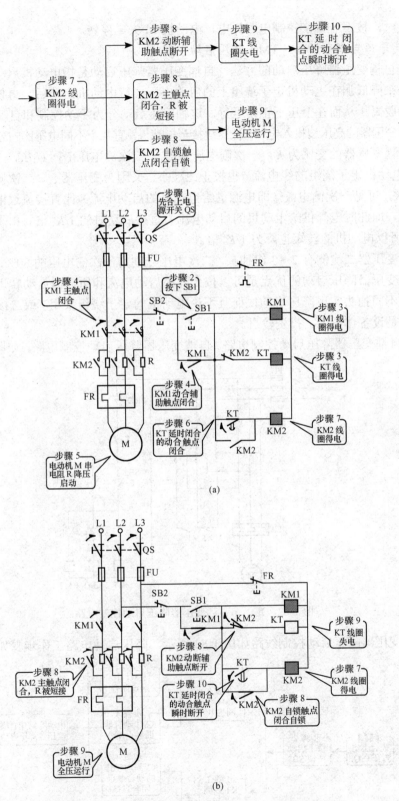

图 1-81 串电阻（电抗）降压启动控制电路原理示意图

（a）工作原理示意图 1；（b）工作原理示意图 2

停止时，按下 SB2，控制电路失电，电动机 M 失电停转。

2. 定子串自耦变压器（TM）降压启动控制

（1）自耦变压器降压启动的方法。自耦变压器降压启动是指电动机启动时，利用自耦变压器来降低加在电动机定子绕组上的启动电压；待电动机启动后，再使电动机与自耦变压器脱离，从而在全压下正常运行。这种降压启动分为手动控制和自动控制两种。

自耦变压器的高压边投入电网，低压边接至电动机，有几个不同电压比的分接头供选择。

设自耦变压器的变比为 $K$，一次侧电压为 $U_1$，二次侧电压 $U_2 = U_1/K$，二次侧电流 $I_2$（即通过电动机定子绕组的线电流）也按正比减小。又因为变压器一、二次侧的电流关系知 $I_1 = I_2/K$，可见一次侧电流（即电源供给电动机的启动电流）比直接流过电动机定子绕组的要小，即此时电源供给电动机的启动电流为直接启动时的 $1/K^2$ 倍。由于电压降低为 $1/K$ 倍，所以电动机的转矩也降为 $1/K^2$ 倍。

自耦变压器二次侧有 2～3 组抽头，二次电压分别为一次侧电压的 80%、60%、40%。

自耦变压器降压启动的优点是可以按允许的启动电流和所需的启动转矩来选择自耦变压器的不同抽头实现降压启动，而且不论电动机的定子绕组采用丫或△接法都可以使用，缺点是设备体积大、投资较贵。

（2）自耦变压器降压启动控制电路。自耦变压器降压启动控制电路，如图 1-82 所示。

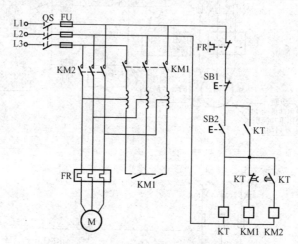

图 1-82 定子串自耦变压器降压启动控制电路

自耦变压器降压启动控制线路如图 1-83 所示，降压启动电路工作步骤如下：

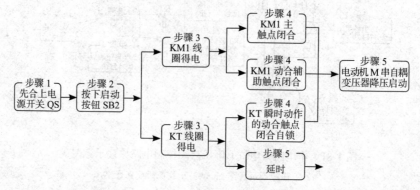

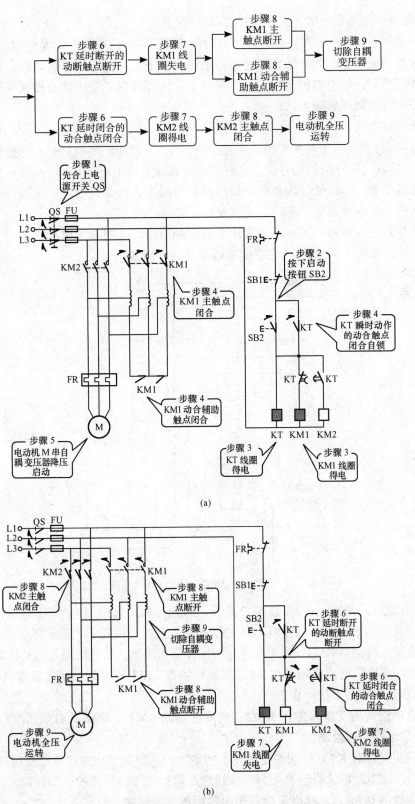

图 1-83  自耦变压器降压启动控制电路原理示意图
（a）工作原理示意图 1；（b）工作原理示意图 2

3. 星形—三角形（丫—△）降压启动控制

（1）星形—三角形（丫—△）降压启动的方法。丫—△降压启动是指电动机启动时，把定子绕组接成丫形，以降低启动电压，限制启动电流；待电动机启动后，再把定子绕组改接成三角形，使电动机全压运行。只有正常运行时定子绕组作△形连接的异步电动机才可采用这种降压启动方法。

电动机启动时，接成丫形，加在每相定子绕组上的启动电压只有△形接法直接启动时的 $1/\sqrt{3}$，启动电流为直接采用△形接法时的 1/3，启动转矩也只有△形接法直接启动时的 1/3。所以这种降压启动方法，只适用于轻载或空载下启动。丫—△降压启动的最大优点是设备简单，价格低，因而获得较广泛的应用，缺点是只用于正常运行时为△形接法的电动机，降压比固定，有时不能满足启动要求。

（2）星形—三角形（丫—△）降压启动控制电路。三相异步电动机的丫—△降压启动控制电路，如图 1-84 所示，它主要有以下元器件组成：

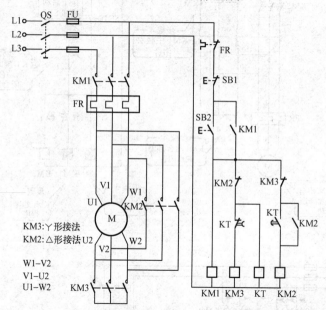

图 1-84　三相异步电动机的丫—△降压启动控制电路

1）启动按钮 SB2。启动按钮 SB2 是手动按钮开关，可控制电动机的启动运行。

2）停止按钮 SB1。停止按钮 SB1 是手动按钮开关，可控制电动机的停止运行。

3）主交流接触器 KM1。电动机主运行回路用接触器，启动时通过电动机启动电流。

4）丫形连接的交流接触器 KM3。交流接触器 KM3 是电动机启动时作 丫 形连接的交流接触器，启动结束后停止工作。

5）△形连接的交流接触器 KM2。交流接触器 KM2 是电动机启动结束后恢复△形连接作正常运行的接触器。

6）时间继电器 KT。时间继电器 KT 控制丫—△变换启动的启动过程时间（电动机启动时间），即电动机从启动开始到额定转速及运行正常后所需的时间。

7）热继电器 FR。热继电器做三相电动机的过载保护。

三相异步电动机的丫—△降压启动控制电路如图 1-85 所示，其控制电路工作步骤如下：

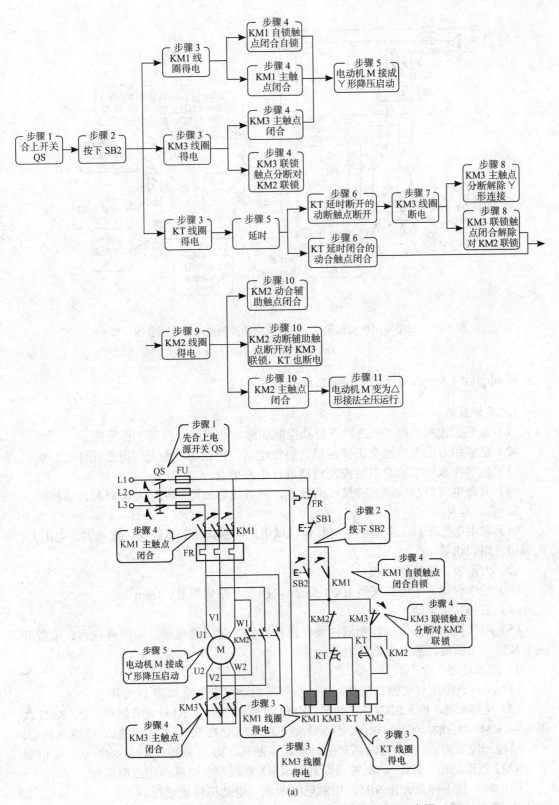

图 1-85  三相异步电动机的丫—△降压启动控制电路原理示意图（一）

（a）工作原理示意图 1

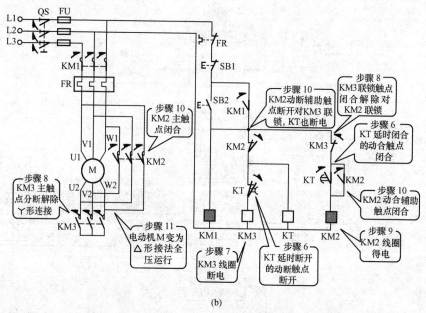

图 1-85　三相异步电动机的丫—△降压启动控制电路原理示意图（二）

（b）工作原理示意图 2

## 实训项目　丫—△降压启动控制线路的安装

1. 实训目的

（1）能够识读和绘制丫—△降压启动控制线路，并能够分析其工作原理。

（2）能够用万用表检测交流接触器、热继电器、按钮等常用低压电器元件的好坏。

（3）能够在未通电前对电气控制线路进行电路检查。

（4）具备电气控制线路安装接线的技能，具备线路故障的判断及检修和调试技能。

2. 实训器材

（1）常用电工工具。常用电工工具包括试电笔、钢丝钳、剥线钳、螺丝刀、电工刀、尖嘴钳、斜口钳等。

（2）万用表、绝缘电阻表。

（3）绝缘导线。主电路采用 BV 1.5mm$^2$，控制电路采用 BV 1mm$^2$。

（4）三相异步电动机。

（5）电气控制柜。电气控制柜内装交流接触器、时间继电器、中间继电器、位置开关、按钮、熔断器、热继电器等电器元件。

3. 实训电路

（1）丫—△降压启动控制电路。丫—△降压启动控制电路如图 1-86 所示。

（2）电路原理。按下 SB2，KT 线圈、KM3 线圈同时获电，KM3 动合触点闭合，KM1 线圈获电，KM1 动合触点闭合自锁，KM3 动断触点断开对 KM2 联锁，电动机接成丫形降压启动。

经过一段时间后，KT 延时断开的动断触点断开，KM3 断电，KM3 动断触点复位闭合，KM2 线圈获电，KM2 动断触点断开对 KM3 互锁，电动机接成△形运行。

停止时，按下停止按钮 SB1，控制电路断电，电动机停止运行。

4. 实训步骤

（1）开始实训前，应先画好电气原理图，分析工作原理。

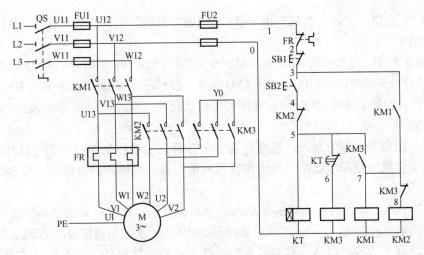

图 1-86  丫—△降压启动控制电路

（2）根据电动机功率的大小选配元件的规格，并绘制元件明细表。

（3）清点各元件的规格和数量，并检查各个元件是否完好无损。

（4）根据原理图，设计并画出实际安装图，作为接线安装的依据。

（5）按图安装接线，工艺符合安装的有关规程。

（6）接线完毕，经检查无误后方可通电考核。

5. 实训时应注意的问题

（1）进行丫—△降压启动控制的电动机，必须有 6 个出线端，且运行时定子绕组在△形接法时，额定电压等于电源线电压。

（2）通电试验时，优先采用丫系列电动机，规格为 6 极 0.75kW，若采用灯箱代替，在通电时必须检查主电路接线是否正确。

（3）△形接法接线时，注意电动机△形接法不能接错（U1—W2，V1—U2，W1—V2），否则可能造成缺相故障而无法工作。

（4）KM3 主电路的进线端必须从 KM2 主电路出线端引入，若误将其接错，则当 KM3 吸合时，会造成相间短路。

（5）通电前应检查熔体规格及 KT 动作时间整定值。

（6）接线完毕，必须先自检，确认无误，方可通电。

（7）通电时必须有老师在现场监护。

6. 电路检查

（1）主电路检查。

1）将万用表表笔放在 U11、V11 处，同时按下 KM1 和 KM3，读数应为电动机两绕组的串联电阻值。

2）表笔放在 U11、V11 处，同时按下 KM1 和 KM2，读数小于电动机一相绕组的电阻值。

3）表笔放在 U11、W11 处和 V11、W11 处时，分别用上述方法检测。

4）测量 KM2 的三对触点时，万用表读数应为无穷大。

（2）控制回路的检查。

1）将表笔放在 1、0 处，无任何操作时，万用表读数为无穷大。

2）按下 SB2，读数应为 KT 和 KM3 的线圈并联电阻值，再同时按下 SB1，万用表读数为无穷大。

3）按下 KM1，读数应为 KM1 和 KM2 的线圈并联电阻值，同时轻按 KM3，这时万用表读数为 KM1 线圈的电阻值，再用力将 KM3 按下（按到底），则读数应为 KT、KM1 和 KM3 的并联阻值。轻按 KM3，即 KM3 的动断辅助触点断开，但对应的动合辅助触点还没闭合。

### 7. 实训报告要求

实训前撰写实训预习报告，根据安装 丫—△降压启动控制线路的工作过程，画出控制线路的工作原理图和接线图，写出实训器材的名称、规格和数量以及实训操作步骤。

### 8. 实训思考

（1）丫—△启动适合什么样的电动机？分析在启动过程中电动机绕组的连接方式。

（2）当电源缺相时，为什么丫形启动时电动机不动，到△形连接时，电动机却能转动？

（3）撰写实训的心得体会和实践安装接线的经验，评价自己在小组合作中所发挥的作用，总结个人的不足之处，思考如何不断提升自身综合素质。

## 习 题

### 一、填空题

1. 可以用中间继电器来_____控制回路的数目。中间继电器是把一个输入信号变成为_____的继电器。

2. 中间继电器的结构与原理和_____相同，故也称为接触器式继电器。其各对触头允许通过的电流是_____的，额定电流一般为_____A。

3. 电流继电器的吸引线圈应_____在主电路中。欠电流继电器在主电路通过正常工作电流时，动铁芯已经被_____，当主电路的电流_____其整定电流时，动铁芯才被_____。

4. 中间继电器的文字符号是_____。

5. 时间继电器按延时方式可分为_____延时型与_____延时型两种。

### 二、判断题

1. 中间继电器触头数目多，并且没有主、辅触头之分。（　　）

2. 根据触头的延时特点不同，时间继电器可分为通电延时型和断电延时类两种。（　　）

3. 过电流继电器在电路电流正常时，其铁心处于未吸合状态。（　　）

4. 通电延时继电器：当时间继电器线圈通电时，各延时触头不立即动作，而要延长一段整定时间才动作，线圈断电时延时触头迅速复原。（　　）

### 三、分析题

1. 笼型异步电动机的启动电流过大，是否会影响电动机的寿命？

2. 笼型异步电动机降压启动方法有哪些？各自有何特点？并画出相应的控制线路加以说明。

3. 为什么中、小型笼型异步电动机常采用丫—△降压启动方法？

4. 有两台三相笼型异步电动机 M1、M2，要求 M1 先启动，经过一段延时后 M2 自行启动，M2 启动后，M1 立即停机，试画出控制电路图，并简述其工作原理。

5．某三相异步电动机的额定数据如下：额定功率 $P_N$=10kW，额定电压 $U_N$=380V，额定转速 $n_N$ = 1450r/min，$\cos\varphi_N$ = 0.87，$\eta_N$ = 87.5%，$T_{st}/T_N$ = 1.4，$I_{st}/I_N$ = 7，$T_m/T_N$ = 2.0。试求：

（1）额定转矩 $T_N$，最大转矩 $T_m$，启动转矩 $T_{st}$。

（2）如果负载转矩为 70N·m，试问在 $U = U_N$ 和 $U = 0.9U_N$ 两种情况下电动机能否启动？

（3）若用 Y—△降压启动时，求启动电流和启动转矩。

（4）请画出 Y—△降压启动的控制线路。

# 任务七  三相异步电动机的制动控制

## 任务要点

以任务"三相异步电动机的制动控制"为驱动，主要介绍速度继电器的构造、原理及其使用，并用动画图解的方式重点讲述三相异步电动机的制动控制方法、特点及其线路的组成、电气控制原理。

## 一、速度继电器

速度继电器是依靠速度大小使继电器动作与否的信号，配合接触器实现对电动机的反接制动，故速度继电器又称为反接制动继电器。速度继电器的承受机构是转子轴，它与电动机轴直接相连，执行机构是继电器的触点，实现反接制动。

感应式速度继电器的结构原理如图 1-87 所示，是利用电磁感应原理实现触点动作的，从结构上看，与交流电动机类似，速度继电器主要由定子、转子和触点三部分组成。定子的结构与笼型异步电动机相似，是一个笼型空心圆环，有硅钢片冲压而成，并装有笼型绕组，转子是一个圆柱形永久磁铁。速度继电器的图形符号和文字符号如图 1-88 所示。

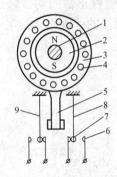

图 1-87  速度继电器的结构原理图

1—转轴；2—转子；3—定子；4—绕组；

5—定子柄；6—静触点；7—动触点；8、9—簧片

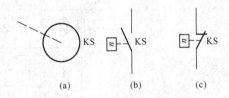

图 1-88  速度继电器的符号

（a）转子；（b）动合触点；（c）动断触点

速度继电器的轴与电动机的轴相连接，转子固定在轴上，定子与轴同心。当电动机转动时，速度继电器的转子随之转动，绕组切割磁场产生感应电动势和电流，此电流和永久磁铁的磁场作用产生转矩，使定子向轴的转动方向偏摆，通过定子柄拨动触点，使动断触点断开、动合触点闭合。当电动机转速下降到接近零时，转矩减小，定子柄在弹

簧力的作用下恢复原位，触点也复原。

常用的感应式速度继电器有 JY1 和 JFZ0 系列，JY1 系列能在 3000r/min 的转速下可靠工作，JFZ0 系列触点动作速度不受定子柄偏转快慢的影响，触点改用微动开关。一般情况下，速度继电器的触点在转速达到 120r/min 以上时能动作，当转速低于 100r/min 左右时触点复位。

**二、三相异步电动机的制动控制电路**

电动机断开电源后，由于惯性作用不会马上停止转动，而需要转动一段时间才会完全停下来。这种情况对于某些生产机械是不适宜的，如起重机的吊钩需要准确定位等。实现生产机械的这种要求就需要对电动机进行制动。

制动就是给电动机一个与转动方向相反的转矩使它迅速停转（或限制其转速）。制动的方法一般分为：机械制动和电气制动。利用机械装置使电动机断开电源后迅速停转的方法称为机械制动。机械制动常用的方法有电磁抱闸和电磁离合器制动。电气制动是电动机产生一个和转子转速方向相反的电磁转矩，使电动机的转速迅速下降。三相交流异步电动机常用的电气制动方法有能耗制动、反接制动和回馈制动。

**1. 反接制动**

（1）反接制动的方法。异步电动机反接制动有两种，一种方法是在负载转矩作用下使电动机反转的倒拉反转反接制动，但它不能准确停车；另一种方法是依靠改变三相异步电动机定子绕组中三相电源的相序产生制动力矩，迫使电动机迅速停转。

反接制动的优点是制动力强，制动迅速；缺点是制动准确性差，制动过程中冲击强烈，易损坏传动零件，制动能量消耗大、不宜经常制动。因此，反接制动一般适用于制动要求迅速、系统惯性较大、不经常启动与制动的场合。

（2）反接制动的控制电路。相序互换的反接制动控制电路如图 1-89 所示，当电动机正常运转需制动时，将三相电源相序切换，然后在电动机转速接近零时将电源及时切掉。控制电路是采用速度继电器来判断电动机的零速点并及时切断三相电源的。速度继电器 KS 的转子与电动机的轴相连，当电动机正常运转时，速度继电器的动合触点闭合，当电动机停车转速接近零时，KS 的动合触点断开，切断接触器的线圈电路。

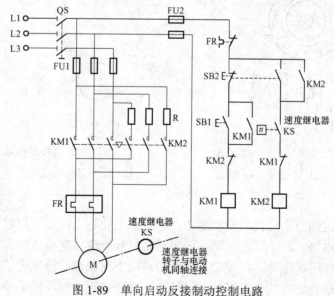

图 1-89  单向启动反接制动控制电路

反接制动控制电路工作原理分析：

1）单向启动。单向启动反接制动控制电路如图 1-90（a）所示，单向启动工作步骤如下：

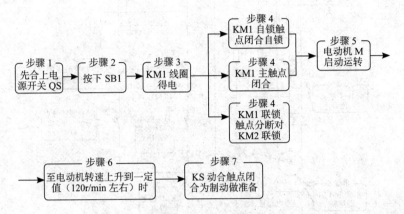

2）反接制动。单向启动反接制动控制电路如图 1-90（b）、（c）所示，反接制动工作步骤如下：

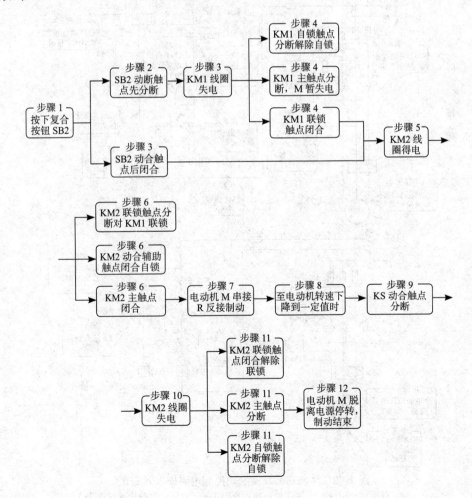

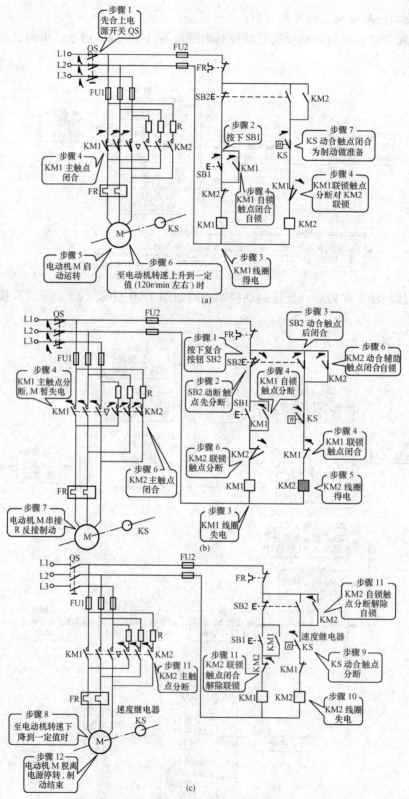

图 1-90  单向启动反接制动控制电路原理示意图
（a）单向启动；（b）反接制动原理示意图 1；（c）反接制动原理示意图 2

2. 能耗制动

能耗制动是当电动机切断交流电源后，立即在定子绕组的任意两相中通入直流电，迫使电动机迅速停转。

（1）能耗制动的方法。先断开电源开关，切断电动机的交流电源，这时转子仍沿原方向惯性运转；随后向电动机两相定子绕组通入直流电，使定子中产生一个恒定的静止磁场，这样做惯性运转的转子因切割磁力线而在转子绕组中产生感应电流，又因受到静止磁场的作用，产生电磁转矩，正好与电动机的转向相反，使电动机受制动迅速停转。由于这种制动方法是在定子绕组中通入直流电以消耗转子惯性运转的动能来进行制动的，所以称为能耗制动。

能耗制动的优点是制动准确、平稳，且能量消耗较小；缺点是需附加直流电源装置，设备费用较高，制动力较弱，在低速时制动力矩小。所以，能耗制动一般用于要求制动准确、平稳的场合。

（2）能耗制动控制电路。对于 10kW 以上容量较大的电动机，多采用变压器全波整流能耗制动控制电路。如图 1-91 所示，该电路利用时间继电器来进行自动控制。其中直流电源由单相桥式整流器 VC 供给，TC 是整流变压器，电阻 R 是用来调节直流电流的，从而调节制动强度。

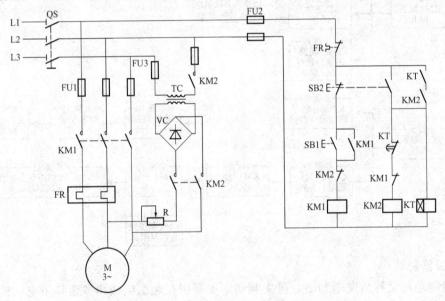

图 1-91　单向启动能耗制动控制电路

控制电路工作原理分析如下：

1）单向启动运转。单向启动运转的工作步骤如下：

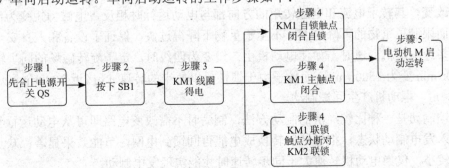

2）能耗制动停转。能耗制动停转的工作步骤如下：

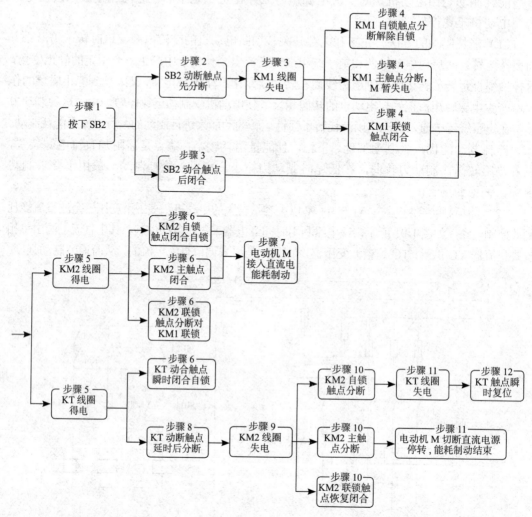

## 3. 回馈制动

回馈制动，又称为发电制动、再生制动，主要用在起重机械和多速异步电动机上。

当起重机在高处开始下放重物时，电动机转速 $n$ 小于同步转速 $n_1$，这时电动机处于电动运行状态；但由于重力的作用，在重物的下放过程中，会使电动机的转速 $n$ 大于同步转速 $n_1$，这时电动机处于发电运行状态，转子相对于旋转磁场切割磁力线的运动方向会发生改变，其转子电流和电磁转矩的方向都与电动运行时相反，电磁力矩变为制动力矩，从而限制了重物的下降速度，不至于重物下降得过快，保证了设备和人身安全。

对多速电动机变速时，如使电动机由二级变为四级时，定子旋转磁场的同步转速 $n_1$ 由 3000r/min 变为 1500r/min，而转子由于惯性仍以原来的转速 $n$（接近 3000r/min）旋转，此时 $n>n_1$，电动机产生回馈制动。

回馈制动是一种比较经济的制动方法，制动时不需改变电路即可从电动运行状态自动地转入发电制动状态，把机械能转换成电能再回馈到电网，节能效果显著，缺点是应用范围较小，仅当电动机转速大于同步转速时才能实现发电制动。

1. 异步电动机的制动方法有哪些？各自有何特点？速度继电器用于哪种制动方法？
2. 请画出单向启动反接制动控制线路的原理图，并说明其工作原理。
3. 请画出单向启动能耗制动控制线路的原理图，并说明其工作原理。

# 任务八　三相异步电动机的调速控制

## 任务要点

以任务"三相异步电动机的调速控制"为驱动，主要介绍三相异步电动机的调速控制方法、特点及其线路的组成、电气控制原理。

根据异步电动机的转差率 $s$ 表达式为

$$s = \frac{n_1 - n}{n_1}$$

可知交流电动机转速公式为

$$n = \frac{60 f_1}{p}(1-s)$$

式中　$n$——电动机的转速，r/min；

　　　$p$——电动机极对数；

　　　$f_1$——供电电源频率，Hz；

　　　$s$——异步电动机的转差率。

由上式分析可知，通过改变定子电压频率 $f_1$、极对数 $p$ 以及转差率 $s$ 都可以实现交流异步电动机的速度调节，具体可以归纳为变极调速、变转差率调速和变频调速三大类，而变转差率调速又包括变压调速、转子串电阻调速和串级调速等，它们都属于转差功率消耗型的调速方法。

### 一、变极调速

1. 变极调速的方法

变换异步电动机绕组极数，从而改变同步转速进行调速的方式称为变极调速。变极调速的转速只能按阶跃方式变化，不能连续变化。变极调速的基本原理是：如果电网频率不变，电动机的同步转速与它的极对数成反比。因此，变更电动机绕组的接线方式，使其在不同的极对数下运行，其同步转速便会随之改变。异步电动机的极对数是由定子绕组的连接方式来决定，这样就可以通过改换定子绕组的连接来改变异步电动机的极对数。变更极对数的调速方法一般仅适用于笼型异步电动机。双速电动机、三速电动机是变极调速中最常用的两种形式。

2. 双速电动机的控制电路

双速电动机的定子绕组的连接方式常有两种：一种是绕组从三角形改成双星形，即如图 1-92（a）所示的连接方式转换成如图 1-92（c）所示的连接方式；另一种是绕组从单星形改成双星形，即如图 1-92（b）所示的连接方式转换成如图 1-92（c）所示的连接方式。这两种接法都能使电动机产生的磁极对数减少一半，即电动机的转速提高一倍。

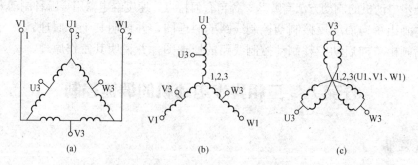

图 1-92　双速电动机的定子绕组的接线图

（a）三角形连接；（b）单星形连接；（c）双星形连接

双速电动机三角形变双星形的控制原理图如图 1-93 所示，当按下启动按钮 SB2，主电路接触器 KM1 的主触点闭合，电动机三角形连接，电动机以低速运转；同时 KA 的动合触点闭合使时间继电器线圈带电，经过一段时间（时间继电器的整定时间），KM1 的主触点断开，KM2、KM3 的主触点闭合，电动机的定子绕组由三角形变双星形，电动机以高速运转。

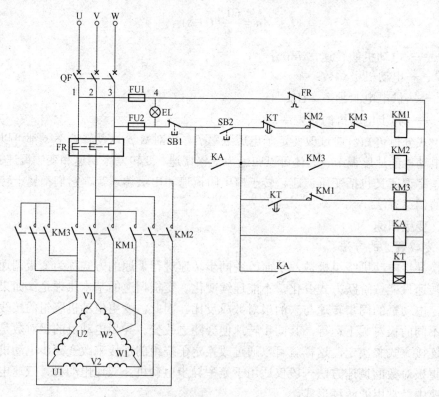

图 1-93　双速电动机的控制原理图

控制电路工作步骤如下：

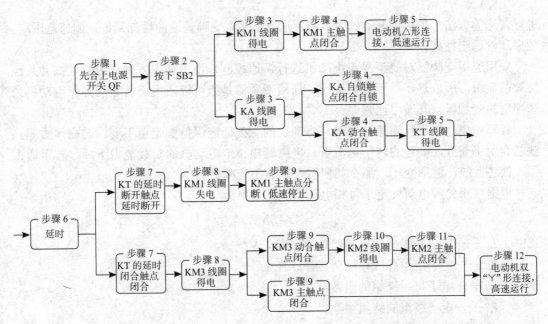

变极调速的优点是设备简单，运行可靠，既可适用于恒转矩调速（丫/丫丫），也可适用于近似恒功率调速（△/丫丫），其缺点是转速只能成倍变化，为有极调速。丫/丫丫变极调速应用于起重电葫芦、运输传送带等；△/丫丫变极调速应用于各种机床的粗加工和精加工等。

**二、变转差率调速**

**1. 变压调速**

变压调速是异步电动机调速系统中比较简便的一种。由电气传动原理可知，当异步电动机的等效电路参数不变时，在相同的转速下，电磁转矩与定子电压的二次方成正比，因此，改变定子外加电压就可以改变机械特性的函数关系，从而改变电动机在一定输出转矩下的转速。变压调速目前主要采用晶闸管交流调压器变压调速，是通过调整晶闸管的触发角来改变异步电动机端电压进行调速的一种方式。这种调速方式调速过程中的转差功率损耗在转子里或其外接电阻上，效率较低，仅用于小容量电动机。

**2. 转子串电阻调速**

转子串电阻调速是在绕线型异步电动机转子外电路上接入可变电阻，通过对可变电阻的调节，改变电动机机械特性斜率来实现调速的一种方式。电动机转速可以按阶跃方式变化，即有级调速。其结构简单、价格便宜，但转差功率损耗在电阻上，效率随转差率增加反而等比下降，故这种方法目前一般不被采用。

**3. 串级调速**

绕线型异步电动机的转子绕组能通过集电环与外部电气设备相连接，可在其转子侧引入控制变量，如附加电动势进行调速。在绕线型异步电动机的转子回路中串入不同数值的可调电阻，从而获得电动机的不同机械特性，以实现转速调节，就是基于这一原理的一种方法。

**三、变频调速**

变频调速是利用电动机的同步转速随频率变化的特性，通过改变电动机的供电频率进行调速的方法。在异步电动机诸多的调速方法中，变频调速的性能最好，调速范围广，效率高，稳定性好。

采用通用变频器对笼型异步电动机进行调速控制，由于使用方便，可靠性高并且经济效益显著，所以逐步得到推广应用。通用变频器是指可以应用于普通的异步电动机调速控制的变频器，其通用性强。

对异步电动机进行调速控制时，电动机的主磁通应保持额定值不变。若磁通太弱，铁芯利用不充分，同样的转子电流下，电磁转矩小，电动机的负载能力下降；若磁通太强，铁芯发热，波形变坏。那么如何实现磁通不变呢？

根据三相异步电动机定子每相电动势的有效值为

$$E_1 = 4.44 f_1 N_1 K_1 \Phi_m$$

式中　$E_1$ ——定子绕组感应电动势的有效值，V；

　　　$f_1$ ——定子绕组感应电动势频率，Hz；

　　　$N_1$ ——定子每相绕组的匝数；

　　　$K_1$ ——定子绕组的绕组系数；

　　　$\Phi_m$ ——每极磁通量，Wb。

如果不计定子阻抗压降，则

$$U_1 \approx E_1 = 4.44 f_1 N_1 K_1 \Phi_m$$

若端电压 $U_1$ 不变，则随着 $f_1$ 的升高，气隙磁通 $\Phi_m$ 将减小，又从转矩公式

$$T = C_M \Phi_m I_2 \cos\varphi_2$$

可以看出，磁通 $\Phi_m$ 的减小势必导致电动机允许输出转矩 $T$ 下降，降低电动机的出力。同时，电动机的最大转矩也将降低，严重时会使电动机堵转；若维持端电压 $U_1$ 不变，而减小 $f_1$，则气隙磁通 $\Phi_m$ 将增加。这就会使磁路饱和，励磁电流上升，导致铁损急剧增加，这也是不允许的。因此，在许多场合要求在调频的同时改变定子电压 $U_1$，以维持 $\Phi_m$ 接近不变。下面分两种情况说明：

1. 基频以下的恒磁通变频调速

为了保持电动机的负载能力，应保持气隙主磁通 $\Phi_m$ 不变，这就要求降低供电频率的同时降低感应电动势，保持 $E_1 / f_1 =$ 常数，即保持电动势与频率之比为常数进行控制，这种控制又称为恒磁通变频调速，属于恒转矩调速方式。由于 $E_1$ 难于直接检测和直接控制，可以近似地保持定子电压 $U_1$ 和频率 $f_1$ 的比值为常数，即认为 $E_1 \approx U_1$，保持 $U_1 / f_1 =$ 常数。这就是恒压频比控制方式，是近似的恒磁通控制。

2. 基频以上的弱磁通变频调速

这是考虑由基频开始向上调速的情况。频率由额定值向上增大时，电压 $U_1$ 由于受额定电压 $U_{1N}$ 的限制不能再升高，只能保持 $U_1 = U_{1N}$ 不变，这样必然会使主磁通随着 $f_1$ 的上升而减小，相当于直流电动机弱磁通调速的情况，即近似的恒功率调速方式。

由上面的讨论可知，异步电动机的变频调速必须按照一定的规律，同时改变其定子电压和频率，基于这种原理构成的变频器即所谓的调速控制（Variable Voltage Variable Frequency，VVVF），这也是通用变频器的基本原理。

根据 $U_1$ 和 $f_1$ 的不同比例关系，将有不同的变频调速方式。保持 $U_1 / f_1$ 为常数的比例

控制方式适用于调速范围不太大或转矩随转速下降而减小的负载，例如，风机、水泵等；保持 $T$ 为常数的恒磁通控制方式适用于调速范围较大的恒转矩性质的负载，例如，升降机械、搅拌机、传送带等；保持 $P$ 为常数的恒功率控制方式适用于负载随转速的增高而变轻的地方，例如，主轴传动、卷绕机等。

# 习　题

## 一、选择题

1．三相异步电动机的转速除了与电源频率、转差率有关，还与（　　）有关系。

A．磁极数　　　　　B．磁极对数　　　C．磁感应强度　　　D．磁场强度

2．对电动机从基本频率向上的变频调速属于（　　）调速。

A．恒功率　　　　　B．恒转矩　　　　C．恒磁通　　　　　D．恒转差率

3．对电动机从基本频率向下的变频调速属于（　　）调速。

A．恒功率　　　　　B．恒转矩　　　　C．恒磁通　　　　　D．恒转差率

## 二、分析题

1．异步电动机的调速方法有哪些？其中哪种方法的调速性能最好？

2．请画出双速电动机的控制原理图，并说明其工作原理。

# 楼宇常用设备电气控制

## 项目背景、目标及课程思政育人教学设计

### 一、项目背景和内容

随着智能建筑的迅速发展，楼宇设备的电气控制所涉及的领域越来越广泛，主要工作对象是建筑设备，包括给水排水泵、消防水泵、空调、电梯等。本项目主要介绍生活给水排水系统、消防给水控制系统的典型电气控制线路，引导学生运用正确的辩证思维方法，从三相异步电动机基本控制线路的识读过渡到复杂控制线路的识读。学会发现问题、探究问题和解决问题的方法，应用电气设备与控制相关知识解决生产、生活中的实际问题。

### 二、项目的教学目标和思政育人教学设计

本项目的教学目标包括知识目标、技能目标、思政育人目标，知识目标和技能目标分任务进行描述，思政育人目标是培养学生理论联系实际，实践认识，再实践再认识，加强科学思维习惯的培养。培养学生运用正确的辩证思维方法，进行辩证的分析与综合，提高分析问题、解决问题的能力。培养学生树立社会主义职业道德观，认识到安全就是效益，节能降耗是责任。培养学生团队合作的意识和工匠精神见表 2-1。

表 2-1　　　　　　　　　　　　　教 学 目 标

| 项目名称 | 具体工作任务 | 教学目标 | | |
| --- | --- | --- | --- | --- |
| | | 知识目标 | 技能目标 | 思政育人目标 |
| 项目二 楼宇常用设备电气控制 | 任务一 生活给水排水系统的电气控制 | 熟悉万能转换开关、水位开关的结构、原理及作用，掌握生活水泵控制线路的组成及其控制原理 | 能够正确地识读生活水泵电动机控制线路控制原理图，能够按照国家标准绘制出生活水泵电动机控制线路的电气原理图，并能够正确选择低压电器并判断其是否完好，完成控制线路的安装与检修 | （1）培养学生理论联系实际，实践认识，再实践再认识，加强科学思维习惯的培养。<br>（2）培养学生运用正确的辩证思维方法，进行辩证的分析与综合，提高分析问题、解决问题的能力。<br>（3）培养学生树立安全发展理念，树立节能环保的意识，节能降耗，从我做起，造福社会，促进人与自然的和谐。<br>（4）树立安全用电意识，树立社会主义职业道德观，培养良好的职业素养，培养团结协作意识，培养严谨认真、精益求精的工匠精神，培养"实事求是"评价的辩证唯物主义观 |
| | 任务二 消防给水控制系统 | 熟悉压力继电器的结构、原理及作用，掌握消火栓灭火系统和湿式自动喷水灭火系统电气控制线路的组成及其控制原理 | 能够正确地识读消火栓灭火系统和湿式自动喷水灭火系统控制原理图，能够按照国家标准绘制出消火栓灭火系统和湿式自动喷水灭火系统电气控制线路的电气原理图，并能够正确选择低压电器并判断其是否完好，完成控制线路的安装与检修 | |

本项目的思政育人教学设计思路是"理论与实践相结合"，选择建筑设备的工作对象给水排水泵、消防水泵，提炼出两个实际项目的工作任务，从工作任务的知识点中深入挖掘与知识相关的思政要素"节能降耗，从我做起""人民至上，生命至上，消防安全关系到全民的幸福，学好专业知识，报效祖国"。引导学生运用正确的辩证思维方法，进行辩证的分析与综合，从复杂电气控制线路整体到部分，从部分到整体，运用"顺藤摸瓜"的方法找到复杂控制线路各个部分的联系，理解识读复杂电气控制线路的步骤和方法。并通过与任务相关的两个实训项目的实践教学环节，切入辩证唯物主义"一切从实践出发，实践是检验真理的唯一标准"，提高学生复杂控制线路的安装接线、故障的判断及检修、调试的技能，培养严谨认真、精益求精的工匠精神。项目二的思政育人教学设计见表2-2。

表2-2 思政育人教学设计

| 任务名称（或实训项目） | 知识点（或实训名称） | 思政要素切入点 | 预期效果 |
|---|---|---|---|
| 任务一 生活给水排水系统的电气控制 | 水位开关 | 引入实际工程生活给水排水系统的电气控制，切入思政要素"理论联系实际"，引导学生思考：如何自动控制水泵的启动和停止？引出水位开关在水泵控制中的作用。培养学生科学的探究精神，训练学生的逻辑思维能力 | 培养学生理论联系实际的能力，运用马克思主义的理论观点、方法分析问题，培养学生逻辑思维和判断能力以及解决问题能力 |
| | 生活给水排水系统的电气控制 | 分析生活水泵的各种给水方式时，融入"节能环保的意识"，引导学生从节能环保的角度思考，小区居民供水采用哪种给水方式最好？引出生活泵变频调速恒压供水因具备节能、节省设备、高品质的供水质量等优点，成为供水行业的一个主流 | 树立节能环保的意识，节能降耗，从我做起，造福社会，促进人与自然的和谐 |
| | 识读复杂电气图的步骤和方法 | 分析生活给水排水系统的电气控制线路的控制原理时，引导学生运用正确的辩证思维方法，进行辩证的分析与综合，从复杂电气控制线路整体到部分，从部分到整体，运用"顺藤摸瓜"的方法找到复杂控制线路各个部分的联系，理解识读复杂电气控制线路的步骤和方法 | 培养学生运用正确的辩证思维方法，进行辩证的分析与综合，提高分析问题、解决问题的能力 |
| 任务二 消防给水控制系统 | 室内消火栓灭火系统 | 通过播放火灾事故视频，让学生感受到消防给水控制系统的重要性，其设计施工质量关系到人民群众生命财产的安全，激发学生学习热情，立志学好专业知识，树立"人民至上，生命至上"理念 | 消防安全关系到全民的幸福和安宁。认识到安全就是效益。树立"人民至上，生命至上"理念。立足岗位，学好专业知识，报效祖国，为人民的幸福生活保驾护航 |
| | 消火栓用消防泵的电气控制 | 分析室内消火栓灭火系统、湿式自动喷水灭火系统的电气控制时，引导学生运用正确的辩证思维方法，进行辩证的分析与综合，理解识读复杂电气图的步骤和方法 | 培养学生运用马克思主义辩证思维方法认识问题，推动认识不断地由低级向高级发展 |
| | 自动喷淋泵的电气控制 | | |
| 实训项目 | 小功率生活水泵电动机控制线路的安装、自动喷水灭火系 | 切入辩证唯物主义"一切从实践出发，实践是检验真理的唯一标准"，同时切入工匠精神和团队合作的思政要素，采用学生分组实训的教学模式。<br>课前：要求学生提前观看实训操作视频，撰写实训预习报告，提前规划完成实训任务方法和步骤，分配小组成员之间的实训任务，做到心中有数地走进实训室。<br>课中：教师演示实训操作，以身作则，为学生示范正确的操作方法，引导学生严格按照安全用电规范进 | （1）树立安全用电意识，树立社会主义职业道德观，培养良好的职业素养 |

101

续表

| 任务名称（或实训项目） | 知识点（或实训名称） | 思政要素切入点 | 预期效果 |
|---|---|---|---|
| 实训项目 | 统消防泵电气控制线路的安装 | 行操作，小组成员分工合作共同完成任务，实训任务完成后，按照管理标准，归置实训设备，整理实训室，养成良好的职业习惯。<br>课后：要求学生总结反思，撰写实训的心得体会和实践安装接线的经验，评价自己在小组合作中所发挥的作用，总结个人的不足之处，思考如何不断提升自身综合素质。<br>考核方式：采用过程考核，通过教师评价+小组互评+自评的方式，培养学生"实事求是"评价的辩证唯物主义观，让学生感受到团队合作的重要性 | （2）培养团结协作意识，培养严谨认真、精益求精的工匠精神，培养"实事求是"评价的辩证唯物主义观 |

# 任务一　生活给水排水系统的电气控制

扫一扫

## 任务要点

　　以任务"生活给水排水系统的电气控制"为驱动，主要介绍万能转换开关、水位开关的构造、原理及其使用，重点讲述生活给水排水系统的电气控制线路的组成及其电气控制原理，学习识读复杂电气图的步骤和方法，最后通过完成实训项目小功率生活水泵电动机控制线路的安装，提高复杂控制线路的安装接线、故障的判断及检修、调试的技能，引导学生树立安全用电意识，培养良好的职业素养，树立社会主义职业道德观，培养团结协作意识和精益求精的工匠精神。

### 一、万能转换开关（文字符号 SA）

　　万能转换开关用于不频繁接通或断开的电路，实现换接电源和负载，是一种多挡式、控制多回路的主令电器。

　　转换开关由转轴、凸轮、触点座、定位机构、螺杆和手柄等组成。其外形、结构如图 2-1 所示。当将手柄转动到不同的挡位时，转轴带着凸轮随之转动，使一些触点接通，另一些触点断开。它具有寿命长、使用可靠、结构简单等优点，适用于 380V（AC）、220V（DC）及以下的电源，5kW 以下小容量电动机的直接启动，电动机的正、反转控制及照明控制的电路中，但每小时的转换次数不宜超过 15～20 次。

　　万能转换开关的图形、文字符号如图 2-2（a）所示；其触点接线表可从设计手册查到，如图 2-2（b）所示，显示了开关的挡位、触点数目及接通状态，表中用"×"表示触点接通，否则为断开，由接线表才可画出其图形符号，如图 2-2（a）所示。其具体画法是：用虚线表示操作手柄的位置，用有无"·"表示触点的闭合和打开状态，即若在触点图形符号下方的虚线位置上画"·"，则表示当操作手柄处于该位置时，该触点处于闭合状态；若在虚线位置上未画"·"时，则表示该触点处于打开状态。

### 二、水位开关

　　水位开关（水位信号控制器）又称液位开关、液位信号器。它是控制液体的位式开关，即是随液位变动而改变通断状态的有触点开关。按结构区分，水位开关有磁性开关（称干式舌簧管）、水银开关和电极式开关等几大类。水位开关常与各种有触点或无触点电气元件组成各种位式电气控制箱。按采用的元件区分，国产的位式电气控制箱一般有继电一接触器型、晶体管型和集成电路型等。

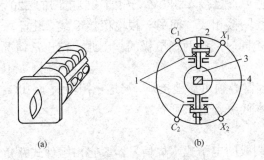

图 2-1　LW5 系列万能转换开关

（a）外形图；（b）结构原理图

1—触点；2—触点弹簧；3—凸轮；4—转轴

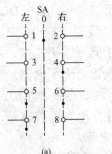

图 2-2　万能转换开关符号表示

（a）图形、文字符号；（b）触点接线表

| 触点 | 位置 | | |
|---|---|---|---|
| | 左 | 0 | 右 |
| 1-2 | | × | |
| 3-4 | | | × |
| 5-6 | × | | × |
| 7-8 | × | | |

## 1. 浮球磁性开关

浮球磁性开关有不同系列。这里以 FQS 系列浮球磁性开关为例，说明其构造及原理，其外形结构示意图如图 2-3 所示。

FQS 系列浮球磁性开关主要由工程塑料浮球、外接导线、密封在浮球内的装置（干式舌簧管、磁环和动锤等）组成。由于磁环轴向已充磁，其安装位置偏离舌簧管中心，又因磁环厚度小于舌簧管一根簧片的长度，所以磁环产生的磁场几乎全部从单根簧片上通过，磁感线被短接，两簧片之间无吸力，干簧管接点处于断开状态。当动锤靠紧磁环时，可视为磁环厚度增加，此时两簧片被磁化，产生相反的极性而相互吸合，干簧管接点处于闭合状态。

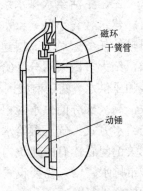

图 2-3　浮球外形结构示意图

FQS 系列浮球磁性开关具有动作范围大、调整方便、使用安全和寿命长等优点。选用浮球磁性开关时，应根据控制要求、电路电源、电流、使用触点种类数量等来确定。

## 2. 浮子式磁性开关（又称干簧式水位开关）

浮子式磁性开关由磁环、浮标、干簧管及干簧接点、上下限位环等构成，简易浮子式磁性开关的安装示意图如图 2-4 所示。

当水位处于不同高度时，浮标和磁环也随水位变化，于是磁环磁场作用于干簧接点而使之动作，从而实现对水位的控制。适当调整限位环即可改变上下限干簧接点的距离，从而实现对不同水位的自动控制。

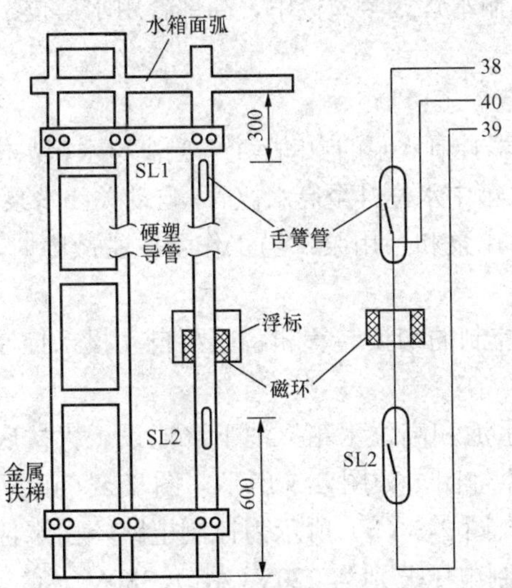

## 3. 电极式水位开关

电极式水位开关是由两根金属棒组成的，电极开关用于低水位时，电极必须伸长到给定

图 2-4　简易浮子式磁性开关

的水位下限，故电极较长，需要在下部固定，以防变位；用于高水位时，电极只需伸到给定的水位上限即可；用于满水时，电极的长度只需低于水箱（池）箱面即可。

电极的工作电压可以采用 36V（DC），也可直接接入 380V 三相四线制电网的 220V 控制电路中，即一根电极通过继电器 220V 线圈接相线，而另一根电极接零线。由于一对接点的两根电极处于同一水平高度，水总是同时浸触两根电极的，因此，在正常情况下金属容器及内部的水皆处于零电位。

为保证安全，接零线的电极和水的金属容器必须可靠地接地，接地电阻不大于 10Ω。电极开关的特点是制作简单、安装容易、成本低廉、工作可靠。

4. 晶体管液位继电器

晶体管液位继电器是利用水的导电性能制成的电子式水位信号器。它由组件式八角板和不锈钢电极构成，八角板中有继电器和电子器件，不锈钢电极长短可调，实际应用中的晶体管液位传感器有多种形式，被广泛用于楼房自动给水排水系统。

### 三、生活给水排水系统的电气控制

建筑（含小区）给水排水系统担负着保证建筑内部和小区的供水水量、水压及污水排放的任务。对于高层建筑，城市给水管网的水压一般不能满足高区部分生活用水的要求，绝大多数采用分区给水方式，即低区部分直接由城市给水管网供水，高区部分由水泵加压供水。就目前我国城市给水状况而言，水压一般可满足建筑 5～6 层的生活用水要求，高区部分的供水应根据具体情况确定。高区部分可以采用的分区给水方式有高位水箱给水方式、气压罐给水方式或变频调速水泵给水方式。排水是建筑工程必须考虑解决的关键问题，有的建筑内部排水系统出户管标高较低，污水难以靠重力自流的方式进入城市排水管网，需要设置污水提升泵。这里对建筑工程中常用的给水排水系统的电气自动控制进行阐述。

（一）高位水箱给水方式

生活水泵的电气控制系统实例：两台水泵直接启动（一用一备）。

某高层大楼，采用市网水先注入大楼地下或低层贮水池，再用水泵把水输送至大楼高位水箱或高位水池，由高位水池或高位水箱下部的输水管送至大楼中、高部各用水单位。

1. 供水系统的要求及控制电路的组成

（1）供水系统对水泵的要求。

1）在高位水箱中设置水位信号器，由水位信号器控制水泵的自动运行。当高位水箱水位达到低水位时，生活水泵启动向高位水箱注水；当水箱中水位升至高水位时，自动关闭水泵。

2）为了保障供水的可靠性，生活水泵分为工作泵和备用泵；当工作泵发生故障时，备用泵应能自动投入，即备泵自投。

3）要求有水泵电动机运行指示及自动、手动控制的切换装置和备用泵自动投入控制指示。

（2）控制电路的组成。该供水系统设置地下水池和高位水箱，地下水池设于大楼底层，高位水箱设于大楼顶层。水泵供水控制系统原理图，如图 2-5 所示，图 2-5（a）所示为水泵电动机主电路，电源为 380/220V（AC）；图 2-5（b）所示为控制电路，由水位信号控制回路、1 号、2 号电动机控制回路组成，控制电压分别为 220V（AC）、380V（AC）。

该电控系统由以下电器设备组成：两台水泵电动机（额定功率为 17kW，功率因数为 0.85）、隔离开关、低压断路器、接触器、热继电器、中间继电器、时间继电器、万能转换开关和水位信号器等组成。低压断路器、接触器以及热继电器等与主电路有关的元器件的主要选择依据是被控设备的容量；水位信号器则依据水质、水温和水位控制高度选择干簧式水位信号器；万能转换开关的选择依据是实际需求的挡位、触点对数和开闭情况；中间继电器和时间继电器则根据触点要求、线圈电压要求等进行选择。

2. 系统工作原理分析

SA 是万能转换开关（LW5 系列），万能转换开关的操作手柄一般是多挡位的，触点数量也较多。其触点的闭合或断开在电路中是采用展开图来表示，即操作手柄的位置用虚线表示，虚线上的黑圆点表示操作手柄转到此位置时，该对触点闭合；如无黑圆点，表示该对触点断开。

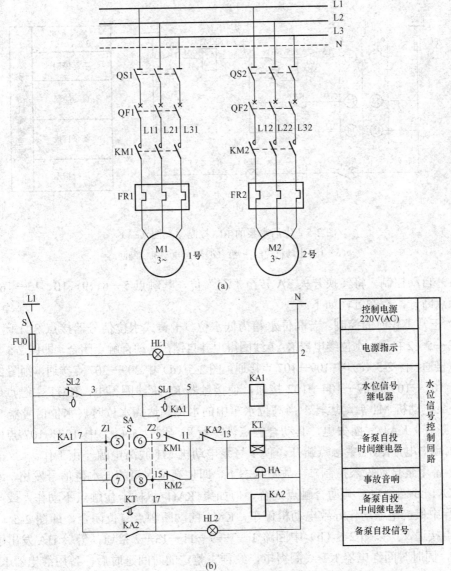

(a)

(b)

图 2-5  生活水泵的电气控制原理图（一）

（a）主电路；（b）水位信号控制电路

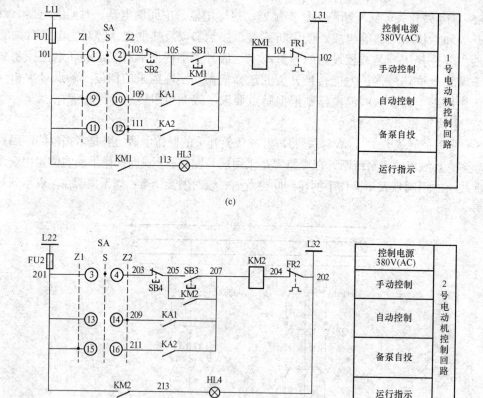

图 2-5　生活水泵的电气控制原理图（二）

（c）1 号电动机控制回路；（d）2 号电动机控制回路

（1）自动控制。将转换开关 SA 转至"Z1"位，其触点 5—6、9—10、15—16 接通，其他触点断开，控制过程如下：

1）正常工作时的控制。若高位水箱为低水位，干簧式水位信号器接点 SL1 闭合，回路 1—3—5—2 接通，水位继电器 KA1 线圈得电并自锁，其动合触点闭合，即图 2-5（b）中 1—7 点接通，图 2-5（c）中 109—107 点接通，图 2-5（d）中 209—207 点接通，则图 2-5（c）中回路 101—109—107—104—102 接通，使接触器 KM1 线圈得电，KM1 主触点闭合，使 1 号泵电动机 M1 启动运转。当高位水箱中的水位到达高水位时，水位信号器 SL2 动断触点断开，KA1 线圈失电，其动合触点恢复断开，图 2-5（c）中 109—107 点断开，KM1 线圈失电，KM1 主触点断开，使 1 号泵电动机 M1 脱离电源停止工作。

2）备用泵自动投入控制。在故障状态下，即使高位水箱的低水位信号发出，水位继电器 KA1 线圈得电，其动合触点闭合，但如果 KM1 机械卡住触点不动作，或电动机 M1 运行中保护电器动作导致电动机停车，KM1 的动断触点复位闭合，即图 2-5（b）中 9—11 点接通，所以图 2-5（b）中回路 1—7—9—11—13—2 接通，警铃 HA 发出事故音响信号，同时时间继电器 KT 线圈得电，经预先整定的时间延时后，备用继电器 KA2 线圈通电，图 2-5（d）中动合触点 211—207 接通，故图 2-5（d）中回路 201—211—207—204—202 接通，使 KM2 线圈通电，其主触点闭合，备用 2 号泵 M2 自动投入。

由于电路的对称性，当万能转换开关 SA 手柄转至"Z2"位时，M2 为工作泵，M1 为备用泵，其工作原理与 SA 位于"Z1"挡类似。

（2）手动控制。将转换开关 SA 转至"S"挡，其触点 1—2、3—4 接通，其他触点断开，接通 M1 和 M2 泵手动控制电路，这时，水泵启停不受水位信号控制。当按下启动按钮 SB1 或 SB3，使 KM1 或 KM2 得电吸合并自锁，可任意启动 1 号泵 M1 或 2 号泵 M2。手动控制操作主要用于调试。

（3）信号显示。合上开关 S，图 2-5（b）中绿色信号灯 HL1 亮，表示电源已接通，水位控制信号回路投入工作。电动机 M1 启动时，图 2-5（c）中开泵红色信号灯 HL3 亮；M2 启动时，图 2-5（d）中开泵红色信号灯 HL4 亮；当备用泵投入时，图 2-5（b）中黄色事故信号灯 HL2 亮。信号灯采用不同的颜色，可以直观地区别电气控制系统的不同状态。

3. 总结设计本控制电路的要点

（1）明确控制电路的分工，增强电路的可读性。在高层建筑中，水泵机器设备控制室一般位于建筑物的地下层，水箱通常设置在大厦的顶部。所以将水箱中的水位信号传送到设备控制柜需传输相当长的一端距离。为了避免信号传输过程中由于信号线中途接地等故障引起继电器误动作，信号控制回路通常采用 220V 及以下电压。其次，由于水位信号器为小容量继电器，其触点不适合直接控制接触器，故需要通过中间继电器进行转换，达到扩展触点容量的目的。为了便于电路的维护、管理等，应将辅助电路分为信号控制回路和电动机控制回路等几部分，这样既使控制电路的分工更加明确，又增强了复杂电路的可读性。

（2）区别水泵电动机正常停车和故障状态下的保护停车。当工作泵不能正常运行时，要求备用水泵电动机能自动投入。工作泵与备用泵两者运行情况转换的关键是寻找一个合适的转换信号，即能反映工作泵不能正常运行的信号。一般情况下，水泵不能正常运行的原因有：①运行接触器的衔铁卡住，触点不能正常吸合；②水泵电动机运行过程中，电动机因过载或电路发生短路等故障而保护停车。这两种停车情况造成的后果是接触器的触点机构不能动作，即接触器的动断触点处于闭合状态。因此，接触器的动断触点（即9—11 点或 15—11 点）的闭合与否反映了电动机的工作情况。为了与正常停车相区别，要求备用泵自投信号仅在工作泵信号发出后方起作用。即只有高位水箱的低水位信号器发出起泵信号后，水位继电器 KA1 的线圈得电，其动合触点（1—7 点）闭合后，警铃HA 才能发出事故音响信号。另外，为了判别工作泵是否因故障不能启动，备用泵起泵信号应延时发出，即由时间继电器 KT 的延时闭合的动合触点（7—17）点控制。

（3）利用万能转换开关的不同挡位进行手动和自动控制之间的转换。水泵电动机运行时应有运行指示，备用泵自投时也应发出指示，这些信号指示可由运行接触器和转换继电器发出，利用声光信号提醒管理人员。为了实现手动和自动控制的切换，拟采用万能转换开关，利用万能转换开关的不同挡位进行手动和自动控制之间的转换。自动控制时，由水位信号器发出信号启动工作泵或备用泵；手动控制时，直接由控制柜上的按钮开关送出控制信号。

（4）水泵电动机的启动方案由电网功率及电动机功率决定。此实例中由于大厦自备有供电变压器，且其容量较大，因此两台水泵电动机都采用直接启动方式。如果电网功率不够，电动机容量较大时通常采用降压启动方案。但无论是直接启动还是降压启动，水位控制信号回路的控制形式不变，改变的只是各电动机的控制电路。

（二）气压给水方式

气压给水是近十多年来出现的新供水技术，是利用气压给水设备按照设定的高低压力值自动运行，向用户自动供水的控制技术。气压给水设备，是一种局部升压设备，以密闭的气压水罐取代高位水箱，节省投资。可以视具体情况将其置于任何方便的位置，从而在一定程度上降低了水箱的架设高度，给安装施工及维修带来很大方便。目前在建筑供水系统中得到了广泛的应用。

1. 气压给水设备的构成

如图 2-6（a）所示，气压给水设备主要由气压罐、补气系统、管路阀门系统、加压系统和电控系统所组成。该系统选用 YX—150 型电接点压力表作为水位传感器，并选用浮球式传感器作为高水位超限保护水位开关。

2. 气压给水系统工作原理

气压给水系统是利用密闭的钢罐，由水泵将水压入罐内，靠罐内被压缩的空气压力将储存的水送入给水管网。但随着水量的减少，水位下降，罐内的空气比容增大，压力逐渐减小。当压力下降到设定的最小工作压力时，水泵便在压力继电器作用下启动，将水压入罐内。当罐内压力上升到设定的最大工作压力时，水泵停止供水。

气压给水设备的控制系统在原理上同水塔（水箱）供水系统是一致的，只是以气压罐中的两个气液界面代替了水塔（水箱）中的两个自由液位。当气压罐中的气液界面低于限定值时，水泵启动加压，使气压罐内压力升高；当压力升高使气液界面达到限定值时，水泵停止工作；此后随用户用水，气压罐内压力下降，当气液界面降至限定值时，水泵再次启动供水，增大罐内压力，如此循环工作下去，保证向用户供水的压力符合给定值要求。

气压给水罐内的空气与水直接接触，在运行过程中，空气由于损失和溶解于水而减少，当罐内空气压力不足时，可由呼吸阀自动增压补气。

3. 电气控制电路的工作过程

该系统的水位信号电路如图 2-6（b）所示，水泵电动机 M1、M2 一用一备，电动机的主电路、1 号和 2 号电动机控制回路见图 2-5（a）、（c）和（d）。

（1）正常工作时的控制。将万能转换开关 SA 手柄转至"Z1"位时，M1 为工作泵，M2 为备用泵，当水位低于低水位时，气压罐内压力低于设定的最低压力值。电接点压力表下限接点 SP1 闭合，低水位继电器 KA1 线圈得电并自锁，使接触器 KM1 线圈得电，1 号泵电动机 M1 启动运转，向罐内压水；当罐内水位上升到高水位时，压力达到最大设定压力，电接点压力表上限接点 SP2 闭合，高水位继电器 KA 线圈得电，其动断触点断开，使 KA1 线圈断电，KA1 动合触点断开，于是交流接触器 KM1 失电释放，1 号泵电动机停转。这样保持罐内有足够的压力，以保证用户用水。SL 为浮球继电器触点，当水位高于高水位时，SL 触点闭合，使继电器 KA 线圈通电，使 1 号泵电动机停转，可以防止气压罐因压力过高而爆炸。

（2）备用泵自动投入的控制。当 1 号泵电动机 M1 发生故障时，报警电铃 HA 发出报警声，同时延时继电器 KT 线圈得电，其延时闭合的动合触点使继电器 KA2 得电，交流接触器 KM2 线圈得电，使 2 号泵电动机 M2 启动运转。过程如前面所述，请自行分析。

（三）变频调速水泵给水方式

生活给水设备分成非匹配式和匹配式两种形式。非匹配式的特征是水泵的供水量总保持大于系统的用水量。如前面所述的高位水箱给水方式和气压罐给水方式，当水至低水位时启动水泵，达到高水位时停泵。而匹配式供水设备的特征是水泵的供水量随着用水量的变化而变化，无多余水量不设蓄水设备。变频调速恒压供水就属于一种完全匹配式的供水方式。

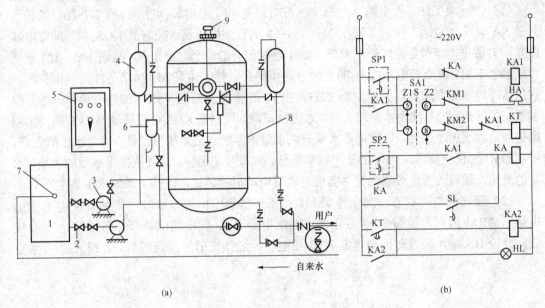

图 2-6　气压给水系统自动控制

（a）系统示意图；（b）水位信号电路

1—水池；2—闸阀；3—水泵；4—补气罐；5—电控箱；

6—呼吸阀；7—液位报警器；8—气压罐；9—压力控制器

变频调速恒压供水是通过改变水泵电动机的供电频率，调节水泵转速，通过仪表检测出供水压力并加以控制，保证在用水量变化时供水量也随之变化，实现供水量与用水量的匹配，保护供水的压力恒定。变频调速恒压供水设备以其节能、节省设备（不设高位水箱）、安全和高品质的供水质量等优点，使我国供水行业的技术装备水平从 20 世纪 90 年代初开始经历了一次飞跃。变频调速装置在工业与民用供水系统中得到了越来越广泛的应用。但这种供水系统要求供电系统可靠，否则，由于没有蓄水设备，停电就停水。

变频调速恒压供水电路有单台泵、两台泵、三台泵和四台泵的不同组合形式，下面以两台泵为例来说明。

1. 两台泵变频调速恒压供水电路的构成和原理

采用两台水泵，一台是由变频器 VVVF（变压变频）供电的变速泵 M1，另外一台是由普通交流电压供电的定速泵 M2。水泵供水控制系统原理图如图 2-7 所示，图 2-7（a）为生活泵变频调速恒压供水主电路；图 2-7（b）为控制电路，由水位信号控制回路、水泵电动机 M1、M2 控制回路组成，图中 KGS 为恒压供水控制器。

当系统用水量较小时，可以只用变频器供电的变速泵 M1，当变频器供电的频率达到最大时，表明一台水泵已不能满足系统用水要求，此时需要启动定速泵 M2，由变速泵 M1 与定速泵 M2 同时工作。当系统用水量减小到使变频器的输出频率低于某一设定值时，此时控制系统就将定速泵 M2 停运，只应用变速泵 M1。这时又回到原先的状态，如此循环往复，以满足系统用水的需要。这种控制方式的优点是结构简单，安装调试方便。但在整个供水过程中由变频器供电的变速水泵总在工作，该水泵一旦出现故障将会影响整个系统的供水。

2. 控制电路的工作过程

（1）变速泵工作。合上图 2-7（a）的自动开关 QF、QF1、QF2，将图 2-7（b）的转换开关 SA 转至"自动"挡，其触点 3—4、5—6 闭合，恒压供水控制器 KGS 和时间继电器 KT1 同时通电，经预定的时间延时后，KT1 延时闭合的动合触点闭合，接通 105—107 点，使接触器 KM1 线圈得电，KM1 的主触点动作闭合，使变速泵 M1 启动运转，恒压供水。水压信号经水压变送器送到控制器 KGS，由 KGS 控制变频器 VVVF 的输出频率，达到控制水泵的转速。当系统用水量增大时，水压欲下降，控制器 KGS 使变频器 VVVF 的输出频率提高，水泵加速运转，以实现需水量与供水量的匹配。当系统用水量少时，水压欲上升，控制器 KGS 使变频器 VVVF 的输出频率降低，水泵减速运转。这样根据用水量的大小，水压的变化，通过改变变频器的频率实现对水泵电动机的调速，维持了系统水压基本不变。

（2）变速泵故障状态。当变速泵 M1 在工作过程中出现故障时，变频器 VVVF 中的电接点 ARM 闭合，接通 5—7 点，使中间继电器 KA2 线圈通电吸合并自锁，1—9 点接通，警铃 HA 响，同时时间继电器 KT3 通电，经过预定的时间延时后，KT3 的动合触点

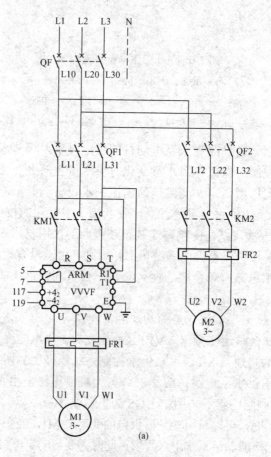

图 2-7　生活泵变频调速恒压供水电路（一）

（a）主电路

110

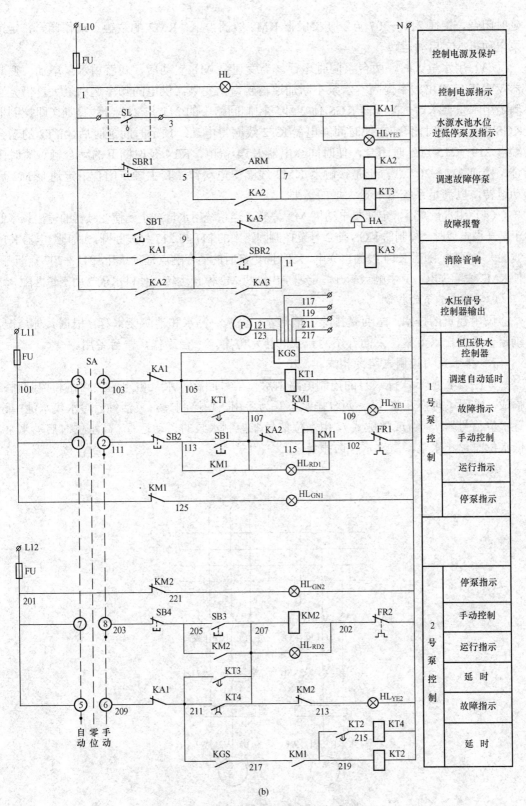

(b)

图 2-7　生活泵变频调速恒压供水电路（二）

（b）控制电路

延时闭合，接通 211—207 点，使接触器 KM2 线圈得电，KM2 的主触点动作闭合，定速泵电动机 M2 启动运转。

（3）用水量大时，两台泵同时运行。当变速泵 M1 启动后，随着用水量增加，变频器 VVVF 的输出频率提高，水泵不断加速运转，当变频器供电的频率达到最大，仍无法满足用水量要求时，控制器 KGS 使 2 号泵控制回路中的 211 与 217 号线接通（即控制器 KGS 的触点此时闭合），使时间继电器 KT2 线圈得电，经预定时间延时后，KT2 的动合触点 219—215 点延时闭合，使时间继电器 KT4 得电，KT4 延时断开的动合触点瞬时闭合，接通 211—207 点，于是接触器 KM2 线圈得电动作，其主触点闭合，定速泵 M2 启动运转，以满足系统用水量大增的需要。

（4）用水量减小，定速泵电动机 M2 停转。当系统用水量减小到使变频器的输出频率低于某一设定值时，控制器 KGS 使 2 号泵控制回路中的 211 与 217 号线断开，时间继电器 KT2 线圈失电释放，随后 KT4 线圈也失电，KT4 断电延时的动合触点延时断开，211—207 点断开，使 KM2 线圈失电，其主触点断开，定速泵电动机 M2 停止运转，使供水量与用水量匹配。

（四）排水泵的控制

民用建筑的排水，主要是排除生活污水、溢水、漏水和消防废水等。根据具体情况，确定合适的排水方案，下面介绍两台泵的排水方案，一台工作，一台备用。

1. 排水泵的控制电路的构成

如图 2-8 所示，排水泵的控制电路由水位信号回路、水泵机组的主回路和控制回路构成，采用了转换开关 SA，两台排水泵互为备用，使控制具有灵活性。污水集水池中设置水位信号器（干簧或浮球式），由水位信号器控制水泵的自动运行。高水位时启动水泵，低水位时停止水泵，溢水水位时报警。

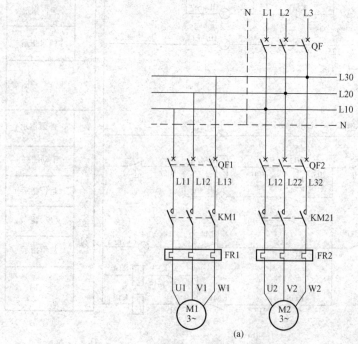

图 2-8　两台排水泵控制电路（一）

（a）主电路

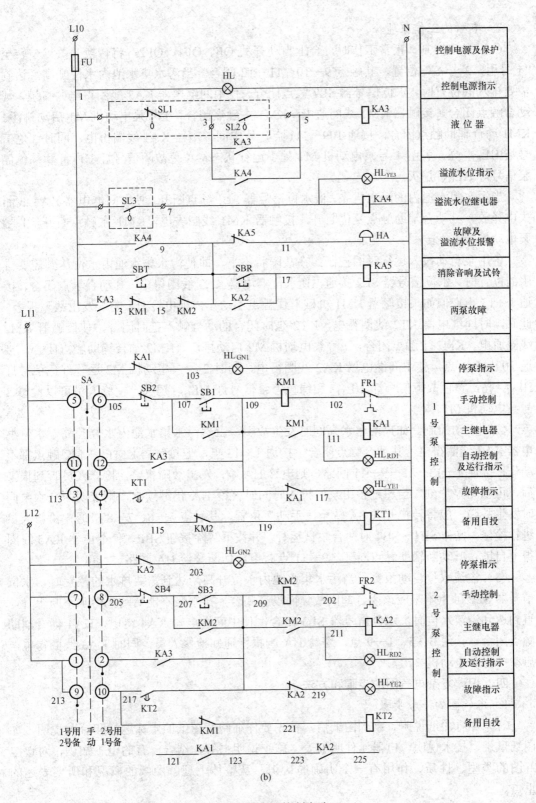

图 2-8　两台排水泵控制电路（二）

（b）排水泵的控制电路

## 2. 电路的工作原理

（1）自动控制。正常工作时，合上自动开关 QF、QF1、QF2，将转换开关 SA 转至"1 号用，2 号备"位置，其触点 9—10、11—12 闭合。当污水集水池内水位升高，达到需要排水的位置时，水位信号器 SL2 触点闭合，使中间继电器 KA3 线圈得电并自锁，其动合触点闭合，接触器 KM1 线圈通电，KM1 主触点闭合，1 号泵电动机 M1 启动排污。KM1 动合辅助触点闭合，接通 109—111 点，使中间继电器 KA1 线圈得电，同时红色信号灯 $HL_{RD1}$ 亮，表明 1 号泵电动机 M1 处于运行状态，黄色故障信号灯 $HL_{YE1}$ 和绿色停泵信号灯 $HL_{GN1}$ 熄灭。

当污水集水池内的污水排完，低水位信号器 SL1 触点断开，使中间继电器 KA3 线圈失电释放，其动合辅助触点复位断开，接触器 KM1 线圈失电，KM1 主触点断开，1 号泵电动机 M1 停转。

备用泵自动投入运行时的控制：在故障状态下，即使污水集水池内水位达到需要排水的位置时，水位信号器 SL2 接通，使水位继电器 KA3 线圈得电，其动合触点闭合，接通 1—13 点，但如果接触器 KM1 机械卡住触点不动作，则电铃 HA 响，发出故障报警。此时，时间继电器 KT2 线圈得电，KT2 延时闭合的动合触点延时闭合，使接触器 KM2 线圈通电，KM2 主触点闭合，2 号泵电动机 M2 启动排污。KM2 动合辅助触点闭合，接通 209—211 点，使中间继电器 KA2 线圈得电，同时 2 号泵电动机 M2 运行红色信号灯 $HL_{RD2}$ 亮，黄色故障信号灯 $HL_{YE2}$ 和绿色停泵信号灯 $HL_{GN2}$ 熄灭，检修人员可以检修 1 号泵电动机 M1。

（2）手动控制。如果两台水泵同时发生故障，虽然污水集水池内水位升高，水位继电器 KA3 线圈得电，其动合触点闭合，接通 1—13 点，但接触器 KM1、KM2 触点都不动作，接通 1—13—15—9—11 回路，则电铃 HA 响，发出故障报警。检修人员听到报警后，可以略停片刻，当超过备用泵的投入时间时警铃 HA 仍继续响，则表明两台水泵同时发生故障，应将转换开关 SA 转至"手动"位置，其触点 5—6、7—8 接通，检修人员进行检修，操作 SB1～SB4 对两台泵试运行，并按下解除按钮 SBR，使继电器 KA5 线圈得电自锁，其动断辅助触点断开，9—11 点断电，切断警铃 HA 回路。

（3）溢流水位自动报警。当污水集水池内水位升高，达到需要排水的位置时，水位信号器 SL2 触点本来应该闭合却因故障而没有闭合，排水泵不能启动，污水不断上升，直到达到溢流水位时，水位信号器 SL3 闭合，使中间继电器 KA4 得电，KA4 动合辅助触点闭合，接通 3—5、1—9 点，警铃 HA 响报警通知检修人员，同时 KA3 线圈得电，启动排污泵电动机排污。

## 四、识读复杂电气图的步骤和方法

### 1. 电气图的一般步骤

（1）详看图纸说明。拿到图纸后，首先要仔细阅读图纸的主标题栏和有关说明，如图纸目录、技术说明、电器元件明细表、施工说明书等，结合已有的电工知识，对该电气图的类型、性质、作用有一个明确的认识，从整体上理解图纸的概况和所要表述的重点。

（2）看概略图和框图。由于概略图和框图只是概略表示系统或分系统的基本组成、相互关系及其主要特征，因此紧接着就要详细看电路图，才能搞清它们的工作原理。概略图和框图多采用单线图，只有某些 380/220V 低压配电系统概略图才部分地采用多线图表示。

（3）看电路图是看图的重点和难点。电路图是电气图的核心，也是内容最丰富、最难读懂的电气图纸。看电路图首先要看有哪些图形符号和文字符号，了解电路图各组成部分的作用、分清主电路和辅助电路，交流回路和直流回路。其次，按照先看主电路，再看辅助电路的顺序进行看图。

看主电路时，通常要从下往上看，即先从用电设备开始，经控制电器元件，顺次往电源端看。看辅助电路时，则自上而下、从左至右看，即先看主电源，再顺次看各条支路，分析各条支路电器元件的工作情况及其对主电路的控制关系，注意电气与机械机构的连接关系。通过看主电路，要搞清负载是怎样取得电源的，电源线都经过哪些电器元件到达负载和为什么要通过这些电器元件。通过看辅助电路，则应搞清辅助电路的构成，各电器元件之间的相互联系和控制关系及其动作情况等。同时还要了解辅助电路和主电路之间的相互关系，进而搞清楚整个电路的工作原理和来龙去脉。

（4）电路图与接线图对照起来看。接线图和电路图互相对照看图，可帮助看清楚接线图。读接线图时，要根据端子标志、回路标号从电源端顺次查下去，搞清楚线路走向和电路的连接方法，搞清每条支路是怎样通过各个电器元件构成闭合回路的。

配电盘（屏）内、外电路相互连接必须通过接线端子板。一般来说，配电盘内有几号线，端子板上就有几号线的接点，外部电路的几号线只要在端子板的同号接点上接出即可。因此，看接线图时，要把配电盘（屏）内、外的电路走向搞清楚，就必须注意搞清端子板的接线情况。

2. 看电气控制电路图的方法

看电气控制电路图一般方法是先看主电路，再看辅助电路，并用辅助电路的回路去研究主电路的控制程序。

（1）看主电路的步骤如下。

第一步：看清主电路中用电设备。用电设备指消耗电能的用电器具或电气设备，看图首先要看清楚有几个用电器，它们的类别、用途、接线方式及一些不同要求等。

第二步：要弄清楚用电设备是用什么电器元件控制的。控制电气设备的方法很多，有的直接用开关控制，有的用各种启动器控制，有的用接触器控制。

第三步：了解主电路中所用的控制电器及保护电器。前者是指除常规接触器以外的其他控制元件，如电源开关（转换开关及低压断路器）、万能转换开关。后者是指短路保护器件及过载保护器件，如低压断路器中电磁脱扣器及热过载脱扣器的规格、熔断器、热继电器及过电流继电器等元件的用途及规格。一般来说，对主电路作如上内容的分析以后，即可分析辅助电路。

第四步：看电源。要了解电源电压等级，是 380V 还是 220V，是从母线汇流排供电还是配电屏供电，还是从发电机组接出来的。

（2）辅助电路包含控制电路、信号电路和照明电路。根据主电路中各电动机和执行电器的控制要求，逐一找出控制电路中的其他控制环节，将控制线路"化整为零"，按功能不同划分成若干个局部控制线路来进行分析。如果控制线路较复杂，则可先排除照明、显示等与控制关系不密切的电路，以便集中精力进行分析。看辅助电路的步骤如下。

第一步：看电源。首先看清电源的种类是交流还是直流。其次，要看清辅助电路的电源是从什么地方接来的，及其电压等级。电源一般是从主电路的两条相线上接来，其电压为 380V。也有从主电路的一条相线和一零线上接来，电压为单相 220V；此外，也可以从专用隔离电源变压器接来，电压有 140、127、36、6.3V 等。辅助电路为直流时，直流电源可从整流器、发电机组或放大器上接来，其电压一般为 24、12、6、4.5、3V 等。辅助电路中的一切电器元件的线圈额定电压必须与辅助电路电源电压一致。否则，电压低时电路元件不动作；电压高时，则会把电器元件线圈烧坏。

第二步：了解控制电路中所采用的各种继电器、接触器的用途，如采用了一些特殊结构的继电器，还应了解他们的动作原理。

第三步：根据辅助电路来研究主电路的动作情况。分析了上面这些内容再结合主电路中的要求，就可以分析辅助电路的动作过程。控制电路总是按动作顺序画在两条水平电源线或两条垂直电源线之间的。因此，也就可从左到右或从上到下来进行分析。对复杂的辅助电路，在电路中整个辅助电路构成一条大回路，在这条大回路中又分成几条独立的小回路，每条小回路控制一个用电器或一个动作。当某条小回路形成闭合回路有电流流过时，在回路中的电器元件（接触器或继电器）则动作，把用电设备接人或切除电源。在辅助电路中一般是靠按钮或转换开关把电路接通的。对于控制电路的分析必须随时结合主电路的动作要求来进行，只有全面了解主电路对控制电路的要求以后，才能真正掌握控制电路的动作原理，不可孤立地看待各部分的动作原理，而应注意各个动作之间是否有互相制约的关系，如电动机正、反转之间应设有联锁等。

第四步：研究电器元件之间的相互关系。电路中的一切电器元件都不是孤立存在的而是相互联系、相互制约的。这种互相控制的关系有时表现在一条回路中，有时表现在几条回路中。

第五步：研究其他电气设备和电器元件。如整流设备、照明灯等。

综上所述，电气控制电路图的查线看图法的要点如下：

（1）分析主电路。从主电路人手，根据每台电动机和执行电器的控制要求去分析各电动机和执行电器的控制内容，如电动机启动、转向控制、制动等基本控制环节。

（2）分析辅助电路。看辅助电路电源，弄清辅助电路中各电器元件的作用及其相互间的制约关系。

（3）分析联锁与保护环节。生产机械对于安全性、可靠性有很高的要求，实现这些要求，除了合理地选择拖动、控制方案以外，在控制线路中还设置了一系列电气保护和必要的电气联锁。

（4）分析特殊控制环节。在某些控制线路中，还设置了一些与主电路、控制电路关系不密切，相对独立的某些特殊环节。如产品计数装置、自动检测系统、晶闸管触发电路、自动调温装置等。这些部分往往自成一个小系统，其读图分析的方法可参照上述分析过程，并灵活运用所学过的电子技术、交流技术、自控系统、检测与转换等知识逐一分析。

（5）总体检查。经过"化整为零"，逐步分析了每一局部电路的工作原理以及各部分之间的控制关系之后，还必须用"集零为整"的方法，检查整个控制线路，看是否有遗漏。最后还要从整体角度去进一步检查和理解各控制环节之间的联系，以达到清楚地理解电路图中每一电气元器件的作用、工作过程及主要参数。

**实训项目　小功率生活水泵电动机控制线路的安装**

1. 实训目的

（1）能够识读和绘制小功率生活水泵电动机控制线路，并能够分析其工作原理。

（2）能够用万用表检测中间继电器、时间继电器、水位开关等电器元件的好坏。

（3）能够在未通电前对电气控制线路进行电路检查。

（4）具备复杂电气控制线路安装接线的技能，具备线路故障的判断及检修和调试技能。

2. 实训器材

（1）常用电工工具：包括试电笔、钢丝钳、剥线钳、螺丝刀、电工刀、尖嘴钳、斜口钳等。

（2）万用表、绝缘电阻表。

（3）各种水位控制开关（浮球、干簧式、电极式水位开关等）。

（4）绝缘导线：主电路采用 BV 1.5mm$^2$，控制电路采用 BV 1mm$^2$。

（5）三相异步电动机（代替水泵）。

（6）电气控制柜（内装交流接触器、时间继电器、中间继电器、位置开关、按钮、熔断器、热继电器、指示灯等电器元件）。

3. 实训要求

生活水泵的控制要求：

（1）在高位水箱中设置水位信号器，由水位信号器控制水泵的自动运行。当高位水箱水位达到低水位时，生活水泵启动向高位水箱注水；当水箱中水位升至高水位时，自动关闭水泵。

（2）为了保障供水的可靠性，生活水泵分为工作泵和备用泵；当工作泵发生故障时，备用泵应能自动投入（简称备泵自投）。

（3）应有水泵电动机运行指示及自动、手动控制的切换装置、备用泵自动投入控制指示。

（4）生活水泵电动机功率较小。

4. 实训步骤

（1）开始实训前，应先画好电气原理图，分析工作原理，并在图上标出接线号码。

（2）根据水泵电动机功率的大小选配元件的规格，并绘制元件明细表。

（3）清点各元件的规格和数量，并检查各个元件是否完好无损。

（4）根据原理图，设计并画出实际安装图，作为接线安装的依据。

（5）按图安装接线，工艺符合安装的有关规程。

（6）接线完毕，经检查无误后方可通电试车。

5. 实训时应注意的问题

（1）通电前应检查熔体规格及 KT 动作时间及 FR 的整定值。

（2）安装接线前，应将所有元器件对应的贴上标签，接线完毕，先自检查，要非常熟悉操作过程，并能口述当前控制状态；

（3）注意万能转换开关 SA 的接线，保证工作泵和备用泵相互转换。

6. 电路检查

（1）主电路检查。

（2）控制回路的检查。

1）可用电阻测量法按照前面实训的检查方法进行检查；

2）可分支路进行分段检查，检查方法同上述实训控制电路的检查方法。

7. 实训报告

实训前撰写实训预习报告，根据安装小功率生活水泵电动机控制线路的工作过程，画出小功率生活水泵电动机控制线路的原理图和接线图，写出实训器材的名称、规格和数量，并写出实训操作步骤以及电路检查方法。

8. 实训思考

（1）常用水位开关的种类有哪些？在水位控制线路中如何根据要求进行选用？

（2）如果为大功率生活水泵电动机，应采用何种方法启动。

（3）撰写实训的心得体会和实践安装接线的经验，评价自己在小组合作中所发挥的作用，总结个人的不足之处，思考如何不断提升自身综合素质。

## 习　题 🚀

### 一、填空题

1. 生活给水设备分成＿＿＿＿＿和＿＿＿＿＿两种形式，＿＿＿＿＿供水就属于一种完全匹配式的供水方式。

2. 对于高层建筑，高区部分可以采用的分区给水方式有＿＿＿＿＿、＿＿＿＿＿、＿＿＿＿＿。

### 二、分析题

1. 识读图 2-5 生活水泵的电气控制原理图（一用一备）控制线路，回答下列问题：

（1）具体说明 SA 的作用，SA 处在"Z1、S、Z2"的含义。SL1、SL2 的作用是什么？

（2）说明线路的工作原理（要求用框图的形式表示。）

请说明 2 号泵作为工作泵，1 号泵作为备用泵时，2 号泵自动启动的过程。

2. 识读图 2-8 两台排水泵（一用一备）控制线路，说明线路的工作原理（要求用框图的形式表示）。

请说明 2 号泵作为工作泵，1 号泵作为备用泵时，当发生故障时，1 号备用泵自动投入运行的过程。

## 任务二　消防给水控制系统 ⟳

### 任务要点

以任务"消防给水控制系统"为驱动，主要介绍室内消火栓灭火系统和湿式自动喷水灭火系统电气控制线路的组成及其电气控制原理，学习识读复杂电气图的步骤和方法，最后通过完成实训项目自动喷水灭火系统消防泵电气控制线路的安装，提高复杂控制线路的安装接线、故障的判断及检修、调试的技能。

**一、室内消火栓灭火系统**

在建筑的消防设施中，灭火设施是不可缺少的一部分，主要有以水为灭火介质的室内消火栓灭火系统、自动喷（洒）水灭火系统和水幕设施，以及气体灭火系统等，其中消防泵和喷淋泵分别为消火栓灭火系统和水喷淋系统的主要供水设备。本节主要介绍消火栓用消防泵和自动喷淋泵的电气控制。

1. 消火栓灭火系统简介

消火栓灭火是最常用的移动式灭火方式，是由蓄水池、加压送水装置（水泵）及室内消火栓等主要设备构成。这些设备的电气控制包括水池的水位控制、消防用水和加压水泵的启动。室内消火栓系统是由水枪、水龙带、消火栓、消防管道等组成。为了保证喷水枪在灭火时具有足够的水压，需要采用加压设备。常用的加压设备有消防水泵和气压给水装置两种。采用消防水泵时，在每个消火栓内设置消防按钮，灭火时用小锤击碎按钮上的玻璃小窗，按钮不受压而复位，从而控制电路启动消防水泵；采用气压给水装置时，可采用电接点压力表，通过测量供水压力来控制水泵的启动。

2. 对室内消防水泵的控制要求

室内消火栓灭火系统由消火栓、消防水泵、管网、压力传感器及电气控制电路组成，其系统框图如图 2-9 所示，从图 2-9 中可见消火栓灭火系统属于闭环控制系统。当发生火灾时，控制电路接到消火栓泵启动指令发出消防水泵启动的主令信号后，消防水泵电动机启动，向室内管网提供消防用水，压力传感器用来监视管网水压，并将监测水压信号送至消防控制电路，形成反馈的闭环控制。

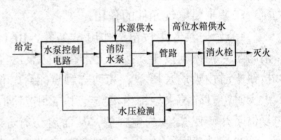

图 2-9　消火栓灭火系统框图

（1）对消防水泵控制的方法。

1）由消防按钮控制消防水泵的启停。当火灾发生时，用小锤击碎消防按钮的玻璃罩，按钮自动弹出，接通消防泵电路。

2）由水流报警启动器控制消防水泵的启停。当发生火灾时，高位水箱向管网供水时，水流冲击水流报警启动器，既可发出火灾报警，又可快速发出控制消防泵启动信号。

3）由消防中心发出主令信号控制消防泵启停。当发生火灾时，灾区探测器将所测信号送至消防中心的报警控制器，再由报警控制器发出启动消防水泵的联动信号。

（2）控制要求。

1）消火栓用消防泵多数是两台一组，一备一用，互为备用。工作泵故障跳闸则备用泵自动投入运行。在高层建筑中，为使水压不致过高，常将一栋高层建筑分为高区和低区，分区供水，每区设两台泵，一用一备，或三台泵两用一备。

2）水压不足时，备用泵自动投入运行。当水源无水时，水泵能自动停止运转，并使水泵故障指示灯亮。

3）消火栓消防泵由消火栓箱内消防专用控制按钮及消防中心控制。消防按钮必须选用打碎玻璃启动的按钮，为了便于平时对断线或接触不良进行监视和电路检测，消防按钮应采用串联接法。

4）消火栓消防泵有手动、自动两种操作方式，自动操作方式又有 1 号泵用 2 号泵备和 2 号泵用 1 号泵备两种方式，这三种操作方式由万能转换开关进行工作状态的切换。

5）消防按钮启动后，消火栓泵应自动投入运行，同时应在建筑物内部发出声光报警，通告住户。在控制室的信号盘上也应有声光显示，应能表明火灾地点和消防泵的运行状态。

6）为了防止消防泵误启动使管网水压过高而导致管网爆裂，需加设管网压力监视保护，当水压达到一定压力时，压力继电器动作，可使消火栓泵自动投入运行。

7）消防泵属于一级供电负荷，需双电源供电，末端互投。

3. 两台消火栓用消防泵一用一备的电气控制

两台消火栓用消防泵一用一备的电气控制电路，如图 2-10 所示。

（1）电动机配置情况及其控制。该电路共配置两台电动机 M1 和 M2，采用直接启动方式，由接触器 KM1、KM2 控制。

断路器 QF1、QF2 分别作 M1、M2 的短路保护，热继电器 FR1、FR2 分别作 M1、M2 的长期过载保护。

（2）主要电气元件的作用。

1）消防泵专用按钮的作用。在图 2-10（a）中，1SB～nSB［6］为设在消火箱内的消防泵专用控制按钮，按钮上带有消防泵运行指示灯 1HL～nHL［7］。消防泵专用控制按钮平时由玻璃片压着，其动合触点闭合，使中间继电器 KA4［6］得电吸合。当发生火灾时，打碎消火栓箱内消防专用控制按钮的玻璃片，该消防专用控制按钮的动合触点复位断开，使 KA4 失电释放，从而启动消防泵。

2）转换开关的作用。万能转换开关 SA 为消防泵工作状态选择开关，可使两台泵分别处在 1 号泵用 2 号泵备、2 号泵用 1 号泵备或两台泵均为手动的工作状态。

3）水源水池液位器 SL 的作用。水源水池液位器 SL 用于监视水源水池的水位，当水池水位过低时，液位器的动合触点 SL（1a—19）［8］闭合，使中间继电器 KA3［8］得电吸合，其动断触点 KA3（41—43）［1］，KA3（61—63）［25］断开。使控制两台水泵的接触器都不能得电，水泵无法运行。

4）中间继电器 KA5 的作用。电动机 M1、M2 的控制电路中都有 KA5 的动合触点，只有 KA5 得电吸合，其动合触点闭合，M1、M2 才能得电。KA5 由通电延时时间继电器 KT3［9］和 KA4［6］控制，而 KT3 又由 KA4 控制，KA4 由消防专用按钮 1SB～nSB［6］控制。

（3）控制电路分解。通过万能转换开关 SA 将图区 11-18、19-26 所示的 KM1、KM2 线圈电路及其相关电路分解为图 2-11 所示的手动控制电路，如图 2-12 所示的 1 号泵用 2 号泵备、2 号泵用 1 号泵备的控制电路。图 2-10～图 2-12 虚线框中电路 A 为 1 号泵的手动、工作、备用的公共电路，虚线框中电路 B 为 2 号泵的手动、工作、备用的公共电路。

由上述分析可看出，辅助电路由三部分组成：

1）控制电动机 M1、M2 的公共部分（A、B）。

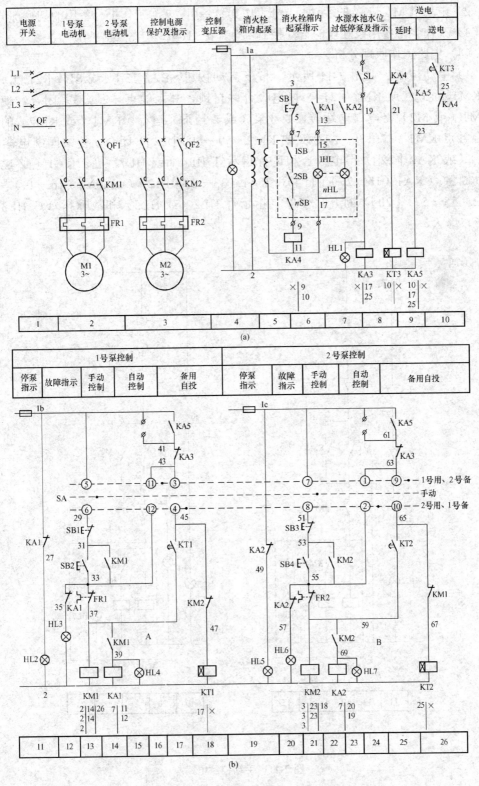

图 2-10 两台消火栓用消防泵一用一泵的电气控制电路

（a）电气控制电路（一）；（b）电气控制电路（二）

2）电动机 M1、M2 的手动、1 号工作 2 号备用、2 号工作 1 号备用的切换部分。

3）工作泵与备用泵互投的自动控制部分 [6～10]。

（4）电路工作原理分析。

1）手动控制。如图 2-11 所示，按下启动按钮 SB2 [13]（或 SB4 [21]），接触器 KM1 [13]（或 KM2 [21]）得电吸合并自锁，其主触点 [2 或 3] 闭合，使电动机 M1（或 M2）得电启动运转，1 号泵（或 2 号泵）运行。KM1（或 KM2）的辅助动合触点 KM1（37—39）[14]（或 KM2（59—69）[22]）闭合，使中间继电器 KA1 [14]（或 KA2 [22]）得电吸合和运行指示灯 HL4（或 HL7）亮。KA1（或 KA2）的动断触点 KA1（1b—27）[11] 和 KA1（33—35）[12]（或 KA2（1c—49）[19]、KA2（55—57）[20]）断开，使停泵指示灯 HL2（或 HL5）和故障指示灯 HL3（或 HL6）熄灭。

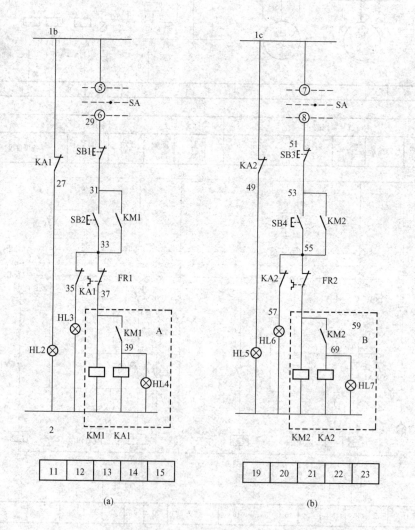

图 2-11  手动控制电路

（a）电动机 M1 手动控制电路；（b）电动机 M2 手动控制电路

当电动机过载时，热继电器 FR1（或 FR2）的动断触点 FR1（33—37）[13]（或 FR2（55—59）[21]）断开，KM1（或 KM2）失电释放，M1（或 M2）失电停转，使 1 号泵（或 2 号泵）停止工作。

按下停止按钮 SB1（或 SB3），KM1（或 KM2）失电释放。使 1 号泵（或 2 号泵）停止工作。

2）自动控制。将万能转换开关 SA 旋转至"1 号泵工作，2 号泵备用"挡，其触点 9—10、11—12 闭合 [见图 2-12（a）、图 2-10]。

①未发生火灾时的工作状态。消防专用控制按钮 1SB～NSB [6] 由玻璃片压着，其动合触点闭合，使中间继电器 KA4 [6] 得电吸合，其动合触点 KA4（1a—21）[8] 断开，使通电延时时间继电器 KT3 [8] 不能得电，其延时闭合的动合触点 KT3（1a—25）[10] 未闭合，KA5 [9] 不能得电，其动合触点 KA5（1b—41）[17]、KA5（1c—61）[25] 未闭合，KM1 或 KM2 不工作，1 号泵、2 号泵均停止工作。由于 KA1 [14]、KA2 [22] 未得电，其动断触点闭合，使 HL2、HL5 亮，指示 1 号泵、2 号泵停止工作。

②发生火灾而 1 号泵正常时的工作状态。当发生火灾时，打碎消防栓箱内消防专用按钮的玻璃片，该按钮的动合触点复位断开，使 KA4 [6] 失电释放，引起各电器的动作顺序如下：

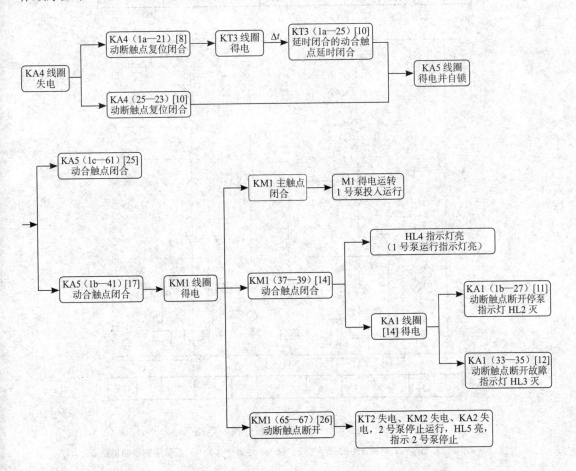

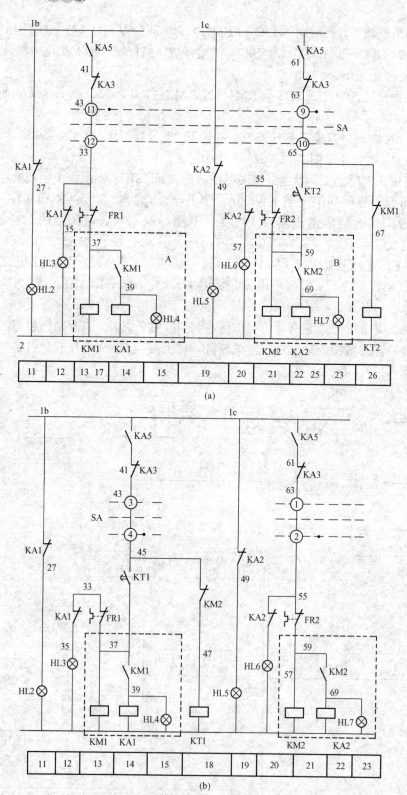

图 2-12　工作泵和备用泵的控制电路

（a）1 号泵工作，2 号泵备用的控制电路；（b）2 号泵工作，1 号泵备用的控制电路

③当发生火灾且 1 号泵出现故障时的工作状态。由于 1 号泵出现故障，接触器 KM1 [13] 跳闸，引起各电器元件的动作顺序如下：

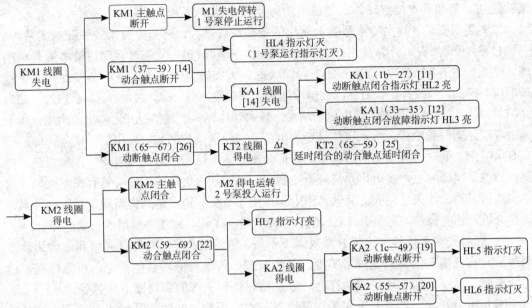

④在两台泵的控制电路中，与 KA5 的动合触点并联的引出线，接在消防控制模块上，由消防中心集中控制消防泵的启停。

2 号泵工作，1 号泵备用的工作情况与 1 号泵工作，2 号泵备用相同，请读者自行分析。

## 二、湿式自动喷水灭火系统

### （一）湿式自动喷水灭火系统简介

湿式自动喷水灭火属于固定式灭火系统，它分秒不离开值勤岗位，不怕浓烟烈火，随时监视火灾，是最安全可靠的灭火装置，适用于温度不低于 4℃（低于 4℃ 会受冻）和不高于 70℃（高于 70℃ 会失控，会误动作）的场所。

1. 湿式自动喷水灭火系统的组成

湿式喷水灭火系统是由喷头、报警止回阀、延迟器、水力警铃、压力开关（安于管上）、水流指示器、管道系统、供水设施、报警装置及控制盘等组成，其相互关系如图 2-13 所示，报警阀前后的管道内充满压力水。

2. 湿式喷水系统附件

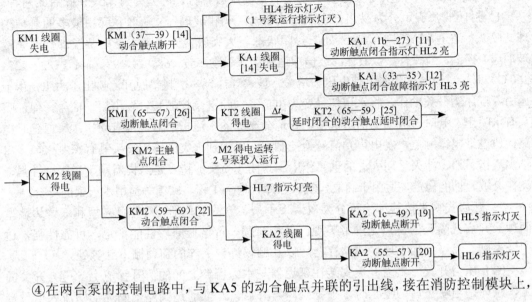

图 2-13 湿式自动喷水灭火动作程序图

（1）水流指示器（水流开关）。水流指示器的作用是把水的流动转换成电信号报警。水流指示器的电接点可直接启动消防水泵，也可接通电警铃报警。在多层或大型建筑的自动喷水系统中，在每一层或每分区的干管或支管的始端安装一个水流指示器。为了便于检修分区管网，水流指示器前宜装设安全信号阀。水流指示器按叶片形状分为板式和桨式两种，按安装基座分为管式、法兰连接式和鞍座式三种。

桨式水流指示器的工作原理是当发生火灾时，报警阀自动开启后，流动的消防水使桨片摆动，带动其电接点动作，通过消防控制室启动水泵供水灭火。

（2）洒水喷头。洒水喷头是喷水系统的重要组成部分，可分为封闭式和开启式两种。

1）封闭式喷头可分为易熔合金式、双金属片式和玻璃球式三种，应用最多的是玻璃球式喷头。在正常情况下，喷头处于封闭状态。火灾时，开启喷水是由感温部件（充液玻璃球）控制，当装有热敏液体的玻璃球达到动作温度（57、68、79、93、141、182、227、260℃）时，球内液体膨胀，使内压力增大，玻璃球炸裂，密封垫脱开，喷出压力水，由于压力降低压力开关动作，将水压信号变为电信号向喷淋泵控制装置发出启动信号，保证喷头有水喷出。同时，流动的消防水使主管道分支处的水流指示器电接点动作，接通延时电路，通过继电器触点，发出声光信号给控制室，以识别火灾区域。喷头具有探测火情、启动水流指示器、扑灭早期火灾的重要作用。封闭式喷头的特点是结构新颖、耐腐蚀性强、动作灵敏、性能稳定，适用于高层建筑、仓库、地下工程、宾馆等适用水灭火的场合。

2）开启式喷头按其结构可分为双臂下垂型、单臂下垂型、双臂直立型和双臂边墙型四种。开启式喷头的特点是外形美观，结构新颖，价格低廉，性能稳定，可靠性强，适用于易燃、易爆品加工现场或储存仓库以及剧场舞台上部的葡萄棚下部等处。

（3）压力开关。压力开关安装在延迟器与水力警铃之间的信号管道上。压力开关的工作原理是当喷头启动喷水时，报警阀阀瓣开启，水流通过阀座上的环形槽流入信号管道和延迟器，延迟器充满水后，水流经信号管进入压力继电器，压力继电器接到水压信号，即接通电路报警，并启动喷淋泵。

（4）湿式报警阀。湿式报警阀安装在总供水干管上，连接供水设备和配水管网。当管网中只有一个喷头喷水，破坏了阀门上下的静止平衡压力，就必须立即开启湿式报警阀，任何迟延都会耽误报警的发生。它一般采用止回阀的形式，即只允许水流向管网，不允许水流回水源。湿式报警阀作用有两种，一种是防止随着供水水源压力波动而启闭，虚发警报；还有一种是管网内水质因长期不流动而腐化变质，如让它流回水源将产生污染。当系统开启时报警阀打开，接通水源和配水管，同时部分水流通过阀座上的环形槽，经过信号管道送至水力警铃，发出音响报警信号。

控制阀的作用是上端连接报警阀，下端连接进水立管，是检修管网及灭火后更换喷头时关闭水源的部件。它应一直保持动合状态，以确保系统使用。因此用环形软锁将闸门手轮锁在开启状态，也可以用安全信号阀显示其开启状态。

湿式报警阀分为导阀型和隔板座圈型两种。

导阀型湿式报警阀的特点是除主阀芯外，还有一个弹簧承载式导阀，在压力正常波动范围内此导阀是关闭的，在压力波动小时，不会使水流入报警阀而产生误报警，只有在火灾发生时，管网压力迅速下降，水才能不断流入，使喷头出水并由水力警铃报警。

隔板座圈型报警阀的特点是主阀瓣铰接在阀体上，并借自身重量坐落在阀座上，当阀板上下产生很小的压力差时，阀板就会开启。为了防止由于水源水压波动或管道渗漏而引起的隔板座圈型湿式报警阀的误动作，往往在报警阀和水力警铃之间的信号管上装设延迟器。

湿式报警阀的作用是没有发生火灾时，阀芯前后水压相等，水通过导向杆中的水压平衡小孔保持阀板前后水压平衡，由于阀芯的自重和阀芯前后所承受水的总压力不同，阀芯处于关闭状态（阀芯上面的总压力大于阀芯下面的总压力）；发生火灾时，闭式喷头喷水，由于水压平衡小孔来不及补水，报警阀上面的水压下降，此时阀下水压大于阀上水压，于是阀板开启，向洒水管网及洒水喷头供水，同时水沿着报警阀的环形槽进入延迟器、压力继电器及水力警铃等设施，发出火警信号并启动消防水泵等设施。

放水阀的作用是进行检修或更换喷头时，放空放水阀后管网余水。

警铃管阀门的作用是检修报警设备，应处于动合状态。

水力警铃的作用是火灾时报警。水力警铃宜安装在报警阀附近，其连接管的长度不宜超过 6m，高度不宜超过 2m，以保证驱动水力警铃的水流有一定的水压，并不得安装在受雨淋和暴晒的场所，以免影响其性能。电动报警不得代替水力警铃。

延迟器的作用用于防止由于水源压力突然发生变化而引起报警阀短暂开启，或对因报警阀局部渗漏而进入警铃管道的水流起一个暂时容纳作用，从而避免虚假报警。它是一个罐式容器，安装在报警阀与水力警铃之间，只有在火灾真正发生时，喷头和报警阀相继打开，水流源源不断地大量流入延迟器，经 30s 左右充满整个容器，然后冲入水力警铃。

试警铃阀的作用是进行人工试验检查，打开试警铃阀泄水，报警阀能自动打开，水流应迅速充满延迟器，并使压力开关及水力警铃立即动作报警。

（5）末端试水装置。喷水管网的末端应设置末端试水装置，宜与水流指示器一一对应。末端试水装置的作用是对系统进行定期检查，以确定系统是否正常工作。末端试验阀可采用电磁阀或手动阀。设有消防控制室时，若采用电磁阀可直接从控制室启动试验阀，给检查带来方便。

（二）湿式喷水灭火系统的控制原理

当发生火灾时，随着火灾部位温度的升高，自动喷洒系统喷头上的玻璃球爆破或易熔合金喷头上的易熔合金片熔化脱落，喷头开启喷水。水管内的水流推动水流指示器的桨片，使其电触点闭合，接通电路，输出报警电信号至消防中心。水流指示器安装在喷水管网的每层水平分支管上或某一区域的分支管上，可以直接得知建筑物的哪一层、哪一部分封闭式喷头已开启喷水。水流指示器也可安装在主干水管上支管上，直接控制启动水泵。此时，设在主干水管上的报警阀被水流冲开，向洒水喷头供水，同时水经过报警阀流入延迟器，水流充满延迟器后，经延迟，又流入压力开关（继电器），使压力继电器动作，SP 接通，使喷洒用消防泵启动。在压力继电器动作的同时，启动水力警铃，发出报警信号。喷淋泵闭环控制示意图如图 2-14 所示。

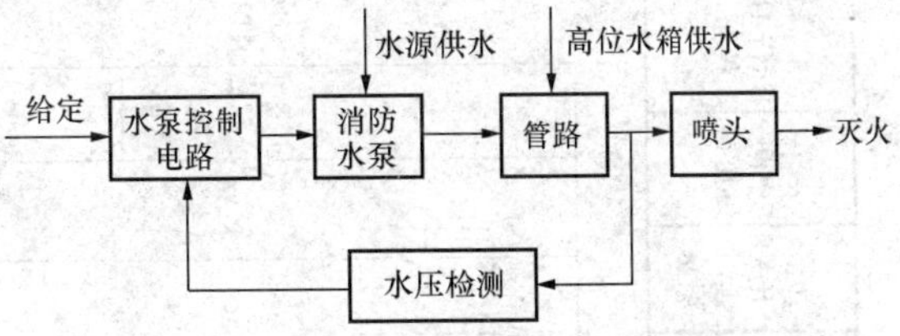

图 2-14　喷淋泵闭环控制示意图

（三）自动喷淋泵的电气控制

自动喷洒用消防泵受水路系统的压力开关或水流指示器直接控制，延时启泵，或者由消防中心控制启停泵。

自动喷洒用消防泵一般为两台泵一用一备，互为备用，工作泵故障，备用泵延时自动投入运行的形式，自动喷洒消防泵的电气控制电路，如图 2-15 所示，其主电路与图 2-10 所示的图区 1～3 相同，其辅助电路如图 2-15 所示，其中图区 11～26 所示的电路与图 2-10 图区 11～26 所示的电路基本相同，只需将 KA5 改为 KA4。因此仅介绍图区 4～10 所示的电路。

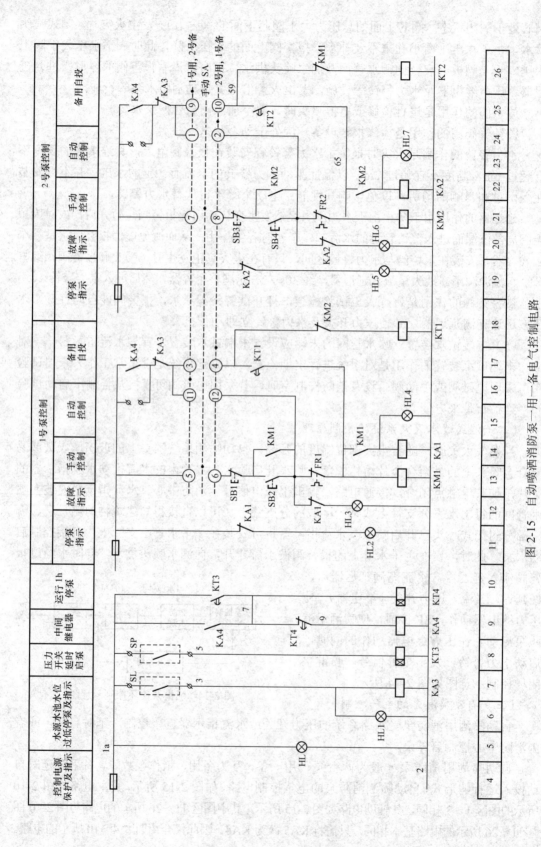

图 2-15 自动喷洒消防泵一用一备电气控制电路

发生火灾时，喷洒系统的喷头自动喷水，设在主立管上的压力继电器（或接在防火分区水平干管上的水流继电器）SP 接通，其动合触点 SP（1a—5）[8] 闭合，使通电延时时间继电器 KT3 [8] 得电吸合。经延时，KT3 的延时闭合的动合触点 KT3（1a—7）[10] 闭合，使中间继电器 KA4 [9] 和通电延时时间继电器 KT4 [10] 得电吸合并自锁。若万能转换开关 SA 置于 1 号泵用 2 号泵备的位置，则 1 号泵的接触器 KM1 得电吸合，1 号泵启动向系统供水。如果此时 1 号泵故障，接触器 KM1 跳闸，使 2 号泵控制电路中的时间继电器 KT2 得电吸合，经延时，KT2 的延时闭合的动合触点 KT2（65—59）[25] 闭合，KA4 的动合触点 [25] 已闭合，使接触器 KM2 得电吸合，2 号泵作为备用泵启动向自动喷洒系统供水。当水泵作为备用泵运行时，水泵过负荷热继电器不再使接触器跳闸，只发出报警信号。

根据消防规范的规定，火灾时喷洒泵启动运转 1h 后，自动停泵。因此，时间继电器 KT4 的延时时间整定为 1h。KT4 得电吸合 1h 后，其延时断开的动断触点 KT4（7—9）[9] 断开，使中间继电器 KA4 [9] 失电释放。KA4 的动合触点复位，使正在运行的喷洒泵控制电路失电，水泵停止运行。

液位器 SL 安装在水源水池，当水源水池无水时，液位器 SL 的动合触点 SL（1a—3）[7] 闭合，使 KA3 [7] 得电吸合，其在图区 17、25 中的动断触点断开，使 1 号泵、2 号泵自动控制电路失电，水泵停止运转。

开关 SM 置于 SM（1—3）[5] 闭合时，使补压泵由消防中心或楼宇自动化系统通过触点（3—5）[5] 集中控制。

● **实训项目　自动喷水灭火系统消防泵电气控制线路的安装**

1. 实训目的
(1) 能够识读和绘制自动喷水灭火系统控制线路，并能够分析其工作原理。
(2) 能够用万用表检测中间继电器、时间继电器、压力继电器等电器元件的好坏。
(3) 能够在未通电前对电气控制线路进行电路检查。
(4) 具备复杂电气控制线路安装接线的技能，具备线路故障的判断及检修和调试技能。

2. 实训器材
(1) 常用电工工具，包括试电笔、钢丝钳、剥线钳、螺丝刀、电工刀、尖嘴钳、斜口钳等。
(2) 万用表、绝缘电阻表。
(3) 水位控制开关、压力开关等。
(4) 绝缘导线：主电路采用 BV 1.5mm²，控制电路采用 BV 1mm²。
(5) 三相异步电动机（代替水泵）。
(6) 电气控制柜（内装交流接触器、时间继电器、中间继电器、压力继电器、按钮、熔断器、热继电器、指示灯等电器元件）。

3. 实训电路
自动喷水灭火系统消防泵一用一备电气控制电路参见图 2-15。

4. 实训步骤
(1) 开始实训前，应先画好电气原理图，分析工作原理，并在图上标出接线号码。
(2) 根据水泵电机功率的大小选配元件的规格，并绘制元件明细表。

（3）清点各元件的规格和数量，并检查各个元件是否完好无损。

（4）根据原理图，设计并画出实际安装图，作为接线安装的依据。

（5）按图安装接线，工艺符合安装的有关规程。

（6）接线完毕，经检查无误后方可通电试车。

5. 实训时应注意的问题

（1）通电前应检查熔体规格及 KT 动作时间及 FR 的整定值。

（2）安装接线前，应将所有元器件对应的贴上标签，接线完毕，先自检查，要非常熟悉操作过程，并能口述当前控制状态。

（3）注意万能转换开关 SA 的接线，保证工作泵和备用泵的转换。

6. 电路检查

（1）主电路检查：与前面实训的检查方法相似。

（2）控制回路的检查。

1）可用电阻测量法按照前面实训的检查方法进行检查。

2）可分支路进行分段检查，检查方法同上述实训控制电路的检查方法。

7. 实训报告要求

实训前撰写实训预习报告，根据安装自动喷水灭火系统消防泵电气控制线路的工作过程，画出自动喷水灭火系统消防泵电气控制线路的原理图，写出实训器材的名称、规格和数量，并写出实训操作步骤以及电路检查方法。

8. 实训思考

（1）如何根据要求选用压力继电器？

（2）请将电路改为双电源供电的自动喷洒消防泵一用一备电气控制线路。并写出控制过程。

（3）撰写实训的心得体会和实践安装接线的经验，评价自己在小组合作中所发挥的作用，总结个人的不足之处，思考如何不断提升自身综合素质。

# 习 题

## 一、填空题

1. 湿式喷水灭火系统中的压力开关它安装在＿＿＿＿＿与＿＿＿＿＿之间的信号管道上。

2. 采用＿＿＿＿＿是最常用的移动式灭火方式，它由蓄水池、＿＿＿＿＿及室内消火栓等主要设备构成。

3. 水流指示器的作用是：把水的流动转换成＿＿＿＿＿的部件。其可直接启动消防水泵，也可接通＿＿＿＿＿。

4. ＿＿＿＿＿灭火属于固定式灭火系统。

## 二、简答题

1. 室内消火栓给水系统由哪些部分组成？

2. 自动喷水灭火系统的主要组件有哪些？各自的作用是什么？

3. 湿式喷水灭火系统的控制原理是什么？

4. 识读图 2-15 自动喷洒消防泵一用一备电气控制电路，说明电路的工作原理（要求用框图的形式表示）。

# 项目三

# 将继电器—接触器控制系统改造为 PLC 控制系统

## 项目背景、目标及课程思政育人教学设计

### 一、项目背景和内容

可编程控制器 PLC 是在继电器控制和计算机控制的基础上开发出的，并逐渐发展成为以微处理器为核心，把自动控制技术、计算机技术和通信技术融为一体的新型工业自动控制装置。传统的继电器控制系统是针对一定的生产机械、固定的生产工艺而设计，采用硬接线方式安装而成，一旦改变生产工艺过程，继电器控制系统必须重新配线，因而适应性很差，且体积庞大，安装、维修均不方便。由于 PLC 应用了微电子技术和计算机技术，各种控制功能是通过软件来实现的，只要改变程序，就可适应生产工艺改变的要求，适应性强。因此，在用微电子技术改造传统产业的过程中，我们将继电器—接触器控制系统改造为 PLC 控制系统，用以提高系统的可靠性、易操作性、灵活性，实现机电一体化。

从 1969 年第一台 PLC 诞生至今，PLC 可谓是工业自动化控制的常青树，即使是在工业转型升级的智能制造年代，它仍能足够胜任各种控制要求和通信要求。今天，在中国的工业自动化领域，"智能制造"是最受人关注的话题。正如《中国制造 2025》中所表述，制造业是国民经济的主体，是立国之本、兴国之器、强国之基。新一轮工业革命对中国是极大的挑战，同时也是极大的机遇。PLC 是新一轮科技革命中控制部分的核心产品，是智能工厂中的关键环节。在智能制造系统中，PLC 不仅是机械装备和生产线的控制器，还是制造信息的采集器和转发器。发展 PLC 能更好地促进我国工业转型、升级，实现工业化和信息化的深度融合。

PLC 是如何完成了由经典 PLC 向现代 PLC 的蜕变呢？让我们追寻 PLC 的发展历史，进入本项目的研究课题，为将来发展 PLC 实现制造强国之梦打下扎实的基础。本项目主要研究将传统的继电器—接触器控制系统改造为 PLC 控制系统，包括三相异步电动机的 PLC 控制和复杂工艺流程的 PLC 控制，从简单到复杂，全方位展示 PLC 的优势。

### 二、项目的教学目标和课程思政育人教学设计

本项目的教学目标包括知识目标、技能目标和思政育人目标，知识目标和技能目标分任务进行描述，思政育人目标是认识"唯物辩证法发展观"，正确对待人生道路上的曲折，正确对待我国社会主义事业前进中遇到的困难。培养学生的职业素养，增强"规范做事，严谨做人"的意识。培养学生运用马克思主义系统思维方法分析问题，提升正确看

待问题和处理问题的能力。培养"实事求是"评价的辩证唯物主义观，增强企业的 6S 管理意识，培养学生严谨认真、精益求精、追求完美、勇于创新的工匠精神，具体要求见表 3-1。本项目的课程思政育人教学设计思路是"理论与实践相结合"，基于实际工程项目的工作任务由简到繁，从工作任务的知识点中深入挖掘与知识相关的思政要素"规范做事，严谨做人""唯物辩证法发展观""树立大局意识和全局观念"。引导学生运用马克思主义系统思维方法，理解从整体出发将一个复杂的控制过程分解为若干个工作状态，解决复杂工艺流程的 PLC 控制问题。并通过与任务相关的 8 个实训项目的实践教学环节，切入辩证唯物主义"一切从实践出发，实践是检验真理的唯一标准"，提高学生 PLC 控制系统的应用开发能力，培养严谨认真、精益求精、追求完美、勇于创新的工匠精神，课程思政育人教学设计见表 3-2。

表 3-1 教 学 目 标

| 项目名称 | 具体工作任务 | 教 学 目 标 | | |
| --- | --- | --- | --- | --- |
| | | 知识目标 | 技能目标 | 思政育人目标 |
| 将继电器—接触器控制系统改造为 PLC 控制系统 | 任务一 三相异步电动机单向运转的 PLC 控制 | 了解 PLC 的产生及发展状况，掌握 PLC 的基本组成及工作原理；掌握三菱 FX$_{2N}$ 系列 PLC 的系统配置，掌握 PLC 编程软件的使用方法。 | （1）能够运用三菱 PLC 的编程软件编制、下载梯形图程序。<br>（2）能够完成三菱 FX$_{2N}$ 系列 PLC 的接线。 | （1）认识"唯物辩证法发展观"，正确对待人生道路上的曲折，正确对待我国社会主义事业前进中遇到的困难。<br>（2）增强辩证思维能力，树立大局意识和全局观念，提高处理复杂问题的本领。<br>（3）培养学生的职业素养，增强"规范做事，严谨做人"的意识。<br>（4）培养学生运用马克思主义系统思维方法分析问题，提升正确看待问题和处理问题的能力。<br>（5）理论与实践相结合，培养团结协作意识，培养学生的创新意识，培养"实事求是"评价的辩证唯物主义观，增强企业的 6S 管理意识，培养学生严谨认真、精益求精、追求完美、勇于创新的工匠精神 |
| | 任务二 三相异步电动机循环正反转的 PLC 控制 | 掌握编程元件和基本指令的使用；掌握 PLC 的梯形图的编程规则；掌握 PLC 应用开发的步骤；掌握 PLC 常用基本环节编程 | （1）能够编制 PLC 的 I/O 分配表，并绘制 PLC 的 I/O 接线图。<br>（2）能够运用三菱 PLC 的编程软件编制梯形图程序和指令表程序。<br>（3）能够完成三菱 FX$_{2N}$ 系列 PLC 的接线、编程与调试。<br>（4）应用 PLC 技术将继电器—接触器控制系统改造为 PLC 控制系统 | |
| | 任务三 自动台车的 PLC 控制 | 掌握梯形图经验设计法 | （1）能够编制 PLC 的 I/O 分配表，并绘制 PLC 的 I/O 接线图。<br>（2）能够运用三菱 PLC 的编程软件编制梯形图程序和指令表程序。<br>（3）能够完成三菱 FX$_{2N}$ 系列 PLC 的接线、编程与调试。<br>（4）能够运用经验法编制 PLC 的梯形图程序 | |
| | 任务四 复杂工艺流程的 PLC 控制（状态思想编程） | 掌握状态编程思想及步进顺控指令，熟悉状态转移图的特点；掌握单流程和分支流程状态转移图的编程原则和编程方法；掌握状态转移程序调试的手段 | （1）能够编制 PLC 的 I/O 分配表，并绘制 PLC 的 I/O 接线图。<br>（2）能够运用状态思想编程解决顺序控制问题。<br>（3）能够按照控制要求编写单流程、分支流程状态转移图、梯形图和指令表程序。<br>（4）能够完成三菱 FX$_{2N}$ 系列 PLC 的接线与调试。<br>（5）应用 PLC 技术将顺序控制的继电器—接触器控制系统改造为 PLC 控制系统 | |

表 3-2                         思 政 育 人 教 学 设 计

| 任务名称（或实训项目） | 知识点（或实训名称） | 思政要素切入点 | 预期效果 |
|---|---|---|---|
| 任务一<br>三相异步电动机单向运转的 PLC 控制 | PLC 概述 | 通过讲述 PLC 诞生的故事，引导学生查找 PLC 技术在我国各行各业的应用、发展前沿，进一步深入了解《中国制造 2025》战略。融入"唯物辩证法发展观"，新一轮工业革命对中国是极大的挑战，同时也是极大的机遇。发展 PLC 能更好地促进我国工业转型、升级，实现工业化和信息化的深度融合。事物发展的总趋势是前进的，而发展的道路则是迂回曲折的。引导学生正确对待人生道路上的曲折，正确对待我国社会主义事业前进中遇到的困难。平时从点滴小事做起，重视知识和技能的积累，不失时机地促成飞跃，从而激发学生学习先进 PLC 技术的热情 | 认识"唯物辩证法发展观"，正确对待人生道路上的曲折，正确对待我国社会主义事业前进中遇到的困难。平时从点滴小事做起，重视知识和技能的积累，激发学生学习先进 PLC 技术的热情 |
| | PLC 的工作原理 | 以任务"三相异步电动机单向运转的 PLC 控制"为驱动，理论联系实际，通过任务的实施，让学生切身体会到 PLC 控制相比继电器—接触器控制的优越之处，引导学生对比 PLC 控制系统与继电器—接触器控制系统，分析两者的区别和联系，理解在继电器—接触器控制基础上学习 PLC 控制技术的方法和策略，激发学生学习 PLC 的兴趣，深刻体会联系与区别的辩证关系，联系与区别是矛盾统一的，没有区别就没有联系，没有联系也就没有区别 | 激发学生学习 PLC 的热情，深刻理解联系与区别的辩证关系，提高学习唯物辩证法的兴趣，理论联系实际，运用唯物辩证法，提高思维能力 |
| 任务二<br>三相异步电动机循环正反转的 PLC 控制 | 梯形图的编程规则 | 指导学生实操编程案例，亲身体验到不规范的编程是无法下载到 PLC，通过实践认识，再实践再认识，学生明白遵守梯形图的编程规则的重要性，培养学生养成遵守规范的职业习惯，从而提高工作的质量和效率。引申到做人做事的道理，规范与原则在心中，树立正确的世界观、人生观、价值观 | 提高编程规范意识，培养学生的职业素养，增强"规范做事，严谨做人"的意识，树立正确的世界观、人生观、价值观 |
| 任务三<br>自动台车的 PLC 控制 | 梯形图经验设计法 | "经验设计法"顾名思义，"经验法"是依据设计者的经验进行设计的方法。而经验是需要从反复实践中获取的。实践观点是马克思主义哲学的核心观点。实践是检验真理的唯一标准，从反复实践中获取经验，切不可纸上谈兵，引导学生在编程实战中摸索经验 | 实践认识，再实践再认识，学生在编程实战中摸索经验 |
| 任务四<br>复杂工艺流程的 PLC 控制<br>（状态思想编程） | 状态编程思想及步进顺控指令 | 以台车自动往返控制案例，引入复杂工艺流程的解决方案即状态编程思想，融入思政要素"马克思主义系统思维方法——整体法、结构法"，理解要从整体出发运用状态编程思想将一个复杂的控制过程分解为若干个工作状态。理解马克思主义系统观的结构性原则，弄清各个状态的工作细节（状态的功能、转移条件和转移方向），再依据总的控制顺序要求，将这些状态有机地联系起来，形成状态转移图，进而编绘梯形图程序。通过编程实践，让学生亲身体验到运用马克思主义系统思维能有效解决学习和生活中的问题，不知不觉地感受到马克思主义距离我们一点都不远，就在身边 | 运用马克思主义系统思维方法分析问题，提升正确看待问题和处理问题的能力 |
| | 选择性流程、并行性流程的程序编制 | 分析选择性流程、并行性流程的程序编制原则时，要树立大局意识和全局观念，立足整体，把整个选择性（或并行性）流程看成一个整体来考虑编程，先"集中"进行分支处理，然后再"集中"进行汇合处理，切不可单独对其中部分的分支进行编程。引导学生掌握唯物辩证法，在今后的学习、生活、工作中要善于从全局角度、以长远眼光看问题，从整体上把握事物发展趋势和方向，制定科学可行的方案，解决遇到的难题 | 增强辩证思维能力，树立大局意识和全局观念，提高处理复杂问题的本领 |

续表

| 任务名称（或实训项目） | 知识点（或实训名称） | 思政要素切入点 | 预期效果 |
|---|---|---|---|
| 实训项目 | 将货物升降机上升的继电器-接触器控制改造为 PLC 控制系统，将货物上升、下降的继电器—接触器控制改造为 PLC 控制系统等 | 采用学生分组实训的教学模式，融入辩证唯物主义"一切从实践出发，实践是检验真理的唯一标准"，同时切入工匠精神和团队合作的思政要素。<br>课前：要求学生撰写实训预习报告，提前按控制要求绘制 PLC 的 I/O（输入输出口）分配表和 I/O 接线图，编制初步的程序（或状态转移图），并规划完成实训任务方法和步骤，分配小组成员之间的实训任务，做到心中有数地走进实训室。<br>课中：小组成员分工合作共同完成任务，进行接线、输入程序并调试，实训任务完成后，按照管理标准，归置实训设备，整理实训室，养成良好的职业习惯。<br>课后：要求学生总结反思，撰写 PLC 实训的心得体会和实践编程的经验、技巧，评价自己在小组合作中所发挥的作用，总结个人的不足之处，思考如何不断提升自身综合素质。<br>考核方式：采用过程考核，通过教师评价+小组互评+自评的方式，培养学生"实事求是"评价的辩证唯物主义观，让学生感受到团队合作的重要性 | 培养良好的职业素养，提高规范意识，培养学生的创新意识，培养"实事求是"评价的辩证唯物主义观，培养学生严谨认真、精益求精、追求完美、勇于创新的工匠精神 |

## 任务一　三相异步电动机单向运转的 PLC 控制

### 任务要点

以"三相异步电动机单向运转的 PLC 控制"为任务驱动，运用动画图解的方式重点介绍 PLC 的发展、PLC 的基本组成及工作原理、三菱 FX$_{2N}$ 系列 PLC 的系统配置、PLC 编程软件的使用方法，并通过完成实训项目"将货物升降机上升的继电器—接触器控制改造为 PLC 控制系统"，使学生初步具备 PLC 的安装、接线、调试的能力，引导学生树立安全用电意识，培养良好的职业素养，树立社会主义职业道德观，培养团结协作意识和严谨认真、精益求精、追求完美的工匠精神。

扫一扫

### 一、PLC 概述

1. 可编程控制器的由来

早期的工业生产中广泛使用的电气自动控制系统是继电器—接触器控制系统。它具有结构简单、价格低廉、容易操作和对维护技术要求不高的优点，特别适用于工作模式固定、控制要求比较简单的场合。随着工业生产的迅速发展，由于继电控制系统的线路复杂，系统的可靠性难以提高且检查和修复相当困难，其缺点变得日益突出。当产品更新时，生产机械、加工规范和生产加工线也必须随之改变，而这种变动的工作量很大，造成的经济损失也是很大的。1968 年，美国通用汽车公司（GM）为适应汽车工业激烈的竞争，满足汽车型号不断更新的要求，向制造商公开招标，寻求一种取代传统继电器—接触器控制系统的新的控制装置，通用汽车公司对新型控制器提出的十大条件是：

（1）编程简单，可在现场修改程序。

（2）维护方便，采用插件式结构。

（3）可靠性高于继电器—接触器控制系统。

（4）体积小于继电器—接触器控制系统。

（5）成本可与继电器控制柜竞争。

（6）可将数据直接输入计算机。

（7）输入是交流 115V（美国标准系列电压值）。

（8）输出为交流 115V、2A 以上，能直接驱动电磁阀、交流接触器、小功率电机等。

（9）通用性强，能扩展。

（10）能存储程序，存储器容量至少能扩展到 4KB。

由此可见，美国通用汽车公司在寻找一种新型控制装置，它尽可能减少重新设计控制系统和接线，降低生产成本，缩短时间，设想把计算机功能完备、灵活、通用等优点和继电器控制系统的简单易懂、操作方便、价格便宜等优点有机地结合起来，制造成一种通用控制装置，并把计算机的编程方法和程序输入方式加以简化，用面向控制对象、面向控制过程、面向用户的"自然语言"编写独特的控制程序，使不熟悉计算机的人员也能方便地使用。

根据上述要求，美国数字设备公司（DEC）在 1969 年首先研制出第一台可编程控制器 PDP-14，在汽车装配线上使用，取得了成功。接着，美国 MODICON 公司也开发出了可编程控制器。从此，这项新技术迅速在世界各国得到推广应用。1971 年日本从美国引进了这项新技术，很快研制出日本第一台可编程控制器。1973 年欧洲一些国家也研制出他们的第一台可编程控制器。我国从 1974 年开始研制，1977 年开始工业推广应用。

早期的可编程控制器是为了取代继电器控制线路，其功能基本上限于开关量逻辑控制，仅有逻辑运算、定时、计数等顺序控制功能，一般称为可编程逻辑控制器（Programmable Logic Controller，PLC）。这种 PLC 主要由分立元件和中小规模集成电路组成，在硬件设计上特别注重适用于工业现场恶劣环境的应用，但编程需要由受过专门训练的人员来完成，这是第一代可编程控制器。

进入 20 世纪 70 年代，随着微电子技术的发展，尤其是 PLC 采用通用微处理器之后，这种控制器就不再局限于当初的逻辑运算了，功能得到更进一步增强。进入 20 世纪 80 年代，随着大规模和超大规模集成电路等微电子技术的迅猛发展，以 16 位和少数 32 位微处理器构成的微机化 PLC，使 PLC 的功能增强，工作速度加快，体积减小，可靠性提高，成本下降，编程和故障检测更为灵活方便。现代的 PLC 不仅能实现开关量的顺序逻辑的控制，而且具有数字运算、数据处理、运动控制以及模拟量控制，还具有远程 I/O、网络通信和图像显示等功能，已成为实现生产自动化、管理自动化的重要支柱。

2. 可编程控制器的定义

1987 年，国际电工委员会 IEC 颁布了可编程序控制器最新的定义：可编程控制器是一种能够直接应用于专门为在工业环境下应用而设计的数字运算操作的电子装置。它采用可以编制程序的存储器，用来在其内部存储执行逻辑运算、顺序运算、计时、计数和算术运算等操作的指令，并能通过数字式或模拟式的输入和输出，控制各类的机械或生产过程。可编程控制器及其有关的外围设备都应按照易于与工业控制系统形成一个整体，易于扩展其功能的原则而设计。

可见，PLC 的定义实际是根据 PLC 的硬件和软件技术进展而发展的。这些发展不仅改进了 PLC 的设计，也改变了控制系统的设计理念。

3. 可编程控制器的特点

PLC 发展如此迅速，是因为它具有一些其他控制系统（如 DCS 和通用计算机等）所不及的一些特点。

（1）可靠性。可靠性包括产品的有效性和可维修性。PLC 的可靠性高，表现在下列几个方面：

1）PLC 不需要大量的活动部件和电子元件，接线大大减少，与此同时，系统的维修简单，维修时间缩短。

2）PLC 采用一系列可靠性设计方法进行设计，例如，冗余设计、掉电保护、故障诊断、报警、运行信息显示，以及信息保护和恢复等。

3）PLC 有较强的易操作性，它具有编程简单，操作方便，编程的出错率大大降低。

4）PLC 的硬件设计方面，采用了一系列提高可靠性的措施。例如，采用可靠性高的工业级元件和先进的电子加工工艺（SMT）制造，对干扰采用屏蔽、隔离和滤波，采用看门狗和自诊断措施等。

（2）易操作性。PLC 的易操作性表现在以下三个方面：

1）操作方便。对 PLC 的操作包括程序的输入和程序更改的操作，大多数 PLC 采用编程器进行程序输入和更改操作。现在的 PLC 的编程器大部分可以用计算机直接进行，更改程序也可根据所需地址编号、继电器编号或接点号等直接进行搜索或按顺序寻找，然后可以在线或离线更改。

2）编程方面。PLC 有多种程序设计语言可以使用，对现场电气人员来说，由于梯形图与电气原理图相似，很容易理解和掌握。采用语句表语言编程时，由于编程语句是功能的缩写，便于记忆，并且与梯形图有一一对应的关系，因此，有利于编程人员的编程操作。功能图表语言以过程流程进展为主线，十分适合设计人员与工艺专业人员设计思想的沟通。功能模块图和结构化文本语言编程方法具有功能清晰，易于理解等优点。

3）维修方便。PLC 所具有的自诊断功能对维修人员的技术要求降低，当系统发生故障时，通过硬件和软件的自诊断，维修人员可以根据有关故障代码的显示和故障信号灯的提示等信息或通过编程器和 HMI 屏幕的设定，直接找到故障所在的部位，为迅速排除故障和修复节省了时间。

（3）灵活性。PLC 的灵活性主要表现在以下 3 个方面：

1）编程的灵活性。PLC 采用的标准编程语言有梯形图、指令表、功能图表、功能模块图和结构化文本编程语言等。使用者只要掌握其中一种编程语言就可进行编程，编程方法的多样性使编程方便。由于 PLC 内部采用软连接，因此，在生产工艺流程更改或者生产设备更换后，可不必改变 PLC 的硬设备，通过程序的编制与更改就能适应生产的需要。这种编程的灵活性是继电器控制系统和数字电路控制系统所不能比拟的。正是由于编程的柔性特点，使 PLC 成为工业控制领域的重要控制设备，在柔性制造系统 FMS、计算机集成制造系统（CIMS）和计算机流程工业系统（CIPS）中，PLC 正成为主要的控制设备，得到广泛的应用。

2）扩展的灵活性。PLC 的扩展灵活性是指可以根据应用的规模不断扩展，即进行容量的扩展、功能的扩展、应用和控制范围的扩展。它不仅可以通过增加输入、输出卡件增加点数，通过扩展单元扩大容量和功能，也可以通过多台 PLC 的通信来扩大容量和功能，甚至可以与其他的控制系统如 DCS 或其他上位机的通信来扩展其功能，并与外部的设备进行数据交换。这种扩展的灵活性大大方便了用户。

3）操作的灵活性。操作的灵活性是指设计工作量、编程工作量和安装施工的工作量的减少，操作变得十分方便和灵活，监视和控制变得很容易。在继电器控制系统中所需的一些操作得到简化，不同生产过程可采用相同的控制台和控制屏。

（4）机电一体化。为了使工业生产的过程的控制更平稳，更可靠，向优质高产低耗要效益，对过程控制设备和装置提出了机电一体化，即仪表、电子、计算机综合的要求，而 PLC 正是这一要求的产物，它是专门为工业过程而设计的控制设备，具有体积小、功能强、抗干扰性好等优点，将机械与电气部件有机地结合在一个设备内，把仪表、电子和计算机的功能综合集成在一起，因此，它已经成为当今数控技术、工业机器人、离散制造和过程流程等领域的主要控制设备。

4. PLC 与各类控制系统的比较

（1）PLC 与继电器控制系统的比较。传统的继电器控制系统是针对一定的生产机械、固定的生产工艺而设计，采用硬接线方式安装而成，只能完成既定的逻辑控制、定时和计数等功能，即只能进行开关量的控制，一旦改变生产工艺过程，继电器控制系统必须重新配线，因而适应性很差，且体积庞大，安装、维修均不方便。由于 PLC 应用了微电子技术和计算机技术，各种控制功能是通过软件来实现的，只要改变程序，就可适应生产工艺改变的要求，因此适应性强。PLC 不仅能完成逻辑运算、定时、计数等功能，而且能进行算术运算，因而它既可进行开关量控制，又可进行模拟量控制，还能与计算机联网，实现分级控制。PLC 还有自诊断功能，所以在用微电子技术改造传统产业的过程中，传统的继电器控制系统必将被 PLC 所取代。

（2）PLC 与单片机控制系统比较。单片机控制系统仅适用于较简单的自动化项目，硬件上主要受 CPU、内存容量及 I/O 接口的限制；软件上主要受限于与 CPU 类型有关的编程语言，现代 PLC 的核心就是单片微处理器。虽然用单片机作控制部件在成本方面具有优势，但是从单片机到工业控制装置之间毕竟有一个硬件开发和软件开发的过程。虽然 PLC 也有必不可少的软件开发过程，但两者所用的语言差别很大，单片机主要使用汇编语言开发软件，所用的语言复杂且易出错，开发周期长。而 PLC 用专用的指令系统来编程的，简便易学，现场就可以开发调试。与单片机比较，PLC 的输入/输出端更接近现场设备，不需添加太多的中间部件，这样节省了用户时间和总的投资。一般说来，单片机或单片机系统的应用只是为某个特定的产品服务的，单片机控制系统的通用性、兼容性和扩展性都相当差。

（3）PLC 与计算机控制系统的比较。PLC 是专为工业控制所设计的。而微型计算机是为科学计算、数据处理等而设计的，尽管两者在技术上都采用了计算机技术，但由于使用对象和环境的不同，PLC 具有面向工业控制、抗干扰能力强、适应工程现场的温度、湿度环境。此外，PLC 使用面向工业控制的专用语言而使编程及修改方便，并有较完善的监控功能。而微机系统则不具备上述特点，一般对运行环境要求苛刻，使用高级语言编程，要求使用者有相当水平的计算机硬件和软件知识。而人们在应用 PLC 时，不必进行计算机方面的专门培训，就能进行操作及编程。

（4）PLC 与传统的集散型控制系统的比较。PLC 是由继电器逻辑控制系统发展而来的。而传统的集散控制系统 DCS（Distributed Control System）是由回路仪表控制系统发展起来的分布式控制系统，它在模拟量处理、回路调节等方面有一定的优势。PLC 随着微电子技术、计算机技术和通信技术的发展，无论在功能上、速度上、智能化模块以及联网通信上，都有很大的提高，并开始与小型计算机联成网络，构成了以 PLC 为重要部件的分布式控制系统。随着网络通信功能的不断增强，PLC 与 PLC 及计算机的互联，可以形成大规模的控制系统，现在各类 DCS 也面临着高端 PLC 的威胁。由于 PLC 的技术不断发展，现代 PLC 基本上全部具备，且 PLC 具有操作简单的优势，最重要的一点，就是 PLC 的价格和成本是 DCS 系统所无法比拟的。

5. PLC 的应用

目前，PLC 在国内外已广泛应用于钢铁、石油、化工、电力、建材、机械制造、汽车、轻纺、交通运输、环保等各行各业。随着其性能价格比的不断提高，其应用范围正不断扩大，其用途大致有以下几个方面。

（1）开关量的逻辑控制。开关量的逻辑控制是 PLC 最基本的应用，用 PLC 取代传统的继电器控制，实现逻辑控制和顺序控制。如机床电气控制、家用电器（电视机、冰箱、洗衣机等）自动装配线的控制，汽车、化工、造纸、轧钢自动生产线的控制等。

（2）过程控制。过程控制是指对温度、压力、流量等连续变化的模拟量的闭环控制。PLC 通过模拟量 I/O 模块，实现模拟量（Analog）和数字量（Digital）之间的 A/D 与 D/A 转换，并对模拟量实行闭环 PID（比例-积分-微分）控制。现代的 PLC 一般都有 PID 闭环控制功能，这一功能可以用 PID 功能指令或专用的 PID 模块来实现。其 PID 闭环控制功能已经广泛地应用于塑料挤压成形机、加热炉、热处理炉、锅炉等设备，以及轻工、化工、机械、冶金、电力、建材等行业。

（3）运动控制。PLC 使用专用的指令或运动控制模块，对直线运动或圆周运动进行控制，可实现单轴、双轴、三轴和多轴位置控制，使运动控制与顺序控制功能有机地结合在一起。PLC 的运动控制功能广泛地用于各种机械，如金属切削机床、金属成形机械、装配机械、机器人、电梯等场合。

（4）数据处理。现代的 PLC 具有数学运算（包括四则运算、矩阵运算、函数运算、字逻辑运算、求反、循环、移位和浮点数运算等）、数据传送、转换、排序和查表、位操作等功能，可以完成数据的采集、分析和处理。这些数据可以与储存在存储器中的参考值比较，也可以用通信功能传送到别的智能装置，或者将它们打印制表。

（5）通信联网。指 PLC 与 PLC 之间、PLC 与上位计算机或其他智能设备（如变频器、数控装置）之间的通信，利用 PLC 和计算机的 RS-232 或 RS-422 接口、PLC 的专用通信模块，用双绞线和同轴电缆或光缆将它们联成网络，实现信息交换，构成"集中管理、分散控制"的多级分布式控制系统，建立自动化网络。

6. PLC 的发展趋势

近年来，PLC 发展的明显特征是产品的集成度越来越高，工作速度越来越快，功能越来越强，使用越来越方便，工作越来越可靠，具体表现为以下几个方面。

（1）向微型化、专业化的方向发展。随着数字电路集成度的提高、元器件体积的减小、质量的提高，PLC 结构更加紧凑，设计制造水平在不断进步。微型 PLC 的价格便宜，性价比不断提高，很适合于单机自动化或组成分布式控制系统。有些微型 PLC 的体积非常小，如三菱公司的 $FX_{0N}$、$FX_{0S}$、$FX_{2N}$ 系列 PLC 均为超小型 PLC。微型 PLC 的体积虽小，功能却很强，过去一些大中型 PLC 才有的功能如模拟量的处理、通信、PID 调节运算等，均可以被移植到小型机上。

（2）向大型化、高速度、高性能方向发展。大型化指的是大中型 PLC 向着大容量、智能化和网络化发展，使之能与计算机组成集成控制系统，对大规模、复杂系统进行综合性的自动控制。大型 PLC 大多采用多 CPU 结构，如三菱的 AnA 系统 PLC 使用了世界上第一个在一块芯片上实现 PLC 全部功能的 32 位微处理器，即顺序控制专用芯片，其扫描一条基本指令的时间为 0.15μs。

在模拟量控制方面，除了专门用于模拟量闭环控制的 PID 指令和智能 PID 模块外，某些 PLC 还具有模拟量模糊控制、自适应、参数整定功能，使调试时间减少，控制精度提高。

同时，用于监控、管理和编程的人机接口和图形工作站的功能日益加强。如西门子公司的 TISTAR 和 PCS 工作站使用的 APT（应用开发工具）软件，是面向对象的配置设计、系统开发和管理工具软件，它使用工业标准符号进行基于图形的配置设计。自上而下的模块化和面向对象的设计方法，大大地提高了配置效率，降低了工程费用，系统的设计开发自始至终体现了高度结构化的特点。

（3）编程语言日趋标准。国际电工委员会 IEC 于 1994 年 5 月公布了 PLC 标准，其中的第三部分（IEC1131—3）是 PLC 的编程语言标准。标准中共有五种编程语言，顺序功能图（SFC）是一种结构块控制程序流程图，梯形图和功能块图是两种图形语言，此外还有指令表和结构文本两种文字语言。除了提供几种编程语言可供用户选择外，标准还允许编程者在同一程序中使用多种编程语言，这使编程者能够选择不同的语言来适应特殊的工作。

（4）与其他工业控制产品更加融合。可编程控制器与个人计算机、分布式控制系统和计算机数控（CNC）功能和应用方面相互渗透，互相融合，使控制系统的性价比不断提高。在这种系统中，目前的趋势是采用开放式的应用平台，即网络、操作系统、监控及显示均采用国际标准或工业标准，如操作系统采用 UNIX、MS-DOS、Windows、$OS_2$ 等，这样可以把不同厂家的可编程控制器产品连接在一个网络中运行。

PLC 与现场总线相结合，可以组成价格便宜、功能强大的分布式控制系统，由于历史原因，现在有多种现场总线标准并存，包括基金会现场总线（Foundation Field Bus）、过程现场总线（ProfiBus）、局域操作网络（LonWorks）、控制器局域网络（CAN）、可寻址远程变送器数据通路协议（HART）。一些主要的 PLC 厂家将现场总线作为 PLC 控制系统中的底层网络，如罗克韦尔公司的 PLC5 系列安装了 Profibus 协处理器模块后，能与其他厂家支持 Profibus 通信协议的设备，如传感器、执行器、变送器、驱动器、数控装置和个人计算机通信。

（6）通信联网能力增强。PLC 的通信联网功能使 PLC 与个人计算机之间以及与其他智能控制设备之间可以交换数字信息，形成一个统一的整体，实现分散控制和集中管理。

PLC 通过双绞线、同轴电缆或光纤联网，信息可以传送到几十千米远的地方。PLC 网络大多是各厂家专用的，但是它们可以通过主机，与遵循标准通信协议的大网络联网。

**二、PLC 的构成**

PLC 实质上是一台用于工业控制的专用计算机，它与一般计算机的结构及组成相似。为了便于接线、扩充功能，便于操作与维护，以及提高系统的抗干扰能力，其结构及组成又与一般计算机有所区别。

**（一）PLC 的硬件**

PLC 的基本组成包括中央处理模块（CPU）、存储器模块、输入/输出（I/O）模块、电源模块及外部设备（如编程器），如图 3-1 所示。

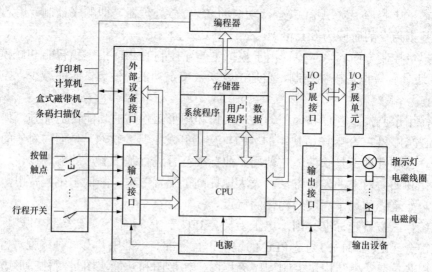

图 3-1　PLC 的基本组成

（1）中央处理模块。中央处理模块（CPU）一般由控制器、运算器和寄存器组成，这些电路都集成在一个芯片内。CPU 通过数据总线、地址总线和控制总线与存储单元、输入/输出接口电路相连接。

PLC 中所采用的 CPU 随机型不同而异，通常有三种：通用微处理器、单片机和位片式微处理器。小型 PLC 大多采用 8 位、16 位微处理器或单片机作 CPU，这些芯片具有价格低、通用性好等优点。对于中型的 PLC，大多采用 16 位、32 位微处理器或单片机作为 CPU，具有集成度高、运算速度快、可靠性高等优点。对于大型 PLC，大多数采用高速位片式微处理器，具有灵活性强、速度快、效率高等优点。

与通用计算机一样，CPU 是 PLC 的核心部件，它完成 PLC 所进行的逻辑运算、数值计算、信号变换等任务，并发出管理、协调 PLC 各部分工作的控制信号。主要用途如下：

1）接收从 PLC 输入的用户程序和数据，送入存储器存储。

2）用扫描方式接收输入设备的状态信号，并存入相应的数据区（输入映像寄存器）。

3）监测和诊断电源、PLC 内部电路的工作状态和用户编程过程中的语法错误等。

4）执行用户程序。从存储器逐条读取用户指令，完成各种数据的运算、传送和存储等功能。

5）根据数据处理的结果，刷新有关标志位的状态和输出映像寄存器表的内容，再经输出部件实现输出控制、制表打印或数据通信等功能。

（2）存储器模块。PLC 中的存储器是存放程序及数据的地方，PLC 运行所需的程序分为系统程序及用户程序，存储器也分为系统存储器（EPROM）和用户存储器（RAM）两部分。

1）系统存储器。系统存储器用来存放 PLC 生产厂家编写的系统程序，并固化在只读存储器 ROM 内，用户不能更改。

2）用户存储器。用户存储器包括用户程序存储区和数据存储区两部分。用户程序存储区存放针对具体控制任务，用规定的 PLC 编程语言编写的控制程序。用户程序存储区的内容可以由用户任意修改或增删。用户程序存储器的容量一般代表 PLC 的标称容量，通常小型机小于 8KB，中型机小于 64KB，大型机在 64KB 以上。

用户数据存储区用于存放 PLC 在运行过程中所用到的和生成的各种工作数据。用户数据存储区包括输入、输出数据映像区，定时器、计数器的预置值和当前值的数据区，存放中间结果的缓冲区等。这些数据是不断变化的，但不需要长久保存，因此，采用随机读写存储器 RAM。由于随机读写存储器 RAM 是一种挥发性的器件，即当供电电源关掉后，其存储的内容会丢失，因此，在实际使用中通常为其配备掉电保护电路。当正常电源关断后，由备用电池为它供电，保护其存储的内容不丢失。

（3）输入/输出（I/O）模块。输入/输出（I/O）模块是 PLC 与工业控制现场各类信号连接的部分，起着 PLC 与被控对象间传递输入/输出信息的作用。由于实际生产过程中产生的输入信号多种多样，信号电平各不相同，而 PLC 所能处理的信号只能是标准电平，因此，必须通过输入模块将这些信号转换成 CPU 能够接收和处理的标准电平信号。同样，外部执行元件如电磁阀、接触器、继电器等所需的控制信号电平也有差别，也必须通过输出模块将 CPU 输出的标准电平信号转换成这些执行元件所能接收的控制信号。

1）输入接口电路。PLC 输入电路通常分为 3 种类型，即直流输入方式、交流输入方式和交直流输入方式。外部输入元件可以是无源触点或有源传感器。输入接口电路都有滤波电路及隔离耦合电路。滤波有抗干扰的作用，耦合有抗干扰及产生标准信号的作用。

2）输出接口电路。PLC 的输出电路有继电器输出、晶体管输出、晶闸管输出三种形式。继电器输出型是 CPU 控制继电器线圈的通电或失电，其接点相应闭合或断开，接点再控制外部负载电路的通断，它是利用继电器线圈和触点之间的电气隔离，将内部电路与外部电路进行隔离。晶体管输出型通过使晶体管截止或饱和控制外部负载电路，它是在 PLC 的内部电路与输出晶体管之间用光耦合器进行隔离。晶闸管输出型通过使晶闸管导通或关断控制外部电路，它是在 PLC 的内部电路与输出元件之间用光电晶闸管进行隔离。输出接口本身都不带电源，而且在考虑外驱动电源时，还需考虑输出器件的类型。继电器的输出接口可用于交流及直流两种电源，但接通断开的频率低；晶体管式的输出接口有较高的接通断开频率，只适用于直流驱动的场合；晶闸管输出方式只适用于交流负载，其优点是响应速度快，缺点是带载能力不大。

来自工业生产现场的输入信号经输入模块进入 PLC。这些信号可以是数字量、模拟量、直流信号、交流信号等，使用时要根据输入信号的类型选择合适的输入模块。

由 PLC 产生的输出控制信号经过输出模块驱动负载，如电动机的启停和正反转、阀门的开闭、设备的移动、升降等。和输入模块相同，与输出模块相接的负载所需的控制信号可以是数字量、模拟量、直流信号、交流信号等，因此，同样需要根据负载性质选择合适的输出模块。

PLC 具有多种 I/O 模块，常见的有数字量 I/O 模块和模拟量 I/O 模块，以及快速响应模块、高速计数模块、通信接口模块、温度控制模块、中断控制模块、PID 控制模块和位置控制模块等种类繁多、功能各异的专用 I/O 模块和智能 I/O 模块。I/O 模块的类型、品种与规格越多，PLC 系统的灵活性越好；I/O 模块的 I/O 容量越大，PLC 系统的适应性越强。

（4）电源模块。PLC 的电源模块把交流电源转换成供 PLC 的中央处理器 CPU、存储器等电子电路工作所需要的直流电源，使 PLC 正常工作。PLC 的电源部件有很好的稳压措施，因此，对外部电源的稳定性要求不高，一般允许外部电源电压的额定值在+10%～－15%的范围内波动。有些 PLC 的电源部件还能向外提供直流 24V 稳压电源，用于对外部传感器供电。为了防止在外部电源发生故障的情况下，PLC 内部程序和数据等重要信息的丢失，PLC 用锂电池作停电时的后备电源。

（5）外部设备。

1）编程器。PLC 的特点是它的程序是可以改变的，可方便地加载程序，也可方便地修改程序。编程器是 PLC 不可缺少的设备，编程器除了编程以外，一般都还具有一定的调试及监视功能，可以通过键盘调入及显示 PLC 的状态、内部器件及系统的参数，它经过接口与 CPU 联系，完成人机对话操作。PLC 的编程器一般分为专用编程器和个人计算机（内装编程软件）两类。

①专用的编程器。分为手持式和台式两种。其中手持式编程器携带方便，适合工业控制现场应用。按照功能强弱，手持式编程器又可分为简易型和智能型两类。前者只能联机编程，后者既可联机又可脱机编程。

专用编程器只能对某一 PLC 生产厂家的可编程控制器产品编程，使用范围有限。当代 PLC 以每隔几年一代的速度不断更新换代，使用寿命有限，价格一般也比较高。现在的趋势是使用个人计算机作为基础的编程系统，由 PLC 厂家向用户提供编程软件。

②内装编程软件的个人计算机。工业用的个人计算机可以在较高的温度和湿度条件下运行，能够在类似于 PLC 运行条件的环境中长期可靠地工作。轻便的笔记本电脑配上 PLC 的编程软件，很适合在工业现场调试程序。世界上各主要的 PLC 厂家都提供了使用个人计算机的可编程控制器编程/监控软件，不少厂家还推出了中文版的编程软件，对于不同型号和厂家的 PLC，只需要更换编程软件就可以了。

2）其他外部设备。PLC 还配有生产厂家提供的其他一些外部设备，如外部存储器、打印机和 EPROM 写入器等。

外部存储器是指磁带或磁盘，工作时可将用户程序或数据存储在盒式录音机的磁带上或磁盘驱动器的磁盘中，作为程序备份。当 PLC 内存中的程序被破坏或丢失时，可将外存中的程序重新装入。打印机用来打印带注释的梯形图程序或语句表程序以及打印各种报表等。在系统的实时运行过程中，打印机用来提供运行过程中发生事件的硬记录，如记录 PLC 运行过程中故障报警的时间等，这对于事故分析和系统改进是非常有价值的。

EPROM 写入器是将用户程序写入 EPROM 中。同一 PLC 的各种不同应用场合的用户程序可分别写入不同的 EPROM（可电擦除可编程的只读存储器）中去，当系统的应用场合发生改变时，只需更换相应的 EPROM 芯片即可。

（二）PLC 的软件

1. 软件的分类

PLC 的软件包含系统软件及应用软件两大部分。

（1）系统软件。系统软件是指系统的管理程序、用户指令的解释程序及一些供系统调用的专用标准程序块等。系统管理程序用以完成 PLC 运行相关时间分配、存储空间分配管理和系统自检等工作。用户指令的解释程序用以完成用户指令变换为机器码的工作。系统软件在用户使用 PLC 之前就已装入机内，并永久保存，在各种控制工作中都不能更改。

（2）应用软件。又称为用户软件、用户程序，是由用户根据控制要求，采用 PLC 专用的程序语言编制的应用程序。

2. 应用软件常用的编程语言

目前 PLC 常用的编程语言有梯形图、指令表、顺序功能图、功能块图等。

（1）梯形图。梯形图是一种以图形符号及图形符号在图中的相互关系表示控制关系的编程语言，是从继电器电路图演变过来的。梯形图和继电器电路图中的图形符号和结构都十分相似。这两个相似的原因非常简单，一是因为梯形图是为熟悉继电器电路图的工程技术人员设计的；二是两种图所表达的逻辑含义是一样的。因而，绘制梯形图时，可将 PLC 中参与逻辑组合的元件看成和继电器一样，具有常开、常闭触点及线圈，且线圈的得电、失电将导致触点的相应动作；再用母线代替电源线，用能量流概念来代替继电器电路中的电流概念；使用绘制继电器电路图类似的思路绘出梯形图。

梯形图与继电器控制电路图两者之间存在许多差异：

1）PLC 采用梯形图编程是模拟继电器控制系统的表示方法，因而梯形图内各种元件也沿用了继电器的叫法，称之为"软继电器"，例如，图 3-2 中 X0、X1（输入继电器）、Y0（输出继电器）。梯形图中的"软继电器"不是物理继电器，每个"软继电器"为存储器中的一位，相应位为"1"态，表示该继电器线圈"得电"，因此称其为"软继电器"。用"软继电器"就可以按继电器控制系统的形式来设计梯形图。

2）梯形图中流过的"电流"不是物理电流，而是"能量流"，它只能从左到右、自上而下流动。"能量流"不允许倒流。"能量流"到，线圈则接通。"能量流"流向的规定顺应了 PLC 的扫描是自左向右、自上而下顺序地进行，而继电器控制系统中的电流是不受方向限制的，导线连接到哪里，电流就可流到哪里。

3）梯形图中的常开、常闭触点不是现场物理开关的触点。它们对应输入、输出映象寄存器或数据寄存器中的相应位的状态，而不是现场物理开关的触点状态。PLC 认为常开触点是取位状态操作，常闭触点应理解为位取反操作。因此在梯形图中同一元件的一对常开、常闭触点的切换没有时间的延迟，常开、常闭触点只是互为相反状态。而继电器控制系统大多数的电器是属于先断后合型的电器。

4）梯形图中的输出线圈不是物理线圈，不能用它直接驱动现场执行机构。输出线圈的状态对应输出映像寄存器相应的状态而不是现场电磁开关的实际状态。

5）编制程序时，PLC 内部继电器的触点原则上可无限次反复使用，因为存储单元中的位状态可取用任意次；继电器控制系统中的继电器触点数是有限的。但是 PLC 内部的线圈通常只引用一次，因此，应慎重对待重复使用同一地址编号的线圈。

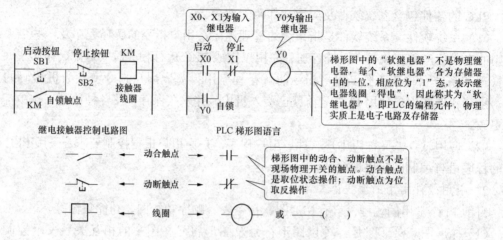

图 3-2　继电器控制电路图与 PLC 控制的梯形图的比较

（2）指令表。指令表也叫作语句表，由语句指令依一定的顺序排列而成。一条指令一般可分为两部分，一为助记符，二为操作数。有些指令只有助记符的，称为无操作数指令。指令表语言和梯形图有严格的对应关系，对指令表运用不熟悉的人可先画出梯形图，再转换为指令表。程序编制完毕装入机内运行时，简易编程设备都不具备直接读取图形的功能，梯形图程序只有改写为指令表才有可能送入可编程控制器运行。梯形图所对应的语句表如图 3-3 所示。

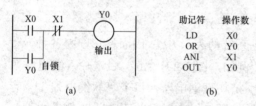

| | 助记符 | 操作数 |
|---|---|---|
| | LD | X0 |
| | OR | Y0 |
| | ANI | X1 |
| | OUT | Y0 |

图 3-3　梯形图语言对应的指令语句表

（a）PLC 梯形图语言；（b）指令语句表

（3）顺序功能图。顺序功能图常用来编制顺序控制类程序。它包含步、动作、转换三个要素。顺序功能编程法将一个复杂的顺序控制过程分解为一些小的工作状态，对这些小状态的功能分别处理后再将它们依顺序连接组合成整体的控制程序。顺序功能图体现了一种编程思想，在程序的编制中有很重要的意义。

（4）功能块图编程语言。这是一种类似于数字逻辑门电路的编程语言，有数字电路基础的人很容易掌握。个别微型 PLC 模块（如西门子公司的"LOGO！"逻辑模块）使用功能块图编程语言，除此之外，很少有人使用功能块图编程语言。

（三）可编程控制器的分类

1. 按硬件的结构类型分类

PLC 是专门为工业生产环境设计的，为了便于在工业现场安装、扩展、接线，其结构与普通计算机有很大区别，通常有整体式、模块式和叠装式 3 种结构。

（1）整体式 PLC。整体式又称为单元式或箱体式。整体式 PLC 的 CPU 模块、I/O 模块和电源装在一个箱体机壳内，结构非常紧凑，体积小、价格低，小型 PLC 一般采用整体式结构。整体式 PLC 提供多种不同 I/O 点数的基本单元和扩展单元供用户选用，基本单元内包括 CPU 模块、I/O 模块和电源，扩展单元内只有 I/O 模块和电源，基本单元和扩展单元之间用扁平电缆连接。各单元的输入点与输出点的比例一般是固定的（如 3:2），有的 PLC 有全输入型和全输出型的扩展单元。整体式 PLC 一般配有许多专用的特殊功能单元，如模拟量 I/O 单元、位置控制单元、数据输入输出单元等，使 PLC 的功能得到扩展。

（2）模块式 PLC。模块式又称为积木式。大、中型 PLC 和部分小型 PLC 采用模块式结构。模块式 PLC 用搭积木的方式组成系统，由框架和模块组成。模块插在模块插座上，模块插座焊在框架中的总线连接板上。PLC 厂家备有不同槽数的框架供用户选用，如果一个框架容纳不下所选用的模块，可以增设一个或数个扩展框架，各框架之间用 I/O 扩展电缆相连。有的 PLC 没有框架，各种模块安装在基板上。用户可以选用不用档次的 CPU 模块、品种繁多的 I/O 模块和特殊功能模块，对硬件配置的选择余地较大，维修时更换模块也很方便，但缺点是体积比较大。

（3）叠装式 PLC，叠装式结构是整体式和模块式相结合的产物。把某一系列 PLC 工作单元的外形都做成外观尺寸一致的，CPU、I/O 及电源也可做成独立的，不使用模块式 PLC 中的母板，采用电缆连接各个单元，在控制设备中安装时可以一层层地叠装，这就是叠装式可编程控制器。

整体式 PLC 一般用于规模较小，输入/输出点数固定，以后也少有扩展的场合；模块式 PLC 一般用于规模较大，输入/输出点数较多，输入/输出点数比例比较灵活的场合；叠装式 PLC 具有前二者的优点。

2. 按应用规模和功能分类

为了适应不同工业生产过程的应用要求，不同型号的可编程控制器处理输入/输出信号数常常设计成不一样的。一般将一路信号叫作一个点，将输入点和输出点数的总和称为机器的点数。按照点数的多少，可将 PLC 分为小型、中型、大型三种类型，小型 PLC 的 I/O 点数在 256 点及以下，中型 PLC 的 I/O 点数在 256～2048 点之间，大型 PLC 的 I/O 点数在 2048 点以上。PLC 还可以按功能分为低档机、中档机及高档机。低档机以逻辑运算为主，具有计时、计数、移位等功能。中档机一般有整数及浮点运算、数制转换、PID 调节、中断控制及联网功能，可用于复杂的逻辑运算及闭环控制场合。高档机具有更强的数字处理能力，可进行矩阵运算、函数运算，可完成数据管理工作，有很强的通信能力，可以和其他计算机构成分布式生产过程综合控制管理系统。

可编程控制器的按功能划分及按点数规模划分是有一定联系的。一般大型、超大型机都是高档机。机型和机器的结构形式及内部存储器的容量一般也有一定的联系，大型机一般都是模块式机，都有很大的内存容量。

（四）PLC 的性能指标

PLC 的主要性能一般可以用以下 6 种指标表述。

1. 用户程序存储容量

用户程序存储容量是衡量 PLC 存储用户程序的一项指标，通常以字为单位表示。每 16 位相邻的二进制数为一个字，1024 个字为 1KB。对于一般的逻辑操作指令，每条指令占 1 个字；定时/计数、移位指令每条占 2 个字；数据操作指令每条占 2~4 个字。有些 PLC 是以编程的步数来表示用户程序存储容量的，一条指令包含若干步，一步占用一个地址单元，一个地址单元为两个字节。

2. I/O 总点数

I/O 总点数是 PLC 可接收输入信号和输出信号的数量。PLC 的输入和输出量有开关量和模拟量两种。对于开关量，其 I/O 总点数用最大 I/O 点数表示；对于模拟量，I/O 总点数用最大 I/O 通道数表示。

3. 扫描速度

扫描速度是指 PLC 扫描 1KB，用户程序所需的时间，通常以 ms/K 字为单位表示。有些 PLC 也以 μs/步来表示扫描速度。

4. 指令种类

指令种类是衡量 PLC 软件功能强弱的重要指标，PLC 具有的指令种类越多，说明软件功能越强。

5. 内部寄存器的配置及容量

PLC 内部有许多寄存器用以存放变量状态、中间结果、定时计数等数据，其数量的多少、容量的大小，直接关系到用户编程时的方便灵活与否。因此，内部寄存器的配置也是衡量 PLC 硬件功能的一个指标。

6. 特殊功能

PLC 除了基本功能外，还有很多特殊功能，例如，自诊断功能、通信联网功能、监控功能、高速计数功能、远程 I/O 和特殊功能模块等。不同档次和种类的 PLC，其具有的特殊功能相差很大，特殊功能越多，则 PLC 系统配置、软件开发就越灵活，越方便，适应性越强。因此，特殊功能的强弱、种类的多少是衡量 PLC 技术水平高低的一个重要指标。

### 三、FX$_{2N}$ 系列 PLC 的系统配置

1. FX$_{2N}$ 系列 PLC 型号名称的含义

FX$_{2N}$ 系列 PLC 型号名称的含义如下：

$$\text{FX}_{\underset{①}{\square\square}} - \underset{②}{\square\square}\underset{③}{\square}\underset{④}{\square} - \underset{⑤}{\square}$$

①系列序号：如 1S，1N，2N。

②表示输入输出的总点数：FX$_{2N}$ 系列 PLC 的最大输入/输出点数为 256 点。

③表示单元类型：M 为基本单元，E 为输入/输出混合扩展单元与扩展模块，EX 为输入专用扩展模块，EY 为输出专用扩展模块。

④表示输出形式：R 为继电器输出（有干接点，交流、直流负载两用）；T 为晶体管输出（无干接点，直流负载用）；S 为双向晶闸管输出（无干接点，交流负载用）。

⑤表示电源形式：D 为 DC 24V 电源，24V 直流输入；H 为大电流输出扩展模块（1A/1 点）；V 为立式端子排的扩展模块；C 为接插口输入方式；F 为输入滤波时间常数为 1ms 的扩展模块；L 为 TTL 输入扩展模块；S 为独立端子（无公共端）扩展模块；若无标记，则为 AC 电源，24V 直流输入，横式端子排，标准输出（继电器输出为 2A/1 点；晶体管

输出为 0.5A/1 点；双向晶闸管输出为 0.3A/1 点）。

例如，型号为 $FX_{2N}$-48MR 的 PLC，属于 $FX_{2N}$ 系列，有 48 个 I/O 点的基本单元，继电器输出型。

2. $FX_{2N}$ 系列 PLC 的基本构成

$FX_{2N}$ 系列 PLC 采用一体化箱体结构，其基本单元将 CPU、存储器、输入/输出接口及电源等都装在一个模块内，是一个完整的控制装置。结构紧凑，体积小巧，成本低，安装方便。$FX_{2N}$ 系列 PLC 基本单元的输入输出比为 1:1。

为了实现输入/输出点数的灵活配置及功能的灵活扩展，$FX_{2N}$ 系列 PLC 还配有扩展单元、扩展模块及特殊功能单元。

扩展单元用于增加 I/O 点数的装置，内部设有电源。

扩展模块用于增加 I/O 点数及改变 I/O 比例，内部无电源，用电由基本单元或扩展单元供给。因扩展单元及扩展模块无 CPU，必须与基本单元一起使用。

特殊功能单元是一些专门用途的装置。如模拟量 I/O 单元、高速计数单元、位置控制单元、通信单元等；这些单元大多数通过基本单元的扩展口连接基本单元，也可以通过编程器接口接入或通过主机上并接的适配器接入，不影响原系统的扩展。

$FX_{2N}$ 系列 PLC 可以根据需要，仅以基本单元或由多种单元组合使用。

3. $FX_{2N}$ 系列 PLC 的外观及其特征

FX 系列 PLC 基本单元的外部特征基本相似，如图 3-4 所示，一般都有外部端子部分、指示部分及接口部分，其各部分的组成及功能如下：

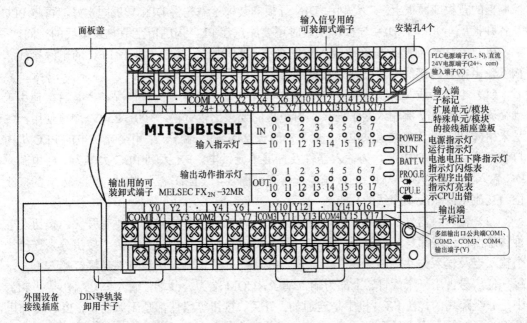

图 3-4　$FX_{2N}$ 系列 PLC 外形图和接线端子排列示例（$FX_{2N}$-32MR）

（1）外部端子部分。外部端子包括 PLC 电源端子（L、N、⏚），直流 24V 电源端子（24+、COM）、输入端子（X）、输出端子（Y）等。主要完成电源、输入信号和输出信号的连接。其中 24+、COM 是机器为输入回路提供的直流 24V 电源，为了减少接线，其正极在机器内已经与输入回路连接，当某输入点需要加入输入信号时，只需将 COM 通过输入设备接至对应的输入点，一旦 COM 与对应点接通，该点就为"ON"，此时对应输入指示就点亮。

（2）指示部分。指示部分包括各 I/O 点的状态指示、PLC 电源（POWER）指示、PLC 运行（RUN）指示、用户程序存储器后备电池（BATT）状态指示及程序出错（PROG-E）、CPU 出错（CPU-E）指示等，用于反映 I/O 点及 PLC 机器的状态。

（3）接口部分。接口部分主要包括编程器、扩展单元、扩展模块、特殊模块及存储卡盒等外部设备的接口，其作用是完成基本单元同上述外部设备的连接。在编程器接口旁边，还设置了一个 PLC 运行模式转换开关，它有 RUN 和 STOP 两个运行模式，RUN 模式能使 PLC 处于运行状态（RUN 指示灯亮），STOP 模式能使 PLC 处于停止状态（RUN 指示灯灭），此时，PLC 可进行用户程序的录入、编辑和修改。

4. PLC 的安装、接线

PLC 是专为工业生产环境设计的控制装置，具有较强的抗干扰能力，但是，也必须严格按照技术指标规定的条件安装使用。PLC 一般要求安装在环境温度为 0～55℃，相对湿度小于 85%，无粉尘、油烟，无腐蚀性及可燃性气体的场合中。为了达到这些条件，PLC 不要安装在发热器件附近，不能安装在结露、雨淋的场所，在粉尘多、油烟大、有腐蚀性气体的场合安装时要采取封闭措施，在封闭的电器柜中安装时，要注意解决通风问题。另外，PLC 要安装在远离强烈振动源和强烈电磁干扰源的场合，否则需要采取减振及屏蔽措施。

PLC 的安装固定常有两种方式，一是直接利用机箱上的安装孔，用螺钉将机箱固定在控制柜的背板或面板上。二是利用 DIN 导板安装，这需先将 DIN 导板固定好，再将 PLC 及各种扩展单元卡上 DIN 导板。安装时还要注意在 PLC 周围留足散热及接线的空间。

PLC 在工作前必须正确地接入控制系统。和 PLC 连接的主要有 PLC 的电源接线、输入输出器件的接线、通信线、接地线等。

（1）电源接线及端子排列。PLC 基本单元的供电通常有两种情况，一是直接使用工频交流电，通过交流输入端子连接，对电压的要求比较宽松，100～250V 均可使用；二是采用外部直流开关电源供电，一般配有直流 24V 输入端子。采用交流供电的 PLC 机内自带直流 24V 内部电源，为输入器件及扩展单元供电。FX 系列 PLC 大多为 AC 电源，DC 输入形式。$FX_{2N}$-32MR 的接线端子排列见图 3-4，上部端子排中标有 L 及 N 的接线位为交流电源相线及中线的接点。

（2）输入口器件的接入。PLC 的输入口连接输入信号，器件主要有开关、按钮及各种传感器，这些都是触点类型的器件。在接入 PLC 时，每个触点的两个接头分别连接一个输入点及输入公共端。由图 3-4 可知，PLC 的开关量输入接线点都是螺钉接入方式，每一位信号占用一个螺钉。上部为输入端子，COM 端为公共端，输入公共端在某些 PLC 中是分组隔离的，在 $FX_{2N}$ 机中是连通的。开关、按钮等器件都是无源器件，PLC 内部电源能为每个输入点大约提供 7mA 工作电流，这也就限制了线路的长度。有源传感器在接入时须注意与机内电源的极性配合。模拟量信号的输入须采用专用的模拟量工作单元，输入器件的接线图如图 3-5 所示。

（3）输出口器件的接入。PLC 的输出口上连接的器件主要是继电器、接触器、电磁阀的线圈。这些器件均采用 PLC 机外的专用电源供电，PLC 内部不过是提供一组开关接点。接入时线圈的一端接输出点螺钉，一端经电源接输出公共端。图 3-4 中下部为输出端子，由于输出口连接线圈种类多，所需的电源种类及电压不同，输出口公共端常分为许多组，而且组间是隔离的。PLC 输出口的电流定额一般为 2A，大电流的执行器件须配装中间继电器，输出器件为继电器时输出器件的连接图如图 3-6 所示。

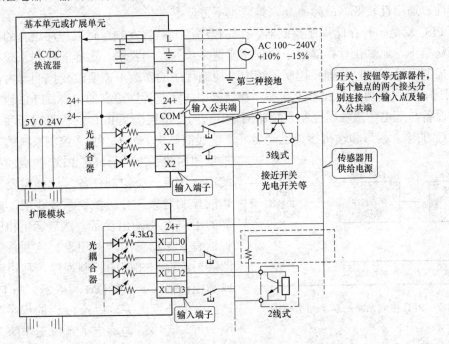

图 3-5　输入器件的接线图

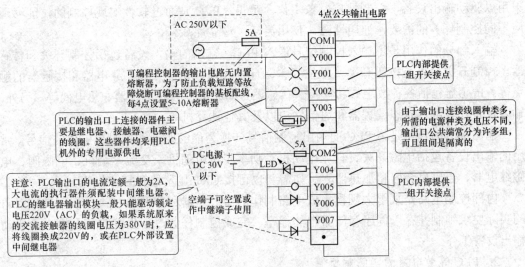

图 3-6　输出器件的接线

（4）通信线的连接。PLC 一般设有专用的通信口，通常为 RS-485 或 RS-422，FX$_{2N}$型 PLC 为 RS-422，与通信口的接线常采用专用的接插件连接。

**四、PLC 的工作原理**

下面以 FX$_{2N}$ 系列 PLC 控制三相异步电动机启动、停止为例，来解析 PLC 的工作原理。

1. PLC 控制系统的基本结构

传统的继电—接触器控制系统是由继电器、接触器等电器元件用导线连接在一起，达到满足控制对象动作要求的目的，这样的控制系统称为接线逻辑。一旦控制任务发生变化（如生产工艺流程的变化），则必须改变相应接线才能实现，因而这种接线逻辑控制的灵活性、通用性较低，故障率高，维修也不方便。

而 PLC 就是一种存储程序控制器。存储程序控制是将控制逻辑以程序语言的形式存放在存储器中，通过执行存储器中的程序实现系统的控制要求。这样的控制系统称为存储程序控制系统。在存储程序控制系统中，控制程序的修改不需要改变控制器内部的接线（硬件），而只需通过编程器改变程序存储器中的某些程序语言的内容。PLC 输入设备和输出设备与继电—接触器控制系统相同，但它们直接连接到 PLC 的输入端子和输出端子（PLC 的输入接口和输出接口已经做好，接线简单、方便），PLC 控制系统的基本结构框图如图 3-7 所示。在 PLC 构成的控制系统中，实现一个控制任务，同样需要针对具体的控制对象，分析控制系统要求，确定所需的用户输入/输出设备，然后运用相应的编程语言（如梯形图、语句表、控制系统流程图等）编制出相应的控制程序，利用编程器或其他设备（如 EPROM 写入器、与 PLC 相连的个人计算机等）写入 PLC 的程序存储器中。每条程序语句确定了系统工作的一个顺序，运行时 CPU 依次读取存储器中的程序语句，对它们的内容解释并加以执行；执行结果用以驱动输出设备，控制被控对象工作。可见，PLC 是通过软件实现控制的，能够适应不同控制任务的需要，通用性强，使用灵活，可靠性高。

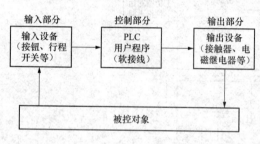

图 3-7　PLC 控制系统的基本结构框图

输入部分的作用是将输入控制信号送入 PLC。常用的输入设备包括控制开关和传感器。控制开关可以是按钮开关、限位开关、行程开关、光电开关、继电器和接触器的触点等。传感器包括各种数字式和模拟式传感器，如光栅位移式传感器、热电偶等。另外，输入设备还有触点状态编程器和通信接口以及其他计算机等。

输出部分的作用是将 PLC 的输出控制信号转换为能够驱动被控对象工作的信号。常用的输出设备包括电磁开关、直流电动机、功率步进电动机、交流电动机、电磁阀、电磁继电器、电磁离合器和加热器等。如需要也可接 CRT 显示器和打印机等。

内部控制电路是采用大规模集成电路制作的微处理器和存储器，执行按照被控对象的实际要求编制并存入程序存储器中的程序，完成控制任务，产生控制信号输出，驱动输出设备工作。

2. PLC 等效电路的实例解析

PLC 的输入部分采集输入信号，输出部分就是系统的执行部分，这两部分与继电—接触器控制系统相同。PLC 内部控制电路是由编程实现的逻辑电路，用软件编程代替继电器的功能。对于使用者来说，在编制程序时，可把 PLC 看成是内部由许多"软继电器"组成的控制器，用近似继电器控制线路的编程语言进行编程。从功能上讲，可以把 PLC 的控制部分看作是由许多"软继电器"组成的等效电路。下面以 FX$_{2N}$ 系列 PLC 控制三相异步电动机启动、停止为例，来解析 PLC 的等效电路。

【**实例 1**】 三相异步电动机单向运转控制方案 1。

以 FX$_{2N}$ 系列 PLC 为例，将三相异步电动机正转启动继电—接触器控制线路原理图改造为 PLC 控制系统，主电路基本保持不变，只是用 PLC 替代继电器控制系统电路图中的控制电路部分，三相异步电动机单向运转控制如图 3-8 所示，从图 3-8（b）中可知，启动按钮 SB1 的接于 X0，停车按钮 SB2 接于 X1，交流接触器 KM 接于 Y0，这就是端子分配，PLC 的 I/O 端子分配见表 3-3。下面通过 PLC 的等效电路来详细解读图 3-8 中主电路、PLC 的接线图和程序梯形图之间的关系。PLC 的等效电路如图 3-9 所示。

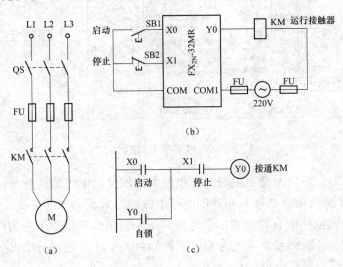

图 3-8 三相异步电动机单向运转控制

（a）主电路；（b）PLC 接线图；（c）梯形图

表 3-3                       **PLC 的 I/O 端子分配**

| 输入口分配 | | 输出口分配 | |
|---|---|---|---|
| 输入设备 | PLC 输入继电器 | 输出设备 | PLC 输出继电器 |
| SB1（正转启动按钮） | X0 | KM（接触器） | Y0 |
| SB2（停止按钮） | X1 | | |

PLC 等效电路各组成部分的分析如下：

（1）输入回路。输入回路是由外部输入电路、PLC 输入接线端子（COM 是输入公共端）和输入继电器组成。外部输入信号经 PLC 输入接线端子驱动输入继电器。一个输入端子对应一个等效电路中的输入继电器，它可提供任意一个常开和常闭触点，供 PLC 内部控制电路编程使用。由于输入继电器反映输入信号的状态，如输入继电器接通表示传送给 PLC 一个接通的输入信号，因此，习惯上经常将两者等价使用。输入回路的电源可用 PLC 电源模块提供的直流电压。

（2）内部控制电路。内部控制电路是由用户程序形成。它的作用是按照程序规定的逻辑关系，对输入信号和输出信号的状态进行运算、处理和判断，然后得到相应的输出。

用户程序常采用梯形图编写。

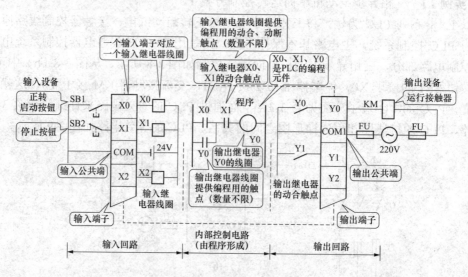

图 3-9　PLC 的等效电路

（3）输出回路。输出回路是由与内部电路隔离的输出继电器的外部动合触点、输出接线端子（COM 是输出公共端）和外部电路组成，用来驱动外部负载。

PLC 内部控制电路中有许多输出继电器。每个输出继电器除了有为内部控制电路提供编程用的动合、动断触点外，还为输出电路提供一个动合触点与输出接线端连接。驱动外部负载的电源由用户提供。

注意：PLC 等效电路中的继电器并不是实际的物理继电器（硬继电器），它实际是存储器中的每一位触发器。该触发器为"1"态，相当于继电器接通；该触发器为"0"态，相当于继电器断开。

PLC 的等效电路中内部控制电路即用户程序可以实现异步电动机的单向运行，异步电动机的单向运行 PLC 控制方案 1 分析示意图如图 3-10 所示。

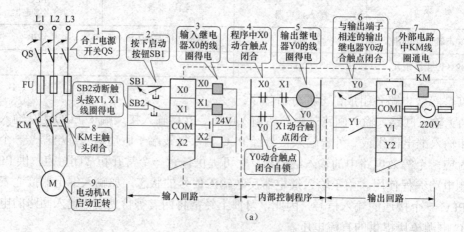

图 3-10　异步电动机的单向运行 PLC 控制方案 1 分析示意图（一）

（a）启动控制示意图

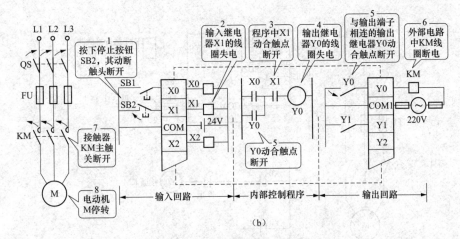

图 3-10　异步电动机的单向运行 PLC 控制方案 1 分析示意图（二）

（b）停止控制示意图

启动过程如下：

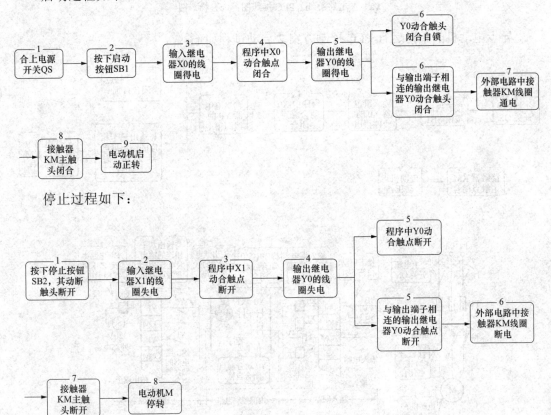

停止过程如下：

【实例 2】 三相异步电动机单向运转控制方案 2。

三相异步电动机单向运转控制方案 2 如图 3-11 所示，与方案 1 不同的是，改用停止按钮 SB2 的动合触头接于 X1，PLC 接线图如图 3-11（b）所示，相应的梯形图程序 X1 的动合触点改为动断触点，梯形图所示如图 3-11（c）所示。异步电动机的单向运行 PLC 控制方案 2 分析示意图如图 3-12 所示。

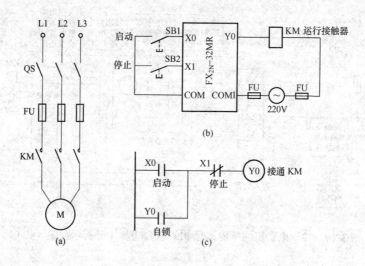

图 3-11　三相异步电动机单向运转控制方案 2

（a）主电路；（b）PLC 接线图；（c）梯形图

异步电动机的单向运行 PLC 控制方案 2 启动过程如下：

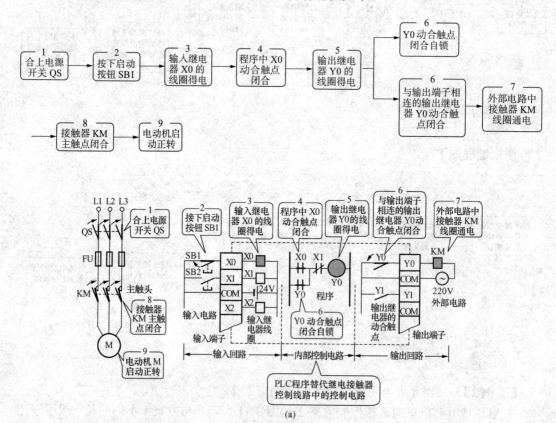

（a）

图 3-12　方案 2 的 PLC 控制方案分析示意图（一）

（a）启动控制示意图

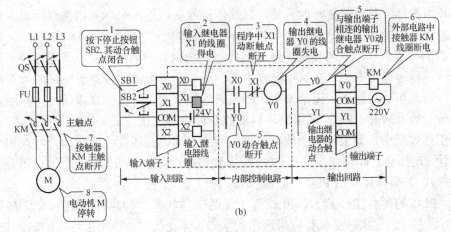

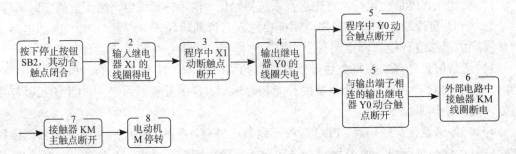

图 3-12  方案 2 的 PLC 控制方案分析示意图（二）

（b）停止控制示意图

异步电动机的单向运行 PLC 控制方案 2 停止过程如下：

假设某工程的停止按钮的接线存在安全隐患，如停止按钮的接线被小动物咬坏，或因振动造成接触不良。现分析一下以上两种方案的反应：若采用停止按钮 SB2 的动断触头接于 X1，如图 3-10（a）所示，正常情况下在未按下停止按钮 SB2 时，X1 线圈是通电的，当发生上述故障时，由于 X1 线圈无法得电，X1 动合触点断开，即使 X0 接通，Y0 也无法接通，故可提醒工作人员有故障，从而查找并排除故障，达到避免事故发生的目的；但若采用停止按钮 SB2 的动合触头接于 X1 时，如图 3-12（a）所示，正常情况下在未按下停止按钮 SB2 时，X1 线圈是不通电的，程序中 X1 动断触点处于闭合状态，当发生上述故障时，X1 线圈也同样是不通电的，故当 X0 接通时，Y0 仍然也可以接通，无法提示故障的存在。而当按下停止按钮 SB2 时，Y0 却无法断电，导致无法停车，势必造成事故的发生，故从安全的角度出发，最好采用停止按钮 SB2 的动断触头作为 PLC 的输入信号。

3. PLC 循环扫描的工作方式

PLC 是以执行用户程序来实现控制要求，在存储器中设置输入映像寄存器区和输出映像寄存器区（统称 I/O 映像区），分别存放执行程序之前的各输入状态和执行过程中各结果的状态。PLC 对用户程序的执行是以循环扫描方式进行。PLC 这种运行程序的方式与微型计算机相比有较大的不同，微型计算机运行程序时，一旦执行到 END 指令，程序运行结束。而 PLC 从 0000 号存储地址所存放的第一条用户程序开始，在无中断或跳转的情况下，按存储地址号递增的方向顺序逐条执行用户程序，直到 END 指令结束。然后再从头开始执行，并周而复始地重复，直到停机或从运行（RUN）切换到停止（STOP）工作状态，PLC 每扫描完一次程序就构成一个扫描周期。

PLC 的扫描工作方式与传统的继电器控制系统也有明显的不同，继电器控制装置采用硬逻辑并行运行的方式，在执行过程中，如果一个继电器的线圈通电，则该继电器的所有动合触点和动断触点，无论处在控制线路的什么位置，都会立即动作，即动合触点闭合，动断触点断开。PLC 采用循环扫描控制程序的工作方式（串行工作方式），即在 PLC 的工作过程中，如果某一个软继电器的线圈接通，该线圈的所有动合触点和动断触点，并不一定都会立即动作，只有 CPU 扫描到该触点时才会动作（动合触点闭合，动断触点断开）。下面具体介绍 PLC 的扫描工作过程。

（1）PLC 的两种工作状态。PLC 有两种的工作状态，即运行（RUN）状态与停止（STOP）状态，运行状态是执行应用程序的状态，停止状态一般用于程序的编制与修改。在这两个不同的工作状态中，扫描过程所要完成的任务是不相同的。

（2）PLC 的工作过程。PLC 通电后，在系统程序的监控下，按一定的顺序对系统内部的各种任务进行查询、判断和执行，这个过程实质上是按顺序循环扫描的过程。

1）初始化。PLC 上电后，首先进行系统初始化，清除内部继电器区，复位定时器等。

2）CPU 自诊断。在每个扫描周期都要进入自诊断阶段，对电源、PLC 内部电路、用户程序的语法进行检查，定期复位监控定时器等，以确保系统可靠运行。

3）通信信息处理。在每个通信信息处理扫描阶段，进行 PLC 之间、PLC 与计算机之间，以及 PLC 与其他带微处理器的智能装置通信。在多处理器系统中，CPU 还要与数字处理器交换信息。

4）与外部设备交换信息。PLC 与外部设备连接时，在每个扫描周期内要与外部设备交换信息，这些外部设备有编程器、终端设备、彩色图形显示器、打印机等。编程器是人机交互的设备，用户可以进行程序的编制、编辑、调试和监视等。用户把应用程序输入到 PLC 中，PLC 与编程器要进行信息交换。当在线编程、在线修改、在线运行监控时，也要求 PLC 与编程器进行信息交换，在每个扫描周期内都要执行此项任务。

5）执行用户程序。PLC 在运行状态下，每一个扫描周期都要执行用户程序。执行用户程序时，是以扫描的方式按顺序逐句扫描处理的，扫描一条执行一条，并把运算结果存入输出映像区对应位中。

6）输入、输出信息处理。PLC 在运行状态下，每一个扫描周期都要进行输入、输出信息处理。以扫描的方式把外部输入信号的状态存入输入映像区；将运算处理后的结果存入输出映像区，直到传送到外部被控设备。

PLC 周而复始地循环扫描，执行上述整个过程，直至停机。

（3）用户程序的循环扫描过程。PLC 的工作过程，与 CPU 的操作方式有关。CPU 有两个操作方式：STOP 方式和 RUN 方式。在扫描周期内，STOP 方式和 RUN 方式的主要差别在于：RUN 方式下执行用户程序，而在 STOP 方式下不执行用户程序。

PLC 对用户程序进行循环扫描的工作方式，每个扫描周期可分为三个阶段：输入采样刷新阶段、用户程序执行阶段和输出刷新阶段，如图 3-13 所示。

1）输入采样刷新阶段。PLC 的 CPU 不能直接与外部接线端子联系，送到 PLC 输入端子上的输入信号，经电平转换、光电隔离、滤波处理等一系列电路进入缓冲器等待采样，没有 CPU 采样"允许"，外部信号不能进入输入映像寄存器。

在输入采样阶段，PLC 以扫描方式，按顺序扫描输入端子，把所有外部输入电路的接通或者断开状态读入到输入映像寄存器，此时输入映像寄存器被刷新。在程序执行阶段和输出处理阶段中，输入映像寄存器与外界隔离，其

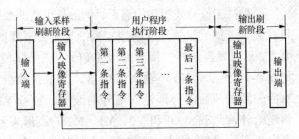

图 3-13    PLC 用户程序的工作过程

内容保持不变，直至下一个扫描周期的输入采样阶段，才被重新读入的输入信号刷新。可见，PLC 在执行程序和处理数据时，不直接使用现场当时的输入信号，而使用本次采样时输入映像寄存器中的数据。

2）用户程序执行阶段。用户程序由若干条指令组成，指令在存储器中按照序号顺序排列。PLC 在程序执行阶段，在无中断或跳转指令的情况下，根据梯形图程序从首地址开始按自上而下、从左至右的顺序逐条扫描执行。即按语句表的顺序从 0000#地址开始的程序逐条扫描执行，并分别从输入映像寄存器、输出映像寄存器以及辅助继电器中将有关编程元件"0"或者"1"状态读出来，并根据指令的要求执行相应的逻辑运算，运算的结果写入对应的元件映像寄存器中保存，输出继电器的状态写入对应的输出映像寄存器中保存。因此，每个编程元件的映像寄存器（输入映像寄存器除外）的内容随着程序的执行而变化。

3）输出刷新阶段。当所有指令执行完毕后，进入输出刷新阶段，CPU 将输出映像寄存器中的内容集中转存到输出锁存器，然后传送到各相应的输出端子，最后再驱动实际输出负载，这才是 PLC 的实际输出，这是一种集中输出的方式。输出设备的状态要保持一个扫描周期。

用户程序执行过程中，集中采样与集中输出的工作方式是 PLC 的一个特点，在采样期间，将所有的输入信号（不管该信号当时是否要用）一起读入，此后在整个程序处理过程中，PLC 系统与外界隔开，直至输出控制信号。外界信号状态的变化要到下一个工作周期再与外界交涉。这样从根本上提高了系统的抗干扰能力，提高了工作的可靠性。

4. 扫描周期和输入、输出滞后时间

（1）扫描周期。PLC 在 RUN 工作模式时，执行一次扫描操作所需时间称为扫描周期，其典型值为 1~100ms。扫描周期与用户程序的长短、指令的种类和 CPU 执行指令的速度有很大的关系。当用户程序较长时，指令执行时间在扫描周期中占相当大的比例。

（2）输入、输出滞后时间。输入、输出滞后时间又称系统响应时间，是指 PLC 的外部输入信号发生变化的时刻至它控制的有关外部输出信号发生变化的时刻之间的时间间隔，它由输入电路滤波时间、输出电路的滞后时间和因扫描工作方式产生的滞后时间这三部分组成。

输入模块的 RC 滤波电路用来滤除由输入端引入的干扰噪声，消除因外接输入触点动作时产生的抖动引起的不良影响，滤波电路的时间常数决定了输入滤波时间的长短，其典型值为 10ms 左右。

输出模块的滞后时间与模块的类型有关，继电器型输出电路的滞后时间一般在 10ms 左右；双向晶闸管型输出电路在负载通电时的滞后时间约为 1ms，负载由通电到断电时的最大滞后时间为 10ms；晶体管型输出电路的滞后时间一般在 1ms 以下。

由扫描工作方式引起的滞后时间最长可达两个多扫描周期。PLC 总的响应延迟时间一般只有数十毫秒，对于一般的控制系统是无关紧要的。但也有少数系统对响应时间有特别的要求，这时就需选择扫描时间短的 PLC，或采取使输出与扫描周期脱离的控制方式来解决。如图 3-14 所示，X0 是输入继电器，用来接收外部输入信号。波形图中最上一行是 X0 对应的经滤波后的外部输入信号的波形。Y0、Y1、Y2 是输出继电器，用来将输出信号传送给外部负载。X0 和 Y0、Y1、Y2 的波形表示对应的输入、输出映像寄存器的状态，高电平表示"1"状态，低电平表示"0"状态。

输入信号在第一个扫描周期的输入采样阶段之后才出现，故在第一个扫描周期内各映像寄存器均为"0"状态，使 Y0、Y1、Y2 输出端的状态为 OFF（"0"）状态，如图 3-14（a）所示。

在第二个扫描周期的输入采样阶段，输入继电器 X0 的状态为 ON（"1"）状态，在程序执行阶段，由梯形图可知，Y1、Y2 依次接通，它们的映像寄存器都变为"1"状态，如图 3-14（b）所示。

在第三个扫描周期的程序执行阶段，由于 Y1 的接通使 Y0 接通。Y0 的输出映像寄存器变为"1"状态。在输出处理阶段，Y0 对应的外部负载被接通。可见从外部输入触点接通到 Y0 驱动的负载接通，响应延迟达两个多扫描周期，如图 3-14（c）所示。

若交换梯形图中第一行和第二行的位置，Y0 的延迟时间减少一个扫描周期，可见这种延迟时间可以使用程序优化的方法来减小。

**五、GX Developer 编程软件的使用**

1. 编程软件简介

三菱 PLC 编程软件有好几个版本，早期的 FXGP/DOS 和 FXGP/WIN-C 及现在常用的 GPP For Windows 和最新的 GX Developer（简称 GX），实际上 GX Developer 是 GPP For Windows 升级版本，相互兼容，但 GX Developer 界面更友好、功能更强大、使用更方便。

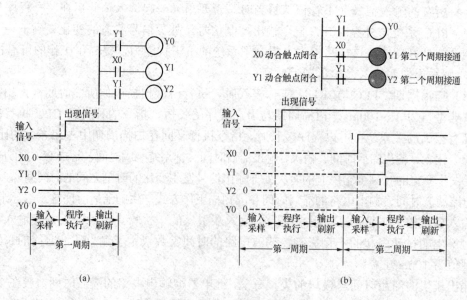

图 3-14 PLC 的 I/O 延迟示意图（一）

（a）第一个扫描周期情况；（b）第二个扫描周期情况

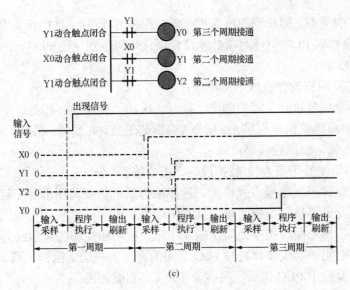

图 3-14　PLC 的 I/O 延迟示意图（二）

（c）第三个扫描周期情况

　　这里介绍 GX Developer Version7.08J（SW7D5C-GXW）版本，它适用于 Q 系列、QnA 系列、A 系列以及 FX 系列的所有 PLC。GX 编程软件可以编写梯形图程序和状态转移图程序（全系列），它支持在线和离线编程功能，并具有软元件注释、声明、注解及程序监视、测试、故障诊断、程序检查等功能。此外，具有突出的运行写入功能，而不需要频繁操作 STOP/RUN 开关，方便程序调试。

　　2. GX 编程软件的使用

　　（1）编程软件的启动和创建新工程。在计算机上安装好 GX 编程软件后，运行 GX 软件，可以看到该窗口编辑区域是不可用的，工具栏中除了新建和打开按钮可见以外，其余按钮均不可见，单击 □ 按钮，或执行"工程"菜单中的"创建新工程"命令，可创建一个新工程，出现如图 3-15 所示建立新工程画面。选择 PLC 所属系列和型号，此外，

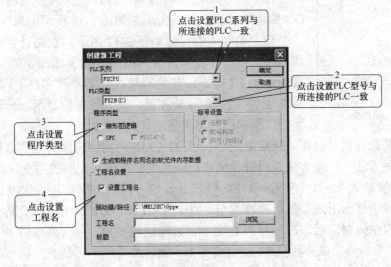

图 3-15　建立新工程画面图解

设置项还包括程序的类型，即梯形图或 SFC（顺控程序），设置文件的保存路径和工程名称等。注意 PLC 系列和 PLC 型号两项必须设置，且须与所连接的 PLC 一致，否则程序将可能无法写入 PLC。

1）菜单栏。GX 编程软件有以下菜单项：

①"工程"菜单项可执行工程的创建、打开、关闭、删除、打印等；

②"编辑"菜单项提供图形程序（或指令）编辑的工具，如复制、粘贴、插入行（列）、删除行（列）、画连线、删除连线等；

③"查找/替换"主要用于查找/替换设备、指令等；

④"变换"只在梯形图编程方式可见，程序编好后，需要将图形程序转化为系统可以识别的指令，因此需要进行变换才可存盘、传送等；

⑤"显示"用于梯形图与指令之间切换、注释、申明和注解的显示或关闭等；

⑥"在线"主要用于实现计算机与 PLC 之间的程序的传送、监视、调试及检测等；

⑦"诊断"主要用于 PLC 诊断、网络诊断及 CC-link 诊断；

⑧"工具"主要用于程序检查、参数检查、数据合并、清除注释或参数等；

⑨"帮助"主要用于查阅各种出错代码等功能。

2）工具栏。工具栏分为主工具、图形编辑工具、视图工具等，它们在工具栏的位置是可以拖动改变的。主工具栏提供文件新建、打开、保存、复制、粘贴等功能，图形工具栏只在图形编程时才可见，提供各类触点、线圈、连接线等图形，视图工具可实现屏幕显示切换，如可在主程序、注释、参数等内容之间实现切换，也可实现屏幕放大/缩小和打印预览等功能。此外工具栏还提供程序的读/写、监视、查找和程序检查等快捷执行按钮。

3）编辑区，是程序、注解、注释、参数等的编辑的区域。

4）工程数据列表，以树状结构显示工程的各项内容，如程序、软元件注释、参数等。

5）状态栏，显示当前的状态如鼠标所指按钮功能提示、读写状态、PLC 的型号等内容。

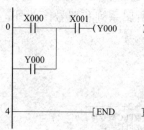

图 3-16　梯形图

（2）梯形图程序的编制。通过一个具体实例来讲解，用 GX 编程软件在计算机上编制如图 3-16 所示的梯形图程序。

程序编制画面图解如图 3-17 所示，在用计算机编制梯形图程序之前，首先单击图 3-17 程序编制画面中的（1）位置处按钮或按 F2 键，使其为写模式（查看状态栏），然后单击图 3-17 中的（2）位置处按钮，选择梯形图显示，即程序在编写区中以梯形图的形式显示。

下一步是选择当前编辑的区域如图 3-17 中的（3），当前编辑区为蓝色方框。梯形图的绘制有两种方法，一种方法是用键盘操作，即通过键盘输入完整的指令，如在图 3-17 中（4）的位置输入 L→D→空格→X→0→按 Enter 键（或单击确定），则 X0 的常开触点就在编写区域中显示出来，然后再输入 OR Y0、AND Xl、OUT Y0，即绘制出梯形图程序。梯形图程序编制完后，在写入 PLC 之前，必须进行变换，单击菜单栏中"变换"菜单下的"变换"命令，或直接按 F4 键完成变换，此时编写区不再是灰色状态，可以存盘或传送，如图 3-17 所示。

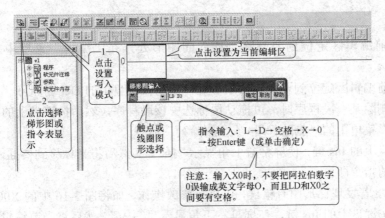

图 3-17　程序编制画面图解

注意：在输入的时候要注意阿拉伯数字 0 和英文字母 O 的区别以及空格的问题。

梯形图绘制的另一种方法是用鼠标和键盘操作，即用鼠标选择工具栏中的图形符号，再键入其软元件和软元件号，输入完毕按 Enter 键即可。

有定时器、计数器线圈及功能指令的梯形图如图 3-18 所示，如用键盘操作，则在图 3-17 中（4）的位置输入 L→D→空格→X→1→按 Enter 键；输入 OUT→空格→T0→空格→K60→按 Enter 键；输入 OUT→空格→C1→空格→K3→按 Enter 键；然后输入 MOV→空格→K100→空格→D20→按 Enter 键。如用鼠标和键盘操作，则选择所对应

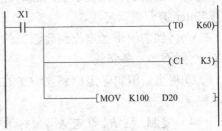

图 3-18　梯形图 2

的图形符号，再键入软元件及其软元件号（以及定时器、计数器参数），再按 Enter 键，依此完成所有指令的输入。

（3）指令方式编制程序。指令方式编制程序即直接输入指令的编程方式，并以指令的形式显示。输入指令的操作与上述介绍的用键盘输入指令的方法完全相同，只是显示不同，且指令表程序不需变换。并可在梯形图显示与指令表显示之间切换（Alt+F1 键）。

（4）程序的传送。要将在计算机上用 GX 编好的程序写入到 PLC 中的 CPU，或将 PLC 中 CPU 的程序读到计算机中，一般需要以下几步：

1）PLC 与计算机的连接。正确连接计算机（已安装 GX 编程软件）和 PLC 的编程电缆（专用电缆），特别是 PLC 接口方向不要弄错，否则容易造成损坏。

2）进行通信设置。程序编制完后，单击"在线"菜单中的"传输设置"后，设置 PC I/F 和 PLCI/F 的各项设置，其他项保持默认，单击"确定"按钮。

3）程序写入、读出。若要将计算机中编制好的程序写入到 PLC，单击"在线"菜单中的"写入 PLC"，根据出现的对话窗进行操作。选中主程序，再单击"开始执行"即可。若要将 PLC 中的程序读出到计算机中，其操作与程序写入操作相似。

（5）编辑操作。

1）删除、插入。删除、插入操作可以是一个图形符号，也可以是一行，还可以是一列（END 指令不能被删除），其操作有如下几种方法：

①将当前编辑区定位到要删除、插入的图形处，右击鼠标，再在快捷菜单中选择需

要的操作。

②将当前编辑区定位到要删除、插入的图形处，在"编辑"菜单中执行相应的命令。

③将当前编辑区定位到要删除的图形处，然后按键盘上的 Del 键即可。

④若要删除某一段程序时，可拖动鼠标选中该段程序，然后按键盘上的 Del 键，或执行"编辑"菜单中的"删除行"，或"删除列"命令。

⑤按键盘上的 Ins 键，使屏幕右下角显示"插入"，然后将光标移到要插入的图形处，输入要插入的指令即可。

2）修改。若发现梯形图有错误，可进行修改操作，如将图 3-16 中的 X001 常闭改为常开。首先按键盘上的 Ins 键，使屏幕右下角显示"写入"，然后将当前编辑区定位到要修改的图形处，输入正确的指令即可。

3）删除、绘制连线。若将图 3-16 中 X000 右边的竖线去掉，在 X001 右边加一竖线，其操作如下：

①将当前编辑区置于要删除的竖线右上侧，即选择删除连线。然后单击按钮，再按 Enter 键即删除竖线。

②将当前编辑区定位到要添加的竖线右上侧，然后单击按钮，再按 Enter 键即在 X1 左侧添加一条竖线。

③将当前编辑区定位到要添加的横线处，然后单击按钮，再按 Enter 键即添加一条横线。

4）复制、粘贴。首先拖动鼠标选中需要复制的区域，右击鼠标执行复制命令（或"编辑"菜单中复制命令），再将当前编辑区定位到要粘贴的区域，执行粘贴命令即可。

5）打印。如果要将编制好的程序打印出来，可按以下几步进行：

①单击"工程"菜单中的"打印机设置"，根据对话框设置打印机；

②执行"工程"菜单中的"打印"命令；

③在选项卡中选择梯形图或指令列表；

④设置要打印的内容，如主程序、注释、申明等；

⑤设置好后，可以进行打印预览，如符合打印要求，则执行"打印"。

6）保存、打开工程。当程序编制完毕后，必须先进行变换（即单击"变换"菜单中的"变换"），然后单击按钮或执行"工程"菜单中的"保存"或"另存为"命令。系统会提示（如果新建时未设置）保存的路径和工程的名称，设置好路径和键入工程名称再单击"保存"即可。当需要打开保存在计算机中的程序时，单击按钮，在弹出的窗口中选择保存的驱动器和工程名称再单击"打开"即可。

7）其他功能。如要执行单步执行功能，即单击"在线"→"调试"→"单步执行"，可以使 PLC 一步一步依程序向前执行，从而判断程序是否正确。又如在线修改功能，即单击"工具"→"选项"→"运行时写入"，然后根据对话框进行操作，可在线修改程序的任何部分。

（6）软元件注释。注释分为共用注释和各程序注释，下面对共用注释进行详细说明：

如图 3-19 所示，单击工程数据列表中[软元件注释]前"+"标记，双击"COMMENT"，右边显示注释创建屏幕，如图 3-20 所示，键入软元件名称 X0，单击"显示"按钮，软元件名从 X0 显示，双击邻近创建注释软元件名的注释列，再输入注释"启动"，然后按 ENTER 键。接着单击工程数据列表中程序前"+"标记，双击"MAIN"键，右边的"编辑区"显示之前编辑好的程序，单击"显示"菜单中的"注释显示"，即在编辑区显示创建的软元件注释。

（7）在线监控与仿真。GX Developer 编程软件提供了在线监控与仿真的功能。通过在线监控，可以在 GX Developer 上显示各编程元件的当前运行状态。利用 GX Developer 的仿真功能可以进行 PLC 程序的离线调试，实现在无 PLC 情况下的 PLC 程序模拟运行，进行程序的在线监控和时序图显示。

GX Developer 编程软件的仿真操作步骤具体如下：

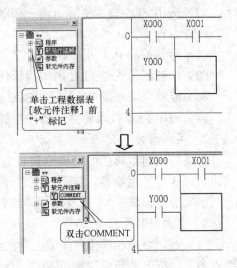

图 3-19　软元件注释图解 1

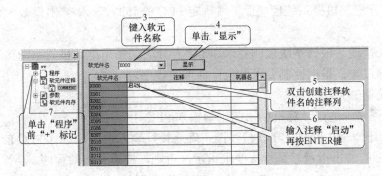

图 3-20　软元件注释图解 2

1）打开要仿真调试的 PLC 程序。

2）选择"工具"菜单中的"梯形图逻辑测试启动"功能选项，启动 PLC 模拟运行，自动显示模拟运行界面。梯形图逻辑测试工具模拟实际的 PLC 调试程序，但不能确保被调试的程序能进行正确操作。因此用梯形图逻辑测试工具调试过后，在实际运行程序之前，要连接实际的 PLC，然后进行正常的调试操作。

3）单击模拟运行界面中"菜单启动"中的"继电器内存监视"选项，再单击"时序图"菜单中的"启动"键，自动显示时序图界面。单击时序图界面"监视停止"按键，即可转变为"正在进行监控"按键，显示需要进行时序图监控的编程元件。

4）分别双击编程元件即可显示为黄色，表明编程元件的当前状态为"1"，此时梯形图程序开始模拟运行，进行程序的在线监控和时序图显示。

● 实训项目　将货物升降机上升的继电器—接触器控制改造为 PLC 控制系统

1．实训目的

（1）掌握 PLC 的基本逻辑指令。

（2）训练 PLC 编程的思想和方法。

（3）应用 PLC 技术将继电器—接触器控制系统改造为 PLC 控制系统。

技能目标如下：

（1）能够编制 PLC 的 I/O 分配表，并绘制 PLC 的 I/O 接线图。

（2）能够运用三菱 PLC 的编程软件编制梯形图程序和指令表程序。

（3）能够完成三菱 FX$_{2N}$ 系列 PLC 的接线、编程与调试。

（4）应用 PLC 技术将继电器—接触器控制系统改造为 PLC 控制系统。

2. 实训器材

需要的实训器材：可编程控制器 1 台（FX$_{2N}$ 型）、交流接触器 1 个、热继电器 1 个、按钮开关 3 个、熔断器、实训控制台 1 个、电动机 1 台、电工常用工具 1 套、计算机 1 台（已安装编程软件），以及连接导线若干。

3. 实训内容及指导

（1）控制要求。货物升降机上升的继电器—接触器控制改造为 PLC 控制系统，控制要求如下：按下上升启动按钮 SB2，货物升降机上升连续运行，按下停止按钮 SB1，货物升降机停止运行。

（2）I/O 分配。根据系统控制要求，确定 PLC 的 I/O（输入/输出口），绘制 I/O 点分配表。

（3）系统接线。根据系统控制要求和 I/O 点分配，画出电动机的系统接线图。

（4）程序设计。根据控制要求，设计梯形图程序。

（5）系统调试。

1）输入程序。通过计算机梯形图正确输入 PLC 中。

2）静态调试。按 PLC 的 I/O 接线图正确连接好输入设备，进行 PLC 的模拟静态调试，观察 PLC 的输出指示灯是否按要求指示，否则，检查并修改程序，直至指示正确。

3）动态调试。按 PLC 的 I/O 接线图正确连接好输出设备，进行系统的空载调试，观察能否按控制要求实现货物升降机上升的手动控制：按下上升启动按钮 SB2，货物升降机上升连续运行，按下停止按钮 SB1，货物升降机停止运行。否则，检查电路或修改程序，直至符合控制要求。

4）修改、打印并保存程序。动态调试正确后，练习删除、复制、粘贴、删除连线、绘制连线、程序传送、监视程序、设备注释等操作，最后，打印程序（指令表及梯形图）并保存程序。

4. 实训报告

实训前撰写实训预习报告。根据将货物升降机的继电器—接触器控制线路改造为 PLC 控制系统的工作过程，写出实训器材的名称、规格和数量，按照前面实训报告指导书提示，画出 PLC 的 I/O 分配表，画出 PLC 控制系统的系统接线图，设计 PLC 控制梯形图程序，写出实训操作步骤。

5. 实训思考

（1）总结使用 PLC 编程软件的基本方法和要点。

（2）梯形图与继电器控制电路图两者之间存在哪些差异？

（3）梯形图程序中 X0、X1、Y0 是什么编程元件，它们在程序的作用分别是什么？

（4）撰写第一次实践应用 PLC 的心得体会，评价自己在小组合作中所发挥的作用，总结个人的不足之处，思考如何不断提升自身综合素质。

## 习　题

### 一、填空题

1．可编程控制器系统的硬件包括_____、_____、_____、_____、_____。

2．PLC 采用_____工作方式（又称_____工作方式）：在 PLC 的工作过程中，如果某一个软继电器的线圈接通，该线圈的所有常开触点和常闭触点，并不一定都会立即_____，只有_____到该触点时才会动作：常开触点_____，常闭触点_____。

3．可编程控制器按硬件的结构类型分类：_____、_____、_____。

4．在编制程序时，可把 PLC 看成是内部由许多_____组成的控制器，用近似_____控制线路的编程语言进行编程。

### 二、简答题

1．简述 PLC 的定义。

2．PLC 有哪些主要特点？

3．PLC 有哪几种类型？并列举其典型的产品。

4．PLC 有哪几种编程语言？

5．PLC 梯形图语言有哪些主要特点？

6．与一般的计算机控制系统相比，PLC 有哪些优点？

7．与继电器控制系统相比，PLC 有哪些优点？

8．PLC 可以应用在哪些领域？

## 任务二　三相异步电动机循环正反转的 PLC 控制

### 任务要点

扫一扫

以任务"三相异步电动机循环正反转的 PLC 控制"为驱动，运用动画图解的方式介绍 $FX_{2N}$ 系列 PLC 的编程元件和基本指令的使用，重点讲述梯形图的编程规则、常用基本环节编程、PLC 应用开发的步骤，并通过完成"将货物升降机上升、下降的继电器—接触器控制改造为 PLC 控制系统""自动往返的 PLC 控制"等实训项目，提高 PLC 的接线、编程与调试的技能，引导学生树立安全用电意识，培养良好的职业素养，树立社会主义职业道德观，培养团结协作意识和严谨认真、精益求精、追求完美的工匠精神。

### 一、$FX_{2N}$ 系列 PLC 的编程元件

PLC 用于工业控制，其实质是用程序表达控制过程中事物间的逻辑或控制关系。在 PLC 内部设置具有各种各样功能的，能方便地代表控制过程中各种事物的元器件就是编

程元件。PLC 的编程元件从物理实质上讲是电子电路及存储器，考虑到工程技术人员的习惯，常用继电器电路中类似器件名称命名，称为输入继电器、输出继电器、辅助继电器、定时器、计数器、状态继电器等。为了和通常的硬器件相区别，通常把上面的器件称为称"软继电器"，是等效概念的模拟器件，并非实际的物理器件。从编程的角度出发，可以不管这些"软继电器"的物理实现，只注重它们的功能，在编程中可以像在继电器电路中一样使用它们。

在 PLC 中这种编程元件的数量往往是巨大的。为了区分它们的功能，通常给编程元件编上号码。这些号码就是计算机存储单元的地址。

1. PLC 编程元件的分类、名称、编号和基本特征

$FX_{2N}$ 系列 PLC 编程元件的编号分为两部分：第一部分是代表功能的字母，如输入继电器用"X"表示，输出继电器用"Y"表示；第二部分是数字，即该类器件的序号，$FX_{2N}$ 系列 PLC 输入继电器和输出继电器的序号为八进制，其余器件的序号为十进制。如 X0～X7、X10～X17、X20～X27、Y0～Y7、Y10～Y17 等。从元件的最大序号可计算出可能具有的某类器件的最大数量。如输入继电器的编号范围为 X0～X267（八进制编号），则可计算出 PLC 可能接入的最大输入信号数为 184 点。

编程元件的使用主要体现在程序中，一般可认为编程元件和继电器—接触器元件类似，具有线圈和动合、动断触点。而且触点的状态随着线圈的状态而变化，即当线圈被选中（通电）时，动合触点闭合，动断触点断开，当线圈失去选中条件时，动合触点接通，动合触点断开。

编程元件与继电器、接触器元件的不同点：

（1）编程元件作为计算机的存储单元，从本质上来说，某个编程元件被选中，只是这个编程元件的存储单元置"1"，失去选中条件只是这个元件的存储单元置"0"，由于元件只不过是存储单元，可以无限次地访问，PLC 编程元件可以有无数多个动合、动断触点。

（2）编程元件作为计算机的存储单元，在存储器中只占一位，其状态只有置 1 和置 0 两种情况，称为位元件，可编程控制器的位元件还可以组合使用。

2. PLC 主要编程元件及其使用

（1）输入继电器 X。$FX_{2N}$ 系列 PLC 输入继电器编号范围为 X0～X267（184 点）。输入继电器是 PLC 接收外部输入的开关量信号的电路的一种等效表示。如图 3-21 所示，PLC 输入接口的一个接线点对应一个输入继电器，输入继电器是接收机外信号的窗口。从使用者来说，输入继电器的线圈只能由机外信号驱动，在反映机内器件逻辑关系的梯形图中并不出现，它可提供任意一个动合触点和动断触点，供 PLC 内部控制电路编程使用。从图 3-21 所示的等效电路可见，当按下启动按钮 SB1，X0 输入端子外接的输入电路接通，输入继电器 X0 线圈接通，程序中 X0 的常开触点闭合。

（2）输出继电器 Y。$FX_{2N}$ 系列 PLC 输出继电器编号范围为 Y0～Y267（184 点）。输出继电器是 PLC 内部输出信号控制被控对象的电路的一种等效表示。如图 3-22 所示，输出继电器的线圈只能由程序驱动，每个输出继电器除了有为内部控制电路提供编程用的动合、动断触点外，还为输出电路提供一个动合触点与输出接线端连接。输出继电器是 PLC 中唯一具有外部触点的继电器，输出继电器可通过外部接点接通该输出口

上连接的输出负载或执行器件，驱动外部负载的电源由用户提供。从图 3-22 所示的等效电路可见，当程序中 X0 的动合触点闭合，输出继电器 Y0 的线圈得电，程序中 Y0 动合触点闭合自锁，同时与输出端子相连的输出继电器 Y0 动合触点（硬触点）闭合，使外部电路中接触器 KM 的线圈通电。

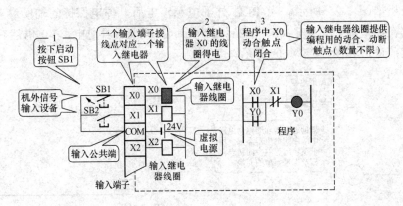

图 3-21　输入继电器

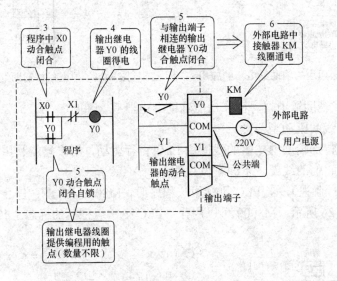

图 3-22　输出继电器

（3）辅助继电器 M。PLC 中配有大量的通用辅助继电器，其主要的用途和继电器电路中的中间继电器类似，常用于逻辑运算的中间状态存储及信号类型的变换。如图 3-23 所示，辅助继电器的线圈只能由程序驱动。辅助继电器的触点（包括动合触点和动断触点）在 PLC 内部自由使用，而且使用次数不限，但这些触点不能直接驱动外部负载。辅助继电器由 PLC 内各元件的触点驱动，故在输出端子上找不到它们，但可以通过它们的触点驱动输出继电器，在通过输出继电器驱动外部负载。

辅助继电器分以下三种类型：

1）普通用途的辅助继电器 M0～M499，共 500 个点。

2）具有掉电保持功能的辅助继电器。具有掉电保持功能的辅助继电器有 M500～

M1023（524 点）、M1024～M3071（2048 点）。这些掉电保持辅助继电器具有记忆功能，在系统断电时，可保持断电前的状态，当系统重新上电后，即可重现断电前的状态。它们在某些需停电保持的场合很有用。图 3-42 所示是台车运行的例子，按下启动按钮 SB1，X0 动合触点闭合，掉电保持辅助继电器 M500 接通并保持，Y0 线圈通电，驱动台车前进，具体分析如图 3-25 所示。当 PLC 外部电源停电后，掉电保持的辅助继电器 M500 可以记忆它在掉电前的状态，如图 3-25（b）所示。停电后再通电，Y0 仍然有输出，驱动台车继续前进，如图 3-25（c）所示。

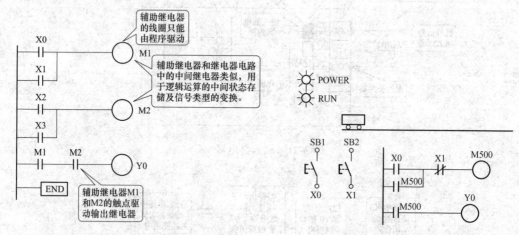

图 3-23 普通用途的辅助继电器的应用　　　　　图 3-24 掉电保持辅助继电器的应用

3）特殊功能辅助继电器。特殊功能辅助继电器有 M8000～M8255，共 256 个点，分为触点利用型和线圈驱动型两种。

触点利用型特殊辅助继电器的线圈由 PLC 自行驱动，用户只能利用其触点，在用户程序中不能出现它们的线圈。下面举例说明：

M8000（运行监视），当 PLC 执行用户程序时，M8000 为 ON；停止执行时，M8000 为 OFF，如图 3-26 所示。M8000 可以用作"PLC 正常运行"的标志上传给上位计算机。

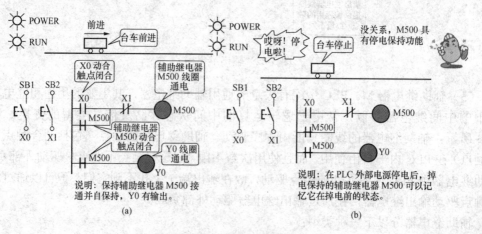

图 3-25 掉电保持辅助继电器的应用示意图（一）

（a）台车前进；（b）停电台车停止（M500 停电保持）

168

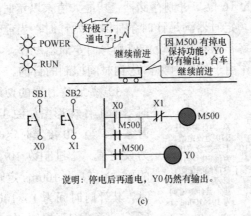

图 3-25 掉电保持辅助继电器的应用示意图（二）

（c）复电台车继续前进

M8002（初始化脉冲），M8002 仅在 M8000 由 OFF 变为 ON 状态时的一个扫描周期内为 ON，可以用 M8002 的动合触点来使有断电保持功能的元件初始化复位，或给某些元件置初始值。

M8011～M8014 分别是 10ms、100ms、1s 和 1min 时钟脉冲。

M8005（锂电池电压降低），电池电压下降至规定值时变为 ON，可以用它的触点驱动输出继电器和外部指示灯，提醒工作人员更换锂电池。

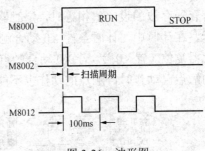

图 3-26 波形图

线圈驱动型特殊辅助继电器是由用户程序驱动其线圈，使 PLC 执行特定的操作，用户并不使用它们的触点。例如，M8030 的线圈通电后，电池电压降低发光二极管熄灭；M8034 的线圈通电时，禁止所有的输出，但是程序仍然正常执行。

（4）定时器 7。定时器作为时间元件相当于时间继电器，由设定值寄存器、当前值寄存器和定时器触点组成。在其当前值寄存器的值等于设定值寄存器的值时，定时器触点动作。故设定值、当前值和定时器触点是定时器的三要素。

1）定时器的类型。PLC 内的定时器是根据时钟脉冲累积计时的，时钟脉冲有 1ms、10ms、100ms，定时器有以下四种类型。

100ms 定时器：T0～T199，共 200 个点，计时范围为 0.1～3276.7s；

10ms 定时器：T200～T245，共 46 个点，计时范围为 0.01～327.67s；

1ms 积算型定时器（停电记忆）：T246～T249，共 4 个点，计时范围为 0.001～32.767s；

100ms 积算型定时器（停电记忆）：T250～T255，共 6 个点，计时范围为 0.1～3276.7s。

2）定时器的工作原理。PLC 中的定时器是对机内 1ms、10ms、100ms 等不同规格时钟脉冲累加计时的。定时器除了占有自己编号的存储器位外，还占有一个设定值寄存器和一个当前值寄存器。设定值寄存器存放程序赋予的定时设定值。当前值寄存器记录计时当前值。这些寄存器为 16 位二进制存储器，其最大值乘以定时器的计时单位值即是定时器的最大计时范围值。定时器满足计时条件时开始计时，当前值寄存器则开始计数，当它的当前值与设定值寄存器存放的设定值相等时定时器动作，其动合触点接通，动断触点断开，并通过程序作用于控制对象，达到时间控制的目的。

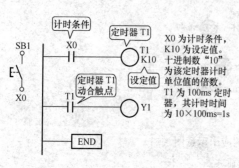

图 3-27 普通定时器图解

3）普通定时器的使用。普通的非积算型定时器的工作梯形图如图 3-27 所示，其中 X0 为计时条件，当 X0 接通时定时器 T1 计时开始，K10 为设定值。十进制数 10 为该定时器计时单位值的倍数，T1 为 100ms 定时器，当设定值为 K10 时，其计时时间为 10×100ms=1s。如图 3-28（a）所示，通过按下按钮 SB1 使其动合触点闭合，接通输入继电器 X0，梯形图中 X0 动合触点闭合，定时器 T1 计时开始。如图 3-28（b）所示，当计时时间到，即定时器 T1 的当前值与设定值

寄存器存放的设定值相等时，定时器 T1 的动合触点接通，Y1 置"1"。如图 3-28（c）所示，在计时中，计时条件 X0 动合触点断开或 PLC 电源停电，计时过程中止且当前值寄存器复位（置"0"）。若 X0 动合触点断开或 PLC 电源停电发生在计时过程完成且定时器的触点已动作时，触点的动作也不能保持。

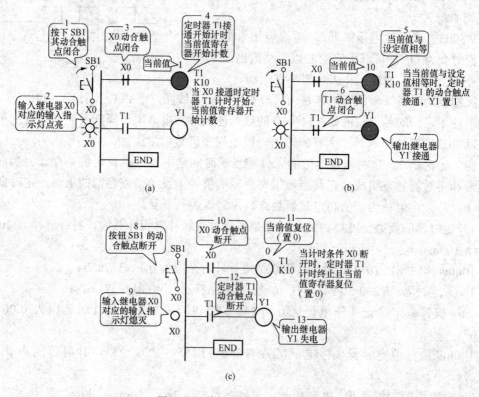

图 3-28 普通定时器的使用图解

（a）定时器 T1 开始计时；（b）定时器 T1 当前值与设定值相等；（c）定时器 T1 当前值复位

4）积算式定时器的使用。积算式定时器 T250 的工作梯形图如图 3-29 所示，与普通的非积算型定时器的情况不同。积算式定时器在计时条件失去或 PLC 失电时，如图 3-30（a）所示，积算式定时器停止计时，但其当前值寄存器的内容及触点状态均可保持；如图 3-30（b）所示，当输入 X0 再接通或复电时，积算式定时器在原有值基础上可"累计"计时时间，故称为"积算"。积算式定时器的当前值寄存器及触点都有记忆功能，其复位时必须在程序中加入专门的复位指令。如图 3-30（c）所示，X1 为复位条件。当 X1 接通执行"RST T250"指令时，T250 的当前值寄存器置 0，T250 的常开触点复位断开。

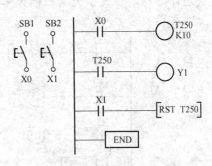

图 3-29　积算式定时器 T250 的工作梯形图

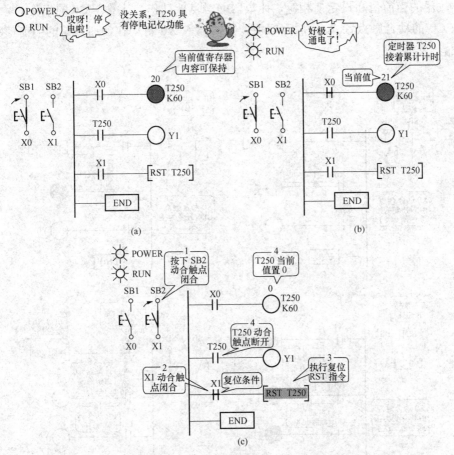

图 3-30　积算式定时器的使用图解

（a）停电时当前值保持不变；（b）复电时累计计时；（c）定时器 T250 当前值复位

（5）计数器 C。计数器在程序中用作计数控制。FX$_{2N}$ 系列可编程控制器计数器可分为内部计数器及外部计数器。内部计数器是对机内元件（X、Y、M、S、T 和 C）的信号计数的计数器。由于机内信号的频率低于扫描频率，内部计数器是低速计数器，也称普通计数器。对高于机器扫描频率的信号进行计数，需用高速计数器。下面将普通计数器介绍如下：

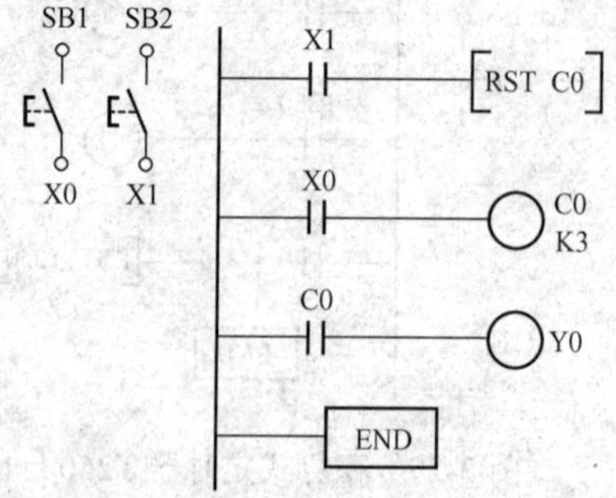

16 位加计数器有 200 个，地址编号为 C0～C199，其中 C0～C99 为通用型，C100～C199 为掉电保持型，设定值为 1～32767。

16 位加计数器的工作梯形图如图 3-31 所示，16 位加计数器的工作过程如图 3-32 所示。图 3-32 中计数输入 X0 是计数器的工作条件。如图 3-32（a）、（b）、（c）所示，X0 每次由断开变为接通（即计数脉冲的上升沿）驱动计数器 C0 的线圈时，计数器的当前值加 1。"K3"为计数器的设定值。如图 3-32（c）所示，当第 3 次执行线圈指令时，计数器的当前值和设定值相等，计数器的触点就动作，计数器 C0 的工作对象 Y0 接通；在 C0 的动合触点置"1"后，即使计数器输入 X0 再动作，计数器的当前值状态保持不变。

图 3-31　16 位加计数器的工作梯形图

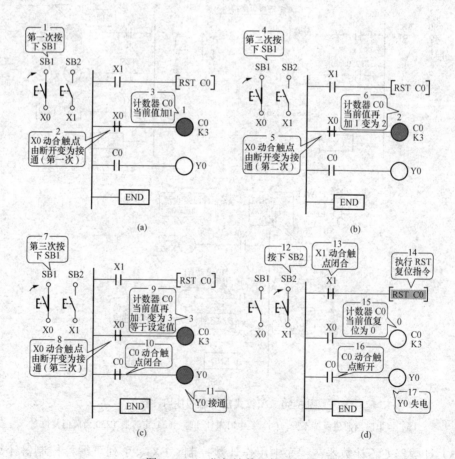

图 3-32　16 位加计数器的图解

（a）、（b）、（c）计数器 C0 的当前值加 1；（d）计数器 C0 的当前值复位

172

由于计数器的工作条件 X0 本身就是断续工作的，外电源正常时，其当前值寄存器具有记忆功能，因而即使是非掉电保持型的计数器也需复位指令才能复位。图 3-31 中 X1 为复位条件。当复位输入 X1 接通时，执行 RST 指令，计数器的当前值复位为"令"，输出触点也复位，如图 3-32（d）所示。16 位加计数器应用波形图如图 3-33 所示。

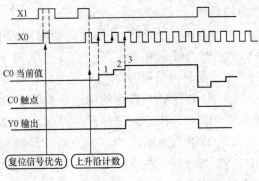

图 3-33　16 位加计数器应用波形图

计数器的设定值，除了常数设定外，还可以通过指定数据寄存器 D 来设定，这时设定值等于指定的数据寄存器中的数据。

## 二、FX₂ₙ 系列 PLC 的基本指令

1. 逻辑取及输出线圈指令（LD、LDI、OUT）

（1）指令用法。LD、LDI、OUT 指令用法如图 3-34 所示。

LD：取指令，用于动合触点与母线连接。

LDI：取反指令，用于动断触点与母线连接。

OUT：线圈驱动指令，用于将逻辑运算的结果驱动一个指定线圈。

（2）指令用法说明。

1）LD、LDI 指令用于将触点接到母线上，操作目标元件为 X、Y、M、T、C、S。LD、LDI 指令还可与 AND、ORB 指令配合，用于分支回路的起点。

2）OUT 指令的目标元件为 Y、M、T、C、S 和功能指令线圈。

3）OUT 指令可以连续使用若干次，相当于线圈并联，如图 3-34（a）中的"OUT M100"和 "OUT T0 K60"，但不可以串联使用。在对定时器、计数器使用 OUT 指令后，必须设置常数 K。

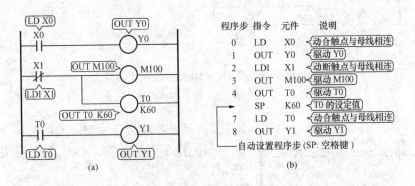

图 3-34　LD、LDI、OUT 指令应用图解

(a) 梯形图；(b) 指令表

2. 单个触点串联指令（AND、ANI）

（1）指令用法。

1）AND：与指令。用于单个触点的串联，完成逻辑"与"运算，助记符号为 AND**，

**为触点地址。

2）ANI：与反指令。用于动断触点的串联，完成逻辑"与非"运算，助记符号为
ANI**，**为触点地址。

（2）指令用法说明。

1）AND、ANI 指令均用于单个触点的串联，串联触点数目没有限制。该指令可以
重复多次使用，指令的目标元件为 X、Y、M、T、C、S。

2）OUT 指令后，通过触点对其他线圈使用 OUT 指令称为纵接输出，图 3-35 中
OUT Y2 指令后，在通过 X2 触点去驱动 Y3。这种纵接输出，在顺序正确的前提下，可
以多次使用。

3）串联触点的数目和纵接的次数虽然没有限制，但由于图形编程器和打印机功
能有限制，因此，尽量做到一行不超过 10 个触点和 1 个线圈，连续输出总共不超过
24 行。

4）串联指令是用来描述单个触点与其他触点或触点组成的电路连接关系的。虽然图
3-35 中 X2 的触点与 Y3 的线圈组成的串联电路与 Y2 的线圈是并联关系，但是 X2 的动
合触点与左边的电路是串联关系，因此对 X2 的触点使用串联指令。

5）图 3-35 可以在驱动 Y2 之后通过触点 X2 驱动 Y3。但是，如果驱动顺序换成图
3-36 所示梯形图形式，则必须用多重输出 MPS、MRD、MPP 指令。

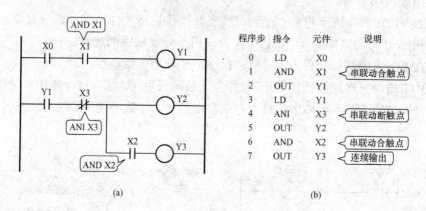

| 程序步 | 指令 | 元件 | 说明 |
|---|---|---|---|
| 0 | LD | X0 | |
| 1 | AND | X1 | 串联动合触点 |
| 2 | OUT | Y1 | |
| 3 | LD | Y1 | |
| 4 | ANI | X3 | 串联动断触点 |
| 5 | OUT | Y2 | |
| 6 | AND | X2 | 串联动合触点 |
| 7 | OUT | Y3 | 连续输出 |

(a)　　　　　　　　　　　　(b)

图 3-35　AND、ANI 指令应用图解

（a）梯形图；（b）指令表

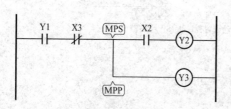

图 3-36　不能使用连续输出的例子

**3. 触点并联指令（OR、ORI）**

（1）指令用法，OR、ORI 指令用法如图 3-37
所示。

1）OR：或指令。用于单个动合触点的并联，
助记符号为 OR**，**为触点地址。

2）ORI：或反指令。用于单个动断触点的并联，
助记符号为 ORI**，**为触点地址。

（2）指令用法说明。

1）OR、ORI 指令用于一个触点的并联连接指令。若将两个以上的触点串联连接的

电路块并联连接时，要用后面提到的 ORB 指令。

2）OR、ORI 指令并联触点时，是从该指令的当前步开始，对前面的 LD、LDI 指令并联连接。该指令并联连接的次数不限，但由于编程器和打印机的功能对此有限制，因此并联连接的次数实际上是有限制的（24 行以下）。

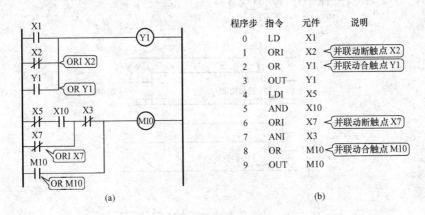

图 3-37　OR、ORI 指令应用图解

（a）梯形图；（b）指令表

4. 边沿检测脉冲指令（LDP、ANDP、ORP、LDF、ANDF、ORF）

（1）指令用法。

1）LDP：从母线直接取用上升沿脉冲触点指令。

2）LDF：从母线直线接取用下降沿脉冲触点指令。

3）ANDP：串联上升沿触点指令。

4）ANDF：串联下降沿触点指令。

5）ORP：并联上升沿触点指令。

6）ORF：并联下降沿触点指令。

（2）指令用法说明。LDP、ANDP、ORP 指令是用来检测触点状态变化的上升沿（由 OFF→ON 变化时）的指令，当上升沿到来时，使其操作对象接通一个扫描周期，又称上升沿微分指令。

LDF、ANDF、ORF 指令是用来检测触点状态变化的下降沿（由 ON→OFF 变化时）的指令，当下降沿到来时，使其操作对象接通一个扫描周期，又称下降沿微分指令。

边沿检测脉冲指令用法和工作波形图如图 3-38 所示，在 X1 的上升沿或 X2 的下降沿，Y1 有输出，且接通一个扫描周期。对于 Y3，仅当 X3 接通时，T2 的上升沿出现时，Y3 输出一个扫描周期。

5. 串联电路块的并联指令（ORB）

（1）指令用法。当一个梯形图的控制线路由若干个先串联、后并联的触点组成时，可将每组串联的触点看作一个块。与左母线相连的最上面的块按照触点串联的方式编写语句，下面依次并联的块称作子块，每个子块左边第一个触点用 LD 或 LDI 指令，其余串联的单个触点用 AND 或 ANI 指令。每个子块的语句编写完后，加一条 ORB 指令作为该指令的结尾。ORB 是将串联块相并联，是块或指令。

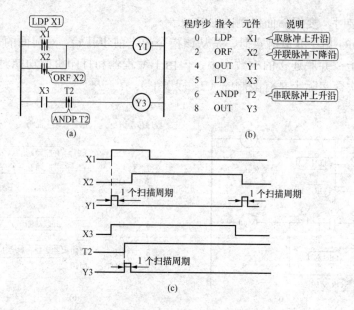

图 3-38 边沿检测脉冲指令的应用图解

（a）梯形图；（b）指令表；（c）波形图

（2）指令用法说明。

1）2 个以上的触点串联连接的电路称为串联电路块。串联电路块并联时，各电路块分支的开始用 LD 或 LDI 指令，分支结尾用 ORB 指令。

2）若须将多个串联电路块并联，则在每个电路块后面加上一条 ORB 指令。

3）ORB 指令为无操作元件号的独立指令。

ORB 指令用法如图 3-39 所示。

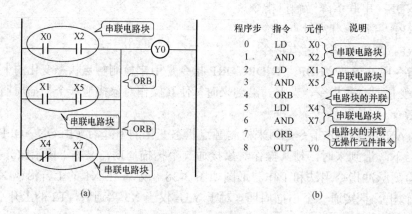

图 3-39 ORB 指令用法

（a）梯形图；（b）指令表

6. 并联电路块的串联指令（ANB）

（1）指令用法。当一个梯形图的控制线路由若干个先并联、后串联的触点组成时，可将每组并联看成一个块。与左母线相连的块按照触点并联的方式编写语句，其后依次相连的块称作子块。每个子块最上面的触点用 LD 或 LDI 指令，其余与其并联的触点用

OR 或 ORI 指令。每个子块的语句编写完后，加一条 ANB 指令，表示各并联电路块的串联。ANB 是将并联块相串联，是块与指令。

（2）指令用法说明。

1）在使用 ANB 指令之前，应先完成并联电路块的内部连接。并联电路块中各分支的开始用 LD 或 LDI 指令，在并联好电路块后，使用 ANB 指令与前面电路串联。

2）若须将多个并联电路块顺次用 ANB 指令与前面电路串联连接，ANB 的使用次数不限。

3）ANB 指令为无操作元件号的独立指令。

ANB 指令用法如图 3-40 所示。

7. 多重输出电路指令（MPS、MRD、MPP）

（1）指令用法。MPS、MRD、MPP 这组指令的功能是将连接点的结果存储起来，以方便连接点后面电路的编程。PLC 中有 11 个存储运算中间结果的存储器，称为堆栈存储器，如图 3-41 所示，堆栈采用先进后出的数据存储方式。

1）MPS：进栈指令，把中间运算结果送入堆栈的第一个堆栈单元（栈顶），同时让堆栈中原有的数据顺序下移一个堆栈单元。再次使用 MPS 指令时，当时的运算结果送入堆栈的第一个堆栈单元（栈顶），先送入的数据依次向下移一个堆栈单元。图 3-41 中堆栈存储器中的①是第一次入栈的数据，②是第二次入栈的数据。

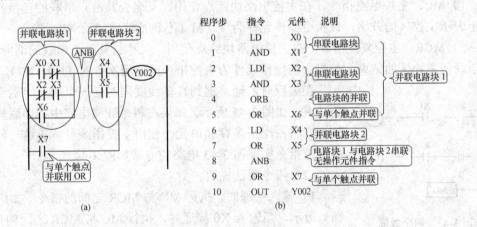

图 3-40 ANB 指令应用

（a）梯形图；（b）指令表

2）MRD：读栈指令，仅仅读出栈顶的数据，该指令操作完成后，堆栈中的数据维持原状。MRD 指令可多次连续重复使用，但不能超过 24 次。

3）MPP：出栈指令，弹出堆栈中第一个堆栈单元的数据（该数据在堆栈中消失），同时使堆栈中第二个堆栈单元至栈底的所有数据顺序上移一个单元，原第二个堆栈单元的数据进入栈顶。

（2）指令使用说明。无论何时 MPS 和 MPP 连续使用必须少于 11 次，并且 MPS 和 MPP 必须配对使用。

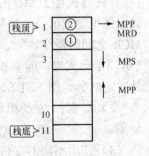

图 3-41 堆栈存储器

MPS、MRD、MPP 指令用法如图 3-42 所示。

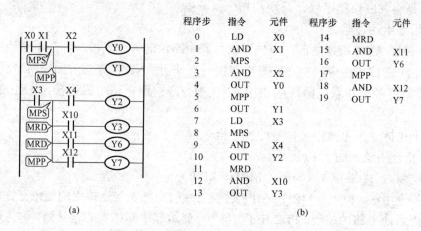

| 程序步 | 指令 | 元件 | 程序步 | 指令 | 元件 |
|---|---|---|---|---|---|
| 0 | LD | X0 | 14 | MRD | |
| 1 | AND | X1 | 15 | AND | X11 |
| 2 | MPS | | 16 | OUT | Y6 |
| 3 | AND | X2 | 17 | MPP | |
| 4 | OUT | Y0 | 18 | AND | X12 |
| 5 | MPP | | 19 | OUT | Y7 |
| 6 | OUT | Y1 | | | |
| 7 | LD | X3 | | | |
| 8 | MPS | | | | |
| 9 | AND | X4 | | | |
| 10 | OUT | Y2 | | | |
| 11 | MRD | | | | |
| 12 | AND | X10 | | | |
| 13 | OUT | Y3 | | | |

(a)                        (b)

图 3-42　MPS、MRD、MPP 指令应用

(a) 梯形图；(b) 指令表

**8. 主控触点指令（MC、MCR）**

（1）指令用法。

1）MC：主控触点指令，在主控电路块起点使用。又名公共触点串联的连接指令，用于表示主控区的开始，该指令操作元件为 Y、M（不包括特殊辅助继电器）。

2）MCR：主控复位指令，在主控电路块终点使用。又称公共触点串联的清除指令，用于表示主控区的结束，该指令的操作元件为主控指令的使用次数 N（N0～N7）。

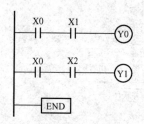

图 3-43　两个线圈
同时受一个触点控制

在编程时，经常遇到许多线圈同时受一个或一组触点控制的情况，如图 3-43 所示。如果在每个线圈电路中都串联同样的触点，将占用很多存储单元，使用主控指令可解决这一问题，用主控指令实现图 3-43 电路的方法如图 3-44 所示。

（2）指令用法说明。

1）输入接通时，执行 MC 与 MCR 之间的指令。如图 3-45（a）所示，当输入 X0 接通时，执行 MC 与 MCR 之间的指令，图中主控指令借助辅助继电器 M100，M100 为主控触点，该触点是"能流"到达触点后梯形图区域的"关卡"，因而称为"主控"。只有执行了 MC 与 MCR 之间的指令，通过了该"关卡"，当 X1、X2 分别接通时，输出继电器 Y0、Y1 才能接通。如图 3-45（b）所示，当输入 X0 断开时，不执行 MC 与 MCR 之间的指令，"关卡"断开，这时，虽然 X1、X2 都处于接通状态，但输出继电器 Y0、Y1 已失电，即非积算定时器、用 OUT 指令驱动的编程元件均复位，但计数器和积算式定时器、用 SET/RST 指令驱动的元件保持当前的状态。

2）与主控触点相连的触点必须用 LD 或 LDI 指令，MC、MCR 指令必须成对使用。

3）使用不同的 Y、M 元件号，可多次使用 MC 指令。

4）在 MC 指令内再使用 MC 指令时，嵌套级 N 的编号就顺次增大（按程序顺序由小到大），返回时用 MCR 指令，从大的嵌套级开始解除（按程序顺序由大到小）。

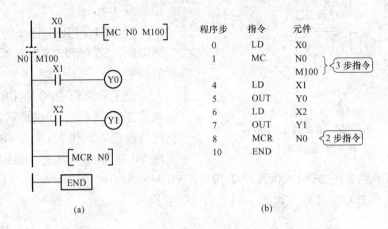

|  | 程序步 | 指令 | 元件 |
|---|---|---|---|
|  | 0 | LD | X0 |
|  | 1 | MC | N0 }3 步指令 |
|  |  |  | M100 |
|  | 4 | LD | X1 |
|  | 5 | OUT | Y0 |
|  | 6 | LD | X2 |
|  | 7 | OUT | Y1 |
|  | 8 | MCR | N0 }2 步指令 |
|  | 10 | END |  |

图 3-44　MC 与 MCR 指令应用

（a）梯形图；（b）指令表

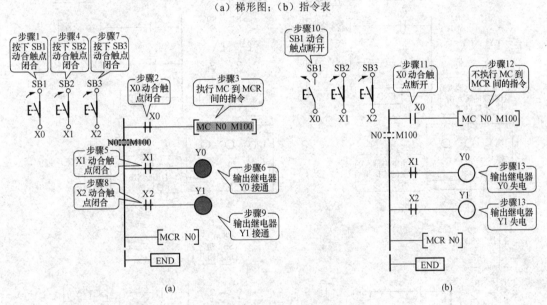

图 3-45　MC 与 MCR 指令应用的图解

（a）执行 MC 与 MCR 之间的指令；（b）不执行 MC 与 MCR 之间的指令

## 9. 置位与复位指令（SET、RST）

（1）指令用法。

1）SET 指令用于对逻辑线圈 M、输出继电器 Y、状态 S 的置位，也就是使操作对象置"1"，并维持接通状态；

2）RST 用于对逻辑线圈 M、输出继电器 Y、状态 S 的复位，也就是操作对象置"0"，并维持复位状态；也可对数据寄存器 D 和变址寄存器 V、S 的清零。还用于对计时器 T 和计数器 C 逻辑线圈的复位，使它们的当前计时值和计数值清零。

（2）指令用法说明。

1）SET 和 RST 指令具有自保持功能，X0 一接通，即使再断开，Y0 也保持接通。

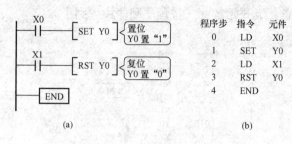

图 3-46  SET 和 RST 指令应用

（a）梯形图；（b）指令表

当用 RST 指令时，Y0 断开。工作梯形图如图 3-46 所示。

2）SET 和 RST 指令的使用没有顺序限制，SET 和 RST 之间可以插入别的程序。

SET 和 RST 指令应用的图解说明，如图 3-47 所示，X0 接通后，Y0 置"1"保持接通，即使 X0 变为 OFF，也不能使 Y0 变为 OFF 状态，如图 3-47（a）、（b）所示；只有当 X1 接通后，执行 RST 指令，Y0 复位为 OFF 状态，即使 X1 变为 OFF，也不能使 Y0 变为 ON 状态，如图 3-47（c）、（d）所示。

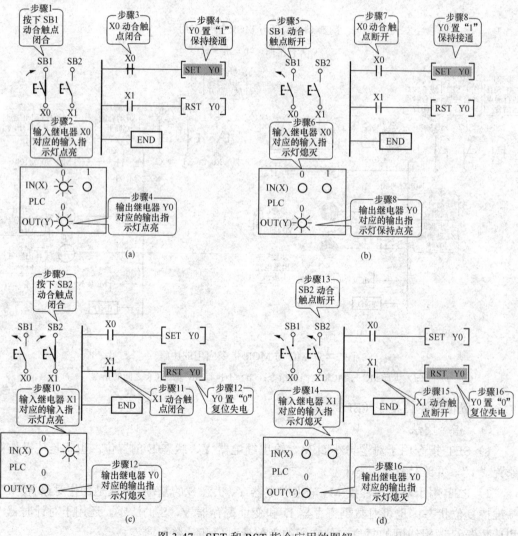

图 3-47  SET 和 RST 指令应用的图解

（a）X0 接通，Y0 置"1"保持接通；（b）X0 断开，Y0 置"1"仍保持接通；

（c）X1 接通，Y0 置"0"复位失电；（d）X1 断开，Y0 置"0"仍失电

10. 脉冲输出指令（PLS、PLF）

（1）指令用法。

1）PLS 指令：在输入信号上升沿产生一个扫描周期的脉冲输出，专用于操作元件的短时间脉冲输出。

2）PLF 指令：在输入信号下降沿产生一个扫描周期的脉冲输出。

它们的操作元件是 Y 和 M，但特殊辅助继电器不能用作 PLS 或 PLF 的操作元件。

（2）指令用法说明。

1）使用 PLS 指令，元件 Y、M 仅在驱动输入接通后的一个扫描周期内动作；使用 PLF 指令，元件 Y、M 仅在驱动输入断开后的一个扫描周期内动作，如图 3-48 所示。

2）特殊继电器不能用作 PLS 或 PLF 的操作元件。

3）在驱动输入接通时，PLC 由运行（RUN）→停机（STOP）→运行（RUN），此时 PLS M0 动作，但 PLS M600（断电时有电池后备的辅助继电器）不动作。这是因为 M600 是保持继电器，即使在断电停机时其动作也能保持。

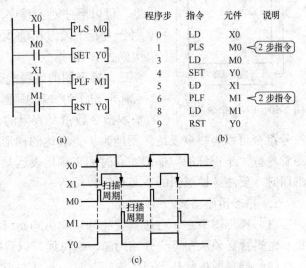

图 3-48　PLS、PLF 指令的应用

（a）梯形图；（b）指令表；（c）时序图

11. 取反指令（INV）

INV 指令是在梯形图中用一条 45°短斜线表示，它将使用 INV 指令之前的运算结果取反，无操作元件。INV 指令不能单独占用一条电路支路，也不能直接与左母线相连，INV 指令的应用说明如图 3-49 所示。

12. 空操作指令（NOP）

NOP 为空操作指令，该指令是一条无动作、无目标元件，占一个程序步的指令。空操作指令使该步序作空操作。

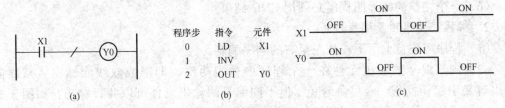

图 3-49　INV 指令的应用

（a）梯形图；（b）指令表；（c）时序图

（1）用 NOP 指令代替已写入的指令，可以改变电路。

（2）在程序中加入 NOP 指令，在改变或追加程序时，可以减少步序号的改变。

（3）执行完清除用户存储器操作后，用户存储器的内容全部变为空操作指令。

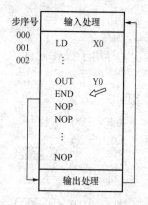

图 3-50　END 指令的应用

13. 结束指令（END）

END 指令用来标记用户程序存储区最后一个存储单元。PLC 反复进行输入处理、程序运算、输出处理。若在程序最后写入 END 指令，则 END 以后的程序步就不再执行，直接进行输出处理，如图 3-50 所示。在程序调试过程中，按段插入 END 指令，可以顺序对各程序段动作进行检查。采用 END 指令将程序划分为若干段，在确认处于前面电路块的动作正确无误后，依次删去 END 指令。

**三、梯形图的编程规则**

梯形图作为一种编程语言，绘制时应当有一定的规则。PLC 的基本指令数量是有限的，也就是说，只有有限的编程元件的符号组合可以为指令表达。不能为指令表达的梯形图从编程语法上来说就是不正确的，尽管这些"不正确的"梯形图有时能正确地表达某些正确的逻辑关系。为此，在编辑梯形图时，要注意梯形图的格式和编程技巧。

1. 梯形图的格式

（1）梯形图中左、右边垂直线分别称为起始母线（左母线）、终止母线（右母线）。每一逻辑行必须从左母线开始画起，右母线可以省略。

（2）梯形图按行从上至下编写，每一行从左至右顺序编写。即梯形图的各种符号，要以左母线为起点，右母线为终点（可允许省略右母线）从左向右分行绘出。每一行的开始是触点群组成的"工作条件"，最右边是线圈表达的"工作结果"。一行写完，自上而下依次再写下一行。

（3）每个梯形图由多个梯级组成，每个输出元素可构成一个梯级，每个梯级可由多个支路组成，每个梯级必须有一个输出元件。

（4）梯形图的触点有两种，即动合触点和动断触点，触点应画在水平线上，不能画在垂直分支线上。这些触点可以是 PLC 的输入/输出继电器触点或内部继电器、定时器、计数器的触点，每一触点都有自己的特殊标记，以示区别。同一标记的触点可以反复使用，次数不限。这是由于每一触点的状态存入 PLC 内的存储单元，可以反复读写。

（5）梯形图的触点可以任意串、并联，而输出线圈只能并联，不能串联。

（6）一个完整的梯形图程序必须用 END 结束。

2. 编程注意事项及编程技巧

（1）程序应按自上而下，从左至右的顺序编制。

（2）同一编号的输出元件在一个程序中使用两次，即形成双线圈输出，双线圈输出容易引起误操作，应尽量避免。但不同编号的输出元件可以并行输出，如图 3-51 所示。本事件的特例是：同一程序的两个绝不会同时执行的程序段中可以有相同的输出线圈。

（3）线圈不能直接与左母线相连。如果需要，可以通过一个没有使用元件的动断触点或特殊辅助继电器 M8000（常 ON）来连接，如图 3-52 所示。

（4）适当安排编程顺序，以减小程序步数。

1）串联多的电路应尽量放在上部，如图 3-53 所示。

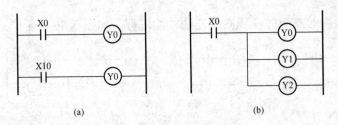

图 3-51　双线圈和并行输出

（a）双线圈输出；（b）并行输出

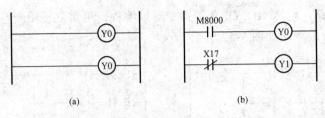

图 3-52　线圈与母线的连接

（a）不正确；（b）正确

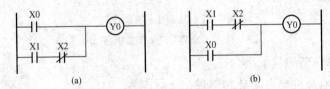

图 3-53　串联多的电路应放在上部

（a）电路安排不当；（b）电路安排得当

2）并联多的电路应靠近左母线，如图 3-54 所示。

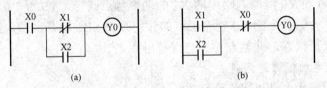

图 3-54　并联多的电路应靠近左母线

（a）电路安排不当；（b）电路安排得当

（5）不能编程的电路应进行等效变换后再编程。

1）桥式电路应进行变换后才能编程，如图 3-55 所示。

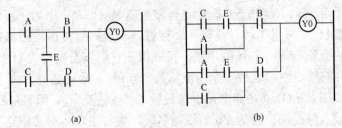

图 3-55　桥式电路的变换方法

（a）桥式电路；（b）等效电路

2）线圈右边的触点应放在线圈的左边才能编程，如图 3-56 所示。

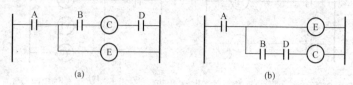

(a)　　　　　　　　　　　　　　(b)

图 3-56　线圈右边的触点应放其左边

（a）不正确电路；（b）正确电路

3）对复杂电路，用 ANB、ORB 等指令难以编程，可重复使用一些触点画出其等效电路，然后再进行编程，如图 3-57 所示。

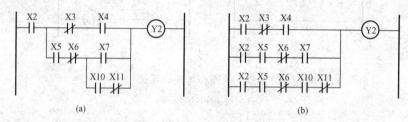

(a)　　　　　　　　　　　　　　(b)

图 3-57　复杂电路的编程

（a）复杂电路；（b）等效电路

### 四、常用基本环节编程

1. 三相异步电动机单向运转控制即启—保—停

三相异步电动机单向运转控制的启动、保持和停止电路在梯形图中的应用很广泛，表 3-3 是 PLC 的 I/O 分配表，图 3-8（c）是三相异步电动机单向运转控制梯形图，即称为启—保—停。当按下启动按钮 SB1 时，X0 接通，Y0 置"1"，电动机连续运行；按下停车 SB2 时，串联在 Y0 线圈回路中的 X1 的动合触点断开，Y0 置"0"，电动机失电停车。并联在 X0 动合触点上的 Y0 动合触点的作用是当 SB1 松开，输入继电器 X0 断开，线圈 Y0 仍保持接通状态，此触点称为自保持触点。

2. 三相异步电动机可逆运转

方案 1：三相异步电动机可逆运转方法 1。

如果热继电器属于手动复位型热继电器，该如何处理过载保护呢？热继电器动断触点可以接在 PLC 的输出电路中与控制电动机的交流接触器的线圈串联，如图 3-58 所示。

图 3-58（a）为三相异步电动机正反转控制主电路，PLC 的 I/O 端子分配见表 3-4，PLC 的接线图如图 3-58（b）所示，梯形图如图 3-58（c）所示。要实现三相异步电动机可逆运转，一个用于正转（通过 Y0 驱动正转接触器 KM1），一个用于反转（通过 Y1 驱动反转接触器 KM2）。考虑正转、反转两个接触器不能同时接通，在梯形图中，将 Y0 和 Y1 的动断触点分别与对方的线圈串联，可以保证它们不会同时为 ON，因此 KM1 和 KM2 的线圈不会同时得电，这种安全措施称为"互锁"。除此之外，为了方便操作和保证 Y0 和 Y1 不会同时为 ON，在梯形图中还设置了"按钮互锁"，即将与反转启动按钮连接的 X1 的动断触点与控制正转的 Y0 的线圈串联，将与正转启动按钮连接的 X0 的常闭触点与控制反转的 Y1 的线圈串联。设 Y0 为 ON，电动机正转，这时如果想改为反转运行，可以不按停止按钮 SB3，直接按反转启动按钮 SB2，X1 变为 ON，它的动断触点断

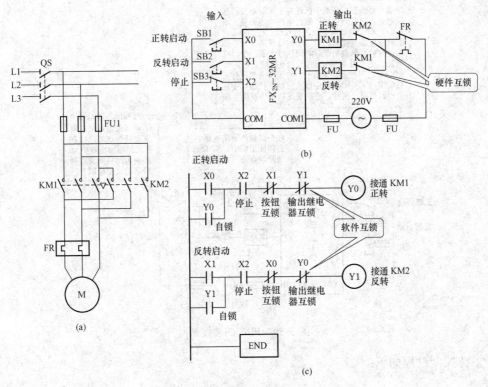

图 3-58　三相异步电动机可逆运转方案 1

（a）三相异步电动机正反转控制主电路；（b）PLC 的接线图；（c）梯形图

开，使 Y0 线圈"失电"，同时 X1 的动合触点接通，使 Y1 的线圈"得电"，电动机由正转变为反转。这样既方便操作又保证 Y0 和 Y1 不会同时接通。但梯形图中的输出继电器互锁和输入继电器按钮互锁电路只能保证输出模块中与 Y0 和 Y1 对应的硬件的动合触点不会同时接通。

应注意的是：虽然在梯形图中已经有了软继电器的互锁触点，但在外部硬件输出电路中还必须使用 KM1、KM2 的动断触点进行互锁。因为 PLC 内部软继电器互锁只相差一个扫描周期，而外部硬件接触器触点的断开时间往往大于一个扫描周期，来不及响应。例如，Y0 虽然失电，可能 KM1 的主触点还未断开，在没有外部硬件互锁的情况下，KM2 的主触点可能已接通，引起主电路短路。因此，必须采用软硬件双重互锁，如图 3-59 所示。

采用双重互锁，同时也避免了由于切换过程中电感的延时作用，可能会出现一个接触器还未熄弧，另一个却已合上的现象，从而造成瞬间短路故障，或者由于接触器 KM1 和 KM2 的主触点熔焊引起电动机主电路短路。

表 3-4　　　　　　　　三相异步电动机正反转控制主电路 PLC 的 I/O 端子分配

| 输入口分配 | | 输出口分配 | |
|---|---|---|---|
| 输入设备 | PLC 输入继电器 | 输出设备 | PLC 输出继电器 |
| SB1（正转启动按钮） | X0 | KM1（正转接触器） | Y0 |
| SB2（反转启动按钮） | X1 | KM2（反转接触器） | Y1 |
| SB3（停止按钮） | X2 | | |

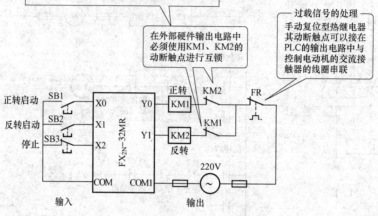

注意：虽然在梯形图中已经有了软继电器的互锁触点，但在外部硬件输出电路中还必须使用KM1、KM2的动断触点进行互锁。因为PLC内部软继电器互锁只相差一个扫描周期，而外部硬件接触器触点的断开时间往往大于一个扫描周期，来不及响应。例如，Y0虽然失电，可能KM1的主触点还未断开，在没有外部硬件互锁的情况下，KM2的主触点可能已接通，引起主电路短路。因此，必须采用软硬件双重互锁

过载信号的处理
手动复位型热继电器其动断触点可以接在PLC的输出电路中与控制电动机的交流接触器的线圈串联

在外部硬件输出电路中必须使用KM1、KM2的动断触点进行互锁

图 3-59 PLC 的接线图

正转控制过程如下：

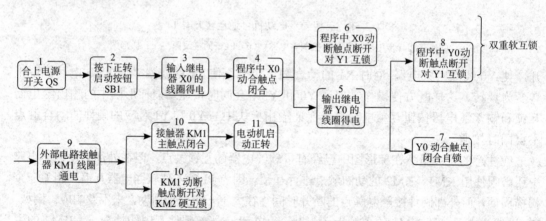

方案 2：三相异步电动机可逆运转方法 2。

如果热继电器属于自动复位型，则过载保护又该如何处理呢？如图 3-60 所示，过载信号通过输入电路提供给 PLC，用梯形图实现过载保护，PLC 的 I/O 端子分配见表 3-5。

表 3-5 　　　　　　　　梯形图实现过载保护 PLC 的 I/O 端子分配

| 输入口分配 | | 输出口分配 | |
|---|---|---|---|
| 输入设备 | PLC 输入继电器 | 输出设备 | PLC 输出继电器 |
| SB1（正转启动按钮） | X0 | KM1（正转接触器） | Y0 |
| SB2（反转启动按钮） | X1 | KM2（反转接触器） | Y1 |
| SB3（停止按钮） | X2 | | |
| FR（热继电器） | X3 | | |

由此可以看出：

（1）外部联锁电路的设立。为了防止控制正反转的两个接触器同时动作，造成三相电源短路，除了在梯形图中设置与它们对应的输出继电器的线圈串联的动断触点组成的软互锁电路外，还应在 PLC 外部设置硬互锁电路。

（2）热继电器过载信号的处理。如果热继电器属于自动复位型，则过载信号必须通过输入电路提供给 PLC，用梯形图实现过载保护。如果属于手动复位型热继电器，则其动断触点可以接在 PLC 的输出电路中与控制电动机的交流接触器的线圈串联。

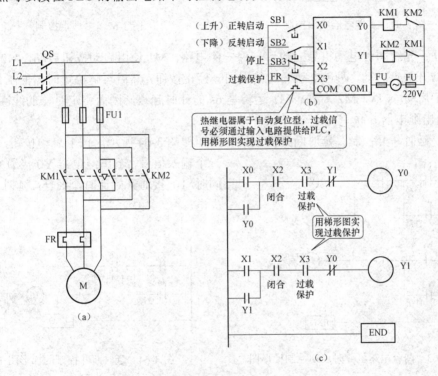

图 3-60　三相异步电动机可逆运转方案 2

（a）三相异步电动机正反转控制主电路；（b）PLC 的接线图；（c）梯形图

**3. 多继电器线圈控制**

图 3-61 所示是通过一个启动按钮和一个停止按钮同时控制四个指示灯的 PLC 梯形图。其中启动按钮 SB1 动合触头接于 X0，停车按钮 SB2 动断触头接于 X2。

**4. 多地点控制**

图 3-62 所示是两个地方控制一个信号灯的程序。其中甲地的启动按钮 SB1 接于 X1，停车按钮 SB2 接于 X2，乙地的启动按钮 SB3 接于 X3，停车按钮 SB4 接于 X4。

**5. 定时控制**

（1）两电动机分时启动控制即基本延时环节。

控制要求：两台交流异步电动机 M1、M2，按下启动按钮 SB1，M1 启动，M1 启动 6s 后 M2 启动，共同运行后，按下停止按钮 SB2，两台电动机同时停止。启动按钮 SB1 动合触头接于 X1，停车按钮 SB2 动断触头接于 X2，控制 M1 的交流接触器 KM1 接于 Y1，控制 M2 的交流接触器 KM2 接于 Y2。梯形图如图 3-63 所示，梯形图的设计可以按

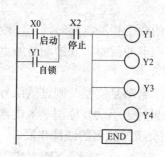

图 3-61 多继电器线圈控制

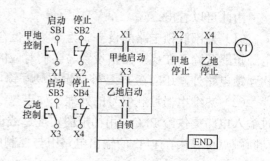

图 3-62 多地点控制

以下顺序：先绘两台电动机独立的启—保—停电路，M1 使用启动按钮启动，M2 使用定时器的常开触点启动，两台电动机均使用同一停止按钮，然后再解决定时器的工作问题。由于 M1 启动 6s 后，M2 启动。M1 运转是 6s 的计时起点，因而将定时器的线圈与控制 M1 的输出继电器并联。

（2）延时断开控制。延时断开控制的梯形图如图 3-64 所示，按下启动按钮，给 X1 一个输入信号，输出继电器 Y0 接通并自锁，同时 T0 接通开始计时，经 6s 延时后，Y0 失电。

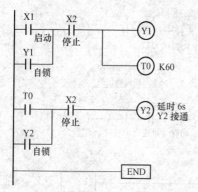

图 3-63 两台电动机分时启动控制梯形图

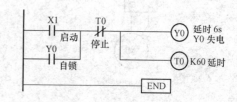

图 3-64 延时断开控制的梯形图

（3）使用多个定时器接力组合的扩展定时控制。定时器的计时时间都有一个最大值，如 100ms 的定时器最大计时时间为 3276.7s。如果工程中所需的延时时间大于定时器的最大计时时间，一个最简单的方法是采用定时器接力计时方式。即先启动一个定时器计时，计时时间到时，用第一只定时器的动合触点启动第二只定时器，再使用第二只定时器启动第三只……。如图 3-65 所示的梯形图，启动按钮 SB 接于 X0，按下启动按钮 SB，X0 接通，辅助继电器 M0 接通并自锁，同时 T0 接通并开始计时，T0、T1 接力延时 200s+200s=400s 后接通 Y1，T0、T1、T2 接力延时 200s+200s+200s=600s 后接通 Y2。

（4）利用计数器配合定时器扩展定时范围。利用计数器配合定时器获得长延时的梯形图如图 3-66 所示，图中动合触点 X1 闭合是梯形图电路的工作条件。当 X1 保持接通时电路工作，在定时器 T1 的线圈回路中接有定时器 T1 的动断触点，当定时器 T1 的当前值等于设定值时，T1 的动断触点断开，使定时器 T1 复位，复位后定时器 T1 的当前值变为 0，同时定时器 T1 的动断触点恢复闭合，使 T1 重新"得电"，又开始定时，如图 3-67 所示的动作示意图，定时器 T1 就这样周而复始地工作，直到 X1 变为 OFF。T1 的动合触点每 10s 接通一个扫描周期，使计数器 C1 计一个数，当计到 C1 的设定值时，将控制工作对象 Y0 接通。对于 100ms 定时器，总的定时时间=0.1×定时器的时间设定值×计数器的设定值。X2 为计数器 C1 的复位条件。

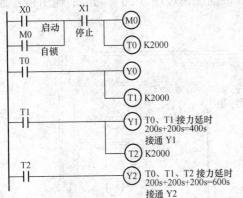

图 3-65　使用多个定时器接力组合的扩展定时控制

图 3-66　计数器配合定时器延时 1000s

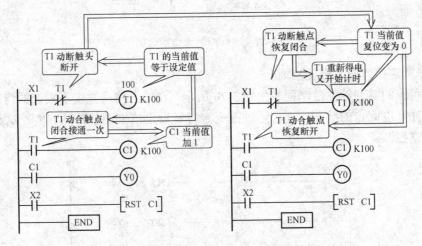

图 3-67　计数器配合定时器延时动作示意图

### 6. 闪烁控制

闪烁控制的梯形图如图 3-68（a）所示，其波形图如图 3-68（b）所示。假设开始时定时器 T0 和 T1 均为 OFF。当 X0 为 ON 后，X0 动合触点闭合接通，定时器 T0 得电开始计时，2s 后 T0 定时的时间到，T0 的动合触点闭合接通，使 Y0 得电，同时使 T1 也通电开始计时，1s 后 T1 定时的时间到，T1 的动断触点断开，使 T0 失电，T0 动合触点恢复断开，使 Y0 变为 OFF，同时使 T1 也断电，T1 的动断触点复位闭合，T0 又开始定时，动作示意图如图 3-69 所示，Y0 就这样周期性地得电和失电，直到 X0 变为 OFF。Y0 得电和失电的时

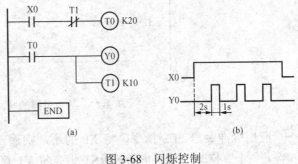

(a)

(b)

图 3-68　闪烁控制

（a）梯形图；（b）波形图

间分别等于 T1 和 T0 的设定值。

闪烁控制的梯形图实际上是一个具有正反馈的振荡程序，T0 和 T1 的输出信号通过触点分别控制对方的线圈，形成了正反馈。

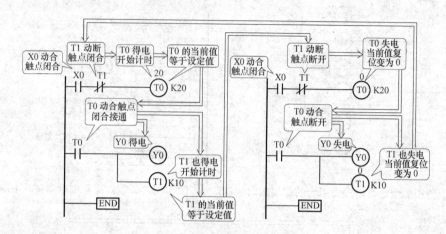

图 3-69　闪烁控制动作示意图

### 7. 脉宽可控的脉冲触发控制

脉宽可控的脉冲触发控制程序如图 3-70 所示，在输入信号宽度不规范的情况下，产生一个脉冲宽度固定的脉冲序列，通过改变定时器设定值来调节脉冲宽度，这种控制又称为单稳态控制。

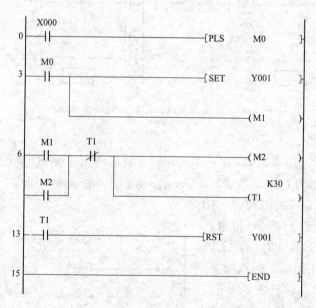

图 3-70　脉宽可控的脉冲触发控制

应用脉冲输出 PLS 指令，将 X0 的不规则输入信号转化为瞬时触发信号，通过 SET 指令将 Y1 置位为"1"，再通过 RST 指令将 Y1 复位为"0"，Y1 置位时间长短由定时器 T1 设定值的大小决定，所以 Y1 的宽度不受 X0 接通时间长短的影响。时序图如图 3-71

190

所示。

### 五、PLC 应用开发的步骤

PLC 控制系统的应用开发包含两个主要内容：硬件配置及软件设计。从开发步骤来说，如图 3-72 所示，它可分以下几步。

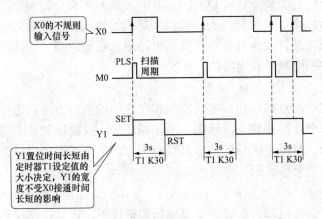

图 3-71　时序图

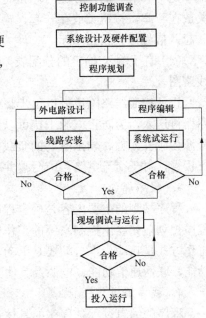

图 3-72　应用开发过程示意图

1. 控制功能调查

首先对被控对象的工艺过程、工作特点、功能和特性进行认真分析，明确控制任务和设计要求，制定出翔实的工作循环图或控制状态流程图。然后，根据生产环境和控制要求确定采用何种控制方式。

2. 系统设计及硬件配置

根据被控对象对控制系统的要求，明确 PLC 系统要完成的任务及所应具备的功能。分析系统功能要求的实现方法并提出 PLC 系统的基本规模及布局。在系统配置的基础上提出 PLC 的机型及具体配置。包括 PLC 的型号、单元模块、输入/输出类型和点数，以及相关的附属设备。选择机型时还要考虑软件对 PLC 功能和指令的要求，还要兼顾经济性。具体的步骤如下：

（1）根据工艺要求，确定为 PLC 提供输入信号的各输入元件的型号和数量、需要控制的执行元件的型号和数量。

（2）根据输入元件和输出元件的型号和数量，可以确定 PLC 的硬件配置，包括输入模块的电压和接线方式、输出模块的输出形式、特殊功能模块的种类。对整体式 PLC 可以确定基本单元和扩展单元的型号。一般在准确地统计出被控设备对输入/输出点数的需求量后，要在实际统计的输入/输出点数基础上加 15%～20% 的备用量，以便今后调整和扩充。同时要充分利用好输入/输出扩展单元，提高主机的利用率。例如，$FX_{2N}$ 系列 PLC 主机分为 16、24、32、64、80、128 点 6 挡可供选择，还有多种输入/输出扩展模块，这样在增加输入/输出点数时，不必改变机型，可以通过扩展模块实现，降低成本。

（3）将系统中的所有输入信号和输出信号集中列表，这个表格叫作"PLC 输入/输出分配表"，表中列出各个信号的代号，每个代号分配一个编程元件号，这和 PLC 的接线端子是一一对应的，分配时尽量将同类型的输入信号放在一组，比如输入信号的接近开关放在一起，按钮类放在一起，输出信号为同一电压等级的放在一组，如接触器类放在一起，信号灯类放在一起。

（4）有了输入/输出的分配表，就可以绘制 PLC 的外部线路图，以及其他的电气控制线路图。

设计控制线路除遵循以上步骤外，还要注意对 PLC 的保护，对输入电源一般要经断路器再送入，为防止电源干扰可以设计 1:1 的隔离变压器或增加电源滤波器；当输入信号源为感性元件、输出驱动的负载为感性元件时，对于直流电路应在它们两端并联续流二极管，对于交流电路，应两端并联阻容吸收电路。

3. 程序规划

程序规划的主要内容是确定程序的总体结构，各功能块程序之间的接口方法。进行程序规划前先绘出控制系统的工作循环图或状态流程图。工作循环图应反映控制系统的工作方式是自动、半自动还是手动，是单机运行还是多机联网运行，是否需要故障报警功能、联网通信功能、电源及其他紧急情况的处理功能等。

4. 程序编辑

程序的编辑过程是程序的具体设计过程。在确定了程序结构前提下，可以使用梯形图也可以使用指令表完成程序。程序设计使用哪种方法要根据需要，运用经验法、状态法、逻辑法或多种方法综合使用。在编写程序的过程中，需要及时对编出的程序进行注释，以免忘记其相互关系，要随编随注。注释包括程序的功能、逻辑关系说明、设计思想、信号的来源和去向，以便阅读和调试。

5. 系统模拟运行

将设计好的程序输入 PLC 后，首先要检查程序，并改正输入时出现的错误，然后，在实验室进行模拟调试。现场的输入信号可用开关钮来模拟，各输出量的状态通过 PLC 上的发光二极管或编程器上的显示判断，一般不接实际负载。

6. 现场调试与运行

将调试好的程序传送到现场使用的 PLC 存储器中，连接好 PLC 与输入信号以及驱动负载的接线。当确认连接无误后，就可进行现场调试，并及时解决调试时发现的软件和硬件方面的问题，直到满足工艺流程和系统控制要求。并根据调试的最终结果，整理出完整的技术文件，如电气接线图、功能表图、带注释的梯形图以及必要的文字说明等。

**六、三相异步电动机循环正反转的定时控制**

控制要求：按下启动按钮，电动机正转 3s，停 2s，反转 3s，停 2s，如此循环 5 个周期，然后自动停止。按下停止按钮，电动机停转；电动机过载停转，热继电器属于自动复位型。

（1）确定 I/O 信号、画 PLC 的外部接线图。

PLC 的输入信号：启动按钮 SB1、停止按钮 SB3、热继电器 FR。

PLC 的输出信号：正转接触器 KM1、反转接触器 KM2。

PLC 的 I/O 点分配见表 3-6。根据 I/O 信号的对应关系，可画出 PLC 的外部接线图。

表 3-6                 PLC 的 I/O 点分配

| 输入口分配 | | 输出口分配 | |
|---|---|---|---|
| 输入设备 | PLC 输入继电器 | 输出设备 | PLC 输出继电器 |
| SB1（启动按钮） | X0 | KM1（正转接触器） | Y1 |
| SB3（停止按钮） | X1 | KM2（反转接触器） | Y2 |
| FR（热继电器） | X2 | | |

（2）设计三相异步电动机循环正反转的梯形图。三相异步电动机循环正反转的梯形图如图 3-73 所示，时序图如图 3-74 所示，其梯形图程序图解如图 3-75～图 3-82 所示。

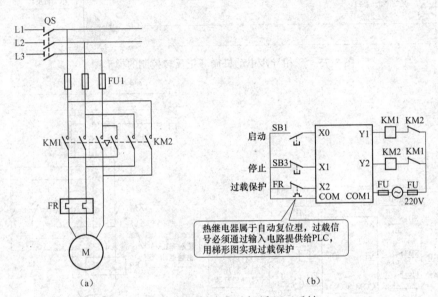

图 3-73 三相异步电动机循环正反转

（a）主电路；（b）PLC 接线图

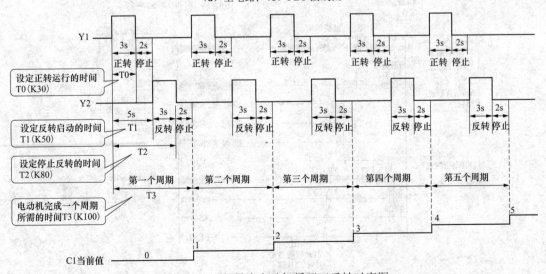

图 3-74 三相异步电动机循环正反转时序图

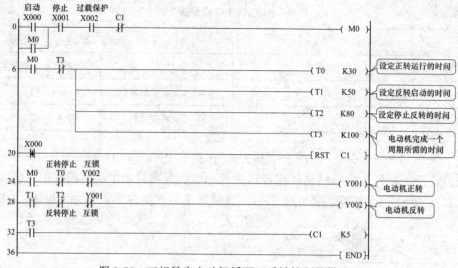

图 3-75　三相异步电动机循环正反转控制的梯形图

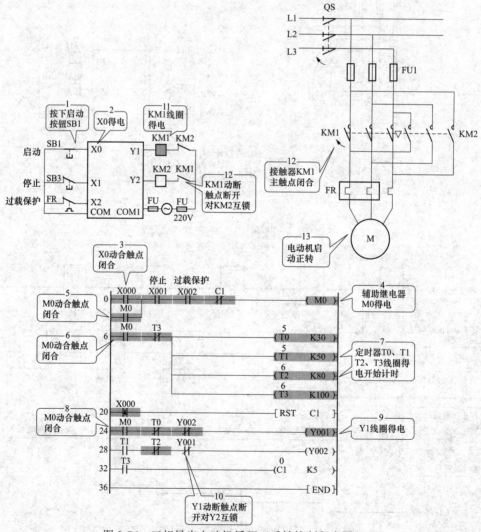

图 3-76　三相异步电动机循环正反转控制程序图解 1

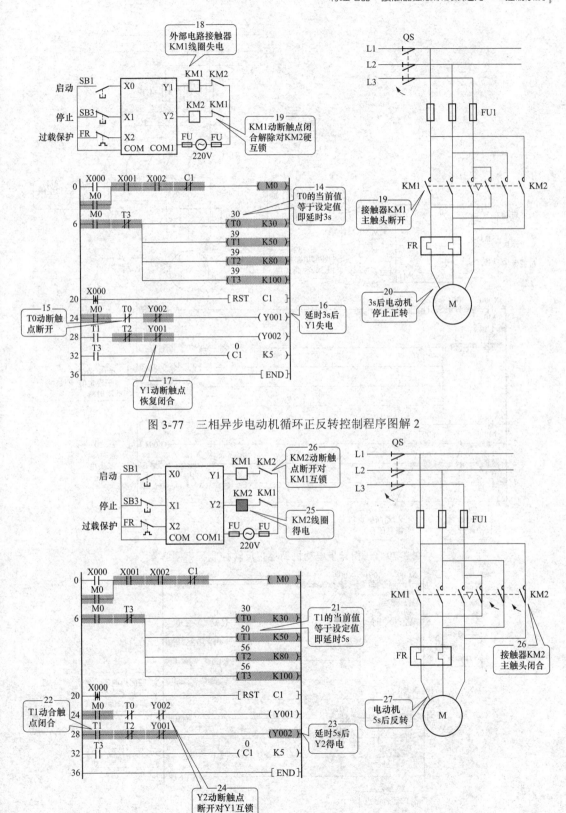

图 3-77　三相异步电动机循环正反转控制程序图解 2

图 3-78　三相异步电动机循环正反转控制程序图解 3

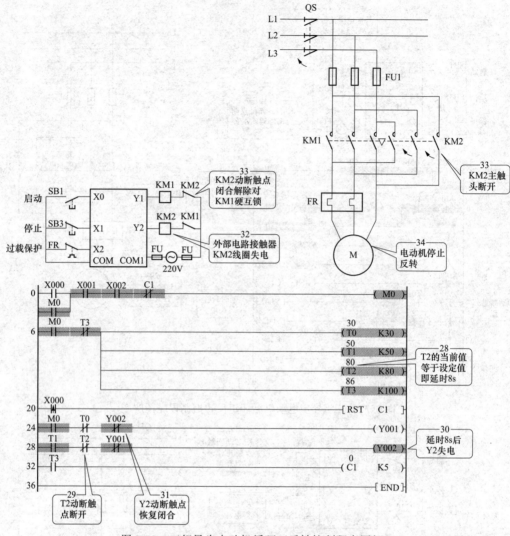

图 3-79　三相异步电动机循环正反转控制程序图解 4

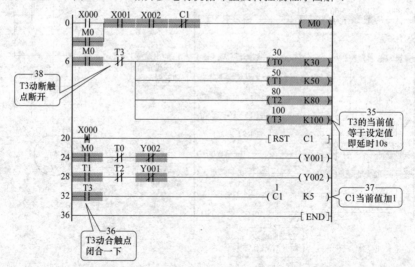

图 3-80　三相异步电动机循环正反转控制程序图解 5

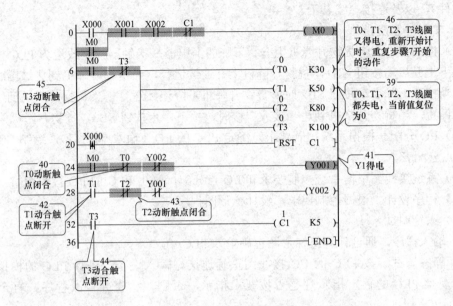

图 3-81　三相异步电动机循环正反转控制程序图解 6

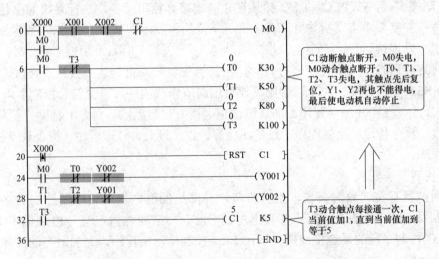

图 3-82　三相异步电动机循环正反转控制程序图解 7

● **实训项目　将货物升降机上升、下降的继电器—接触器控制改造为 PLC 控制系统**

1. 实训目的

（1）能够编制 PLC 的 I/O 分配表，并绘制 PLC 的 I/O 接线图。

（2）能够运用三菱 PLC 的编程软件编制梯形图程序和指令表程序。

（3）能够完成三菱 FX$_{2N}$ 系列 PLC 的接线、编程与调试。

（4）应用 PLC 技术将继电器—接触器控制系统改造为 PLC 控制系统。

2. 实训器材

实训器材包括：PLC 1 台（FX$_{2N}$ 型）、交流接触器 2 个、热继电器 1 个、按钮开关 3 个、熔断器、实训控制台 1 个、电动机 1 台、电工常用工具 1 套、计算机 1 台（已安装编程软件），以及连接导线若干。

3. 实训内容及指导

（1）控制要求。将货物升降机上升、下降的继电器—接触器控制改造为 PLC 控制系统。按下上升启动按钮 SB1，货物升降机上升连续运行，当货物升降机到达二楼时自动停止。当按下下降启动按钮 SB2 时，货物升降机下降连续运行，当货物升降机到达一楼时自动停止。当货物升降机到达一楼或二楼时，按下停止按钮 SB3，货物升降机停止。

（2）I/O 分配。根据系统控制要求，确定 PLC 的 I/O（输入/输出口），绘制 I/O 设备及 I/O 点分配表。

（3）系统接线。根据系统控制要求和 I/O 点分配，画出 PLC 的 I/O 接线图。

（4）程序设计。根据控制要求，设计梯形图程序。

（5）系统调试。

1）输入程序，通过计算机梯形图正确输入 PLC 中。

2）静态调试。按 PLC 的 I/O 接线图正确连接好输入设备，进行 PLC 的模拟静态调试，观察 PLC 的输出指示灯是否按要求指示，否则，检查并修改程序，直至指示正确。

3）动态调试。按 PLC 的 I/O 接线图正确连接好输出设备，进行系统的空载调试，观察能否按控制要求实现货物升降机上升、下降的控制，即按下上升启动按钮 SB1，货物升降机上升连续运行，当到达二楼时自动停止。当按下下降启动按钮 SB2 时，货物升降机下降连续运行，当到达一楼时自动停止。当货物升降机到达一楼或二楼时，按下停止按钮 SB3，货物升降机停止。否则，检查电路或修改程序，直至符合控制要求。

4）修改、打印并保存程序。动态调试正确后，练习删除、复制、粘贴、删除连线、绘制连线、程序传送、监视程序、设备注释等操作，最后，打印程序（指令表及梯形图）并保存程序。

4. 实训报告要求

实训前撰写实训预习报告，根据将货物升降机的继电器—接触器控制线路改造为 PLC 控制系统的工作过程，写出实训器材的名称、规格和数量，确定 PLC 的 I/O 分配，画出 PLC 控制系统的系统接线图，设计 PLC 控制梯形图程序，并加适当的注释，写出实训操作步骤。

5. 实训思考

（1）总结应用 PLC 技术将继电器—接触器控制线路改造为的 PLC 控制系统的方法和步骤。

（2）撰写 PLC 编程的心得体会和实践编程的经验、技巧，评价自己在小组合作中所发挥的作用，总结个人的不足之处，思考如何不断提升自身综合素质。

● 实训项目　自动往返的 PLC 控制

1. 实训目的

（1）能够编制 PLC 的 I/O 分配表，并绘制 PLC 的 I/O 接线图。

（2）能够运用三菱 PLC 的编程软件编制梯形图程序和指令表程序。

（3）能够完成三菱 $FX_{2N}$ 系列 PLC 的接线、编程与调试。

（4）应用 PLC 技术将继电器—接触器控制系统改造为 PLC 控制系统。

2. 实训器材

实训器材如下：PLC 1 台（FX$_{2N}$ 型）、交流接触器 2 个、热继电器 1 个、按钮开关 3 个、限位开关 4 个、熔断器、实训控制台 1 个、电动机 1 台、电工常用工具 1 套、计算机 1 台（已安装编程软件），以及连接导线若干。

3. 实训内容及指导

（1）控制要求。自动往返控制的示意图如图 3-83 所示，将自动往返控制的继电器—接触器控制线路改造为功能相同的 PLC 控制系统。

图 3-83  自动往返控制的示意图

（2）I/O 分配。根据系统控制要求，确定 PLC 的 I/O（输入/输出口）。

（3）系统接线。根据系统控制要求和 I/O 点分配，画出 PLC 的系统接线图。

（4）程序设计。根据控制要求，设计自动往返控制的梯形图程序。

（5）系统调试。

1）输入程序。通过计算机梯形图正确输入 PLC 中。

2）静态调试。按 PLC 的 I/O 接线图正确连接好输入设备，进行 PLC 的模拟静态调试，观察 PLC 的输出指示灯是否按要求指示，否则，检查并修改程序，直至指示正确。

3）动态调试。按 PLC 的 I/O 接线图正确连接好输出设备，进行系统的空载调试，观察能否按自动往返控制要求实现。否则，检查电路或修改程序，直至符合控制要求。

4）修改、打印并保存程序。动态调试正确后，练习删除、复制、粘贴、删除连线、绘制连线、程序传送、监视程序、设备注释等操作，最后，打印程序（指令表及梯形图）并保存程序。

4. 实训报告

实训前撰写实训预习报告。根据将自动往返控制的继电器—接触器控制线路改造为 PLC 控制系统的工作过程，写出实训器材的名称规格和数量，确定 PLC 的 I/O 分配，画出 PLC 控制系统的系统接线图，设计 PLC 控制梯形图程序，并加适当的注释，写出实训操作步骤。

5. 实训思考

撰写 PLC 实训的心得体会和实践编程的经验、技巧，评价自己在小组合作中所发挥的作用，总结个人的不足之处，思考如何不断提升自身综合素质。

◆ 实训项目  三相异步电动机的丫—△降压启动的 PLC 控制

1. 实训目的

（1）能够编制 PLC 的 I/O 分配表，并绘制 PLC 的 I/O 接线图。

（2）能够运用三菱 PLC 的编程软件编制梯形图程序和指令表程序。

（3）能够完成三菱 FX$_{2N}$ 系列 PLC 的接线、编程与调试。

（4）应用 PLC 技术将继电器—接触器控制系统改造为 PLC 控制系统。

2．实训器材

实训器材如下：PLC 1 台（FX$_{2N}$ 型）、交流接触器 3 个、热继电器 1 个、按钮开关 3 个、熔断器、实训控制台 1 个、电动机 1 台、电工常用工具 1 套、计算机 1 台（已安装编程软件），以及连接导线若干。

3．实训内容及指导

（1）控制要求。将丫—△降压启动的继电器—接触器控制线路改造为功能相同的 PLC 控制系统。

（2）I/O 分配。根据系统控制要求，确定 PLC 的 I/O（输入/输出口），绘制 I/O 设备及 I/O 点分配。

PLC 的输入信号：启动按钮 SB1、停止按钮 SB2、热继电器 FR。

PLC 的输出信号：电源接触器 KM1、丫连接接触器 KM3、△连接接触器 KM2。

（3）系统接线。根据系统控制要求和 I/O 点分配，画出电动机的丫—△降压启动的接线图。

（4）程序设计。根据控制要求，设计梯形图程序。

（5）系统调试。

1）输入程序。通过计算机梯形图正确输入 PLC 中。按 PLC 的 I/O 接线图正确连接好输入设备，进行 PLC 的模拟静态调试，观察 PLC 的输出指示灯是否按要求指示，否则，检查并修改程序，直至指示正确。

2）动态调试。按 PLC 的 I/O 接线图正确连接好输出设备，进行系统的空载调试，观察能否按控制要求实现电动机的丫—△降压启动控制。否则，检查电路或修改程序，直至符合控制要求。

3）修改、打印并保存程序。动态调试正确后，练习删除、复制、粘贴、删除连线、绘制连线、程序传送、监视程序、设备注释等操作，最后，打印程序（指令表及梯形图）并保存程序。

4．实训报告

实训前撰写实训预习报告。根据电动机的丫—△降压启动控制线路改造为 PLC 控制系统的工作过程，写出实训器材的名称、规格和数量，确定 PLC 的 I/O 分配，画出 PLC 控制系统的系统接线图，设计 PLC 控制梯形图程序，并加适当的注释，写出实训操作步骤。

5．实训思考

撰写 PLC 编程的心得体会和实践编程的经验、技巧，评价自己在小组合作中所发挥的作用，总结个人的不足之处，思考如何不断提升自身综合素质。

# 习　题

一、填空题

1．PLC 中的继电器等编程元件不是实际物理元件，而只是计算机存储器中一定的位，它的所谓接通是相应存储单元置_____。

2. 编程元件中只有_____和_____的元件号采用八进制数。

3. _____是初始化脉冲，在_____时，它 ON 一个扫描周期。当 PLC 处于 RUN 状态时，M8000 一直为_____。

4. FX$_{2N}$-48MR 中 48、M 和 R 的含义分别是_____、_____、_____。

5. 可编程控制器的点数即_____和_____的总和。

6. 计数器当前值等于设定值时，其动合触点_____、动断触点_____，再来计数脉冲时当前值_____。

7. 定时器的线圈_____时开始定时，定时时间到时其动合触点_____、动断触点_____。

8. 对梯形图进行语句编程时，应遵循从_____到_____，自_____而_____的原则进行。

9. 梯形图中的阶梯都是从_____开始，终于_____。线圈只能接在_____的母线，不能直接接在_____母线，并且所有的触点不能放在线圈的_____边。

## 二、简答题

1. FX$_{2N}$ 系列 PLC 的输出电路有哪几种形式，各自的特点是什么？

2. 简述 FX$_{2N}$ 系列的基本单元、扩展单元和扩展模块的用途。

3. 简述输入继电器、输出继电器、定时器及计数器的用途。

4. 定时器和计数器各有哪些使用要素？如果梯形图线圈前的触点是工作条件，那么定时器和计数器的工作条件有什么不同？

# 任务三　自动台车的 PLC 控制

## 任务要点

　　以任务"自动台车的 PLC 控制"为驱动，介绍梯形图经验设计法，重点讲述自动台车的 PLC 控制程序设计步骤，并通过完成实训项目"彩灯闪亮循环控制""建筑消防排烟系统 PLC 控制"，提高学生 PLC 的接线、编程与调试的技能，引导学生树立安全用电意识，培养良好的职业素养，树立社会主义职业道德观，培养团结协作意识和严谨认真、精益求精、追求完美的工匠精神。

## 一、梯形图经验设计法

1. PLC 控制系统梯形图的特点

（1）PLC 控制系统的输入信号和输出负载。继电器电路图中的交流接触器和电磁阀等执行机构用 PLC 的输出继电器来控制，它们的线圈接在 PLC 的输出端。按钮、控制开关、限位开关、接近开关等用来给 PLC 提供控制命令和反馈信号，它们的触点接在 PLC 的输入端。

（2）继电器电路图中的中间继电器和时间继电器的功能用 PLC 内部的辅助继电器和定时器来完成，它们与 PLC 的输入继电器和输出继电器无关。

（3）设置中间单元。在梯形图中，若多个线圈都受某一触点串并联电路的控制，为了简化电路，在梯形图中可设置用该电路控制的辅助继电器，辅助继电器类似于继电器电路中的中间继电器。

（4）时间继电器瞬动触点的处理。除了延时动作的触点外，时间继电器还有在线圈得电或失电时马上动作的瞬动触点。对于有瞬动触点的时间继电器，可以在梯形图中对应的定时器的线圈两端并联辅助继电器，后者的触点相当于时间继电器的瞬动触点。

（5）断电延时的时间继电器的处理。FX 系列 PLC 没有相同功能的定时器，但是可以用线圈通电后延时的定时器来实现断电延时功能。

（6）外部联锁电路的设立。为了防止控制正反转的两个接触器同时动作，造成三相电源短路，除了在梯形图中设置与它们对应的输出继电器的线圈串联的动断触点组成的软互锁电路外，还应在 PLC 外部设置硬互锁电路。

（7）热继电器过载信号的处理。如果热继电器属于自动复位型，则过载信号必须通过输入电路提供给 PLC，用梯形图实现过载保护。如果属于手动复位型热继电器，则其动断触点可以接在 PLC 的输出电路中与控制电动机的交流接触器的线圈串联。

（8）外部负载的额定电压。PLC 的继电器输出模块和双向晶闸管输出模块，一般只能驱动额定电压 220V（AC）的负载，如果系统原来的交流接触器的线圈电压为 380V 时，应将线圈换成 220V 的，或在 PLC 外部设置中间继电器。

2. 经验设计法

以上实例编程使用的方法为经验设计法。顾名思义，经验法是依据设计者的经验进行设计的方法。

（1）经验设计法的要点。

1）PLC 的编程，从梯形图来看，其根本点是找出符合控制要求的系统各个输出的工作条件，这些条件又总是用机内各种器件按一定的逻辑关系组合实现的。

2）最好从工程安全的角度考虑 PLC 输入信号。在任务一三相异步电动机单向运转的 PLC 控制已经阐述清楚，要从安全的角度出发，最好采用停止按钮 SB2 的动断触头作为 PLC 的输入信号。

3）梯形图的基本模式为启—保—停电路。每个启—保—停电路一般只针对一个输出，这个输出可以是系统的实际输出，也可以是中间变量。

4）梯形图编程中有一些约定俗成的基本环节，它们都有一定的功能，可以像摆积木一样在许多地方应用。

（2）经验法编程步骤。

1）在准确了解控制要求后，合理地为控制系统中的事件分配输入/输出口。选择必要的机内器件，如定时器、计数器、辅助继电器。

2）对于一些控制要求较简单的输出，可直接写出它们的工作条件，依据启—保—停电路模式完成相关的梯形图支路，工作条件稍复杂的可借助辅助继电器。

3）对于较复杂的控制要求，为了能用启—保—停电路模式绘出各输出口的梯形图，要正确分析控制要求，并确定组成总的控制要求的关键点。

4）将关键点用梯形图表达出来。关键点总是用机内器件来表达的，在安排机内器件时需要合理安排。绘关键点的梯形图时，可以使用常见的基本环节，如定时器计时环节、振荡环节等。

5）在完成关键点梯形图的基础上，针对系统最终的输出进行梯形图的编绘。使用关键点综合出最终输出的控制要求。

6）审查以上草绘图纸，在此基础上，补充遗漏的功能，更正错误，进行最后的完善。

最后需要说明的是经验设计法并无一定的章法可循。在设计过程中如果发现初步的设计构想不能实现控制要求时，可换个角度试一试。

**二、自动台车控制的经验法编程**

某自动台车在启动前位于导轨的中部，如图 3-84 所示。

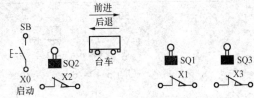

其一个工作周期的控制工艺要求是：按下启动按钮 SB，台车电机 M 正转，台车前进，碰到限位开关 SQ1 后，台车电机 M 反转，台车后退。台车后退碰到限位开关 SQ2 后，台车电机 M 停转，台车停车，停 6s，第二次前进，碰到限位开关 SQ3 后，再次后退。当后退再次碰到限位开关 SQ2 时，台车停止。

图 3-84　自动台车的控制示意图

**1. 确定 I/O 信号、画 PLC 的外部接线图**

PLC 的输入信号：启动按钮 SB、限位开关 SQ1、限位开关 SQ2、限位开关 SQ3。

PLC 的输出信号：正向运行接触器 KM1、反向运行接触器 KM2。

I/O 点分配见表 3-7。根据 I/O 信号的对应关系，可画出 PLC 的外部接线图，如图 3-85 所示。

表 3-7　　　　　　　　　　　　　　　　**I/O 点分配**

| 输入口分配 | | 输出口分配 | |
| --- | --- | --- | --- |
| 输入设备 | PLC 输入继电器 | 输出设备 | PLC 输出继电器 |
| SB（启动按钮） | X0 | KM1（正向运行接触器） | Y1 |
| SQ1（限位开关） | X1 | KM2（反向运行接触器） | Y2 |
| SQ2（限位开关） | X2 | | |
| SQ3（限位开关） | X3 | | |

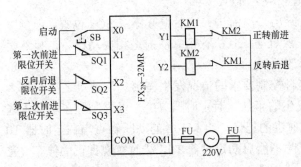

图 3-85　PLC 的 I/O 接线图

**2. 设计梯形图**

程序设计步骤如下。

（1）分析。本例的输出较少，但控制工况比较复杂。分为第一次前进、第一次后退、第二次前进、第二次后退。根据对启—保—停电路的分析，梯形图设计的根本目标是找出符合控制要求的以输出为对象的工作条件。本例的输出是代表电机前进及后退的两个接触

器。分析电机前进和后退的条件,如图 3-86 所示,得出以下几点:

第一次前进:从启动按钮 SB(X0)按下开始至碰到 SQ1(X1)为止。

第二次前进:由碰到 SQ2 引起的定时器延时时间到开始至碰到 SQ3 为止,定时器选用 T0。

第一次后退:从碰到 SQ1 时起至碰到 SQ2 为止。

第二次后退:从碰到 SQ3 时起至碰到 SQ2 为止。

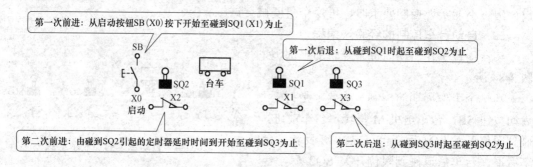

图 3-86　控制要求分析图解

(2)绘制梯形图。绘制第一次前进的支路。依启—保—停电路的基本模式,以启动按钮 X0 为启动条件,限位开关 X1 的动合触点为停止条件,选用辅助继电器 M100 为代表第一次前进的中间变量。

绘制第二次前进的支路。依旧是启—保—停电路模式,启动信号是定时器 T0 计时时间到,停止条件为限位开关 X3 的动合触点,选 M101 为代表第二次前进的中间变量,为了得到 T0 的计时时间到的条件,还要将定时器工作条件相关的梯形图绘出。

绘制总的前进梯形图支路。综合中间继电器 M100 及 M101,得到总的前进梯形图。

绘制后退梯形图支路。由绘制二次前进梯形图的经验,后退梯形图中没有使用辅助继电器,而是将二次后退的启动条件并联置于启—保—停电路的启动条件位置,它们分别是 X1 及 X3,停止条件为 X2。

最后对前边绘制出的各个支路补充完善。如在后退支路的启动条件 Xl 后串入 M101 的动断触点,以表示 X1 条件在第二次前进时无效,针对 Y1、Y2 不能同时工作,在它们的支路中设有互锁触点等。

依以上步骤设计出的梯形图草图如图 3-87 所示。

以上梯形图虽然能使台车在启动后经历二次前进二次后退并停在 SQ2 位置,但延时 6s 后台车将在未按启动按钮情况下又一次启动,且执行第二次前进相关动作。这显然是程序存在着缺陷。这程序还要做哪些修改呢?

(3)完善梯形图。以上提及的不符合控制要求的情况发生在第二次前进之后,那么可以设法让 PLC "记住"第二次前进发生的事件,对定时器 T0 加以限制,在本例中选择了辅助继电器 M102 以实现对第二次前进的记忆,将 M102 的动断触点串在定时器 T0 线圈的前面,保证第二次后退碰到 SQ2 时不能启动定时器 T0,从而实现真正的停车。完善后的梯形图如图 3-88 所示。

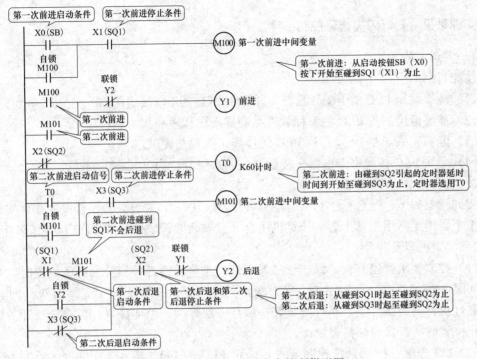

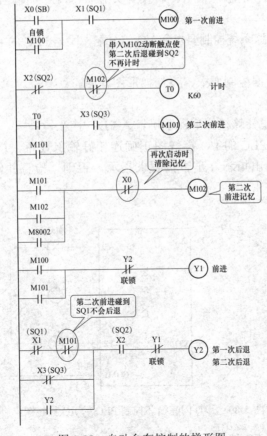

图 3-87 未完善的自动台车控制梯形图

图 3-88 自动台车控制的梯形图

● 实训项目　彩灯闪亮循环控制

1. 实训目的

技能目标如下：

（1）能够编制 PLC 的 I/O 分配表，并绘制 PLC 的 I/O 接线图。

（2）能够运用三菱 PLC 的编程软件编制梯形图程序和指令表程序。

（3）能够完成三菱 $FX_{2N}$ 系列 PLC 的接线、编程与调试。

（4）应用 PLC 技术将继电器—接触器控制系统改造为 PLC 控制系统。

2. 实训器材

实训器材如下：PLC 1 台（$FX_{2N}$ 型），黄、绿、红三盏彩灯，转换开关 1 个，实训控制台 1 个，电工常用工具 1 套，计算机 1 台（已安装编程软件），以及连接导线若干。

3. 实训内容及指导

（1）控制要求。现有黄、绿、红三盏彩灯，当将转换开关旋转到启动位置时，黄灯亮，间隔 5s，绿灯亮，再间隔 5s，黄灯灭，同时红灯亮；间隔 5s 后，绿灯灭；间隔 5s 后，红灯灭，同时黄灯亮。彩灯按黄灯—绿灯—红灯顺序循环往复。当将转换开关旋转到停止位置时，三盏彩灯都会熄灭。

（2）I/O 分配。根据系统控制要求，确定 PLC 的 I/O（输入/输出口），绘制 I/O 设备及 I/O 点分配表。PLC 的输入信号：转换开关 SA1；PLC 的输出信号：黄灯、绿灯、红灯。

（3）系统接线。根据系统控制要求和 I/O 点分配，画出 PLC 的 I/O 接线图，如图 3-89 所示。

（4）程序设计。根据控制要求，设计梯形图程序。

（5）系统调试。

1）输入程序。通过计算机梯形图正确输入 PLC 中。

2）静态调试。按 PLC 的 I/O 接线图正确连接好输入设备，进行 PLC 的模拟静态调试，观察 PLC 的输出指示灯是否按要求指示，否则，检查并修改程序，直至指示正确。

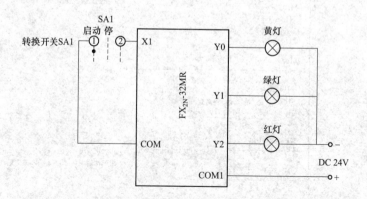

图 3-89　彩灯闪亮循环控制 PLC 的 I/O 接线图

3）动态调试。按 PLC 的 I/O 接线图正确连接好输出设备，进行系统的空载调试，观察能否按控制要求实现彩灯闪亮循环控制。否则，检查电路或修改程序，直至符合控制要求。

4）修改、打印并保存程序。动态调试正确后，练习删除、复制、粘贴、删除连线、绘制连线、程序传送、监视程序、设备注释等操作，最后，打印程序（指令表及梯形图）并保存程序。

4. 实训报告

实训前撰写实训预习报告。根据彩灯闪亮循环控制要求，写出实训器材的名称规格和数量，确定 PLC 的 I/O 分配，画出 PLC 控制系统的系统接线图，设计 PLC 控制梯形图程序，并加适当的注释，写出实训操作步骤。

5. 实训思考

撰写 PLC 实训的心得体会和实践编程的经验、技巧，评价自己在小组合作中所发挥的作用，总结个人的不足之处，思考如何不断提升自身综合素质。

### 实训项目 建筑消防排烟系统的 PLC 控制

1. 实训目的

（1）能够编制 PLC 的 I/O 分配表，并绘制 PLC 的 I/O 接线图。

（2）能够运用三菱 PLC 的编程软件编制梯形图程序和指令表程序。

（3）能够完成三菱 $FX_{2N}$ 系列 PLC 的接线、编程与调试。

（4）应用 PLC 技术实现实际工程的 PLC 控制。

2. 实训器材

实训器材如下：可编程控制器 1 台（$FX_{2N}$ 型）、交流接触器 2 个、热继电器 2 个、按钮开关 5 个（其中一个按钮开关用来代替感烟火灾探测器）、指示灯 2 个、报警铃 1 个、熔断器、实训控制台 1 个、电工常用工具 1 套、计算机 1 台（已安装编程软件），以及连接导线若干。

3. 实训内容及指导

（1）控制要求。在火灾发生前期，建筑中的感烟火灾探测器检测到烟雾，会发出报警声同时自动启动排烟系统进行排烟。具体排烟的过程如下：PLC 接收到感烟火灾探测器发出火灾信号，自动启动排风机 M1，同时排风机运行指示灯点亮；延时 1s 后，送风机 M2 启动，同时送风机运行指示灯点亮，并接通报警铃报警。当火灾烟雾排尽后，系统手动停机；排风机、送风机也可以手动控制启动停止。

（2）I/O 分配。根据系统控制要求，确定 PLC 的 I/O（输入/输出口），绘制 I/O 设备及 I/O 点分配表。

（3）系统接线。根据系统控制要求和 I/O 点分配，画出 PLC 的 I/O 接线图。

（4）程序设计。根据控制要求，设计建筑消防排烟系统 PLC 控制梯形图程序。

（5）系统调试。

1）输入程序。通过计算机梯形图正确输入 PLC 中。

2）静态调试。按 PLC 的 I/O 接线图正确连接好输入设备，进行 PLC 的模拟静态调试，观察 PLC 的输出指示灯是否按要求指示，否则，检查并修改程序，直至指示正确。

3）动态调试。按 PLC 的 I/O 接线图正确连接好输出设备，进行系统的空载调试，观察能否按建筑消防排烟系统 PLC 控制要求实现。否则，检查电路或修改程序，直至符合控制要求。

4）修改、打印并保存程序。动态调试正确后，练习删除、复制、粘贴、删除连线、绘制连线、程序传送、监视程序、设备注释等操作，最后，打印程序（指令表及梯形图）并保存程序。

4. 实训报告要求

实训前撰写实训预习报告。根据建筑消防排烟系统 PLC 控制要求，写出实训器材的名称规格和数量，确定 PLC 的 I/O 分配，画出 PLC 控制系统的系统接线图，设计 PLC 控制梯形图程序，并加适当的注释，写出实训操作步骤。

5. 实训思考

撰写 PLC 实训的心得体会和实践编程的经验、技巧，评价自己在小组合作中所发挥的作用，总结个人的不足之处，思考如何不断提升自身综合素质。

# 习　题

1. 两台电动机交替顺序控制，电动机 M1 工作 10s 停下来，紧接着电动机 M2 工作 5s 停下来，然后再交替工作；按下停止按钮，电动机 M1、M2 全部停止运行。用经验法编写梯形图，要求写出 I/O 点分配，并画出 PLC 的 I/O 接线图。

2. 三台电动机的循环启停运转控制设计：按下启动按钮开始运行，要求它们相隔 5s 启动，各运行 10s 停止，并循环。用经验法编写梯形图，要求写出 I/O 点分配，并画出 PLC 的 I/O 接线图。

3. 三组抢答器：儿童 2 人、青年学生 1 人和教授 2 人组成 3 组抢答。儿童任一人按钮均可抢得，教授需要两人同时按钮可抢得，在主持人按钮同时宣布开始后 10s 内有人抢答则幸运彩球转动表示庆贺。用经验法编写梯形图，要求写出 I/O 点分配，并画出 PLC 的 I/O 接线图。

4. 五组抢答器控制设计。5 个队参加抢答比赛，比赛规则及所使用的设备如下：设有主持人总台及各个参赛队分台。总台设有总台灯及总台音响，总台开始及总台复位按钮。分台设有分台灯，分台抢答按钮。各队抢答必须在主持人给出题目，说了"开始"并同时按了开始控制钮后的 10s 内进行，如提前抢答，抢答器将报出"违例"信号（违例扣分）。10s 时间到，还无人抢答，抢答器将给出应答时间到信号，该题作废。在有人抢答情况下，抢得的队必须在 30s 内完成答题。如 30s 内还没答完，则作答题超时处理。灯光及音响信号所表示的意义是这样安排的：

音响及某台灯：正常抢得；

音响及某台灯加总台灯：违例；

音响加总台灯：无人应答及答题超时。

在一个题目回答终了后，主持人按下复位按钮。抢答器恢复原始状态，为第二轮抢答做好准备。

用经验法编写梯形图，要求写出 I/O 点分配，并画出 PLC 的 I/O 接线图。

## 任务四　复杂工艺流程的 PLC 控制（状态思想编程）

### 任务要点

扫一扫

以任务"复杂工艺流程的 PLC 控制"为驱动，运用动画图解的方式介绍状态编程思想及步进顺控指令、FX$_{2N}$ 系列 PLC 状态编程方法、SFC 顺序功能图、选择性流程和并行性流程的程序编制，重点讲述交通信号灯的 PLC 控制的多种程序设计思路。并通过完成"彩灯的 PLC 控制""将电动机顺序启动逆序停止的继电器—接触器控制改造为 PLC 控制系统"等实训项目，提高运用状态思想编程解决顺序控制问题的能力，提高 PLC 的接线、编程与调试的技能，引导学生树立安全用电意识，培养良好的职业素养，树立社会主义职业道德观，培养团结协作意识和严谨认真、精益求精、追求完美的工匠精神。

### 一、状态编程思想及步进顺控指令

#### 1. 状态编程思想引入

在介绍状态编程思想之前，先回顾一下任务三应用经验法讨论过的例子：台车自动往返控制系统，如图 3-88 所示的梯形图，可以发现使用经验法及基本指令编制的程序存在以下一些问题：

（1）工艺动作表达烦琐。

（2）梯形图涉及的联锁关系较复杂，处理起来较麻烦。

（3）梯形图可读性差，很难从梯形图看出具体控制工艺过程。

为此，人们一直寻求一种易于构思，易于理解的图形程序设计工具，它应有流程图的直观，又有利于复杂控制逻辑关系的分解与综合，这种图就是状态转移图。为了说明状态转移图，现将小车的各个工作步骤用工序表示，并依工作顺序将工序连接成图 3-90，这就是状态转移图的雏形。

从图 3-90 看到，该图有以下特点：

（1）复杂的控制任务或工作过程分解成了若干个工序。

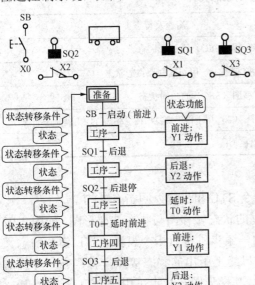

图 3-90　台车自动往返控制的流程图

（2）各工序的任务明确而具体。

（3）各工序间的联系清楚，工序间的转换条件直观。

（4）这种图很容易理解，可读性很强，能清晰地反映整个控制过程，能带给编程人员清晰的编程思路。

其实，将图 3-90 中的"工序"更换为"状态"，就得到了台车自动往返控制的状态转移图，如图 3-91 所示。

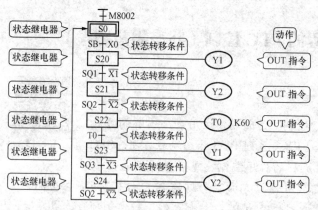

图 3-91 台车自动往返控制的状态转移图图解

状态编程思想即将一个复杂的控制过程分解为若干个工作状态，弄清各个状态的工作细节（状态的功能、转移条件和转移方向），再依据总的控制顺序要求，将这些状态联系起来，形成状态转移图，进而编绘梯形程序。状态转移图是状态编程的重要工具，图 3-91 中以"S□□"标志的方框表示"状态"，方框间的连线表示状态间的联系，方框间连线上的短横线表示状态转移的条件，方框上横向引出的类似于梯形图支路的符号组合表示该状态的任务。而"S□□"是状态继电器，它是 FX_{2N} 系列 PLC 为状态编程特地安排的专用软元件的编号（存储单元的地址）。

2. FX_{2N} 系列 PLC 的状态元件

FX_{2N} 系列 PLC 的状态元件即状态继电器，它是构成状态转移图的重要元件。FX_{2N} 系列 PLC 的状态元件分类及编号见表 3-8。

表 3-8　　　　　　　　　　　　　　FX_{2N} 系列 PLC 的状态元件

| 类别 | 元件编号 | 点数 | 用途及特点 |
|---|---|---|---|
| 初始状态 | S0～S9 | 10 | 用于状态转移图（SFC）的初始状态 |
| 返回原点 | S10～S19 | 10 | 多运行模式控制当中，用作返回原点的状态 |
| 一般状态 | S20～S499 | 480 | 用于状态转移图（SFC）的中间状态 |
| 停电保持状态 | S500～S899 | 400 | 具有停电保持功能，用于停电恢复后需继续执行停电前状态的场合 |
| 信号报警状态 | S900～S999 | 100 | 用作报警元件使用 |

3. FX_{2N} 系列 PLC 的步进顺控指令

PLC 的步进顺控指令有两条：步进接点指令 STL 和步进返回指令 RET。

（1）步进接点指令 STL。台车自动往返控制的状态转移图与状态法梯形图，如图 3-92 所示。图 3-92（b）中的一个状态在梯形图中用一条步进接点指令表示。STL 指令的意义为"激活"某个状态，在梯形图上体现为从主母线上引出的状态接点，有建立子母线的功能，使该状态的所有操作均在子母线上进行。其梯形图符号也可用空心粗线绘出 ─∥─，以与普通常开触点区别。"激活"的第二层意思是采用 STL 指令编程的梯形图区间，只有被激活的程序段才被扫描执行，而且在状态转移图的一个单流程中，一次只有一个状态被激活，被激活的状态有自动关闭激活它的前个状态的能力。这样就形成了状态间的隔离，使编程者在考虑某个状态的工作任务时，不必考虑状态间的联锁。而且当某个状态被关闭时，该状态中以 OUT 指令驱动的输出全部停止，这也使在状态编程区域的不同的状态中使用同一个线圈输出成为可能（并不是所有的 PLC 厂商的产品都是这样）。

（2）步进返回指令 RET。RET 用于返回主母线，梯形图符号为 ─[RET]，使步进顺控程序执行完毕后，非状态程序的操作在主母线上完成，防止出现逻辑错误。状态转移程序的结尾必须使用 RET 指令。

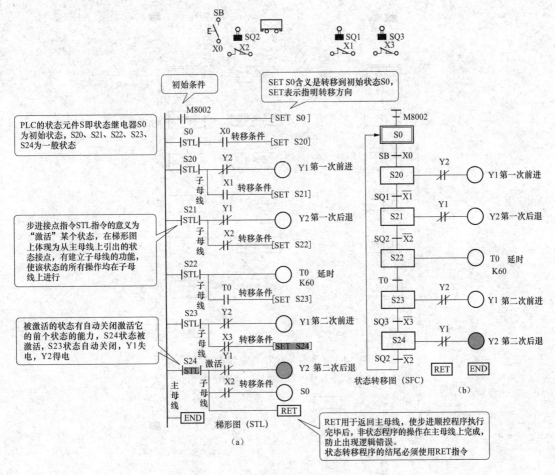

图 3-92  状态转移图与状态梯形图对照图解

(a) 梯形图；(b) 状态转移图

### 4. 运用状态编程思想解决顺控问题的方法步骤

下面仍以台车自动往返控制为例，说明运用状态编程思想设计状态转移图的方法和步骤。

步骤 1：状态分解和分配状态元件。即将整个过程按任务要求分解，其中的每个工序均对应一个状态，并分配状态元件。

如图 3-93 所示，每个工序（或称步）用一矩形方框表示，方框中用文字表示该工序的动作内容或用数字表示该工序的标号。与控制过程的初始状态相对应的步称为初始步，初始步用双线框表示，方框之间用线段连接表示状态间的联系。

步骤 2：弄清每个状态的功能、作用。

如图 3-94 所示，在状态转移图中标明状态功能，例如，在台车自动往返控制实例中：

S0，PLC 上电做好工作准备；

S20，第一次前进（输出 Y1，驱动电动机正转）；

S21，第一次后退（输出 Y2，驱动电动机反转）；

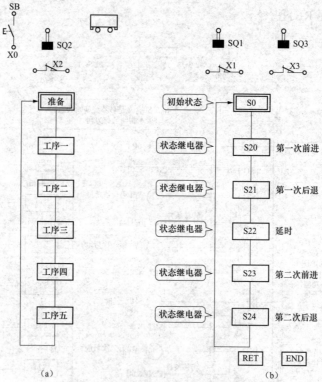

(a)

图 3-93  状态分解和分配状态元件
（a）状态转移流程图；（b）状态转移图

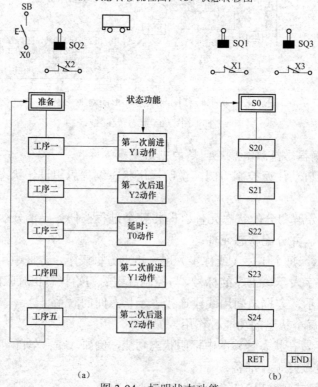

(a)

图 3-94  标明状态功能
（a）状态转移流程图；（b）状态转移图

S22，延时（定时器 T0 延时到 T0 动作）；

S23，第二次前进（输出 Y1，驱动电动机正转）；

S24，第二次后退（输出 Y2，驱动电动机反转）。

各状态的功能是通过 PLC 驱动其各种负载来完成的。负载可由状态元件直接驱动，也可由其他软元件触点的逻辑组合驱动。

步骤 3：找出每个状态的转移条件。

如图 3-95 所示，在状态转移图中标明每个状态的转移条件，方框之间线段上的短横线表示状态转移条件。例如，台车自动往返控制实例中：

S0 转移到 S20，转移条件 SB；

S20 转移到 S21，转移条件 SQ1；

S21 转移到 S22，转移条件 SQ2；

S22 转移到 S23，转移条件 T0；

S23 转移到 S24，转移条件 SQ3。

状态的转移条件可以是单一的，也可以是多个元件的串、并联组合。

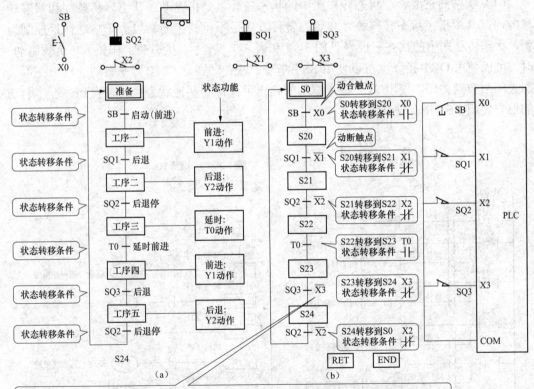

图 3-95　标明转移条件

（a）状态转移流程图；（b）状态转移图

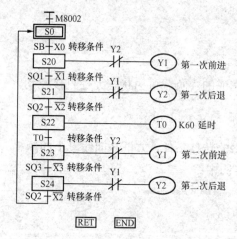

图 3-96 台车自动往返控制状态转移图

流程将在下一节介绍。

通过以上三步,可得到台车自动往返控制状态转移图如图 3-96 所示,每步所驱动的负载(线圈)用线段与方框连接。

**二、FX₂N 系列 PLC 状态编程方法**

运用状态法编程时一般先绘出状态转移图,再由状态转移图转绘出梯形图或编写指令表。

1. 单流程状态转移图的编程

单流程是指状态转移只可能有一种顺序。例如,台车自动往返的控制过程只有一种顺序:S0→S20→S21→S22→S23→S24→S0,没有其他可能,所以称为单流程。实际控制当中并非所有的顺序控制都为一种顺序,含多种路径的叫分支流程。分支流程将在下一节介绍。

2. 单流程状态转移图的编程方法

(1)状态的三要素。状态转移图中的状态三要素是指驱动、状态转移条件和状态转移方向。其中指定状态转移条件和状态转移方向是不可缺少的。以台车自动往返控制为例,状态转移图中的状态三要素见图 3-97 和表 3-9。表达本状态的工作任务(负载驱动)时,可以使用 OUT 指令也可以使用 SET 指令。两者区别是 OUT 指令驱动的输出在本状态关闭后自动关闭,使用 SET 指令驱动的输出可保持到其他状态执行,直到在程序的别的地方使用 RST 指令使其复位。

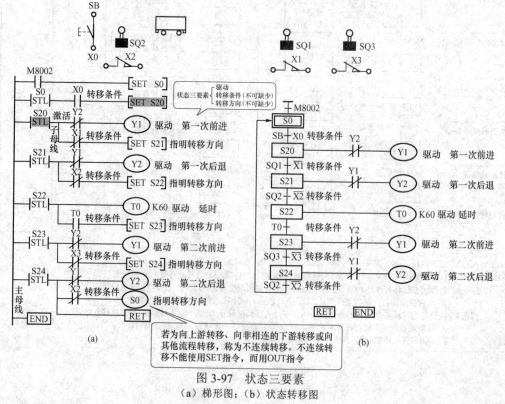

图 3-97 状态三要素
(a)梯形图;(b)状态转移图

表 3-9                                    状 态 三 要 素

| 状态元件 | 状态三要素 | | |
| --- | --- | --- | --- |
| | 驱动 | 转移方向 | 转移条件 |
| S0 | — | S20 | X0 |
| S20 | Y1 | S21 | X1 |
| S21 | Y2 | S22 | X2 |
| S22 | T0 | S23 | T0 |
| S23 | Y1 | S24 | X3 |
| S24 | Y2 | S0 | X2 |

（2）状态转移图的编程方法。步进顺控指令的编程原则是先进行驱动处理，然后进行状态转移处理。状态转移处理就是根据转移方向和转移条件实现向下一个状态的转移。

如图 3-98 所示，从指令表程序可看到，驱动及转移处理，必须要使用 STL 指令，这

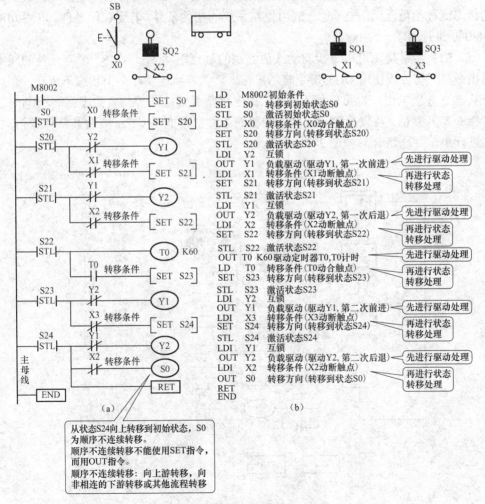

图 3-98　步进顺控指令的编程原则
（a）梯形图；（b）指令表

样才能保证驱动和状态转移都在子母线上进行。状态的转移使用 SET 指令，但若为向上游转移、向非相连的下游转移或向其他流程转移，称为不连续转移。不连续转移不能使用 SET 指令，而用 OUT 指令。

3. 编程要点和注意事项

（1）对状态进行编程处理，必须使用步进接点指令 STL，它表示这些处理（包括驱动、转移）均在该状态接点形成的子母线上进行。

（2）与 STL 步进接点相连的触点应使用 LD 或 LDI 指令，下一条 STL 指令的出现意味着当前 STL 程序区的结束和新的 STL 程序区的开始。RET 指令意味着整个 STL 程序区的结束，LD 点返回左侧母线。每个 STL 步进接点驱动的电路一般放在一起，最后一个 STL 电路结束时（即步进程序的最后），一定要使用 RET 指令，否则将出现"程序语法错误"信息，PLC 不能执行用户程序。

（3）状态编程顺序是先进行驱动处理，再进行转移处理，不能颠倒。驱动处理就是该状态的输出处理，转移处理就是根据转移方向和转移条件实现下一个状态的转移。

（4）初始状态可由其他状态驱动，但运行开始时，必须用其他方法预先做好驱动，否则状态流程不可能向下进行。一般用控制系统的初始条件，若无初始条件，可用 M8002 或 M8000 进行驱动。

（5）STL 步进接点可以直接驱动或通过别的触点驱动 Y、M、S、T 等元件的线圈和应用指令。驱动负载使用 OUT 指令时，若同一负载需要连续在多个状态下驱动，则可在各个状态下分别输出，也可以使用 SET 指令将负载置位，等到负载不需要驱动时，用 RST 指令将其复位。负载的驱动或状态转移的条件也可能是多个，要视其具体逻辑关系，将其进行串、并联组合，如图 3-99 所示。

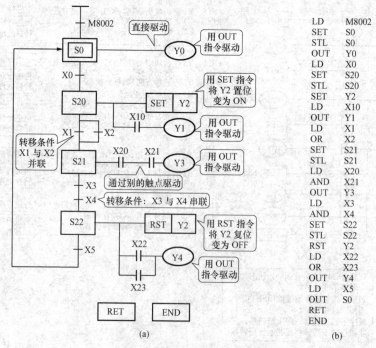

图 3-99  单流程状态转移图及指令表
(a) 状态转移图；(b) 指令表

（6）若为顺序不连续转移（跳转），不能使用 SET 指令进行状态转移，应改用 OUT 指令进行状态转移，如图 3-100 所示。

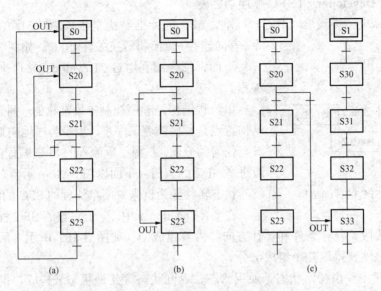

图 3-100　非连续转移状态转移图

（7）由于 CPU 只执行活动步对应的电路块，因此，使用 STL 指令时允许双线圈输出，即不同的 STL 触点可以驱动同一软元件的线圈，但是同一软元件的线圈不能在同时为活动步的 STL 区内出现。在有并行流程的状态转移图中，应特别注意这一问题。另外，状态软元件 S 在状态转移图中不能重复使用，否则会引起程序执行错误。

（8）在步的活动状态的转移过程中，相邻两步的状态继电器会同时工作一个扫描周期，可能会引发瞬时的双线圈问题。所以，要特别注意以下两个问题：

1）定时器在下一次运行之前，应将它的线圈"断电"复位后才能开始下一次的运行，否则将导致定时器的非正常运行。所以，同一定时器的线圈可以在不同的步使用，但是同一定时器的线圈不可以在相邻的步使用。若同一定时器的线圈用于相邻的两步，在步的活动状态转移时，该定时器的线圈还没有来得及断开，又被下一活动步启动并开始计时，这样，导致定时器的当前值不能复位，从而导致定时器的非正常运行。

2）为了避免不能同时接通的两个输出线圈（如控制异步电动机正反转的交流接触器线圈）同时动作，除了在梯形图中设置软件互锁电路外，还应在 PLC 外部设置由动断触点组成的硬件互锁电路。

（9）并行流程和选择流程中每一分支状态的支路数不能超过 8 条，总的支路数不能超过 16 条。

（10）STL 步进接点右边不能紧跟着使用 MPS 指令。STL 指令不能与 MC、MCR 指令一起使用。在 FOR、NEXT 结构中、子程序和中断程序中，不能有 STL 程序块，但 STL 程序块中可允许使用最多 4 级嵌套的 FOR、NEXT 指令。虽然并不禁止在 STL 步进接点驱动的电路块中使用 CJ 指令，但是为了不引起附加的和不必要的程序流程混乱，建议不要在 STL 程序中使用跳转指令。

（11）需要在停电恢复后继续维持停电前的运行状态时，可使用 S500～S899 停电保持状态继电器。

### 三、GX Developer 和 SFC 顺序功能图

根据国际电工委员会（IEC）标准，SFC 的标准结构是步+该步工序中的动作或命令+有向连接+转换和转换条件=SFC，如图 3-101 所示。

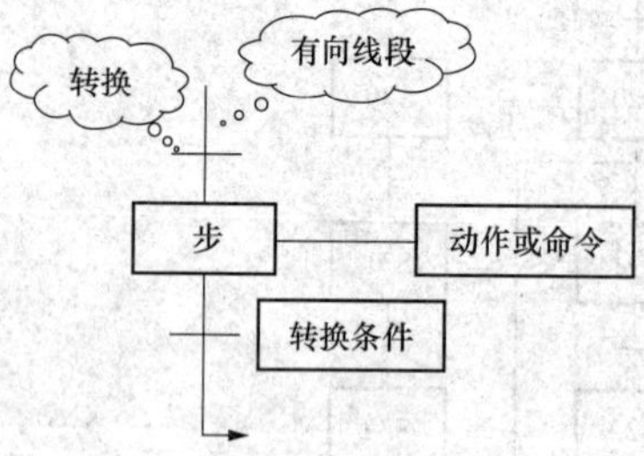

下面详细介绍利用 GX Developer 软件来进行 SFC 的编程。

单流程结构是顺序控制中最常见的一种流程结构，其结构特点是程序顺着工序步，步步为序地向后执行，中间没有任何的分支。掌握了单流程的 SFC 编程方法，也就是迈进了 SFC 的大门。下面以图 3-96 所示台车自动往返控制的状态转移图为例来说明单流程的 SFC 的编程。

图 3-101 SFC 的标准结构

在 GX Developer 中，一个完整的 SFC 程序是由初始状态、有向线段、转移条件和转移方向等内容组成的，如图 3-102 所示，所以我们的编程就需要完整地获得这几个组成部分。

SFC 程序主要由初始状态、通用状态、返回状态等几种状态来构成，但在编程中，这几个状态的编写方式是不一样的，这需要注意。SFC 程序从初始状态开始，所以，编程的第一步是给初始状态设置合适的启动条件。梯形图的第一行表示的是如何启动初始步，在 SFC 程序中，初始步的启动采用梯形图方式。

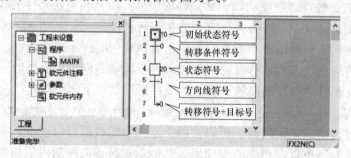

图 3-102 只有一个状态的 SFC 程序

下面开始在软件中输入程序的步骤如下。

（1）启动 GX Develop 编程软件，单击"工程"菜单，点击创建新工程菜单项或点击新建工程按钮 □ 。

（2）弹出创建新工程对话框，要对三菱系列的 CPU 和 PLC 进行选择，以符合对应系列的编程代码，否则容易出错。这里讲述的主要是三菱 FX$_{2N}$ 系列的 PLC，所以，需做如下几个项目的选择和输入：

1）在 PLC 系列下拉列表框中选择 FXCPU。

2）在 PLC 类型下拉列表框中选择 FX$_{2N}$（C）。

3）在程序类型项中选择 SFC。

4）在工程设置项中设置好工程名和保存路径。

完成上述项目后之后点击"确定"。

（3）完成上述工作后会弹出如图 3-103 所示的块列表窗口，按图中所示，"双击第零块"。

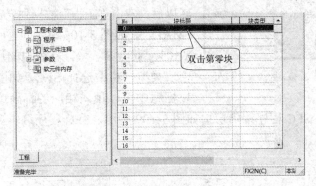

图 3-103　块列表窗口

（4）双击第零块或其他块后，会弹出块信息设置对话框，如图 3-104 所示。

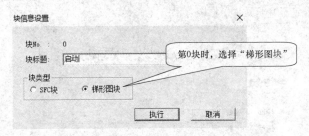

图 3-104　块信息设置对话框

这里是对块编辑进行类型进行选择的进入窗口，有两个选择：SFC 块和梯形图块。SFC 程序由初始状态开始，故初始状态必须激活，而激活的通用方法是利用一段梯形图程序，而且这一段梯形图程序必须放在 SFC 程序的开头部分。同理，在以后的 SFC 编程中，初始状态的激活都需由放在 SFC 程序的第一部分（即第 0 块）的一段梯形图程序来执行。这里应点击"梯形图块"，在块标题栏中，填写该块的说明标题，也可以不填。

（5）点击"执行"按钮弹出梯形图编辑窗口，在右边梯形图编辑窗口中输入启动初始状态的梯形图。

初始状态的激活一般采用辅助继电器 M8002 来完成，也可以采用其他触点方式来完成，这只需要在它们之间建立一个并联电路就可以实现。本例中我们利用 PLC 的辅助继电器 M8002 的上电脉冲使初始状态生效。

在右边的梯形图编辑窗口中单击第零行输入初始化梯形图，如图 3-105 所示，输入完成单击"变换"菜单选择"变换"项或按 F4 快捷键，完成梯形图的变换。

图 3-105　在梯形图编辑窗口中输入初始化程序

需注意，在 SFC 程序的编制过程中每一个状态中的梯形图编制完成后必须进行变换，才能进行下一步工作，否则弹出出错信息，如图 3-106 所示，点击"否"返回编辑

图 3-106　出错信息

程序。

（6）在完成了程序的第一块（梯形图块）编辑以后，双击"工程"数据列表窗口中的"程序"\"MAIN"，如图 3-107 所示，返回块列表窗口见图 3-103。双击第一块，在弹出的块信息设置对话框中块类型一栏中选择 SFC，如图 3-108 所示，在块标题中可以填入相应的标题或什么也不填，点击执行按钮，弹出 SFC 程序编辑窗口如图 3-109 所示，SFC 程序编辑窗口中光标变成空心矩形。

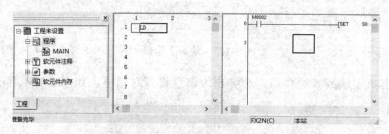

图 3-107　双击"MAIN"菜单返回块列表窗口

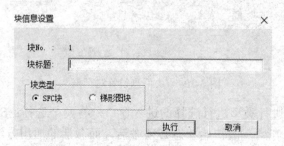

图 3-108　块信息设置

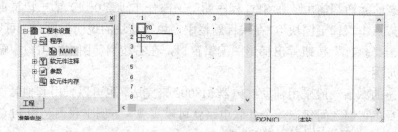

图 3-109　SFC 状态转移图和程序编辑窗口

（7）转换条件的编辑。SFC 程序中的每一个状态或转移条件都是以 SFC 符号的形式出现在程序中，每一种 SFC 符号都对应有图标和图标号，现在输入使状态发生转移的条件。

在 SFC 程序编辑窗口将光标移到第一个转移条件符号处（见图 3-109 所标注）并单击，在右侧将出现梯形图编辑窗口，在此中输入使状态转移的梯形图。从图 3-110 中可以看出，X0 触点驱动的不是线圈，而是 TRAN 符号，意思是表示转移（Transfer）。在 SFC 程序中，所有的转移都用 TRAN 表示，不可以采用 SET+S□语句表示，否则将告知出错。

对转换条件梯形图的编辑，可按 PLC 编程的要求，按上面的叙述可以自己完成，需注意的是，每编辑完一个条件后应按 F4 快捷键转换，转换后梯形图则由原来的灰色变成亮白色，完成转换后再看 SFC 状态转移图编辑窗口中前面的问号（？）会消失，如图 3-110 所示。

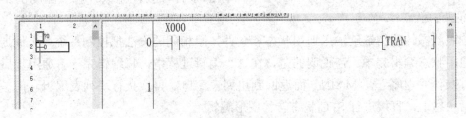

图 3-110　在步或者条件的右边输入梯形图

（8）通用状态的编辑。在左侧的 SFC 状态转移图编辑窗口中把光标下移到方向线底端，按工具栏中的工具按钮 F5 或单击 F5 快捷键弹出步序输入设置对话框，如图 3-111 所示。

图 3-111　SFC 符号输入

输入步序标号后点击确定，这时光标将自动向下移动，此时，可看到步序图标号前面有一个问号（？），这是表明此步现在还没进行梯形图编辑，同时右边的梯形图编辑窗口呈现为灰色也表明为不可编辑状态，如图 3-112 所示。

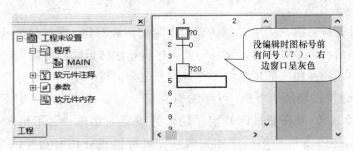

图 3-112　还没有编辑的状态步

下面对通用工序步进行梯形图编程。将光标移到步序号符号处，在步符号上单击后右边的窗口将变成可编辑状态，现在，可在此梯形图编辑窗口中输入梯形图。需注意，此处的梯形图是指程序运行到此工序步时所要驱动哪些输出线圈，在本例中，现在所要获得的通用工序步 20 是驱动输出线圈 Y1 第一次前进，在右边输入如图 3-113 所示。

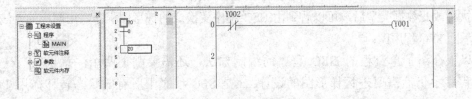

图 3-113　在通用步的右边输入驱动输出

221

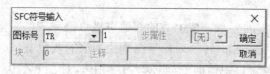

图 3-114　输入条件对话框

然后将光标放在步"20"下面，在"20"步下面继续输入条件，点击 $\boxed{\text{占}}$ 或按"F5"键，出现对话框如图 3-114 所示，直接点击"确定"，即可输入了条件，然后在右边输入相应的条件，要注意条件触点驱动的不是线圈，而是 TRAN 符号。

按照状态转移图继续输入通用状态和条件，用相同的方法把控制系统一个周期内所有的通用状态编辑完毕。需说明的是，在这个编辑过程中，每编辑完一个通用步后，不需要再操作"程序"\"MAIN"而返回到块列表窗口，再次执行块列表编辑，而是在一个初始状态下，直接进行 SFC 状态转移图形编辑。

（9）系统循环或周期性的工作编辑。SFC 程序在执行过程中，无一例外的会出现返回或跳转的编辑问题，这是执行周期性的循环所必需的。要在 SFC 程序中出现跳转符号，需用 $\boxed{\text{F8}}$ 或（JUMP）指令加目标号进行设计。

现在进行返回初始状态编辑如图 3-115 所示。输入方法是：把光标移到方向线的最下端，按 F8 快捷键或者点击 $\boxed{\text{F8}}$ 按钮，在弹出的对话框中填入要跳转到的目的地步序号，如"0"步，然后单击确定按钮。

图 3-115　跳转符号输入

说明：如果在程序中有选择分支也要用 JUMP+"标号"来表示。

当输入完跳转符号后，在 SFC 编辑窗口中我们将会看到，在有跳转返回指向的步序符号方框图中多出一个小黑点儿，这说明此工序步是跳转返回的目标步。如果步或条件没有输入梯形图，则在相应的步号和条件号的左边会出现一个"？"号。

（10）程序变换。当所有 SFC 程序编辑完后，可点击"变换"按钮进行 SFC 程序的变换（编译），如果在变换时弹出了块信息设置对话框，可不用理会，直接点击执行按钮即可。经过变换后的程序如果成功，就可以进行仿真实验或写入 PLC 进行调试了。

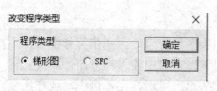

图 3-116　数据改变显示选择框

如果想观看 SFC 状态转移图中程序所对应的顺序控制梯形图，可以这样操作：点击菜单"工程"→"编辑数据（F）"→"改变程序类型（P）"，出现如图 3-116 对话框，可以选择梯形图或 SFC 来展示编好的程序，进行数据改变显示。

执行改变数据类型后，可以看到由 SFC 程序变换成的梯形图程序，用同样的办法也可以显示回 SFC 程序图。

以上介绍了单流程的 SFC 程序的编制方法，还需要强调两个注意事项，一是在 SFC 程序中仍然需要进行梯形图的设计；二是 SFC 程序中所有的状态转移需用 TRAN 表示。

### 四、选择性流程、并行性流程的程序编制

前面介绍了单流程顺序控制的状态流程图，在较复杂的顺序控制中，一般都是多流程的控制，常见的有选择性流程、并行性流程两种，对于这两种流程如何编程？本节将做全面的介绍。

1. 选择性流程程序的特点

由两个及以上的分支程序组成的，但只能从中选择一个分支执行的程序，称为选择性流程程序。图 3-117 是具有 3 个支路的选择性流程程序，其特点如下：

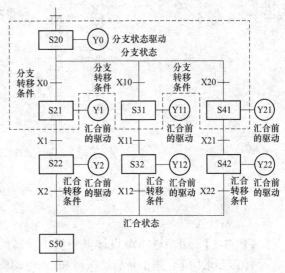

图 3-117　选择性流程程序的结构形式

（1）从 3 个流程中选择执行哪一个流程由转移条件 X0、X10、X20 决定；

（2）分支转移条件 X0、X10、X20 不能同时接通，哪个接通，就执行哪条分支；

（3）当 S20 已动作，一旦 X0 接通，程序就向 S21 转移，则 S20 就复位。因此，即使以后 X10 或 X20 接通，S31 或 S41 也不会动作；

（4）汇合状态 S50，可由 S22、S32、S42 中任意一个驱动。

2. 选择性流程编程

选择性流程编程原则是先集中处理分支状态，再集中处理汇合状态。

（1）选择性分支的编程。选择性分支的编程与一般状态的编程一样，先进行驱动处理，然后进行转移处理，所有的转移处理按顺序执行，简称先驱动后转移。因此，首先对 S20 进行驱动处理（OUT Y0），然后按 S21、S31、S41 的顺序进行转移处理。选择性分支的程序如下：

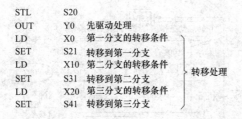

（2）选择性汇合的编程。选择性汇合的编程是先进行汇合前状态的驱动处理，然后按顺序向汇合状态进行转移处理。因此，首先对第一分支（S21、S22）、第二分支（S31、S32）、第三分支（S41、S42）进行驱动处理，然后按 S22、S32、S42 的顺序向 S50 转移。选择性汇合的程序如下：

```
STL    S21
OUT    Y1
LD     X1          第一分支的驱动处理
SET    S22
STL    S22
OUT    Y2

STL    S31
OUT    Y11
LD     X11         第二分支的驱动处理
SET    S32
STL    S32
OUT    Y12

STL    S41
OUT    Y21
LD     X21         第三分支的驱动处理
SET    S42
STL    S42
OUT    Y22

STL    S22
LD     X2          由第一分支转移到汇合点
SET    S50

STL    S32
LD     X12         由第二分支转移到汇合点
SET    S50

STL    S42
LD     X22         由第三分支转移到汇合点
SET    S50
```

3. 编程实例

【例 3-1】 用步进指令设计电动机正反转的控制程序。

控制要求如下：按正转启动按钮 SB1，电动机正转，按停止按钮 SB3，电动机停止；按反转启动按钮 SB2，电动机反转，按停止按钮 SB3，电动机停止；且热继电器具有保护功能。

（1）I/O 分配。X0：停止按钮 SB3（动断），X1：正转启动按钮 SB1，X2：反转启动按钮 SB2，X3：热继电器 FR（动断），Y1：正转接触器 KM1，Y2：反转接触器 KM2。

（2）状态转移图。根据控制要求，电动机的正反转控制是一个具有两个分支的选择性流程，分支转移的条件是正转启动按钮 SB1（X1）和反转启动按钮 SB2（X2），汇合的条件是热继电器 FR（X3）或停止按钮 SB3（X0），而初始状态 S0 可由初始脉冲 M8002 来驱动，其状态转移图如图 3-118（a）所示。

（3）指令表。根据图 3-118（a）所示的状态转移图，其指令表如图 3-118（b）所示。

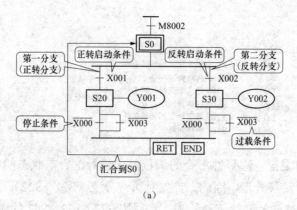

（a）

图 3-118 电动机正反转控制的状态转移图和指令表（一）

（a）状态转移图

224

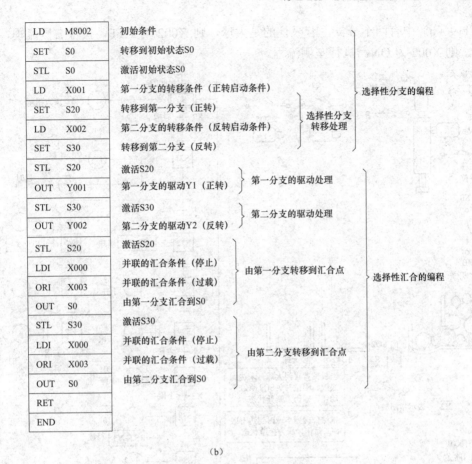

图 3-118　电动机正反转控制的状态转移图和指令表（二）

（b）指令表

【例 3-2】　用步进指令设计一个将大、小球分类选择传送装置的控制程序。

控制要求如下：如图 3-119（a）所示，左上为原点，机械臂下降（当碰铁压着的是大球时，机械臂未达到下限，限位开关 SQ2 不动作，而压着的是小球时，机械臂达到下限，SQ2 动作，这样可判断是大球还是小球），然后机械臂将球吸住，机械臂上升，上升至 SQ3 动作，再右行到 SQ5（若是大球）或 SQ4（若是小球）动作，机械臂下降，下降至 SQ2 动作，将球释放，再上升至 SQ3 动作，然后左移至 SQ1 动作到原点。

1. I/O 分配

X0：启动按钮，X1：SQ1（左限位开关），X2：SQ2（下限位开关），X3：SQ3（上限位开关），X4：SQ4（右限位开关），X5：SQ5（右限位开关），Y0：下降，Y1：吸球，Y2：上升，Y3：右移，Y4：左移。

2. 状态转移图

根据工艺要求，该控制流程根据吸住的是大球还是小球有两个分支，且属于选择性分支。分支在机械臂下降之后根据下限开关 SQ2 是否动作可判断是大球还是小球，分别将球吸住、上升、右行到 SQ4（小球位置 X004 动作）或 SQ5（大球位置 X005 动作）处下降，然后再释放、上升、左移到原点，其状态转移图如图 3-119（b）所示。在

图 3-119（b）中有两个分支，若吸住的是大球，则 X002 为 OFF，执行右侧流程，若为小球，则 X002 为 ON，执行左侧流程。

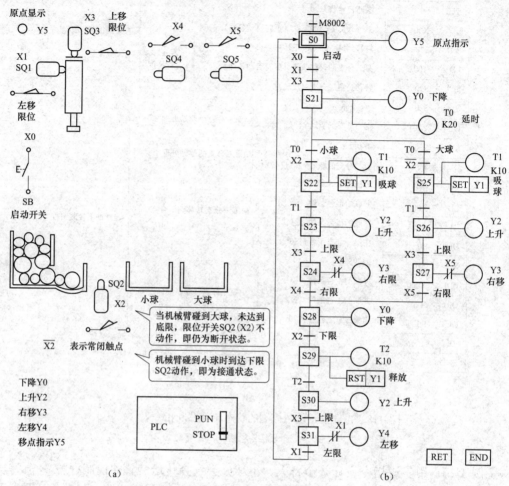

图 3-119 大、小球分类选择传送装置的示意图和状态转移图

（a）传送装置示意图；（b）状态转移图

3. 并行性流程及其编程

（1）并行性流程程序的特点。由两个及以上的分支程序组成的，但必须同时执行各分支的程序，称为并行性流程程序。图 3-120 是具有 3 个支路的并行性流程程序，其特点如下：

1）当 S20 已动作，则只要分支转移条件 X0 成立，3 个流程（S21、S22，S31、S32，S41、S42）同时并列执行，没有先后之分。

2）当各流程的动作全部结束时（先执行完的流程要等待全部流程动作完成），一旦 X2 为 ON 时，则汇合状态 S50 动作，S22、S32、S42 全部复位。若其中一个流程没执行完，S50 就不可能动作，另外，并行性流程程序在同一时间可能有两个及两个以上的状态处于"激活"状态。

（2）并行性流程编程。编程原则：先集中进行并行分支处理，然后再集中进行汇合处理。

226

1）并行性分支的编程。并行性分支的编程与选择性分支的编程一样，先进行驱动处理，然后进行转移处理，所有的转移处理按顺序执行。根据并行性分支的编程方法，首先对 S20 进行驱动处理（OUT Y0），然后按第一分支、第二分支、第三分支的顺序进行转移处理。如图 3-121 所示。

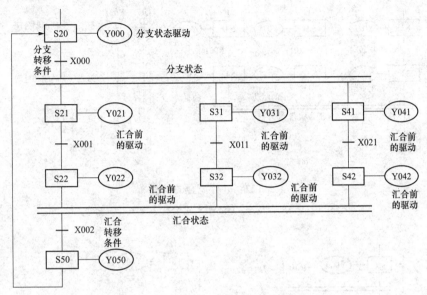

图 3-120　并行性流程程序的结构形式

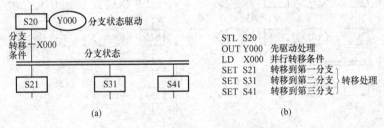

图 3-121　并行性分支的编程
（a）并行性分支状态；（b）并行性分支状态程序

2）并行性汇合的编程。并行性汇合的编程与选择性汇合的编程一样，也是先进行汇合前状态的驱动处理，然后按顺序向汇合状态进行转移处理。根据并行性汇合的编程方法，首先对 S21、S22、S31、S32、S41、S42 进行驱动处理，然后按 S22、S32、S42 的顺序向 S50 转移。并行性汇合的程序如图 3-122 所示。

3）并行性流程编程注意事项。

①并行性流程的汇合最多能实现 8 个流程的汇合。

②在并行分支、汇合流程中，不允许有图 3-123（a）的转移条件，而必须将其转化为图 3-123（b）后，再进行编程。

（3）编程实例。用步进指令设计一个按钮式人行横道交通灯控制的控制程序。

控制要求：人行横道交通灯控制如图 3-124 所示，按下按钮 SB1 或 SB2，人行道和车道指示灯按图 3-125 所示的示意图亮灯。

1）I/O 分配。X0：SB1（左启动），X1：SB2（右启动），Y1：车道红灯，Y2：车道

黄灯，Y3：车道绿灯，Y5：人行道红灯，Y6：人行道绿灯。

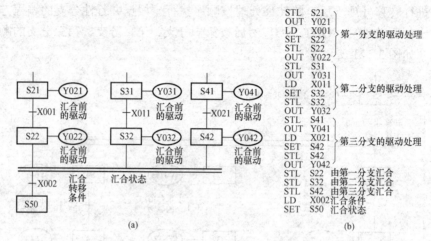

图 3-122　并行汇合的编程

（a）汇合状态；（b）并行汇合状态程序

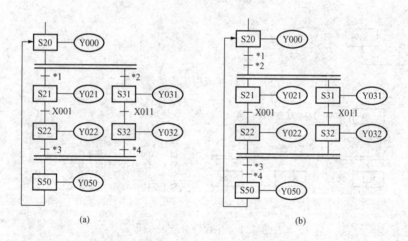

图 3-123　并行性分支、汇合流程的转化

（a）不正确的转移条件；（b）正确的转移条件

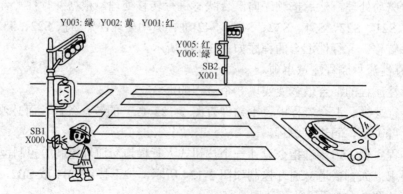

图 3-124　人行横道交通灯控制

2）PLC 的外部接线图，如图 3-126 所示。

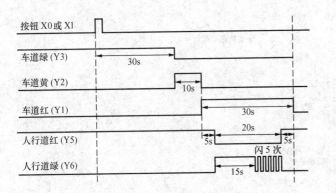

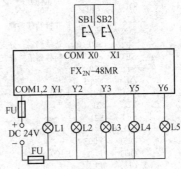

图 3-125　按钮式人行横道指示灯的示意图　　　图 3-126　PLC 的外部接线图

3）状态转移图。根据控制要求，当未按下按钮 SB1 或 SB2 时，人行道红灯和车道绿灯亮；当按下按钮 SB1 或 SB2 时，人行道指示灯和车道指示灯同时开始运行，是具有两个分支的并行流程。其状态转移图如图 3-127 所示。

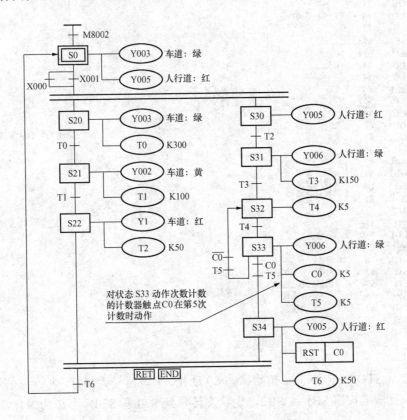

图 3-127　按钮式人行横道交通灯控制的状态转移图

4）指令表程序。根据并行分支的编程方法，其指令表程序如下：

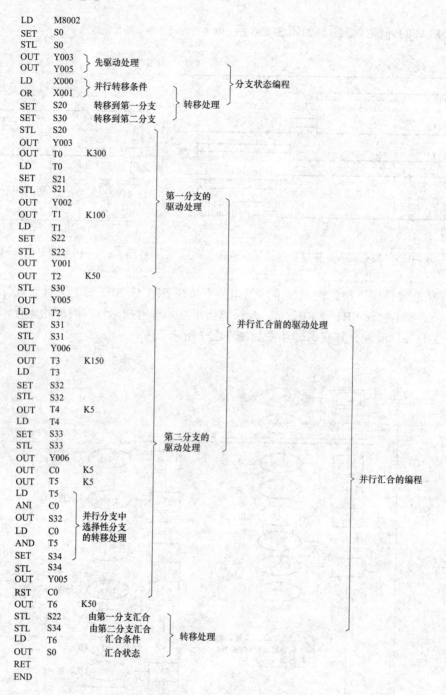

```
        LD    M8002
        SET   S0
        STL   S0
        OUT   Y003  }先驱动处理
        OUT   Y005
        LD    X000  }并行转移条件
        OR    X001
        SET   S20   转移到第一分支
        SET   S30   转移到第二分支
        STL   S20
        OUT   Y003
        OUT   T0    K300
        LD    T0
        SET   S21
        STL   S21
        OUT   Y002
        OUT   T1    K100
        LD    T1
        SET   S22
        STL   S22
        OUT   Y001
        OUT   T2    K50
        STL   S30
        OUT   Y005
        LD    T2
        SET   S31
        STL   S31
        OUT   Y006
        OUT   T3    K150
        LD    T3
        SET   S32
        STL   S32
        OUT   T4    K5
        LD    T4
        SET   S33
        STL   S33
        OUT   Y006
        OUT   C0    K5
        OUT   T5    K5
        LD    T5
        ANI   C0
        OUT   S32
        LD    C0
        AND   T5
        SET   S34
        STL   S34
        OUT   Y005
        RST   C0
        OUT   T6    K50
        STL   S22   由第一分支汇合
        STL   S34   由第二分支汇合
        LD    T6    汇合条件
        OUT   S0    汇合状态
        RET
        END
```

- 分支状态编程
- 转移处理
- 第一分支的驱动处理
- 并行汇合前的驱动处理
- 第二分支的驱动处理
- 并行分支中选择性分支的转移处理
- 并行汇合的编程
- 转移处理

说明:

①PLC 从 STOP→RUN 时, 初始状态 S0 动作, 车道信号为绿灯, 人行道信号为红灯。

②按人行横道按钮 SB1 或 SB2, 则状态转移到 S20 和 S30, 车道为绿灯, 人行道为红灯。

③30s 后车道为黄灯, 人行道仍为红灯。

④再过 10s 后车道变为红灯, 人行道仍为红灯, 同时定时器 T2 启动, 5s 后 T2 触点接通, 人行道变为绿灯。

⑤15s 后人行道绿灯开始闪烁（S32 人行道绿灯灭，S33 人行道绿灯亮）。

⑥闪烁中 S32、S33 反复循环动作，计数器 C0 设定值为 5，当循环达到 5 次时，C0 常开触点就接通，动作状态向 S34 转移，人行道变为红灯，期间车道仍为红灯，5s 后返回初始状态，完成一个周期的动作。

⑦在状态转移过程中，即使按下人行横道按钮 SB1 或 SB2 也无效。

4. 分支、汇合的组合流程及虚设状态

运用状态编程思想解决工程问题，当状态转移图设计出后，发现有些状态转移图不单单是某一种分支、汇合流程，而是若干个或若干类分支、汇合流程的组合。如按钮式人行横道的状态转移图，并行分支、汇合中，存在选择性分支，只要严格按照分支、汇合的原则和方法，就能对其编程。但有些分支、汇合的组合流程不能直接编程，需要转换后才能进行编程，应将图 3-128（a）转换为可直接编程的图 3-128（b）形式。

另外，还有一些分支、汇合组合的状态转图如图 3-129 所示，它们连续地直接从汇合线转移到下一个分支线，而没有中间状态。这样的流程组合既不能直接编程，又不能采用上述办法先转换后编程。这时需在汇合线到分支线之间插入一个状态，以使状态转移图与前边所提到的标准图形结构相同。但在实际工艺中这个状态并不存在，所以只能虚设，这种状态称为虚设状态。加入虚设状态之后的状态转换图就可以进行编程了。

FX$_{2N}$ 系列 PLC 中一条并行分支或选择性分支的电路数限定为 8 条；有多条并行分支与选择性分支时，每个初始状态的电路总数应不能超过 16 条。

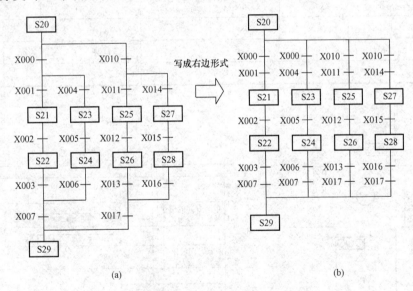

图 3-128　组合流程的转移

（a）不能直接编程的状态转换图；（b）可以直接编程的状态转换图

**五、交通信号灯的 PLC 控制**

1. 交通信号灯的控制要求

十字路口交通信号灯示意图，如图 3-130 所示。信号灯的动作是由开关总体控制，按下启动按钮，信号灯系统开始工作，并周而复始地循环；按下停止按钮，所有信号灯都熄灭。信号灯控制要求见表 3-10。交通信号灯控制的时序图如图 3-131 所示。

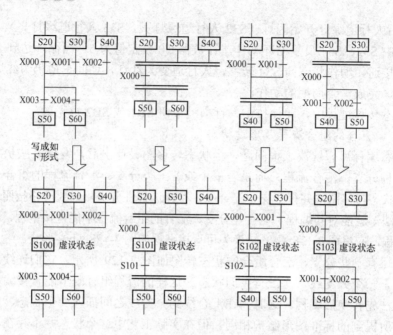

图 3-129　虚设状态的设置

表 3-10　　　　　　　　　十字路口交通信号灯控制要求

| 东西 | 信号 | 绿灯亮 | 绿灯闪亮 | 黄灯亮 | 红 灯 亮 | | |
|---|---|---|---|---|---|---|---|
| | 时间 | 25s | 3s | 2s | 30s | | |
| 南北 | 信号 | 红 灯 亮 | | | 绿灯亮 | 绿灯闪亮 | 黄灯亮 |
| | 时间 | 30s | | | 25s | 3s | 2s |

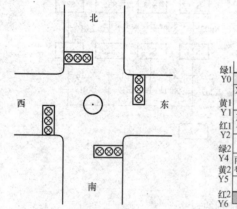

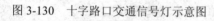

图 3-130　十字路口交通信号灯示意图

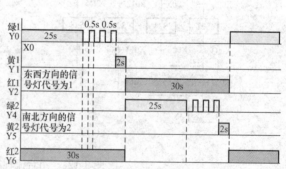

图 3-131　交通信号灯控制的时序图

**2. 控制系统的 I/O 分配及系统接线**

根据十字路口交通信号灯控制要求，I/O 分配见表 3-11，控制系统共有开关量输入点 2 个、开关量输出点 6 个。故 PLC 可选用 FX$_{2N}$-16MR 型，系统接线如图 3-132 所示。图中用一个输出点驱动两个信号灯，如果 PLC 输出点的输出电流不够，可以用一个输出点驱动一个信号灯，也可以在 PLC 输出端增设中间继电器，由中间继电器再去驱动信号灯。

| 表 3-11 | | 信号灯控制要求及 I/O 分配 | |
|---|---|---|---|
| 输入口分配 | | 输出口分配 | |
| 输入设备 | PLC<br>输入继电器 | 输出设备 | PLC<br>输出继电器 |
| SB1（启动按钮） | X0 | 东西绿灯 | Y0 |
| SB3（停止按钮） | X2 | 东西黄灯 | Y1 |
| | | 东西红灯 | Y2 |
| | | 南北绿灯 | Y4 |
| | | 南北黄灯 | Y5 |
| | | 南北红灯 | Y6 |

3. 程序设计

（1）用基本逻辑指令编程。这是一个时间控制程序，用基本逻辑指令设计的信号灯
控制梯形图如图 3-133 所示。梯形图可分为两个部分，一部分是时间点形成的部分，包括各个时间点的定时器以及形成绿灯闪烁的脉冲发生器，脉冲发生器产生周期为 1s（通 0.5s，断 0.5s）的方波脉冲，另一部分是输出控制的部分，信号灯的工作条件都用定时器的触点来表示。其中绿灯的点亮条件是两个并联支路，一个是绿灯长亮的控制，一个是绿灯闪亮的控制。

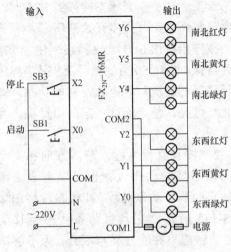

图 3-132 系统接线图

图 3-133 信号灯控制梯形图

（2）用步进指令编程。

1）按单流程编程。如果把东西和南北方向信号灯的动作视为一个顺序动作过程，其中每一个时序同时有两个输出，一个输出控制东西方向的信号灯，另一个输出控制南北方向的信号灯，这样可以按单流程进行编程，其状态转移图如图 3-134 所示。

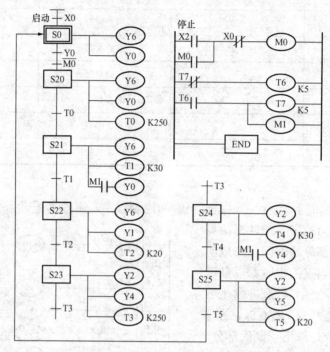

图 3-134　按单流程编程的状态转移图

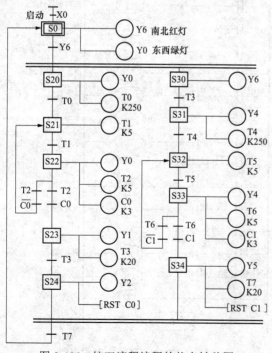

图 3-135　按双流程编程的状态转移图

按启动按钮 SB1，X0 接通，S0 置位，转入初始状态，由于 Y0、M0 条件满足，使 S20 置位，转入第一工步，同时 T0 开始计时，经 25s 后 S21 置位，S20 复位，转入第二工步……。当状态转移到 S25 时，程序又重新从第一工步开始循环。

按停止按钮 SB3，X2 接通，使 M0 接通并自保，断开 S0 后的循环流程，当程序执行完后面的流程后停止在初始状态，即南北红灯亮，禁止通行；东西绿灯亮，允许通行。

2）按双流程编程。东西方向和南北方向信号灯的动作过程也可以看成去两个独立的顺序动作过程。其状态转移图如图 3-135 所示。它具有两条状态转移支路，其结构为并联分支与汇合。为了解决绿灯闪烁 3 次的问题，在两个并行分支中

234

增加了内循环，循环的次数使用了计数器 C0、C1。

按启动按钮 SB1，信号系统开始运行，并反复循环。

### ● 实训项目　彩灯的 PLC 控制

1. 实训目的

（1）能够编制 PLC 的 I/O 分配表，并绘制 PLC 的 I/O 接线图。

（2）能够运用状态思想编程解决顺序控制问题。

（3）能够按照控制要求编写状态转移图、梯形图和指令表程序。

（4）能够完成三菱 $FX_{2N}$ 系列 PLC 的接线与调试。

2. 实训器材

实训器材如下：PLC 1 台（$FX_{2N}$ 型）、信号灯、实训控制台 1 个、电工常用工具 1 套、计算机 1 台（已安装编程软件），以及连接导线若干。

3. 实训内容及指导

（1）控制要求。按下按钮 SB，绿灯亮，绿灯亮 5s 后，变为黄灯亮；黄灯亮 5s 后，变为红灯亮；红灯亮 5s 后全部熄灭。

（2）I/O 分配。根据系统控制要求，确定 PLC 的 I/O（输入/输出口），绘制 I/O 分配。

（3）系统接线。根据系统控制要求和 I/O 点分配，画出 PLC 的 I/O 接线图。

（4）程序设计。根据控制要求，设计流程图、状态转移图和梯形图程序。

（5）系统调试。

1）输入程序。通过计算机将程序正确输入并下载到 PLC。

2）静态调试。按 PLC 的 I/O 接线图正确连接好输入设备，进行 PLC 的模拟静态调试，观察 PLC 的输出指示灯是否按要求指示，否则，检查并修改程序，直至指示正确。

3）动态调试。按 PLC 的 I/O 接线图正确连接好输出设备，进行系统的空载调试，观察能否按控制要求实现彩灯的 PLC 控制。否则，检查电路或修改程序，直至符合控制要求。

4. 实训报告要求

实训前撰写实训预习报告。根据彩灯的 PLC 控制要求，写出实训器材的名称规格和数量，确定 PLC 的 I/O 分配，画出 PLC 控制系统的系统接线图，设计流程图、状态转移图和梯形图程序，写出实训操作步骤。

5. 实训思考

（1）如果将控制要求修改为：按下按钮 SB，绿灯亮，绿灯亮 5s 后，接着黄灯亮；黄灯亮 5s 后，接着红灯亮；红灯亮 5s 后全部熄灭。状态转移图和梯形图程序会有哪些变化？

（2）撰写 PLC 实训的心得体会和实践编程的经验、技巧，评价自己在小组合作中所发挥的作用，总结个人的不足之处，思考如何不断提升自身综合素质。

● 实训项目　将电动机顺序启动逆序停止的继电器—接触器控制改造为 PLC 控制系统

1. 实训目的

（1）能够编制 PLC 的 I/O 分配表，并绘制 PLC 的 I/O 接线图。

（2）能够运用状态思想编程解决顺序控制问题。

（3）能够按照控制要求编写状态转移图、梯形图和指令表程序。

（4）能够完成三菱 FX$_{2N}$ 系列 PLC 的接线与调试。

（5）应用 PLC 技术将顺序控制的继电器—接触器控制系统改造为 PLC 控制系统。

2. 实训器材

实训器材包括：PLC 1 台（FX$_{2N}$ 型），信号灯（电动机按顺序启停）模拟显示模块 1 个（带指示灯、接线端口、按钮等），实训控制台 1 个，电工常用工具 1 套，计算机 1 台（已安装编程软件），以及连接导线若干。

3. 实训内容及指导

（1）控制要求。将图 1-71 所示的电动机顺序启动、逆序停止的继电器—接触器控制线路改造为 PLC 控制系统。

（2）I/O 分配。根据系统控制要求，确定 PLC 的 I/O（输入/输出口）。

（3）系统接线。根据系统控制要求和 I/O 点分配，画出电动机的系统接线图。

（4）程序设计。根据控制要求，设计状态转移图、梯形图和指令表程序。

（5）系统调试。

1）输入程序。通过计算机将程序正确输入并下载到 PLC。

2）静态调试。按照 PLC 的 I/O 接线图正确连接好输入设备，进行 PLC 的模拟静态调试，观察 PLC 的输出指示灯是否按要求指示，否则，检查并修改程序，直至指示正确。

3）动态调试。按照 PLC 的 I/O 接线图正确连接好输出设备，进行系统的空载调试，观察能否按控制要求实现电动机顺序启动、逆序停止。否则，检查电路或修改程序，直至符合控制要求。

4. 实训报告要求

实训前撰写实训预习报告。根据电动机顺序启动、逆序停止的 PLC 控制要求，写出实训器材的名称规格和数量，确定 PLC 的 I/O 分配，画出 PLC 控制系统的系统接线图，设计状态转移图和梯形图程序，写出实训操作步骤。

5. 实训思考

（1）运用状态法编程时，负载驱动使用 OUT 指令和使用 SET 指令的区别是什么？

（2）若将电动机顺序启动、逆序停止的手动控制改为电动机分别间隔 5s 顺序启动、逆序停止的自动控制：即按下启动按钮，三台电动机 M1、M2、M3 按顺序间隔 5s 依次启动；当按下停止按钮，三台电动机 M1、M2、M3 按逆序间隔 5s 依次停止。该如何修改程序，并调试运行。

（3）撰写 PLC 实训的心得体会和实践编程的经验、技巧，评价自己在小组合作中所发挥的作用，总结个人的不足之处，思考如何不断提升自身综合素质。

● **实训项目　多台电动机的 PLC 控制**

1. 实训目的

（1）能够编制 PLC 的 I/O 分配表，并绘制 PLC 的 I/O 接线图。

（2）能够运用状态思想编程解决顺序控制问题。

（3）能够按照控制要求编写分支流程状态转移图、梯形图和指令表程序。

（4）能够完成三菱 $FX_{2N}$ 系列 PLC 的接线与调试。

（5）应用 PLC 技术将顺序控制的继电器—接触器控制系统改造为 PLC 控制系统。

2. 实训器材

实训器材包括：PLC 1 台（$FX_{2N}$ 型），多台电动机控制的模拟显示模块 1 块（带指示灯、接线端口及按钮等），实训控制台 1 个，电工常用工具 1 套，计算机 1 台，以及连接导线若干。

3. 实验内容及指导

（1）控制要求。某控制系统有 6 台电动机 M1～M6，分别受 Y1～Y6 控制，其控制要求如下：按下启动按钮 SB1，M1 启动，延时 5s 后 M2 启动，M2 启动后延时 5s 后 M3 启动；M4 和 M1 同时启动，M4 启动延时 10s 后 M5 启动，M5 启动延时 10s 后 M6 启动。按下停止按钮 SB2，M4、M5、M6 同时停车；M4、M5、M6 停车后，再延时 5s，M1、M2、M3 同时停车。

（2）I/O 分配。根据系统控制要求，绘制 PLC 的 I/O（输入/输出口）分配表。

（3）系统接线。根据系统控制要求和 I/O 点分配，画出 PLC 的 I/O 接线图。

（4）程序设计。根据控制要求，设计状态转移图、梯形图和指令表程序。

（5）系统调试。

1）输入程序，按前面介绍的程序输入方法，正确输入程序并下载到 PLC。

2）静态调试，按系统接线图正确连接好输入设备，进行 PLC 的模拟静态调试，观察 PLC 的输出指示灯是否按要求指示，否则，检查并修改程序，直至指示正确。

3）动态调试，按系统接线图正确连接好输出设备，进行系统的动态调试，观察 6 台电动机能否按控制要求动作，否则，检查线路或修改程序，直至 6 台电动机的控制符合控制要求。

4. 实训报告要求

实训前撰写实训预习报告。根据 6 台电动机顺序控制的 PLC 控制要求，写出实训器材的名称规格和数量，确定 PLC 的 I/O 分配，画出 PLC 控制系统的系统接线图，设计流程图、状态转移图和梯形图程序，写出实训操作步骤。

5. 实训思考

（1）试用其他编程方法实现 6 台电动机顺序控制。

（2）撰写 PLC 实训的心得体会和实践编程的经验、技巧，评价自己在小组合作中所发挥的作用，总结个人的不足之处，思考如何不断提升自身综合素质。

● **实训项目　花样喷泉的 PLC 控制**

1. 实训目的

（1）能够编制 PLC 的 I/O 分配表，并绘制 PLC 的 I/O 接线图。

（2）能够运用状态思想编程解决顺序控制问题。

（3）能够按照控制要求编写状态转移图、梯形图和指令表程序。

（4）能够完成三菱 FX$_{2N}$ 系列 PLC 的接线与调试。

（5）具备 PLC 控制系统的应用开发能力。

2. 实训器材

实训器材包括：PLC 1 台（FX$_{2N}$ 型），花样喷泉模拟显示模块 1 块（带指示灯、接线端口及按钮等），实训控制台 1 个，电工常用工具 1 套，计算机 1 台，以及连接导线若干。

3. 实验内容及指导

（1）花样喷泉控制系统设计要求。喷泉是一种将水或其他液体经过一定压力通过喷头喷洒出来具有特定形状的组合体，提供水压的一般为水泵。人工喷泉控制的喷头，每个喷泉头可以用水泵或开关来控制，每个喷头就是相当一个控制点，也就是输出点。花样喷泉示意图如图 3-136 所示，图中有 4 组喷头组成，图中 4 号为中间喷头，3 号为内环喷头，2 号为中环喷头，1 号为外环喷头。

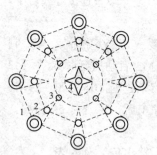

图 3-136　花样喷泉示意图

花样喷泉控制系统控制要求如下：

1）按下启动按钮，喷泉开始工作；按下停止按钮，喷泉马上停止工作。

2）喷泉工作方式由花样选择开关决定，每种花样都自动循环工作。

3）花样选择开关处于位置 1 时，按下启动按钮后，按 4-3-2-1 的顺序依次喷水，间隔时间 2s，3s 后，所有喷头停止喷水，再过 3s，4 号喷头喷水，1s 后循环进行。

4）花样选择开关处于位置 2 时，按下启动按钮后，1、3 号喷头喷水，3s 后，2、4 号喷头喷水，同时 1、3 号喷头停止喷水，如此交替运行 2 次后，4 组喷头全部喷水，3s 后，所有喷头停止喷水，再过 3s 后循环进行。

（2）I/O 分配。根据系统控制要求，绘制 PLC 的 I/O 设备及 I/O 点分配表。

（3）系统接线。根据系统控制要求，绘制花样喷泉控制的 I/O 接线图。

（4）程序设计。根据控制要求，设计状态转移图、梯形图和指令表程序。

（5）系统调试。

1）输入程序。按前面介绍的程序输入方法，正确输入程序并下载到 PLC。

2）静态调试。按照系统接线图正确连接好输入设备，进行 PLC 的模拟静态调试，观察 PLC 的输出指示灯是否按要求指示，否则，检查并修改程序，直至指示正确。

3）动态调试。按照系统接线图正确连接好输出设备，进行系统的动态调试，观察花样喷泉能否按控制要求动作，否则，检查线路或修改程序，直至花样喷泉按控制要求动作。

4. 实训报告要求

实训前撰写实训预习报告。根据花样喷泉控制的要求，写出实训器材的名称规格和数量，确定 PLC 的 I/O 分配，画出 PLC 控制系统的 I/O 接线图，设计状态转移图和梯形图、指令表程序，写出实训操作步骤。

5. 实训思考

撰写 PLC 实训的心得体会和实践编程的经验、技巧，评价自己在小组合作中所发挥的作用，总结个人的不足之处，思考如何不断提升自身综合素质。

## 习　题

### 一、填空题

1. 步进返回指令 RET 的意义用于返回_____。使步进顺控程序执行完毕后，非状态程序的操作可在_____上完成，防止出现逻辑错误。

2. 对状态进行编程处理，必须使用_____，它表示这些处理（包括驱动、转移）均在该状态接点形成的_____上进行。

3. 步进顺控指令的编程原则：先进行_____，然后进行_____。状态转移处理是根据_____和转移_____实现向下一个状态的转移。

4. 若为顺序不连续转移（即跳转），不能使用 SET 指令进行状态转移，应改用_____指令进行状态转移。

5. _____是可编程控制器构成状态转移图的重要元件。

### 二、程序设计

用步进指令设计程序，要求写出 I/O 点分配，并画出 PLC 的 I/O 接线图。

1. 按下按钮 SB，三台电动机 M1、M2、M3 按顺序依次启动，间隔 10s；当 M3 启动 20s 后，三台电动机 M1、M2、M3 按顺序依次停止，间隔 10s。

2. 按下按钮 SB，绿灯亮，绿灯亮 5s 后，接着黄灯亮；黄灯亮 5s 后，接着红灯亮；红灯亮 5s 后全部熄灭。

3. 用步进指令设计一个彩灯闪烁电路的控制程序。控制要求如下：三盏彩灯 HL1、HL2、HL3，按下启动按钮后 HL1 亮，1s 后 HL1 灭 HL2 亮，1s 后 HL2 灭 HL3 亮，1s 后 HL3 灭，1s 后 HL1、HL2、HL3 全亮，1s 后 HL1、HL2、HL3 全灭，1s 后 HL1、HL2、HL3 全亮，1s 后 HL1、HL2、HL3 全灭，1s 后，HL1 亮……如此循环；随时按停止按钮停止系统运行。

4. 某控制系统有四台电动机 M1～M4，其控制要求如下：按下启动按钮 SB1，M1 启动，M1 启动延时 5s 后 M2 启动；M3 和 M1 同时启动，M3 启动延时 10s 后 M4 启动。按下停止按钮 SB2，M1 停车；M1 停车后，再延时 20s，M2、M3、M4 同时停车。

5. 按下启动按钮 SB1，台车电机 M 正转，台车前进，碰到限位开关 SQ1 停转，6s 后，台车电机 M 反转，台车后退，后退碰到限位开关 SQ2 台车电机 M 停转。要求用步进指令设计控制程序，写出 I/O 点分配，并画出 PLC 的 I/O 接线图。

6. 按下按钮 SB，绿灯亮；绿灯亮 8s 后，变为黄灯亮，绿灯熄灭；黄灯亮 8s 后，闪动三次（间隔 1s）后熄灭；接着红灯亮，红灯亮 6s 后熄灭，要求用步进指令设计控制程序。

项 目 四

# PLC 与变频器在电梯控制中的综合应用

## 项目背景、目标及课程思政育人教学设计

### 一、项目背景和内容

随着科技的发展，人们对电梯的安全性、可靠性、舒适性的要求越来越高。PLC 因其功能强、可靠性高、易操作、扩展灵活等优点，已经成为工业自动化系统最核心的元件。变频器是变频调速技术的关键部件，变频器可节省电能，降低生产成本，减少维修工作量，给实现生产自动化带来方便和好处。但是变频器在实际应用过程中，对人工操作非常依赖，需要进一步改进人机互动功能，而 PLC 技术可以解决人机互动能力的缺陷，能够弥补变频器数据分析处理能力，两者单独的缺陷通过完美的结合实现了互补。为使电梯准确平层，增加电梯的舒适感，将 PLC 与变频器综合应用在电梯控制中，充分发挥PLC、变频器的优势。

本项目主要研究如何将 PLC 与变频器完美结合，综合应用在电梯控制中，通过学习 PLC 应用指令和变频器的使用，寻求 PLC 与变频器完美结合实现互补的最佳控制方法。

### 二、项目的教学目标和课程思政育人教学设计

本项目的教学目标包括知识目标、技能目标、思政育人目标，知识目标和技能目标分任务进行描述，思政育人目标是培养团体协作能力，在为人处世、学习生活上，学会配合，优势互补；增强节能降耗意识，节约能源，从我做起，从现在做起；培养学生的创新意识和勇于创新的工匠精神。具体见表 4-1。本项目的课程思政育人教学设计思路是"理论与实践相结合"，基于实际工程项目的工作任务由简单到综合，从工作任务的知识点中挖掘与知识相关的思政要素"团结就是力量""尺有所短，寸有所长。取长补短，相得益彰"。并通过与任务相关的实训项目的实践教学环节，进一步培养学生良好的职业素养、团队合作精神和勇于创新的工匠精神。项目四的课程思政育人教学设计示例见表 4-2。

表 4-1 项目四的教学目标

| 项目名称 | 具体工作任务 | 教学目标 | | |
|---|---|---|---|---|
| | | 知识目标 | 技能目标 | 思政育人目标 |
| 项目四 PLC 与变频器在电梯控制中的综合应用 | 任务一 数码管循环点亮的 PLC 控制 | 熟悉 PLC 常用的应用指令的基本规则，熟悉 PLC 的数据处理方法和功能，掌握 PLC 常用应用指令的编程 | （1）能够运用 PLC 的应用指令编制较复杂的控制程序，对实际控制过程中的数据进行采集、分析和处理。（2）具备 PLC 控制系统的应用开发能力 | （1）团结就是力量，注重培养团体协作能力。（2）在为人处世、学习生活上学会配合，优势互补。（3）增强节能降耗意识，节约能源，从我做起，从现在做起。（4）理论与实践相结合，培养学生的创新意识，培养"实事求是"评价的辩证唯物主义观，培养学生严谨认真、精益求精、追求完美、勇于创新的工匠精神 |
| | 任务二 PLC 与变频器在电梯控制中的综合应用 | 熟悉变频器的用途、结构原理及其操作模式、基本参数，掌握 PLC 与变频器的连接方式，掌握 PLC 与变频器综合应用的系统接线、程序编制、参数设置与调试 | （1）能够正确使用变频器，能够按照控制要求对变频器进行安装、接线、参数设置与调试。（2）能够按照 PLC 与变频器综合应用的控制要求编写程序。（3）能够完成 PLC 与变频器综合应用的接线、参数设置与调试。（4）具备 PLC 与变频器综合应用的开发能力 | |

表 4-2 项目四的课程思政育人教学设计

| 任务名称（或实训项目） | 知识点（或实训名称） | 思政要素切入点 | 预期效果 |
|---|---|---|---|
| 任务一 数码管循环点亮的 PLC 控制 | 应用指令的基本规则（位元件和字元件） | 分析位元件和字元件的规则时，融入"团结就是力量"的思政元素，提到单独一个位元件只能处理 ON/OFF 信息的元件，但是多个位元件通过组合使用就可以处理数据，功能变强大了。引申到"团结就是力量"，注重培养自己的团体协作能力，促进个人潜力的开发 | 团结就是力量，注重培养团体协作能力 |
| | 常用的应用指令及其编程（PID 运算指令） | 在理解 PID 运算指令用于 PID 过程控制时，融入思政元素"取长补短，相互配合，达到最优化效果"。PID 调节中比例（P）、积分（I）、微分（D）调节强弱的参数，这些参数的设定直接影响系统的快速性及稳定性。如果单独采用其中某种控制方式，都无法使系统达到期望值，有必要采用三者的组合方式，相互配合，发挥各自优势 | 在为人处世、学习生活上学会配合，优势互补 |
| 任务二 PLC 与变频器在电梯控制中的综合应用 | 变频器的使用 | 变频器的使用可节省电能，降低生产成本，减少维修工作量，给实现生产自动化带来方便和好处，应用效果十分明显，融入思政元素"推动绿色发展 促进人与自然和谐共生"。联系到我们周围"空调温度调节过低、人走不关灯"等浪费现象，提醒大家要时刻增强节能降耗意识，节约水资源，随手关灯一小步，节约能源一大步 | 增强节能降耗意识，环保意识，节约能源，从我做起，从现在做起 |
| | PLC 与变频器在电梯控制中的综合应用 | 变频器在实际应用过程中，对人工操作非常依赖，需要进一步改进人机互动功能。PLC 技术可以解决人机互动能力的缺陷，能够弥补变频器数据分析处理能力，两者单独的缺陷通过完美的结合实现了互补。尺有所短，寸有所长。取长补短，相得益彰 | 在为人处世、学习生活上学会配合，学会合作，取长补短，优势互补 |

续表

| 任务名称（或实训项目） | 知识点（或实训名称） | 思政要素切入点 | 预期效果 |
|---|---|---|---|
| 实训项目 | 停车场的 PLC 控制、PLC 与变频器的综合应用 | 采用学生分组实训的教学模式，融入辩证唯物主义"一切从实践出发，实践是检验真理的唯一标准"，同时切入工匠精神和团队合作的思政要素。<br>课前：要求学生撰写实训预习报告，提前规划完成实训任务方法和步骤，并规划完成实训任务方法和步骤，分配小组成员之间的实训任务，做到心中有数地走进实训室。<br>课中：小组成员分工合作共同完成任务，进行接线、输入程序并调试，实训任务完成后，按照管理标准，归置实训设备，整理实训室，养成良好的职业习惯。<br>课后：要求学生总结反思，撰写 PLC 实训的心得体会和实践编程的经验、技巧，评价自己在小组合作中所发挥的作用，总结个人的不足之处，思考如何不断提升自身综合素质。<br>考核方式：采用过程考核，通过教师评价+小组互评+自评的方式，培养学生"实事求是"评价的辩证唯物主义观，让学生感受到团队合作的重要性 | 培养良好的职业素养，提高规范意识，培养学生的创新意识，培养"实事求是"评价的辩证唯物主义观，培养学生严谨认真、精益求精、追求完美、勇于创新的工匠精神 |

# 任务一　数码管循环点亮的 PLC 控制

扫一扫

## 任务要点

　　前面介绍了三菱 FX 系列 PLC 的基本逻辑指令和步进顺控指令。对于一些简单的程序设计，只需使用逻辑指令就可以了，但对于一些较为复杂的控制，逻辑指令就显得无能为力了。其实三菱 FX 系列 PLC 具有大量功能强大的应用指令（也称功能指令），主要用于数据的运算、转换及其他控制功能，这样就为编写复杂的程序提供了方便。

　　以任务"数码管循环点亮的 PLC 控制"为驱动，运用动画图解的方式重点介绍应用指令的基本规则、常用的应用指令及其编程，并通过完成实训项目"停车场的PLC 控制"，使学生能够运用功能指令编制较复杂的控制程序，引导学生树立安全用电意识，培养良好的职业素养，树立社会主义职业道德观，培养团结协作意识和严谨认真、精益求精、追求完美的工匠精神。

### 一、应用指令的基本规则

　　1. 位元件和字元件

　　（1）位元件。如图 4-1 所示，只处理 ON/OFF 信息的元件，例如，X、Y、M 和 S，称为位元件。

　　（2）字元件。T、C、D 等处理数据的元件称为字元件。常用数据寄存器 D 分为通用数据寄存器（D0~D199，共 200 点）、断电保持数据寄存器（D200~D511，共 312 点）、特殊数据寄存器（D8000~D8255，共 256 点）。FX 系列 PLC 的数据寄存器全是 16 位（最高位为正负符号位，0 表示正数，1 表示负数）。地址编号相邻的两个数据寄存器可以组合为 32 位（最高位为正负符号位），0 表示正数，1 表示负数，如图 4-2 所示。

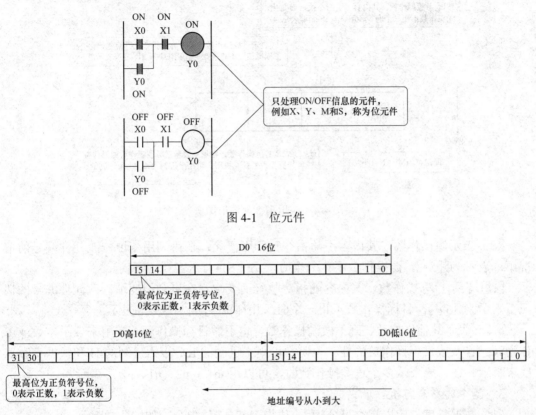

图 4-1　位元件

图 4-2　16 位与 32 位数据寄存器

（3）位组件。即使是位元件，通过组合使用也可以处理数据，在这种情况下，用位数 Kn 和起始的元件号的组合来表示，例如，KnY0，n 表示组数。位元件每 4 位为一组合成单元，16 位数据为 K1～K4，32 位数据为 K1～K8。例如，K1X0 表示 X3～X0 的 4 位数据，X0 是最低位；K2Y0 表示 Y7～Y0 的 8 位数据，Y0 是最低位；K4M10 表示 M25～M10 的 16 位数据，M10 是最低位。如图 4-3 所示。

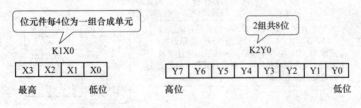

图 4-3　位组件

2. 应用指令的表示

与基本指令不同，应用指令不含表达梯形图符号间相互关系的成分，而是直接表达本指令要做什么。FX$_{2N}$ 系列 PLC 在梯形图中是使用功能框来表示应用指令的。应用指令按功能编号 FNC00～FNC246 编排，每条应用指令都有一个助记符，例如，FNC45 的助记符为 MEAN（平均），应用指令的梯形图如图 4-4 所示。

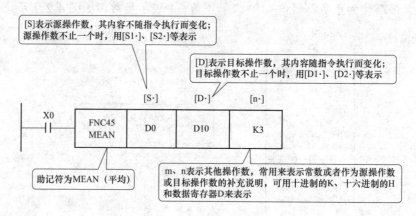

图 4-4 应用指令的梯形图例

[S] 表示源操作数，其内容不随指令执行而变化；在可利用变址修改元件编号的情况下，表示为 [S•]，源操作数不止一个时，用 [S1•]、[S2•] 等表示。

[D] 表示目标操作数，其内容随指令执行而变化；在可利用变址修改元件编号的情况下表示为 [D•]，目标操作数不止一个时，用 [D1•]、[D2•] 等表示。

m、n 表示其他操作数，既不做源操作数，也不做目标操作数，常用来表示常数或者作为源操作数或目标操作数的补充说明，可用十进制的 K、十六进制的 H 和数据寄存器 D 来表示。在需要表示多个这类操作数时，可以用 m1、m2、n1、n2 等表示。

3. 指令的形态与执行形式

（1）数据长度。应用指令可分为 16 位指令和 32 位指令，如图 4-5 所示。

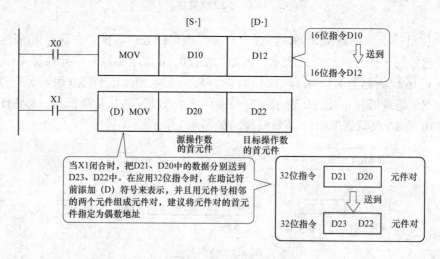

图 4-5 数据长度说明

当 X0 闭合时，把 D10 中的数据送到 D12 中；当 X1 闭合时，把 D21、D20 中的数据分别送到 D23、D22 中。在应用 32 位指令时，通常在助记符前添加（D）符号来表示，并且用元件号相邻的两个元件组成元件对，元件对的首元件号用奇数、偶数均可。但为了避免混乱，建议将元件对的首元件指定为偶数地址。另外注意，PLC 内部的高速计数器（不同型号，地址范围不一样，具体参照手册）是 32 位的，因此不能作为 16 位指令的操作数使用。

（2）脉冲执行。脉冲执行形式如图 4-6 所示，该脉冲执行指令只是在 X0 从 OFF→ON 变化时才执行一次，其他时刻不执行。助记符后添加（P）符号表示脉冲执行。32 位指令和脉冲执行可以同时应用，如图 4-7 所示。

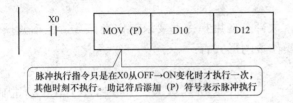

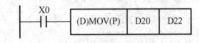

图 4-6　脉冲执行形式　　　　　　图 4-7　32 位指令和脉冲执行同时应用

三菱 FX 系列 PLC 有些型号没有脉冲执行指令，例如，FX$_{0N}$ 系列，这时可以用如图 4-8 所示程序来实现。

（3）连续执行。连续执行指令如图 4-9 所示，X1 接通时，指令在每个扫描周期都被重复执行。有些应用指令，例如，INC（加 1）、DEC（减 1）、XCH（交换）等，用连续执行方式时要特别注意。

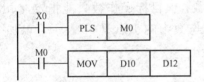

图 4-8　无脉冲执行指令时的实现方法　　　　图 4-9　连续执行指令

4. 不同数据长度之间的传送

字元件与位元件之间的数据传送，由于数据长度的不同，在传送时，应按如下的原则处理，如图 4-10 所示。

（1）长→短传送。长数据向短数据传送时，长数据的高位保持不变。

（2）短→长传送。短数据向长数据传送时，长数据的高位全部变零。

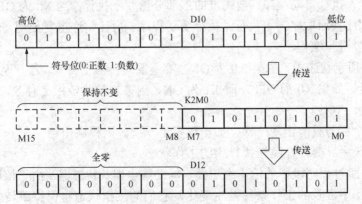

图 4-10　不同数据长度之间的传送

5. 变址寄存器 V 和 Z

变址寄存器 V 和 Z 是 16 位数据寄存器，在应用指令中用来修改操作对象的元件号。将 V 和 Z 组合可进行 32 位的运算，此时，V 做高 16 位，Z 做低 16 位。假定 Z 的值为 4，则 K2X0Z=K2X4 K1Y0Z=K1Y4，K4M10Z=K4M14 K2S5Z=K2S9，D5Z=D9，T6Z=T10，C7Z=C11。

6. 操作数的形式

应用指令都是用助记符来表示的。大部分应用指令都要求提供操作数，包括源操作数、目标操作数和其他操作数。这些操作数的形式有：

（1）位元件 X、Y、M 和 S。

（2）常数 K（十进制）、H（十六进制）和指针 P。

（3）字元件 T、C、D、V 和 Z。

（4）由位元件 X、Y、M、S 的位指定组成字元件 KnX、KnY、KnM、KnS。

例如，某一应用指令，它指定的操作数，如图 4-11 所示。

K，H～V，Z 这些形式都可以作为源操作数，但目标操作数只能指定 Y、M 和 S。每一条应用指令都有自己指定的操作数。操作数中的小点"•"表示可以加变址寄存器。

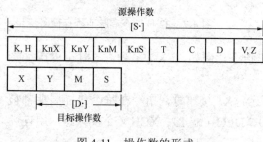

图 4-11　操作数的形式

## 二、常用的应用指令及其编程

三菱 FX 系列 PLC 具有大量的应用指令，例如，FX$_{2N}$ 系列提供 128 种 298 条应用指令。本节主要介绍 FX$_{2N}$ 系列的一些最常用、最基本的应用指令。

1. 程序流程指令

（1）条件跳转指令 CJ（FNC00）。CJ 指令是 16 位指令，执行形式是脉冲/连续执行，操作数为指针标号 P0～P127（FX$_{2N}$ 系列）。

指针 P 用于分支和跳转程序，在梯形图中，指针 P 放在左侧母线的左边，如图 4-12 所示，CJ 指令用于跳过程序中的某一部分。当 X0 为 ON 时，执行 CJ P3 指令，程序跳转到指针 P3 处，执行自动程序，被跳过的那部分指令不执行；当 X0 为 OFF 时，不执行 CJ P3 指令，程序按原顺序向下执行，执行手动程序。指针允许重复使用，但是同一编号的标号不能重复进行编程。

如图 4-13 所示程序中，如果 X0 为 ON，第一条跳转指令有效，程序从 X0 的程序处跳到指针 P0 处。如果 X0 为 OFF，而 X1 为 ON，则第二条跳转指令有效，程序从 X1 的程序处跳到指针 P0 处。

注意：一个标号只能出现一次，如出现多于一次，则程序出错。

跳转程序段中元器件在跳转执行中的工作状态：

1）处于被跳过程序段中的输出继电器、辅助继电器、状态器，由于该段程序不再执行，即使梯形图中涉及的工作条件发生变化，它们的工作状态将保持跳转发生前的状态不变。

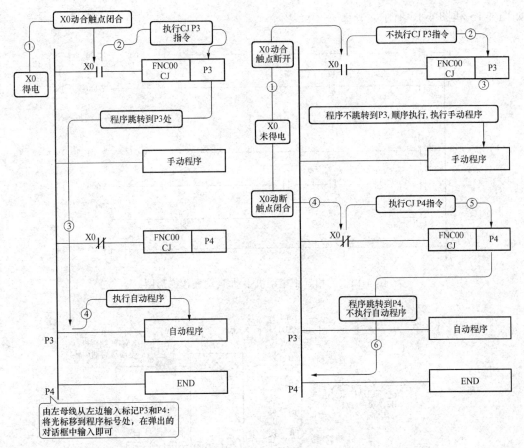

图 4-12　CJ 指令说明

2）被跳过程序段中的定时器及计数器，无论其是否具有掉电保持功能，由于相关程序停止执行，它们的现实值寄存器被锁定，跳转发生后其计数、计时值保持不变，在跳转中止程序接着执行时，计时、计数将继续进行。另外，计时器、计数器的复位指令具有优先权，即使复位指令位于被跳过的程序段中，执行条件满足时，复位工作也将执行。

【例 4-1】 条件跳转指令应用。

某台三相异步电动机具有手动/自动两种操作方式。SB1 是操作方式选择开关，当 SB1 处于断开状态时，选择手动操作方式；当 SB1 处于接通状态时，选择自动操作方式，具体如下：

手动操作方式：按启动按钮 SB2，电动机运转；按停止按钮 SB3，电动机停机。

自动操作方式：按启动按钮 SB2，电动机连续运转 30s 后，自动停机。按停止按钮 SB3，电动机立即停机。

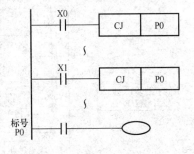

图 4-13　重复使用的指针

PLC 的 I/O 点分配如下：X3，操作方式选择开关 SB1；X2，启动按钮 SB2；X1，停止按钮 SB3（动断）；X0，热继电器 FR（动断）。接触 KM1，Y0。梯形图程序如图 4-14 所示。三相异步电动机手动/自动操作控制程序图解如图 4-15 和图 4-16 所示。

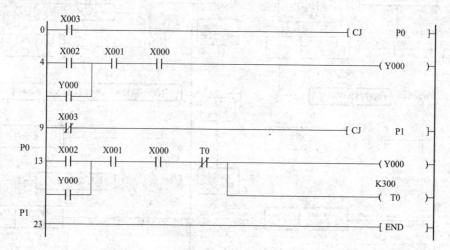

图 4-14　三相异步电动机手动/自动操作梯形图

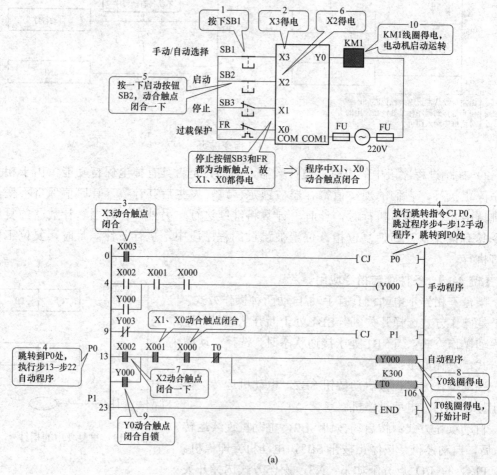

(a)

图 4-15　电动机自动操作控制程序图解（一）

（a）启动过程

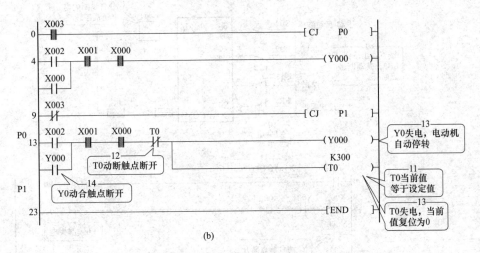

(b)

图 4-15 电动机自动操作控制程序图解（二）

（b）自动停止过程

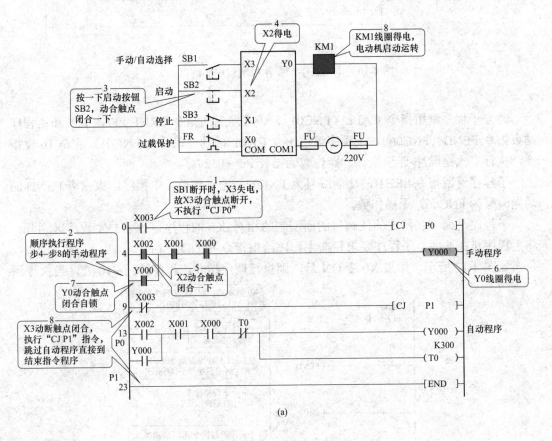

(a)

图 4-16 电动机手动操作控制程序图解（一）

（a）启动过程

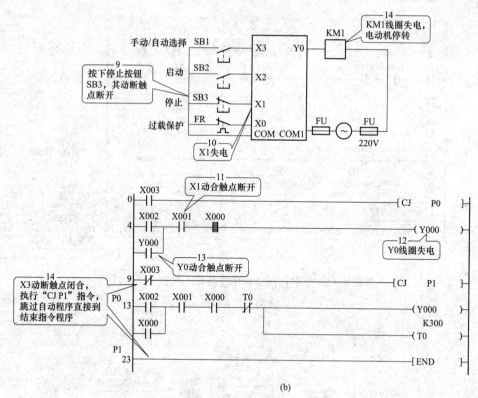

图 4-16　电动机手动操作控制程序图解（二）

（b）手动停止过程

（2）子程序调用指令 CALL（FNC01）、子程序返回指令 SRET（FNC02）和主程序结束指令 FEND（FNC06）。子程序调用指令 CALL 的功能编号为 FNC01，它是 16 位指令，执行形式是脉冲/连续执行，操作数为指针 P0～P127。

子程序返回指令 SRET 的功能编号为 FNC02，无操作数。主程序结束指令 FEND 的功能编号为 FNC06，无操作数。

子程序是为一些特定的控制目的而编制的相对独立的程序。为了与主程序区别开，将主程序排在前面，子程序要求写在主程序结束指令 FEND 之后。

如图 4-17 所示，如果 X0 变 ON 后，则执行调用指令，程序转到 P10 处，当执行到

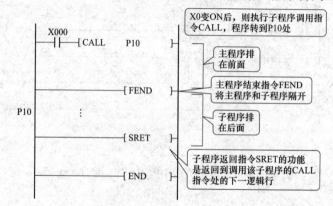

图 4-17　子程序调用程序

SRET 指令后返回到调用指令的下一条指令。FEND 指令为单独指令，不需要触点驱动。FEND 指令可以重复使用，但应在最后一个 FEND 指令和 END 指令之间编写或中断子程序，以便 CJ 或 CALL 指令调用。

【**例 4-2**】 子程序调用指令应用。

信号灯控制：用两个按钮 SB1、SB2 控制一个信号灯，当按下按钮 SB1 时，信号灯以 1s 脉冲闪烁；当按下按钮 SB2 时，信号灯以 2s 脉冲闪烁；当同时按下两个按钮 SB1、SB2 时，信号灯常亮。

PLC 的 I/O 接线图如图 4-18（a）所示，梯形图程序如图 4-18（b）所示。

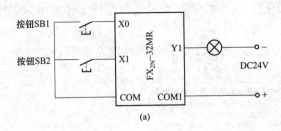

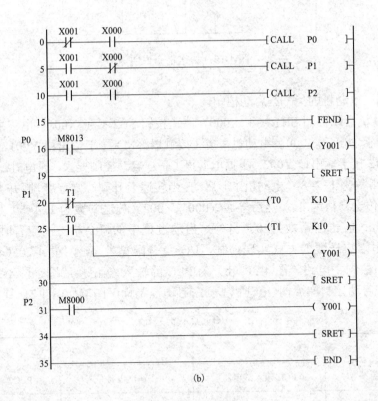

图 4-18　信号灯控制

（a）PLC 接线图；（b）梯形图

2. 传送与比较指令

（1）传送指令 MOV（FNC12）。传送指令 MOV 的助记符、操作数等属性如下：

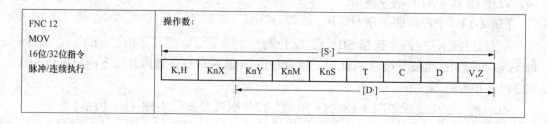

| FNC 12<br>MOV<br>16位/32位指令<br>脉冲/连续执行 | 操作数： |
|---|---|
| | [S·] 范围：K,H / KnX / KnY / KnM / KnS / T / C / D / V,Z；[D·] 范围：KnY / KnM / KnS / T / C / D / V,Z |

传送指令 MOV 是把源操作数中的数据送到目标操作数中。如图 4-19 所示的程序，当 X0 为 ON 时，执行（K100）→（D12）；当 X0 为 OFF 时，目标操作数中的数据保持不变。当执行传送指令时，常数 K100 自动转换成二进制数。

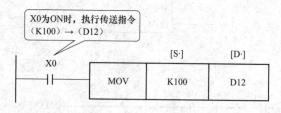

图 4-19　传送指令说明

【例 4-3】　电动机的丫—△启动控制。

设置电动机启动按钮 SB1 接于 X000，停止按钮 SB2 接于 X001；电路主（电源）接触器 KM1 接于输出口 Y000，电动机丫接法接触器 KM3 接于输出口 Y001，电动机△接法接触器 KM2 接于输出口 Y002。根据电动机丫—△启动控制要求，通电时，Y000、Y001 为 ON（传送常数为 1+2=3），电动机丫形启动；当转速上升到一定程度，断开 Y000、Y001，接通 Y002（传送常数为 4），然后接通 Y000、Y002（传送常数为 1+4=5），电动机△形运行，停止时，应传送常数为 0。另外，启动过程中的每个状态间应有时间间隔。本例使用向输出端口送数的方式实现控制，I/O 点分配见表 4-3，图 4-20（a）为电动机的丫—△启动控制主电路，图 4-20（b）为 PLC 的输入/输出接线图，图 4-20（c）是电动机的丫—△启动控制梯形图。电动机丫—△启动控制程序图解如图 4-21～图 4-24 所示。

表 4-3　　　　　　　　　　I/O 点 分 配

| 输入口分配 | | 输出口分配 | |
|---|---|---|---|
| 输入设备 | PCL 输入继电器 | 输出设备 | PLC 输出继电器 |
| SB1（启动按钮） | X0 | KM1（电源接触器） | Y0 |
| SB2（停止按钮） | X1 | KM2（△连接接触） | Y2 |
| | | KM3（丫连接接触器） | Y1 |

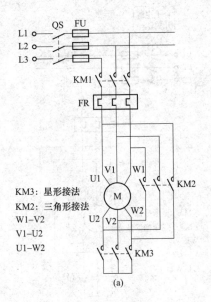

KM3：星形接法
KM2：三角形接法
W1–V2
V1–U2
U1–W2

(a)

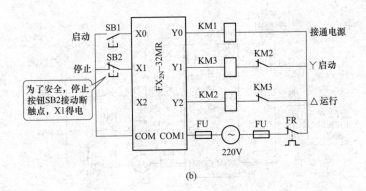

(b)

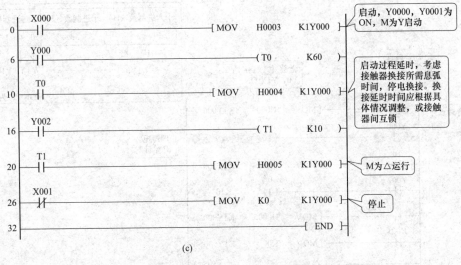

(c)

图 4-20　电动机Ｙ—△启动控制

（a）主电路；（b）PLC 接线图；（c）梯形图

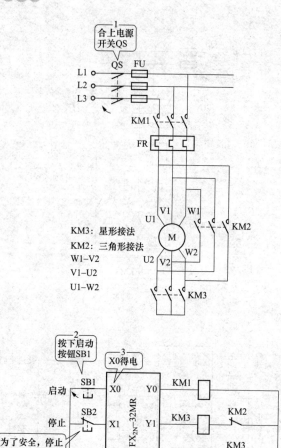

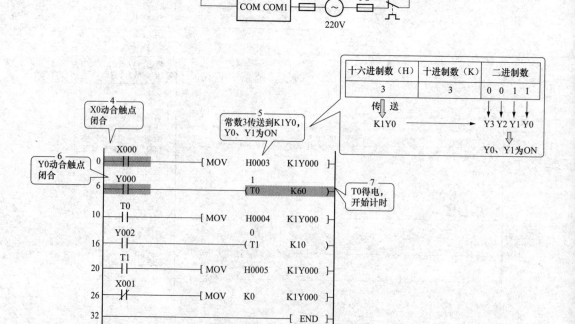

图 4-21 电动机丫—△启动控制程序图解 1

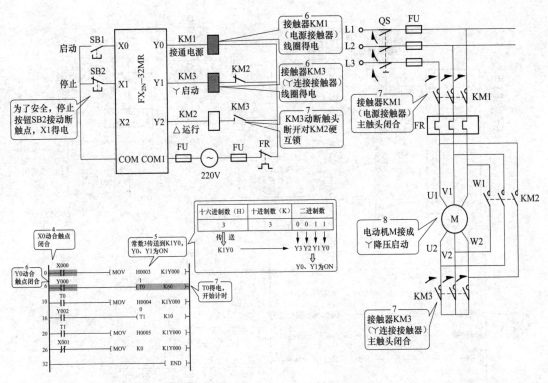

图 4-22　电动机 Y—△ 启动控制程序图解 2

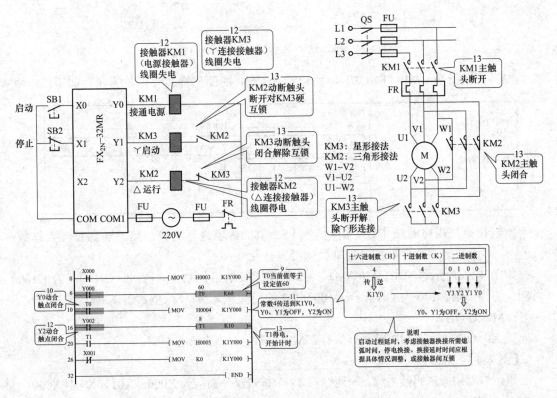

图 4-23　电动机 Y—△ 启动控制程序图解 3

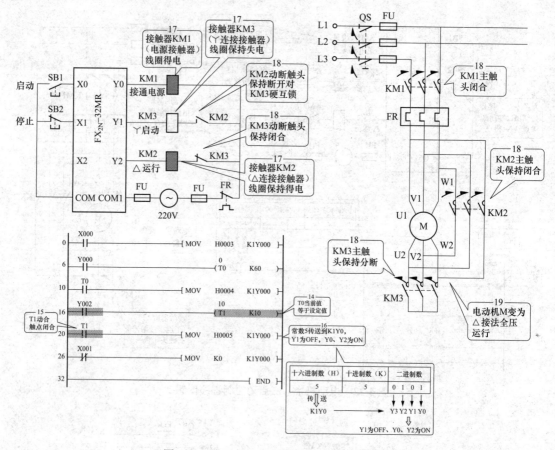

图 4-24　电动机丫—△启动控制程序图解 4

（2）比较指令 CMP（FNC10）。比较指令 CMP 的助记符、操作数等属性如下：

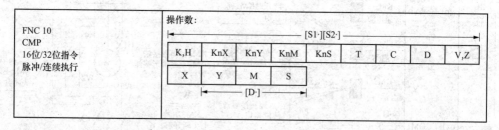

比较指令是指将源操作数［S1•］与［S2•］的内容进行比较，结果送到目标操作数［D•］中，所有的源数据都按二进制数值处理。

如图 4-25 所示程序中，M0、M1、M2 根据比较的结果动作。当 X0=ON 时，若 K100＞C10 的当前值，M0 为 ON；若 K100=C10 的当前值，M1 为 ON；若 K100＜C10 的当前值，M2 为 ON。

当 X0=OFF 时，CMP 指令不执行，M0、M1、M2 的状态不变。

【例 4-4】　密码锁。

用比较器构成密码锁系统。密码锁有 12 个按钮，分别接入 X000～X013，其中 X000～X003 代表第一个十六进制数；X004～X007 代表第二个十六进制数；X010～X013 代表第三个十六进制数。根据设计,每次同时按四个键,分别代表三个十六进制数,共按 4 次,如与密码锁设定值都相符合,3s 后,锁可开启,且 10s 后,重新锁定。

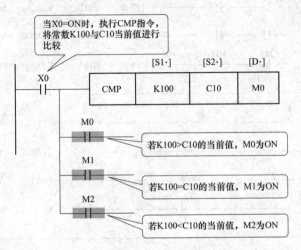

图 4-25  比较指令使用说明

密码锁的密码由程序设定。假定为 H2A4、H01E、H151、H18A,从 K3X000 上送入的数据应分别和它们相等,可以用比较指令实现判断,PLC 的 I/O 端子分配见表 4-4,梯形图如图 4-26 所示。

表 4-4                         **PLC 的 I/O 端子分配**

| 输入口分配 | | 输出口分配 | |
|---|---|---|---|
| 输入设备 | PLC 输入继电器 | 输出设备 | PLC 输出继电器 |
| SB0 | X0 | KA(控制开锁继电器) | Y0 |
| SB1 | X1 | | |
| SB2 | X2 | | |
| SB3 | X3 | | |
| SB4 | X4 | | |
| SB5 | X5 | | |
| SB6 | X6 | | |
| SB7 | X7 | | |
| SB10 | X10 | | |
| SB11 | X11 | | |
| SB12 | X12 | | |
| SB13 | X13 | | |

第一次按下四个键 SB11、SB7、SB5、SB2,密码锁程序图解 1 如图 4-27 所示,第二次按下四个键 SB4、SB3、SB2、SB1,密码锁程序图解 2 如图 4-28 所示;第三次按下四个键 SB10、SB6、SB4、SB0,密码锁程序图解 3 如图 4-29 所示;第四次按下四个键 SB10、SB7、SB3、SB1,密码锁程序图解 4 如图 4-30 所示;密码锁重新锁定的程序图解如图 4-31 所示。

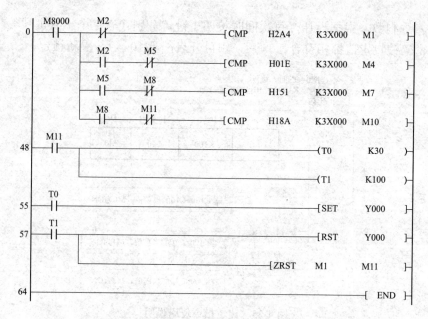

图 4-26 密码锁的梯形图

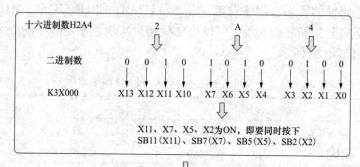

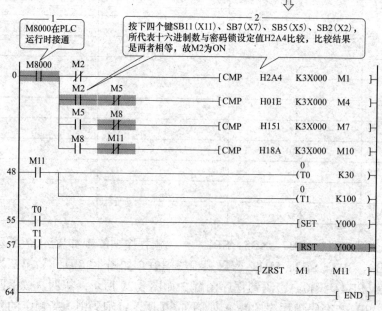

图 4-27 密码锁程序图解 1

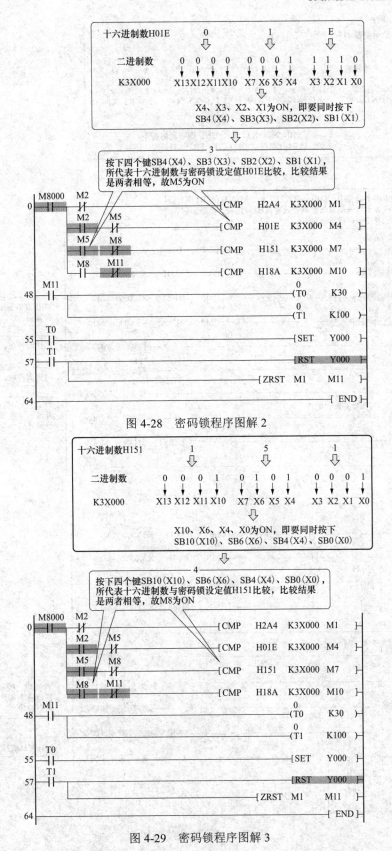

图 4-28　密码锁程序图解 2

图 4-29　密码锁程序图解 3

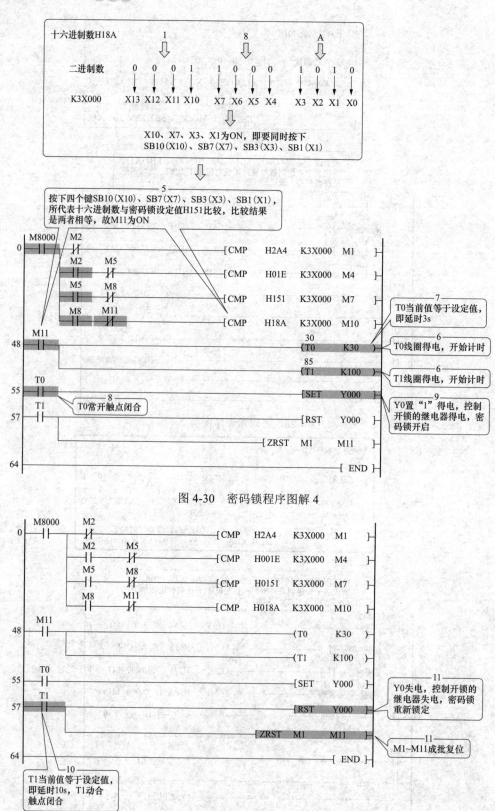

图 4-30　密码锁程序图解 4

图 4-31　密码锁程序图解 5

（3）区间比较指令 ZCP（FNC11）。区间比较指令 ZCP 的助记符、操作数等属性如下：

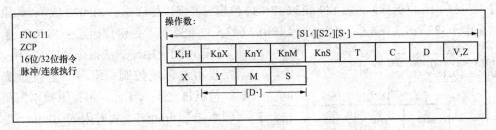

区域比较指令 ZCP 是与一个设定值构成的区间大小进行比较的指令，其中源操作数 [S2•] 必须大于 [S1•]，并且源操作数的比较是代数比较（如–10＜2）。

如图 4-32 所示程序中，M0、M1、M2 根据比较的结果动作。当 X0=ON 时，若 C10 的当前值＜K100，M0 为 ON；若 K100≤C10 的当前值≤K120，M1 为 ON；若 C10 的当前值＞K120，M2 为 ON。当 X0=OFF 时，ZCP 指令不执行，M0、M1、M2 的状态不变。

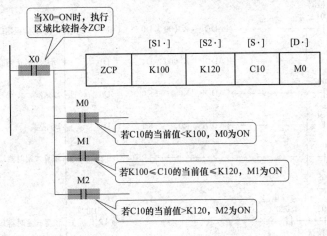

图 4-32　区间比较指令说明

3. 四则运算与逻辑运算指令

（1）BIN 加法指令 ADD（FNC20）。BIN 加法指令 ADD 的助记符、操作数等属性如下：

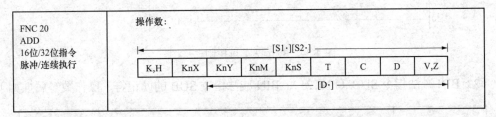

BIN 加法指令 ADD 是将两个源操作数中的二进制数相加，其结果送到目标操作数中。每个数据的最高位是符号位（0 为正，1 为负）。这些数据按代数规则进行运算。

如图 4-33 所示，当 X0 为 ON 时，执行 BIN 加法指令，（D10）+（D12）→（D14）；当 X0 为 OFF 时，不执行运算，目标操作数中的数据保持不变。

加法指令的 4 个标志位，M8020 为 0 标志；M8021 为借位标志位；M8022 为进位标志位；M8023 为浮点标志位。如果运算结果为 0，则 0 标志位 M8020 置 1；如果运算结果超过 32 767（16 位运算）或 2 147 483 647（32 位运算）则进位标志位 M8022 置 1；如果运算结果小于 −32 767（16 位运算）或 -2 147 483 647（32 位运算）则借位标志位 M8021 置 1。

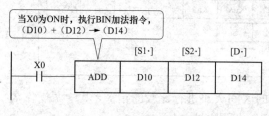

图 4-33　BIN 加法指令说明

【例 4-5】　BIN 加法指令 ADD 应用。

投币洗车机控制：现有一台投币洗车机，司机每次投入 1 元，再按下喷水按钮即可喷水洗车 5min，使用时限为 10min。当洗车机喷水时间达到 5min，洗车机结束工作；当洗车机喷水时间没有达到 5min，而洗车机使用时间达到了 10min，洗车机结束工作。

PLC 的 I/O 点分配如下：X1，投币检测；X2，喷水按钮；X3，手动复位按钮；喷水电磁阀：Y0。投币洗车机控制梯形图如图 4-34 所示。

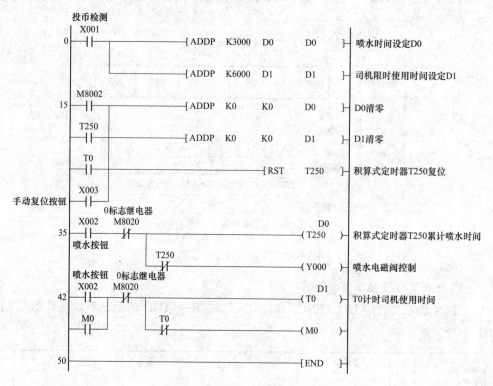

图 4-34　投币洗车机控制梯形图

（2）BIN 减法指令 SUB（FNC21）。BIN 减法指令 SUB 的助记符、操作数等属性如下：

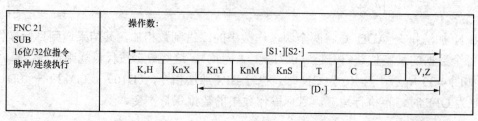

BIN 减法指令 SUB 是将［S1·］指定的源操作数中的数据减去［S2·］指定的源操作数中的数据，其结果送到目标操作数中。每个数据的最高位是符号位（0 为正，1 为负）。这些数据按代数规则进行运算，例如：5－（－8）＝13。

如图 4-35 所示，当 X0 为 ON 时，执行 BIN 减法指令，（D10）→（D12）→（D14）；当 X0 为 OFF 时，不执行运算，目标操作数中的数据保持不变。

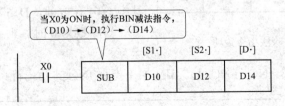

图 4-35　BIN 减法指令 SUB 说明

（3）BIN 乘法指令 MUL（FNC22）。BIN 乘法指令 MUL 的助记符、操作数等属性如下：

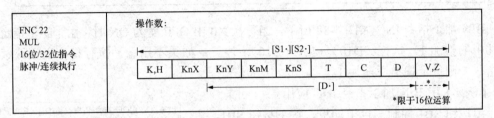

BIN 乘法指令 MUL 是将指定的源元件中的二进制数相乘，结果送到指定的目标元件中去。16 位运算的结果变成 32 位，32 位运算的结果变成 64 位。如果目标操作数是由位组合指定的，则超过 32 位的数据就会丢失。

如图 4-36 所示，当 X0 为 ON 时，执行（D10）×（D12）→（D15，D14），指令中两个源数据的乘积送到指定的目标元件以及与该元件紧紧相连的下一个地址号的元件中。例如：（D10）＝8，（D12）＝9，指令执行后（D15，D14）＝72。

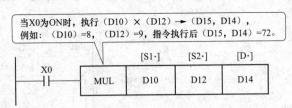

图 4-36　BIN 乘法指令说明

（4）BIN 除法指令 DIV（FNC23）。BIN 除法指令 DIV 的助记符、操作数等属性如下：

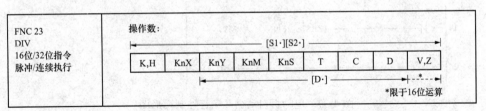

BIN 除法指令 DIV 是将指定的源元件中的二进制数相除,结果送到指定的目标元件中去。[S1·] 指定为被除数,[S2·] 指定为除数,商存于 [D·] 中,余数则存于紧靠 [D·] 的下一个地址号中。如果目标操作数是由位组合指定的,则余数就会丢失。

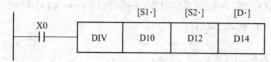

如图 4-37 所示,当 X0 为 ON 时,执行 (D10)÷(D12)→(D14)和(D15)中,其中 D14 存放商,D15 存放余数。

当除数为 0 时,则运算出错,且不执行运算。

图 4-37 BIN 除法指令说明

(5)BIN 加 1 指令 INC(FNC24)。BIN 加 1 指令 INC 的助记符、操作数等属性如下:

| FNC 24<br>INC<br>16位/32位指令<br>脉冲/连续执行 | 操作数: | | | | | | | |
|---|---|---|---|---|---|---|---|---|
| | K,H | KnX | KnY | KnM | KnS | T | C | D | V,Z |
| | | | | [D·] | | | | |

BIN 加 1 指令 INC 如图 4-38 所示,当每次 X0 由 OFF 变为 ON 时,由 [D·] 指定的元件中的数加 1,执行 (D10)+1→(D10)。注意:如果不用脉冲执行指令而用连续执行指令,则每个扫描周期加 1。

【例 4-6】 BIN 加 1 指令 INC 应用。

用按钮 SB1 控制一台电动机,按下按钮 SB1,电动机正转 5s,停止 5s,反转 5s,停止 5s,并自动循环运行,直至手动控制电动机停止。

I/O 点分配如下:X0,启动按钮 SB1。正转接触器 KM1,Y1;反转接触器 KM2,Y2。根据 I/O 信号的对应关系,电动机自动循环运行控制梯形图如图 4-39 所示。按下按钮 SB1,电动机正转 5s,电动机自动循环运行控制程序图解 1

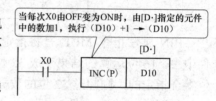

图 4-38 BIN 加 1 指令说明

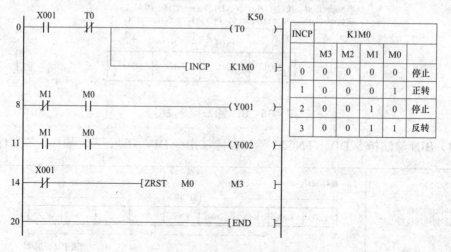

图 4-39 电动机自动循环运行控制梯形图

如图 4-40 所示；然后电动机停止 5s，电动机自动循环运行控制程序图解 2 如图 4-41
所示；接着电动机反转 5s，电动机自动循环运行控制程序图解 3 如图 4-42 所示；然
后电动机停止 5s，不断循环。

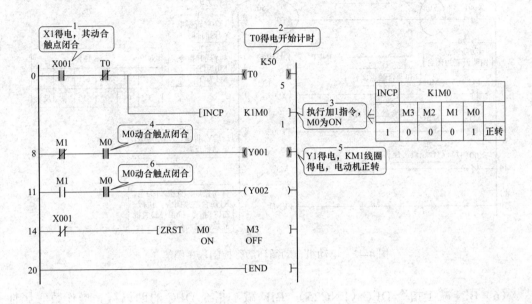

图 4-40　电动机自动循环运行控制程序图解 1

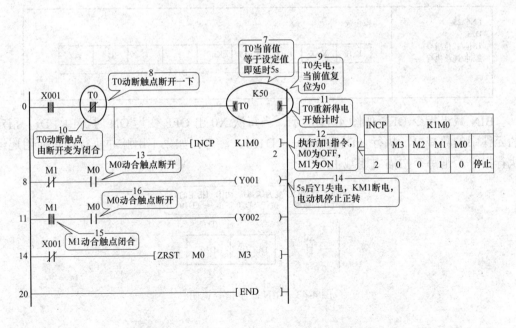

图 4-41　电动机自动循环运行控制程序图解 2

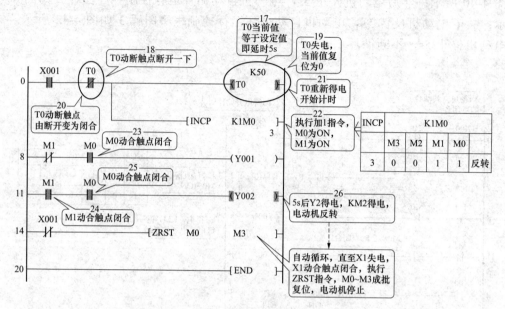

图 4-42　电动机自动循环运行控制程序图解 3

（6）BIN 减 1 指令 DEC（FNC25）。BIN 减 1 指令 DEC 的助记符、操作数等属性如下：

| FNC 25<br>DEC<br>16位/32位指令<br>脉冲/连续执行 | 操作数: | | | | | | | |
|---|---|---|---|---|---|---|---|---|
| | K,H | KnX | KnY | KnM | KnS | T | C | D | V,Z |
| | | | | [D·] | | | | |

BIN 减 1 指令 DEC 如图 4-43 所示，当每次 X0 由 OFF 变为 ON 时，由 [D•] 指定的元件中的数减 1，执行（D10）−1→（D10）。注意：如果不用脉冲执行指令而用连续执行指令，则每个扫描周期减 1。

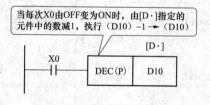

图 4-43　BIN 减 1 指令说明

4. 数码显示指令

（1）七段译码指令 SEGD（FNC73）。

1）七段数码管与显示代码。七段数码管如图 4-44 所示，表 4-5 列出十进制数字与七段显示电平的逻辑关系。

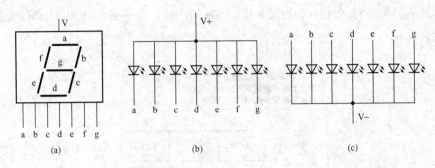

图 4-44   七段数码管

（a）七段数码管；（b）共阳极结构；（c）共阴极结构

表 4-5                  十进制数字与七段显示电平和显示代码逻辑关系

| 十进制数字 | | 七段显示电平 | | | | | | | 十六进制显示代码 |
|---|---|---|---|---|---|---|---|---|---|
| 十进制表示 | 二进制表示 | g | f | e | d | c | b | a | |
| 0 | 0000 | 0 | 1 | 1 | 1 | 1 | 1 | 1 | H3F |
| 1 | 0001 | 0 | 0 | 0 | 0 | 1 | 1 | 0 | H06 |
| 2 | 0010 | 1 | 0 | 1 | 1 | 0 | 1 | 1 | H5B |
| 3 | 0011 | 1 | 0 | 0 | 1 | 1 | 1 | 1 | H4F |
| 4 | 0100 | 1 | 1 | 0 | 0 | 1 | 1 | 0 | H66 |
| 5 | 0101 | 1 | 1 | 0 | 1 | 1 | 0 | 1 | H6D |
| 6 | 0110 | 1 | 1 | 1 | 1 | 1 | 0 | 1 | H7D |
| 7 | 0111 | 0 | 1 | 0 | 0 | 1 | 1 | 1 | H27 |
| 8 | 1000 | 1 | 1 | 1 | 1 | 1 | 1 | 1 | H7F |
| 9 | 1001 | 1 | 1 | 0 | 1 | 1 | 1 | 1 | H6F |

2）七段译码指令 SEGD。七段译码指令 SEGD 的助记符、操作数等属性如下：

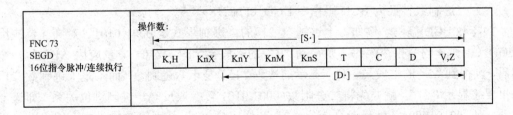

七段译码指令 SEGD 是将源操作数指定的元件的低 4 位中的十六进制（0~F）译码后送给七段显示器显示，译码信号存于目标操作数指定的元件中，输出时要占用 7 个输出点。源操作数可以选所有的数据类型，目标操作数为 KnY、KnM、KnS、T、C、D、V 和 Z，只有 16 位运算。

如图 4-45 所示，当 X0 为 ON 时，将［S•］的低 4 位指定的十六进制数的数据译成七段码，显示的数据存于［D•］的低 8 位，［D•］的高 8 位不变。当 X0 为 OFF 时，［D•］输出不变。

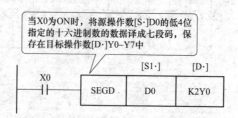

图 4-45　七段译码指令 SEGD 应用说明

【例 4-7】　七段编码指令 SEGD 应用，如图 4-46 所示。

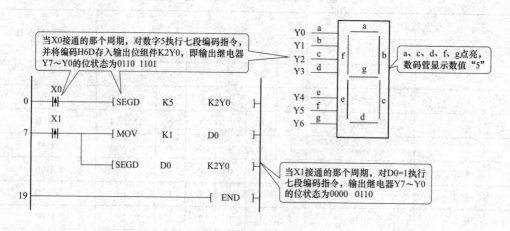

图 4-46　七段编码指令 SEGD 应用举例

当 X0 接通的那个周期，对数字 5 执行七段编码指令，并将编码 H6D 存入输出位组件 K2Y0，即输出继电器 Y7 ～Y0 的位状态为 0110 1101。

当 X1 接通的那个周期，对 D0=1 执行七段编码指令，输出继电器 Y7～Y0 的位状态为 0000 0110。

（2）二进制数转换为 BCD 码指令 BCD（FNC18）。

1）8421BCD 编码。例如，十进制数 21 的二进制形式是 0001 0101，对高 4 位应用 SEGD（七段译码）指令编码，则得到"1"的七段显示码；对低 4 位应用 SEGD 指令编码，则得到"5"的七段显示码，显示的数码"15"是十六进制数，而不是十进制数 21。如果要想显示"21"，就要先将二进制数 0001 0101 转换成反映十进制进位关系（即逢十进一）的 0010 0001，然后对高 4 位"2"和低 4 位"1"分别用 SEGD 指令编出七段显示码。这种用二进制形式反映十进制进位关系的代码称为 BCD 码，其中最常用的是 8421BCD 码，它是用 4 位二进制数来表示 1 位十进制数。8421BCD 码从高位至低位的权分别是 8、4、2、1，故称为 8421BCD 码。十进制数、十六进制数、二进制数与 8421BCD 码的对应关系见表 4-6。

表 4-6                    十进制、十六进制、二进制与 **8421BCD** 码关系

| 十进制数 | 十六进制数 | 二进制数 | 8421BCD 码 |
|---|---|---|---|
| 0 | 0 | 0000 | 0000 |
| 1 | 1 | 0001 | 0001 |
| 2 | 2 | 0010 | 0010 |
| 3 | 3 | 0011 | 0011 |
| 4 | 4 | 0100 | 0100 |
| 5 | 5 | 0101 | 0101 |
| 6 | 6 | 0110 | 0110 |
| 7 | 7 | 0111 | 0111 |
| 8 | 8 | 1000 | 1000 |
| 9 | 9 | 1001 | 1001 |
| 10 | A | 1010 | 0001 0000 |
| 11 | B | 1011 | 0001 0001 |
| 12 | C | 1100 | 0001 0010 |
| 13 | D | 1101 | 0001 0011 |
| 14 | E | 1110 | 0001 0100 |
| 15 | F | 1111 | 0001 0101 |
| 16 | 10 | 1 0000 | 0001 0110 |
| 17 | 11 | 1 0001 | 0001 0111 |
| 20 | 14 | 1 0100 | 0010 0000 |
| 50 | 32 | 11 0010 | 0101 0000 |
| 100 | 64 | 11 00100 | 0001 0000 0000 |
| 150 | 96 | 1001 0110 | 0001 0101 0000 |
| 258 | 102 | 1 0000 0010 | 0010 0101 1000 |

从表 4-6 中可以看出，8421BCD 码与二进制数的形式相同，但概念完全不同，虽然在一组 8421BCD 码中，每位的进位也是二进制，但在组与组之间的进位，8421BCD 码则是十进制。

2）BCD 码转换指令 BCD。要想正确地显示十进制数码，必须先用 BCD 指令将二进制形式的数据转换成 8421BCD 码，再利用 SEGD 指令编成七段显示码，最后输出控制数码管发光。BCD 码转换指令 BCD 的助记符、操作数等属性如下：

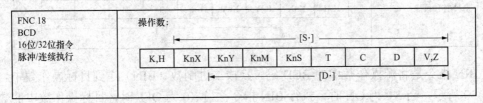

| FNC 18<br>BCD<br>16位/32位指令<br>脉冲/连续执行 | 操作数： | | | | | | | |
|---|---|---|---|---|---|---|---|---|
| | ← | | | [S·] | | | | → |
| | K,H | KnX | KnY | KnM | KnS | T | C | D | V,Z |
| | ← | | | | [D·] | | | → |

BCD 指令是将源操作数中的二进制数（BIN）转换成 BCD 码送到目标操作数中。如图 4-47 所示，当 X0 为 ON 时，执行 BCD 指令，源元件 D10 中的二进制数转换成 BCD 码送到目标元件 Y0～Y7 中去。当 X0 为 OFF 时，目标操作数中的数据保持不变。

如果 BCD 转换的结果超过 0～9999（16 位运算）或 0～9999 9999（32 位运算）时，则出错。

【例 4-8】 BCD 指令应用，如图 4-48 所示。

当 X000 接通时，先将 K5028 存入 D0，然后将（D0）=5028 编为 BCD 码存入输出位组件 K4Y000。执行过程如图 4-49 所示，可以看出，D0 中存储的二进制数据与 K4Y000 中存储的 BCD 码完全不同。K4Y000 以 4 位 BCD 码为 1 组，从高位至低位分别为千位、百位、十位和个位的 BCD 码。

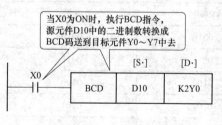

图 4-47　BCD 码变换指令

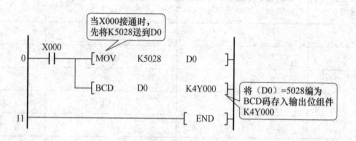

图 4-48　BCD 转换指令 BCD 应用举例

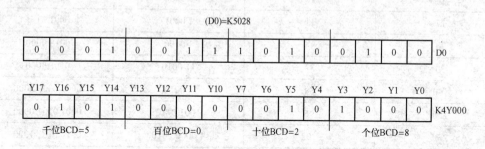

图 4-49　BCD 转换指令执行过程

（3）BCD 码转换为二进制指令 BIN（FNC19）。BCD 码转换为二进制指令 BIN 的助记符、操作数等属性如下：

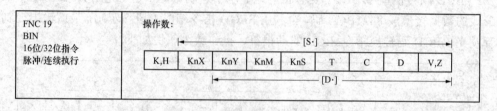

BIN 指令是将源操作数中的 BCD 码转换成二进制数（BIN）送到目标操作数中。如图 4-50 所示，当 X0 为 ON 时，执行 BIN 指令；当 X0 为 OFF 时，目标操作数中的数据

保持不变。如果源操作数中的数据不是 BCD 码，就会出错。

BIN 指令可用于将 BCD 码数字开关的设定值输入到 PLC。

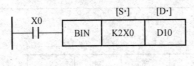

图 4-50 BIN 指令说明

5. 循环与移位指令

（1）循环右移指令 ROR（FNC30）和循环左移指令 ROL（FNC31）。循环右移指令 ROR 和循环左移指令 ROL 的助记符、操作数等属性如下：

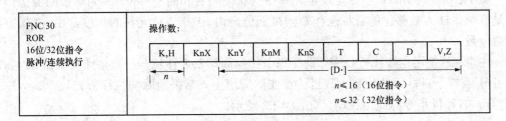

ROR、ROL 是使 16 位或 32 位数据的各位向右、左循环移位的指令，指令的执行过程如图 4-51 所示。

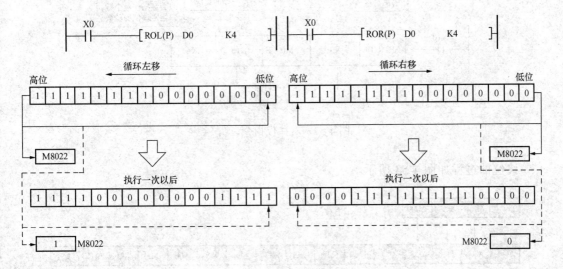

图 4-51 循环移位指令

在图 4-51 中，每当 X0 由 OFF→ON（脉冲）时，D0 的各位向右或左循环移动 4 位，最后移出的位的状态存入进位标志位 M8022。执行完该指令后，D0 的各位发生相应的移位，但奇/偶校验并不发生变化。

对于连续执行的指令，在每个扫描周期都会进行循环移位动作，所以一定要注意。对于位元件组合的情况，位元件前的 K 值为 4（16 位）或 8（32 位）才有效，如 K4M0、K8M0。

（2）右移位指令 SFTR（FNC 34）和左移位指令 SFTL（FNC 35）。右移位指令 SFTR 和左移位指令 SFTL 的助记符、操作数等属性如下：

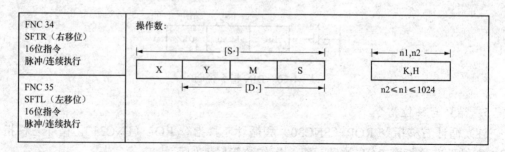

SFTR 指令和 SFTL 指令是使位元件中的状态向右和向左移位，S 为移位的源操作数的最低位，D 为被移位的目标操作数的最低位，由 n1 指定位元件的长度，由 n2 指定移位的位数。

注意：若使用连续执行指令，则在每个扫描周期都要移位一次，并且要保证 n2≤n1，n1 小于或等于目标元件的最大数目。在实际应用中，常采用脉冲执行方式。

1）右移位指令的使用说明，如图 4-52 所示。

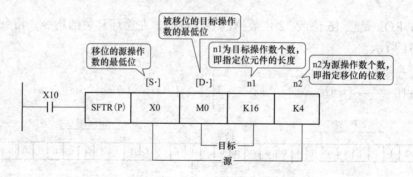

图 4-52　右移位指令说明

移位的过程如图 4-53 所示。

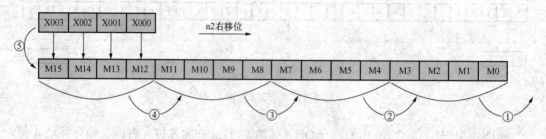

图 4-53　右移位指令的执行过程

执行右移位指令一次后：M3～M0→输出；M7～M4→M3～M0；M11～M8→M7～M4；M15～M12→M11～M8；X3～X0→M15～M12。

2）左移位指令的使用说明，如图 4-54 所示。

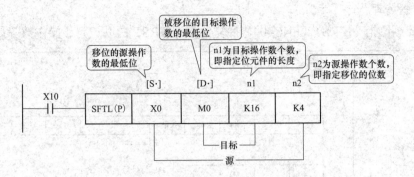

图 4-54  左移位指令说明

移位的过程如图 4-55 所示。

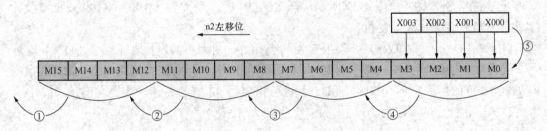

图 4-55  左移位指令的执行过程

执行左移位指令一次后：M15～M12→输出；M11～M8→M15～M12；M7～M4→M11～M8；M3～M0→M7～M4；X3～X0→M3～M0。

【例 4-9】  左移位指令应用。

某台设备有 8 台电动机，为了减小电动机同时启动对电源的影响，利用位移指令实现间隔 10s 的顺序通电控制。按下停止按钮时，同时停止工作。

I/O 点分配如下：X0，启动按钮 SB1；X1，停止按钮 SB2（动断）。控制 8 台电动机 KM1～KM8，Y0～Y7，控制梯形图如图 4-56 所示。

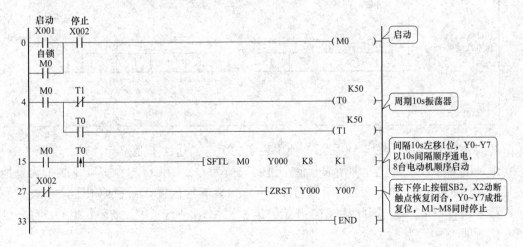

图 4-56  左移位指令应用实例

6. 数据处理指令

（1）批复位指令 ZRST（FNC40）。批复位指令 ZRST 的助记符、操作数等属性如下：

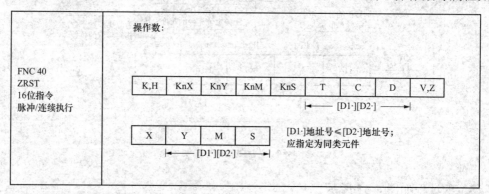

批复位指令 ZRST 如图 4-57 所示，当 X0=ON 时，位元件 M100～M199 成批复位，字元件 C235～C250 成批复位。

注意：[D1•] 和 [D2•] 必须指定为同类元件，并且 [D1•] 地址号≤ [D2•] 地址号。当 [D1•] 地址号＞ [D2•] 地址号时，只有由 [D1•] 指定的元件复位。ZRST 指令是处理 16 位的指令，但 [D1•]、[D2•] 也可指定为 32 位的高速计数器。但是，[D1•] 和 [D2•] 不能一个指定为 16 位，另一个指定为 32 位。

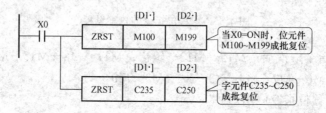

图 4-57　批复位指令 ZRST 说明

（2）解码指令 DECO（FNC41）。解码指令 DECO 的助记符、操作数等属性如下：

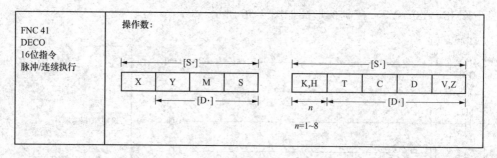

解码指令 DECO 如图 4-58 所示，使用说明如下：当 [D•] 是位元件时：以源 [S•] 为首地址的 n 位连续的位元件所表示的十进制码值为 Q，DECO 指令把以 [D•] 为首地址目标元件的第 Q 位（不含目标元件位本身）置 1，其他位置 0。说明如图 4-58（a）所示，源数据 $Q=2^0+2^1=3$，因此从 M10 开始的第 3 位 M13 被置"1"。当源数据 Q 为 0，则第 0 位（即 M10）为 1。

若 n=0 时，程序不执行；n=0～8 以外的数时，出现运算错误。若 n=8 时，[D•] 位

数为 $2^8$=256。驱动输入 OFF 时，不执行指令，上次编码输出保持不变。

若指令是连续执行型，则在各个扫描周期都执行，必须注意。

当 [D•] 是字元件时，以源 [S•] 所指定字元件的低 n 位所表示的十进制码为 Q，DECO 指令把以 [D•] 所指定目标字元件的第 Q 位（不含最低位）置 1，其他位置 0。说明如图 4-58（b）所示，源数据 $Q=2^0+2^1=3$，因此，D1 的第 3 位为 1。当源数据为 0 时，第 0 位为 1。

若 n=0 时，程序不执行；n=0～4 以外时，出现运算错误。若 n=4 时，[D•] 位数为 $2^4$=16。驱动输入 OFF 时，不执行指令，上次编码输出保持不变。若指令是连续执行型，则在各个扫描周期都会执行，必须注意。

【例 4-10】 解码指令应用。

DECO 指令应用如图 4-59 所示，根据 D0 所存储的数值，将 M 组合元件的同一地址号接通。在 D0 中存储 0～15 的数值。取 n=K4，则与 D0（0～15）的数值对应，M0～M15 有相应 1 点接通。

n 在 K1～K8 间变化，则可以与 0～255 的数值对应。但是为此解码所需的目标的软元件范围被占用，务必要注意，不要与其他控制重复使用。

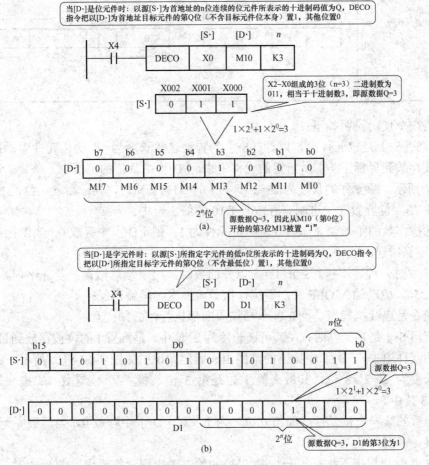

图 4-58 解码指令使用说明

（a）[D•] 是位元件时使用说明；（b）[D•] 是字元件时使用说明

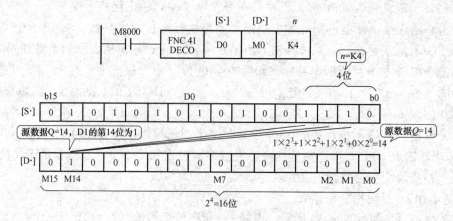

图 4-59 解码指令应用举例

（3）编码指令 ENCO（FNC42）。编码指令 ENCO 的助记符、操作数等属性如下：

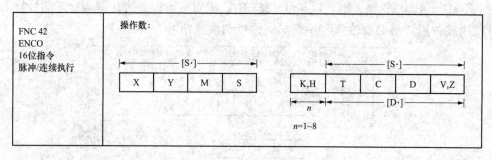

编码指令使用说明如下：

1）当 [S•] 是位元件时，以源 [S•] 为首地址、长度为 $2^n$ 的位元件中，最高置 1 的位置被存放到目标 [D•] 所指定的元件中去，[D•] 中数值的范围由 n 确定。说明如图 4-60（a）所示，源元件的长度为 $2^n=2^3=8$ 位，即 M10~M17，其最高置 1 位是 M13 即第 3 位。将 "3" 位置数（二进制）存放到 D10 的低 3 位中。

当源操作数的第一个（即第 0 位）位元件为 1，则 [D•] 中存放 0。当源操作数中无 1，出现运算错误。

若 n=0 时，程序不执行；n=1~8 以外的数时，出现运算错误。若 n=8 时，[S•] 位数为 $2^8=256$。驱动输入 OFF 时，不执行指令，上次编码输出保持不变。

若指令是连续执行型，则在各个扫描周期都执行，必须注意。

2）当 [S•] 是字元件时，在其可读长度为 $2^n$ 位中，最高置 1 的位被存放到目标 [D•] 所指定的元件中去，[D•] 中数值的范围由 n 确定。说明如图 4-60（b）所示，源字元件的可读长度为 $2^n=2^3=8$ 位，其最高置 1 位是第 3 位。将 "3" 位置数（二进制）存放到 D1 的低 3 位中。

当源数的第一个位元件（即第 0 位）为 1，则 [D•] 中存放 0。当源数中无 1，出现运算错误。

若 n=0 时，程序不执行；n=1~4 以外的数时，出现运算错误。若 n=4 时，[S•] 位数为 $2^n=2^4=16$。

驱动输入 OFF 时，不执行指令，上次编码输出保持不变。同样，若指令是连续执行型，则在各个扫描周期都执行，必须注意。

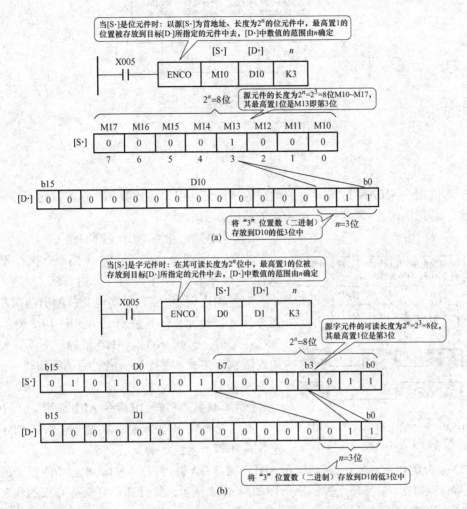

图 4-60  编码指令使用说明

（a）[D·] 是位元件时使用说明；（b）[D·] 是字元件时使用说明

（4）平均值指令 MEAN（FNC45）。平均值指令 MEAN 的助记符、操作数等属性如下：

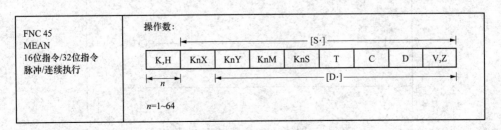

平均值指令 MEAN 使用说明如图 4-61 所示。

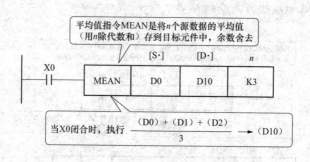

图 4-61　平均值指令 MEAN 说明

平均值指令 MEAN 是将 $n$ 个源数据的平均值（用 $n$ 除代数和）存到目标元件中，余数舍去。若指定的"$n$"值超出 1~64 的范围，则出错。

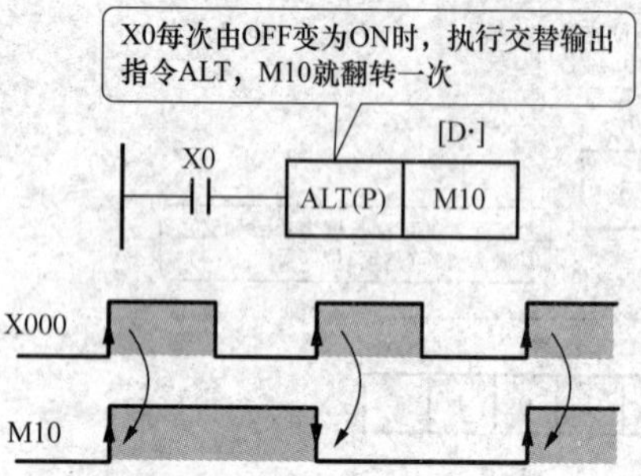

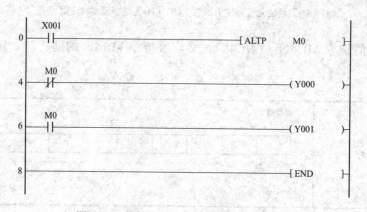

图 4-62　交替输出指令 ALT 说明

7. 交替输出指令 ALT（FNC66）

交替输出指令 ALT 是 16 位指令，执行形式是脉冲/连续执行，操作数为 Y、M、S。

交替输出指令 ALT 是实现交替输出的指令，该指令只有目标元件，其使用说明如图 4-62 所示，X0 每次由 OFF 变为 ON 时，M10 就翻转一次。如果使用连续执行方式，则每个扫描周期都要翻转一次，这点要注意。

【例 4-11】　交替输出指令 ALT 应用。

利用交替输出指令 ALT 实现一个按钮 SB1 控制一盏黄灯和一盏红灯的交替亮灭。

I/O 点分配如下：X0，启动按钮 SB1；黄灯：Y0；红灯：Y1。根据 I/O 信号的对应关系，黄灯和红灯交替亮灭控制梯形图如图 4-63 所示。黄灯和红灯交替亮灭的程序图解如图 4-64 和图 4-65 所示。

图 4-63　黄灯和红灯交替亮灭控制梯形图

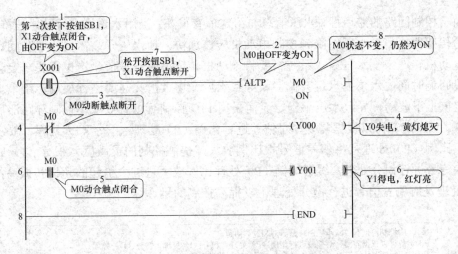

图 4-64　黄灯和红灯交替亮灭的程序图解 1

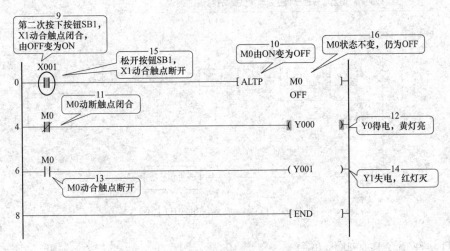

图 4-65　黄灯和红灯交替亮灭的程序图解 2

8. PID 运算指令 PID（FNC88）

（1）PID 运算指令功能。PID 控制称为比例微分积分控制，是一种闭环控制。当 FX 系列 PLC 用于温度、压力、流量等模拟量控制时，可以在配置模拟量输入、模拟量输出等特殊功能模块的基础上，通过 PLC 的 PID 运算指令实现模拟量控制系统的闭环 PID 调节功能。恒压供水系统的 PID 控制如图 4-66 所示。电动机驱动水泵将水抽入水池，压力传感器用于检测管网中的水压，压力传感器将水压大小转换为相应的电信号，并反馈到比较器与给定水压信号进行比较，得到偏差信号 $\Delta P$=给定水压信号－反馈水压信号。

当 $\Delta P > 0$ 时，表明实测水压小于给定值，偏差信号经 PID 运算得到控制信号，控制变频器的输出频率上升，水泵电动机的转速升高，水压升高。

当 $\Delta P < 0$ 时，表明实测水压大于给定值，偏差信号经 PID 运算得到控制信号，控制变频器的输出频率下降，水泵电动机的转速降低，水压降低。

当 $\Delta P = 0$ 时，表明实测水压等于给定值，偏差信号经 PID 运算得到控制信号，控制变频器的输出频率不变，水泵电动机的转速不变，水压不变。

由于控制回路的滞后性，水压值总与给定值有偏差。当用水量增多导致水压降低时，从压力传感器检测到水压下降到控制电动机转速加快，使水压升高需要一定时间。通过提高电动机转速恢复水压后，系统又要将电动机转速调回正常值，这也需要一定时间，在这段回调时间内水泵抽水量会偏多，导致水压又增大，又需要进行反调。结果水压会在给定值上下波动，导致水压不稳定。而采用 PID 控制可以有效减小控制环路滞后和过调问题。PID 运算可以根据需要，对偏差进行比例（P）处理、积分（I）处理、微分（D）处理。比例（P）处理是将偏差信号按比例放大，提高控制的灵敏度；积分（I）处理是对偏差信号进行积分处理，缓解比例（P）处理比例放大量过大引起的超调和振荡；微分（D）处理是对偏差信号进行微分处理，以提高控制的迅速性。

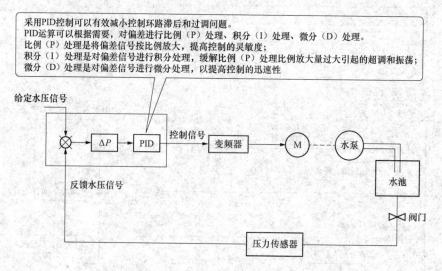

图 4-66　恒压供水系统的 PID 控制

PID 运算指令具有如下功能：

1）PID 运算。根据需要，对偏差进行比例（P）处理、积分（I）处理、微分（D）处理，实现 PID 调节器功能，并输出运算结果。

2）偏差计算。可以自动计算给定值与反馈值之间的偏差，实现闭环控制功能。

3）报警输出。对测量反馈输入与 PID 调节器输出的变化率进行监控，并输出相应的报警。

4）输出限制。可以通过上/下极限设定，将 PID 调节器的输出限制在规定的范围。

5）自动调节。可以根据要求，自动设定 PID 调节器的参数。

（2）PID 运算指令说明。PID 运算指令的助记符、操作数等属性如下：

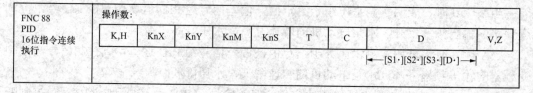

PID 运算指令用于 PID 过程控制，其使用说明如图 4-67 所示。

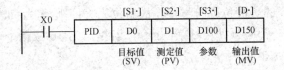

图 4-67　PID 指令应用说明

[S1•] 设定目标数据（SV），[S2•] 设定测定的现在值（PV），[S3•]～[S3•]+6 设定控制参数，执行程序后运算结果（MV）存入 [D•] 中。

[S3•]：采样时间，[S3•]+1：动作方向，[S3•]+2：输入滤波常数，[S3•]+3：比例增益，[S3•]+4：积分时间，[S3•]+5：微分增益，[S3•]+6：微分时间。

[S3•]+1 参数为 PID 调节方向设定，一般说来大多情况下 PID 调节为反方向，即测量值减少时应使 PID 调节的输出增加。正方向调节用得较少，即测量值减少时就使 PID 调节的输出值减少。[S3•]+3～[S3•]+6 是涉及 PID 调节中比例、积分、微分调节强弱的参数，是 PID 调节的关键参数。这些参数的设定直接影响系统的快速性及稳定性。一般在系统调试中，对系统测定后调节至合适值。

9. 触点比较指令

触点比较指令是使用 LD、AND、OR 与关系运算符组合而成，通过对两个数值的关系运算来实现触点接通和断开，总共有 18 个见表 4-7。

表 4-7　　　　　　　　　　触 点 比 较 指 令

| FNC NO. | 指令记号 | 导通条件 | FNC NO. | 指令记号 | 导通条件 |
|---------|---------|---------|---------|---------|---------|
| 224 | LD= | S1=S2 导通 | 236 | AND<> | S1≠S2 导通 |
| 225 | LD> | S1>S2 导通 | 237 | AND≤ | S1≤S2 导通 |
| 226 | LD< | S1<S2 导通 | 238 | AND≥ | S1≥S2 导通 |
| 228 | LD<> | S1≠S2 导通 | 240 | OR= | S1=S2 导通 |
| 229 | LD≤ | S1≤S2 导通 | 241 | OR> | S1>S2 导通 |
| 230 | LD≥ | S1≥S2 导通 | 242 | OR< | S1<S2 导通 |
| 232 | AND= | S1=S2 导通 | 244 | OR<> | S1≠S2 导通 |
| 233 | AND> | S1>S2 导通 | 245 | OR≤ | S1≤S2 导通 |
| 234 | AND< | S1<S2 导通 | 246 | OR>= | S1≥S2 导通 |

（1）触点比较指令 LD。触点比较指令 LD 的助记符、操作数等属性如下：

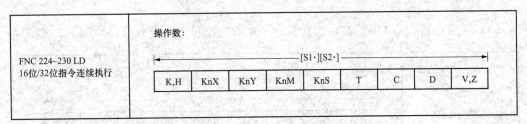

LD 是连接到母线的触点比较指令，它又可以分为 LD=、LD>、LD<、LD<>、LD≥、LD≤这 6 个指令，其编程举例如图 4-68 所示。

LD 触点比较指令的最高位为符号位,最高位为"1"则作为负数处理。C200 及以后的计数器的触点比较,都必须使用 32 位指令,若指定为 16 位指令,则程序会出错。以下的触点比较指令与此相同。

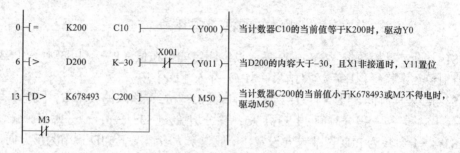

图 4-68　触点比较指令 LD 应用说明

（2）触点比较指令 AND。触点比较指令 AND 的助记符、操作数等属性如下:

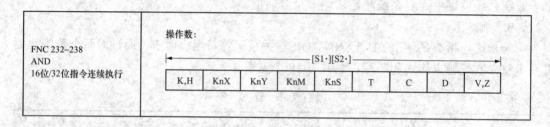

AND 是比较触点做串联连接的指令,它又可以分为 AND=、AND＞、AND＜、AND＜＞、AND≥、AND≤这 6 个指令,其编程举例如图 4-69 所示。

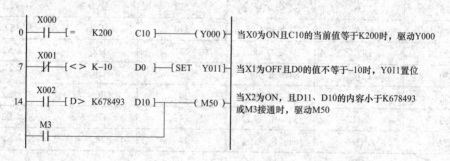

图 4-69　触点比较指令 AND 应用说明

（3）触点比较指令 OR。触点比较指令 OR 的助记符、操作数等属性如下:

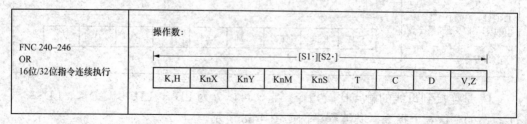

OR 是比较触点做并联连接的指令，它又可以分为 OR=、OR＞、OR＜、OR＜＞、OR≥、OR≤这 6 个指令，其编程举例如图 4-70 所示。

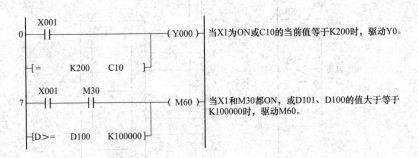

图 4-70　触点比较指令 OR 应用说明

### 三、基于 PLC 的数码管循环点亮控制系统

1. 数码管循环点亮的控制要求

设计一个数码管循环点亮的控制系统，其控制要求如下：

（1）手动时，每按一次按钮数码管显示数值加 1，由 0～9 依次点亮，并实现循环；

（2）自动时，每隔 1s 数码管显示数值加 1，由 0～9 依次点亮，并实现循环。

2. I/O 分配

根据系统控制要求，确定 PLC 的 I/O（输入/输出口），PLC 输入/输出端口的分配见表 4-8。

表 4-8　　　　　　　　　　PLC 的输入/输出端口分配表

| 输入口分配 | | 输出口分配 | |
|---|---|---|---|
| 输入设备 | PLC 输入继电器 | 输出设备 | PLC 输出继电器 |
| SB1 | X0 | 数码管 a | Y0 |
| SB2 | X1 | 数码管 b | Y1 |
| | | 数码管 c | Y2 |
| | | 数码管 d | Y3 |
| | | 数码管 e | Y4 |
| | | 数码管 f | Y5 |
| | | 数码管 g | Y6 |

3. 系统接线

根据系统控制要求和 I/O 点分配，数码管循环点亮控制的 PLC 的 I/O 接线图如图 4-71 所示。

4. 程序设计

根据控制要求，数码管循环点亮控制的梯形图如图 4-72 所示。手动控制时，数码管循环点亮的程序图解如图 4-73 和图 4-74 所示，自动控制时，数码管循环点亮的程序图解如图 4-75 和图 4-76 所示。

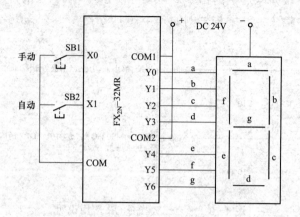

图 4-71 数码管循环点亮控制的 PLC 接线图

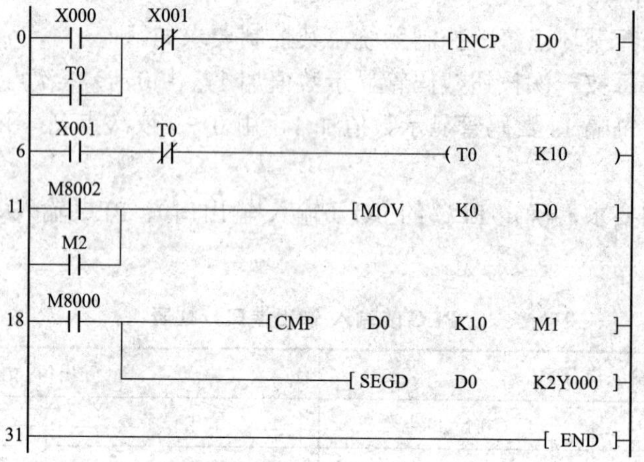

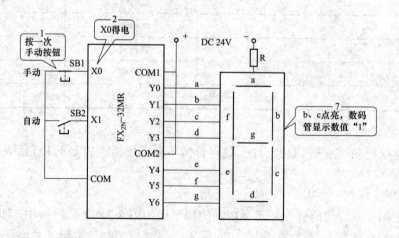

图 4-72 数码管循环点亮控制的梯形图

图 4-73 手动控制数码管循环点亮的程序图解 1（一）

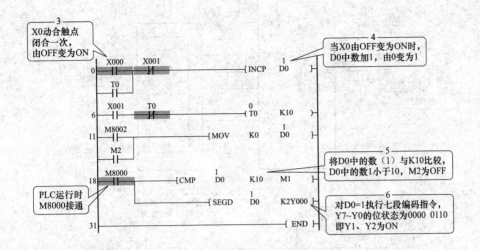

图 4-73 手动控制数码管循环点亮的程序图解 1（二）

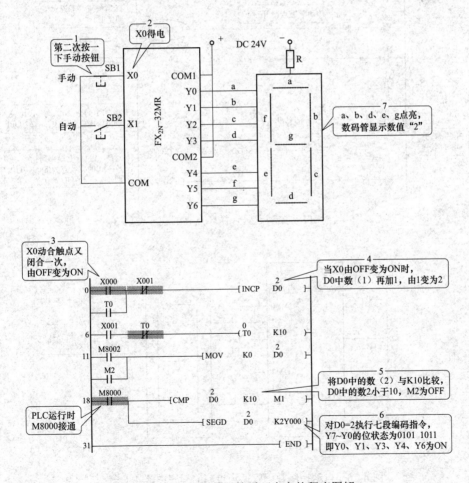

图 4-74 手动控制数码管循环点亮的程序图解 2

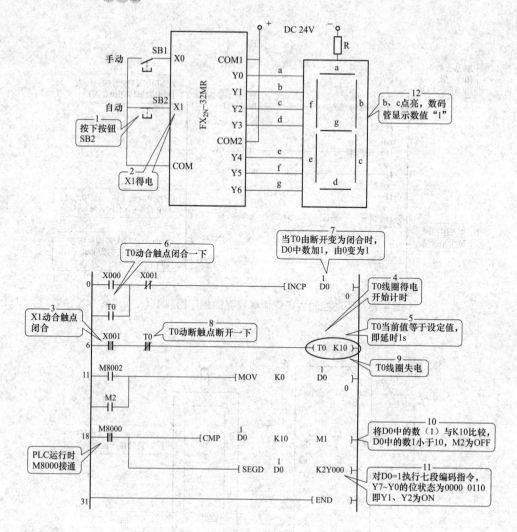

图 4-75　自动控制数码管循环点亮的程序图解 3

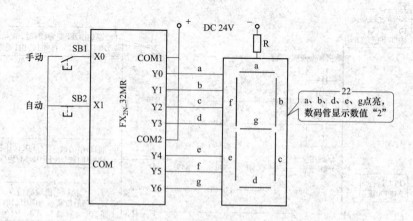

图 4-76　自动控制数码管循环点亮的程序图解 4（一）

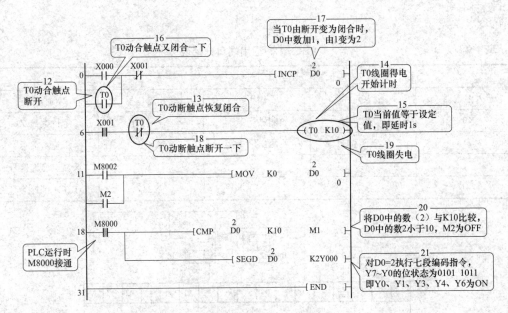

图 4-76  自动控制数码管循环点亮的程序图解 4（二）

### 实训项目  停车场的 PLC 控制

1. 实训目的

（1）能够编制 PLC 的 I/O 分配表，并绘制 PLC 的 I/O 接线图。

（2）能够运用功能指令编制较复杂的控制程序。

（3）能够完成三菱 FX$_{2N}$ 系列 PLC 的接线与调试。

（4）具备 PLC 控制系统的应用开发能力。

2. 实训器材

实训器材如下：PLC 1 台（FX$_{2N}$ 型）、停车场停车模拟板 1 块、指示灯 2 个、数码管 2 只、计算机 1 台（已安装 GX Developer 软件），以及导线若干。

3. 实训内容及指导

（1）控制要求。如图 4-77 所示，某停车场最多可停 50 辆车，用两位数码管显示停车数量。用出入传感器检测进出车辆数，每进一辆车停车数量增 1，每出一辆车减 1。场内停车数量小于 45 时，入口处绿灯亮，允许入场；等于和大于 45 时，绿灯闪烁，提醒待进车辆注意将满场；等于 50 时，红灯亮，禁止车辆入场。设计控制线路和 PLC 程序。

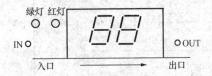

图 4-77  停车场停车数量显示示意图

（2）I/O 分配。根据系统控制要求，确定 PLC 的 I/O（输入/输出口），PLC 输入/输出端口的分配见表 4-9。

（3）系统接线。根据系统控制要求和 I/O 点分配，停车场 PLC 控制线路图如图 4-78

所示。

表 4-9                            **PLC 输入/输出端口分配表**

| 输入 | | | 输出 | |
|---|---|---|---|---|
| 输入继电器 | 输入元件 | 作用 | 输出继电器 | 控制对象 |
| X0 | 传感器 IN | 检测进场车辆 | Y6～Y0 | 个位数显示 |
| X1 | 传感器 OUT | 检测出厂车辆 | Y16～Y10 | 十位数显示 |
| | | | Y20 | 绿灯，允许信号 |
| | | | Y21 | 红灯，禁行信号 |

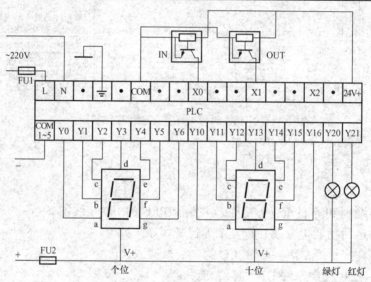

图 4-78 停车场控制线路图

（4）程序设计。根据控制要求，停车场 PLC 程序梯形图如图 4-79 所示。

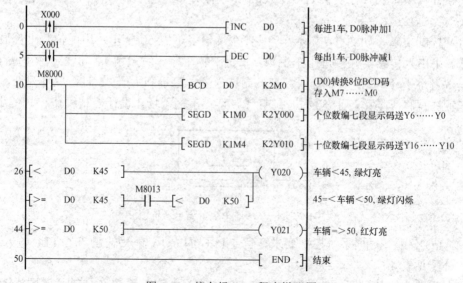

图 4-79 停车场 PLC 程序梯形图

（5）系统调试。

1）输入程序。通过计算机将程序正确输入并下载到 PLC。

2）静态调试。按照 PLC 的 I/O 接线图正确连接好输入设备，进行 PLC 的模拟静态调试，观察 PLC 的输出指示灯是否按要求指示，否则，检查并修改程序，直至指示正确。

3）动态调试。按照 PLC 的 I/O 接线图正确连接好输出设备，进行系统的空载调试，观察能否按控制要求实现停车场 PLC 控制。否则，检查电路或修改程序，直至符合控制要求。

4. 实训报告要求

实训前撰写实训预习报告，根据控制要求，写出实训器材的名称规格和数量，确定 PLC 的 I/O 分配，画出 PLC 控制系统的系统接线图，设计程序，写出实训操作步骤。

5. 实训思考

撰写 PLC 实训的心得体会和实践编程的经验、技巧，评价自己在小组合作中所发挥的作用，总结个人的不足之处，思考如何不断提升自身综合素质。

## 习　题

**一、简答题**

1. 什么是应用指令？用途如何，与基本指令有什么区别？

2. 什么叫"位"软元件？什么叫"字"软元件？有什么区别？

3. 什么是变址寄存器？有什么作用？试举例说明。

4. 位软元件如何组成字软元件？试举例说明。

**二、用功能指令（应用指令）设计程序**

1. 设有 8 盏指示灯，控制要求是：当 X0 接通时，全部灯亮；当 X1 接通时，奇数灯亮；当 X2 接通时，偶数灯亮；当 X3 接通时，全部灯灭。试设计电路和用数据传送指令编写程序。

2. 利用 PLC 实现流水灯控制。某灯光招牌有 24 个灯，要求按下启动按钮 X0 时，灯以正、反序每 0.1s 间隔轮流点亮；按下停止按钮 X1 时，停止工作。

3. 某台设备有 8 台电动机，为了减小电动机同时启动对电源的影响，利用位移指令实现间隔 10s 的顺序通电控制。按下停止按钮时，同时停止工作。

## 任务二　PLC 与变频器在电梯控制中的综合应用

扫一扫

### 任务要点

以任务"PLC 与变频器在电梯控制中的综合应用"为驱动，介绍变频器的结构、基本参数、操作模式等，重点讲述 PLC 与变频器在电梯控制中综合应用的系统接线、程序开发设计的思路、变频器参数的设置，并通过完成实训项目"PLC 与变频器的综合应用"，使学生具备 PLC 与变频器综合应用的开发能力，引导学生树立安全用电意识，树立社会主义职业道德观，培养良好的职业素养，培养严谨认真、精益求精、追求完美的工匠精神。

## 一、变频器的使用

1. 使用变频器的目的及效果

变频器的应用范围很广，凡是使用三相交流异步电动机电气传动的地方都可装置变频器，对设备来讲，使用变频器的目的如下：

（1）对电动机实现节能，使用频率范围为 0～50Hz，具体值与设备类型、工况条件有关。

（2）对电动机实现调速，使用频率为 0～400Hz，具体值按工艺要求而定，受电动机允许最大工作频率的制约。

（3）对电动机实现软起动、软制动，频率的上升或下降，可人为设定时间，实现启、制动平滑无冲击电流或机械冲击。

变频器的使用可节省电能，降低生产成本，减少维修工作量，给实现生产自动化带来方便和好处，应用效果十分明显，对产品质量、产量、合格率都有很大提高。

2. 变频器的基本结构

变频器是由主回路和控制回路两大部分组成的。变频器主电路分为交—交和交—直—交两种形式。交—交变频器可将工频交流直接变换成频率、电压均可控制的交流，又称直接式变频器。而交—直—交变频器则是先把工频交流通过整流器变成直流，然后再把直流变换成频率、电压均可控制的交流，又称间接式变频器。目前常用的通用变频器即属于交—直—交变频器，以下简称变频器。

变频器的主回路由整流器（整流模块）、滤波器（滤波电容）和逆变器（大功率晶体管模块）三个主要部件构成，控制回路则由单片机、驱动电路和光电隔离电路构成。

整流器主要是将电网的交流整流成直流；逆变器是通过三相桥式逆变电路将直流转换成任意频率的三相交流；滤波电路又称直流中间电路，由于变频器的负载一般为电动机，属于感性负载，运行中直流环节和电动机之间总会有无功功率交换，这种无功功率将由中间环节的储能元件（电容器）来缓冲；控制电路主要是完成对逆变器的开关控制，对整流器的电压控制以及完成各种保护功能。

3. 变频器额定参数的选择

（1）变频器额定功率 $P_V \geqslant$ 电动机功率 $P_D$。在一对一的情况下，即一台变频器拖一台电动机。

（2）一台变频器拖几台电动机时，则 $P_V \geqslant P_{D1}+P_{D2}+P_{D3}+\cdots$，而且 $P_{D1}=P_{D2}=P_{D3}=\cdots$，而且几台电动机只能同时启动和工作。在基本相同工作环境和工况条件才可以，这样比买多台小功率变频器时能节省投资。

（3）一台变频器拖几台电动机时，当 $P_{D1} \neq P_{D2} \neq P_{D3} \neq \cdots$，而且功率差别大又不能同时启动，工况也不相同时，不宜采用一台拖几台的方式，这样对变频器不利，变频器要承受 5～7 倍的启动电流，所以选用变频器的功率将会很大，这是不经济又不合理的．不应该选用。

（4）通常变频器额定电流 $I_N=1.05I_D$，在一般运行条件下或条件较差时，可选择 $I_N=1.1I_D$。

（5）变频器额定电压 $U_N$=电动机额定电压 $U_D$。

（6）变频器的频率，对通用的变频器可选用 0～240Hz 或 0～400Hz，对水泵风机专用变频器可选用 0～120Hz。

（7）变频器控制方式的选择主要按使用设备性能、工艺要求选择，做到量材使用，既不"大材小用"又不"小材大用"，前者是多花钱而浪费，后者是达不到使用要求。

4．PLC 与变频器的连接

当利用变频器构成自动控制系统进行控制时，许多情况是采用和 PLC 等上位机配合使用。PLC 可提供控制信号（如速度）和指令通断信号（启动、停止、反向）。下面介绍变频器和 PLC 进行配合时所需要注意的有关事项。

（1）开关指令信号的输入。变频器的输入信号中包括对运行/停止、正转/反转、微动等运行状态进行操作的开关型指令信号（数字输入信号）。变频器通常利用继电器接点或具有继电器接点开关特性的元器件（如晶体管）与上位机连接，获取运行状态指令。

使用继电器接点时，常因接触不良而带来误动作；使用晶体管进行连接时，则需要考虑晶体管本身的电压、电流容量等因素，保证系统的可靠性。

在设计变频器的输入信号电路时还应该注意到，当输入信号电路连接不当时有时也会造成变频器的误动作。例如，当输入信号电路采用继电器等感性负载，继电器开闭时产生的浪涌电流带来的噪声有可能引起变频器的误动作，应尽量避免。

（2）数值信号的输入。变频器中也存在一些数值型（如频率、电压等）指令信号的输入，可分为数字输入和模拟输入两种，数字输入多采用变频器面板上的键盘操作和串行接口来设定。模拟输入则通过接线端子由外部给定，通常是通过 0～10V/5V 的电压信号或 4～20mA 的电流信号输入。由于接口电路因输入信号而异，必须根据变频器的输入阻抗选择 PLC 的输出模块。

当变频器和 PLC 的电压信号范围不同时，例如，变频器的输入信号范围为 0～10V 而 PLC 的输出电压信号范围为 0～5V 时，或 PLC 一侧的输出信号电压范围为 0～10V 而变频器的输入信号电压范围为 0～5V 时，由于变频器和晶体管的容许电压、电流等因素的限制，则需要以串联的方式接入限流电阻及分压电阻，以保证进行开闭时不超过 PLC 和变频器相应部分的容量。此外，在连线时还应该注意将布线分开，保证主电路一侧的噪声不传至控制电路。

通常变频器也通过接线端子向外部输出相应的监测模拟信号，必须注意 PLC 一侧的输入阻抗的大小保证电路中的电压和电流不超过电路的容许值，以保证系统的可靠性和减少误差。此外，由于这些监测系统的组成都互不相同，当有不清楚的地方时最好向厂家咨询。

在使用 PLC 进行顺序控制时，由于 CPU 进行处理时需要时间，总是存在一定时间的延迟。

由于变频器在运行过程中会带来较强的电磁干扰，为了保证 PLC 不因变频器主电路断路器及开关器件等产生的噪声而出现故障，在将变频器和 PLC 等上位机配合使用时还必须注意以下几点：

1）对 PLC 本体按照规定的标准和接地条件进行接地。此时，应避免和变频器使用共同的接地线，并在接地时尽可能使二者分开。

2）当电源条件不太好时，应在 PLC 的电源模块以及输入/输出模块的电源线上接入噪声滤波器和降低噪音用的变压器等。此外，如有必要在变频器一侧也应采取相应措施。

3）当把变频器和 PLC 安装在同一操作柜中时，应尽可能使与变频器有关的电线和与 PLC 有关的电线分开。

4）通过使用屏蔽线和双绞线达到提高抗噪声水平的目的。

5. 变频器的主电路和控制端子的说明及连接

现在以三菱高性能、多功能的 FR-E740 为例来阐述。该系列变频器的基本接线图如图 4-80 所示。

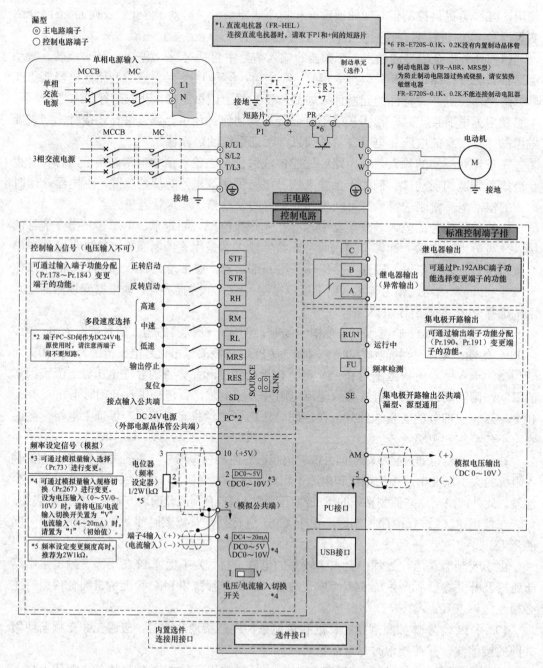

图 4-80　变频器 FR-E740 的基本接线图

（1）主回路端子的说明及接线。

1）主回路端子的说明见表 4-10。

表 4-10　　　　　　　　　　　　　　主 回 路 端 子 说 明

| 端子记号 | 端子名称 | 说　　明 |
|---|---|---|
| $L_1$, $L_2$, $L_3$ | 电源输入 | 连接工频电源。在使用高功率整流器（FR-HC）以及电源再生共用整流器（FR-CV）时，请不要接其他任何设备 |
| U，V，W | 变频器输出 | 接三相笼型电动机 |
| +，PR | 连接制动电阻器 | 在端子+，PR 之间连接选件制动电阻器 |
| +，− | 连接制动单元 | 连接作为选件的制动单元、高功率整流器（FR-HC）及电源再生共用整流器（FR-CV） |
| +，P1 | 连接改善功率因数 DC电抗器 | 拆开端子+，P1 间的短路片，连接选件改善功率因数用直流电抗器 |
| ⏚ | 接地 | 变频器外壳接地用，必须接大地 |

注　单相电源输入时，变成 $L_1$，N 端子。

2）主回路接线。变频器的主接线如图 4-81 所示。其接线说明如下：

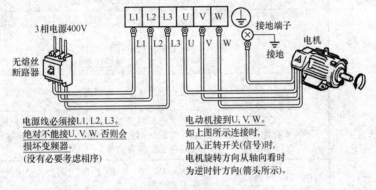

图 4-81　变频器的主接线

①电源及电机接线的压着端子，请使用带有绝缘管的端子。

②电源一定不能接到变频器输出端上（U，V，W），否则将损坏变频器。

③接线后，零碎线头必须清除干净，零碎线头可能造成异常，失灵和故障，必须始终保持变频器清洁。在控制台上打孔时，请注意不要使碎片粉末等进入变频器中。

④为使电压下降在 2% 以内，请用适当型号的电线接线。如果变频器与电机之间的接线间距太长的话，特别是在低频率输出时，可能会因主回路电缆的压降而使电机输出转矩降低。

⑤长距离布线时，由于受到布线的寄生电容充电电流的影响，会使快速相应电流限制功能降低，接于 2 次侧的仪器误动作等而产生故障。

⑥在端子+、PR 间，不要连接除建议的制动电阻器选件以外的东西，或绝对不要短路。

⑦变频器输入/输出（主回路）包含有谐波成分，可能干扰变频器附近的通信设备（如 AM 收音机）。

⑧不要安装电力电容器，浪涌抑制器和无线电噪声滤波器在变频器输出侧，这将导致变频器故障或电容和浪涌抑制器的损坏。

⑨运行后，改变接线的操作，必须在电源切断 10min 以上，用万用表检查电压后进行，断电后一段时间内，电容上仍然有危险的高压电。

（2）控制回路端子说明及接线。

1）控制回路端子说明。控制回路端子说明见表 4-11。

表 4-11 控制回路端子说明

| 类型 | | 端子记号 | 端子名称 | 说　　明 | |
|---|---|---|---|---|---|
| 输入信号 | 接点输入 | STF | 正转启动 | STF 信号 ON 时为正转、OFF 时为停止指令 | 当STF 和 STR 信号同时处于 ON 时，相当于给出停止指令 |
| | | STR | 反转启动 | STR 信号 ON 时为反转、OFF 时为停止指令 | |
| | | RH、RM、RL | 多段速度选择 | 用 RH、RM 和 RL 信号组合可以选择多段速度 | |
| | | MRS | 输出停止 | MRS 信号为 ON（20ms 上）时，变频器输出停止。用电磁制动停止电机时，用于断开变频器的输出 | |
| | | RES | 复位 | 复位用于解除保护回路动作时的报警输出，使 RES 信号处于 ON 状态 0.1s 或以上，然后断开。初始设定为始终可进行复位。但进行了 Pr.75 的设定后，仅在变频器报警发生时可进行复位。复位所需时间约为 1s | |
| | SD | | 接点输入公共端（漏型）（初始设定） | 接点输入端子（漏型逻辑） | |
| | | | 外部晶体管公共端（源型） | 源型逻辑时当连接晶体管输出（即集电极开路输出），将晶体管输出用的外部电源公共端接到该端子时，可以防止因漏电引起的误动作 | |
| | | | DC 24V 电源公共端 | DC 24V、0.1A（端子 PC）的公共输出端子，与端子 5 及端子 SE 绝缘 | |
| | PC | | 外部晶体管公共端（漏型）（初始设定） | 源型逻辑时当连接晶体管输出（即集电极开路输出），将晶体管输出用的外部电源公共端接到该端子时，可以防止因漏电引起的误动作 | |
| | | | 接点输入公共端（源型） | 接点输入端子（源型逻辑）的公共端子 | |
| | | | DC 24V 电源 | 可作为 DC 24V 0.1A 的电源使用 | |
| 模拟 | 频率设定 | 10 | 频率设定用电源 | 作为外接频率设定（速度设定）用电位器时的电源使用 | |
| | | 2 | 频率设定（电压） | 如果输入 DC 0～5V（或 0～10V），在 5V（10V）时为最大输出频率，输入输出成正比。通过 Pr.73 进行 DC 0～5V（初始设定）和 DC 0～10V 输入的切换操作 | |
| | | 4 | 频率设定（电流） | 如果输入 DC 4～20mA（或 0～5V、0～10V），在 20mA 时为最大输出频率，输入输出成比例。只有 AU 信号为 ON 时端子 4 的输入信号才会有效（端子 2 的输入将无效）。通过 Pr.267 进行 4～20mA（初始设定）和 DC 0～5V、DC 0～10V 输入的切换操作。电压输入（0～5V/0～10V）时，请将电压/电流切换开关切换至"V" | |
| | | 5 | 频率设定公共端 | 是频率设定信号（端子 2 或 4）及端子 AM 的公共端子，请不要接大地 | |

| 类型 | | 端子记号 | 端子名称 | 说　明 | |
|---|---|---|---|---|---|
| 输出信号 | 继电器 | A、B、C | 继电器输出（异常输出） | 指示变频器因保护功能动作而输出停止的转换接点。异常时 B-C 间不导通（A-C 间导通），正常时 B-C 间导通（A-C 间不导通） | 容许负荷为 24V（DC）、0.1A，低电平表示集电极开路输出用的晶体管处于 ON（导通状态），高电平表示处于 OFF（不导通状态） |
| | 集电极开路 | RUN | 变频器正在运行 | 变频器输出频率为启动频率（出厂时为 0.5Hz，可变更）以上时为低电平，正在停止或正在直流制动时为高电平 | |
| | | FU | 频率检测 | 输出频率为任意设定的检测频率以上时为低电平，未达到时为高电平 | |
| | | SE | 集电极开路输出公共端 | 端子 RUN、FU 的公共端子 | |
| | 模拟 | AM | 模拟信号输出 | 可以从多种监视项目中选择一种作为输出。变频器复位中不被输出。输出信号与各监视项目的大小成比例 | 出厂设定的输出项目：频率容许负荷电流 1mA 输出信号 DC 0～10V |
| 通信 | RS-485 | — | PU 接口 | 通过 PU 接口，进行 RS-485 通信；遵守标准：EIA-485（RS-485）标准；传输方式：多站点通信；通信速率：4800～3840000bit/s；总长距离：500m | |
| | USB | — | USB 接口 | 与个人电脑通过 USB 连接后，可以实现 FR Configurator 的操作。接口：USB1.1 标准 传输速度：12Mbps 连接器：USB 迷你-B 连接器（插座迷你-B 型） | |

2）控制回路接线。控制回路接线说明如下：

①端子 SD、SE 和 5 为输入/输出信号的公共端，这些端子不要接地。请不要把 SD-5 端子和 SE-5 端子互相连接。

②控制回路端子的接线应使用屏蔽线或双绞线，而且必须与主回路、强电回路（含 200 V 继电器程序回路）分开布线。

③由于控制回路的频率输入信号是微小电流，所以在接点输入的场合，为了防止接触不良，微小信号接点应使用两个以上并联的接点或使用双接点。

④请不要向控制电路的接点输入端子（例如：STF）输入电压。

⑤异常输出端子（A、B、C）上请务必接上继电器线圈或指示灯。

⑥连接控制电路端子的电线建议选用 $0.3\sim0.75\text{mm}^2$ 的电线。

⑦使用 30m 或以下长度的电线。

⑧请勿使端子 PC 与端子 SD 短路，否则可能会导致变频器故障。

6. 变频器的运行步骤

变频器需要设置频率指令与启动指令。将启动指令设为 ON 后电动机便开始运转，同时根据频率指令（设定频率）来决定电机的转速，参照如图 4-82 所示的流程图进行设定。

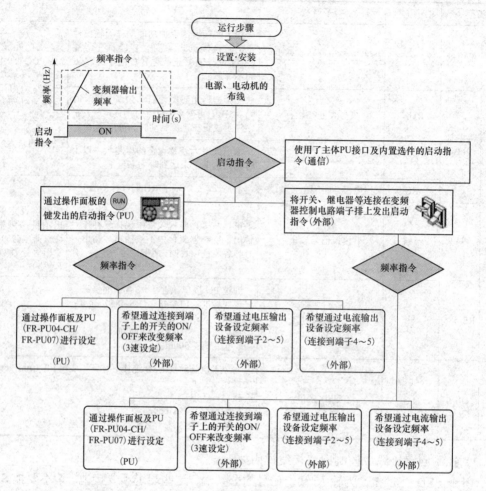

图 4-83　变频器的运行步骤流程图

注意：只有启动信号不能运行，必须与频率设定信号一起准备。

7. 变频器操作面板

变频器操作面板不能从变频器上拆下，其各部分名称如图 4-83 所示。

8. 变频器操作模式

变频器 FR-E740 能用于"PU 操作模式""外部操作模式""组合操作模式"。具体说明如下：

（1）外部/PU 切换模式（出厂设定，Pr.79 "操作模式选择" =0）。出厂时，已设定 Pr.79 "操作模式选择" =0，当 Pr.79=0 时，可以通过面板上的 PU/EXT 键来可切换 PU 操作模式或外部操作模式。

1）外部的启动信号：可用开关，继电器等。

2）频率设定信号：外部旋钮或来自外部 0～5V（DC）、0～10V（DC）或 4～20mA 信号以及多段速等。

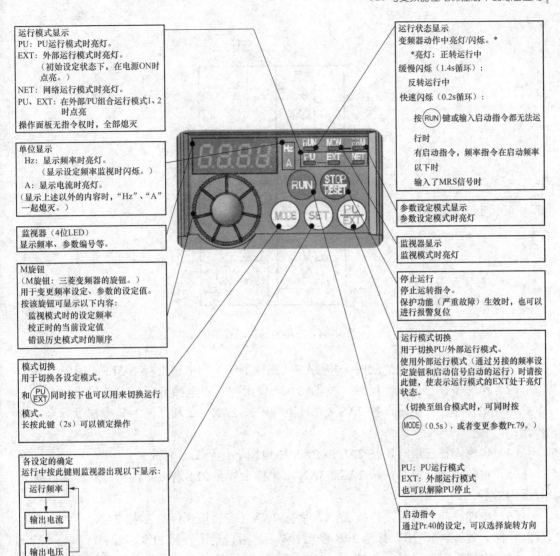

运行模式显示
PU：PU运行模式时亮灯。
EXT：外部运行模式时亮灯。
　（初始设定状态下，在电源ON时
　点亮。）
NET：网络运行模式时亮灯。
PU、EXT：在外部/PU组合运行模式1、2
时点亮
操作面板无指令权时，全部熄灭

单位显示
　Hz：显示频率时亮灯。
　（显示设定频率监视时闪烁。）
　A：显示电流时亮灯。
　（显示上述以外的内容时，"Hz"、"A"
　一起熄灭。）

监视器（4位LED）
显示频率、参数编号等。

M旋钮
（M旋钮：三菱变频器的旋钮。）
用于变更频率设定、参数的设定值。
按该旋钮可显示以下内容：
　监视模式时的设定频率
　校正时的当前设定值
　错误历史模式时的顺序

模式切换
用于切换各设定模式。
和 (PU/EXT) 同时按下也可以用来切换运行
模式。
长按此键（2s）可以锁定操作

各设定的确定
运行中按此键则监视器出现以下显示：

运行频率 → 输出电流 → 输出电压

运行状态显示
变频器动作中亮灯/闪烁。*
　*亮灯：正转运行中
缓慢闪烁（1.4s循环）：
　　反转运行中
快速闪烁（0.2s循环）：
　　按 (RUN) 键或输入启动指令都无法运
　　行时
　　有启动指令，频率指令在启动频率
　　以下时
　　输入了MRS信号时

参数设定模式显示
参数设定模式时亮灯

监视器显示
监视模式时亮灯

停止运行
停止运转指令。
保护功能（严重故障）生效时，也可以
进行报警复位

运行模式切换
用于切换PU/外部运行模式。
使用外部运行模式（通过另接的频率设
定旋钮和启动信号启动的运行）时请按
此键，使表示运行模式的EXT处于亮灯
状态。
　（切换至组合模式时，可同时按
(MODE)（0.5s），或者变更参数Pr.79。）

PU：PU运行模式
EXT：外部运行模式
也可以解除PU停止

启动指令
通过Pr.40的设定，可以选择旋转方向

图 4-83　变频器操作面板示意图

注意：只有启动信号不能运行，必须与频率设定信号一起准备。

（2）PU 操作模式固定（当 Pr.79 操作模式选=1）。用操作面板参数单元运行的方法。

（3）外部操作模式固定（当 Pr.79 "操作模式选择"=2）。启动信号是外部启动信号（端子 STF、STR），频率设定由外部信号输入设定。

（4）外部与 PU 组合操作模式 1（Pr.79 "操作模式选择"=3）。启动信号是外部启动信号（端子 STF、STR），频率设定由操作面板设定。

（5）外部与 PU 组合操作模式 2（Pr.79 "操作模式选择"=4）。启动信号是选件的操作面板的运行指令键，频率设定由外部信号输入（端子 2、4 等，多段速选择）。

### 二、基于 PLC 与变频器的电梯控制系统设计

1. 控制要求

设计一个三层电梯的控制系统，如图 4-84 所示。其控制要求如下：

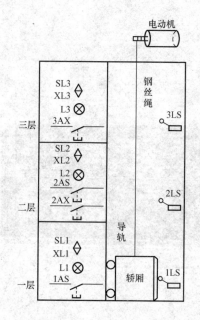

图 4-84　三层电梯的示意图

（1）电梯停在一层或二层时，按 3AX（三楼下呼）则电梯上行至 3LS 停止；

（2）电梯停在三层或二层时，按 1AS（一楼上呼）则电梯下行至 1LS 停止；

（3）电梯停在一层时，按 2AS（二楼上呼）或 2AX（二楼下呼）则电梯上行至 2LS 停止；

（4）电梯停在三层时，按 2AS 或 2AX 则电梯下行至 2LS 停止；

（5）电梯停在一层时，按 2AS、3AX 则电梯上行至 2LS 停止 $t$ 秒，然后继续自动上行至 3LS 停止；

（6）电梯停在一层时，先按 2AX，后按 3AX（若先按 3AX，后按 2AX，则 2AX 为反向呼梯无效），则电梯上行至 3LS 停止 $t$ 秒，然后自动下行至 2LS 停止；

（7）电梯停在三层时，按 2AX、1AS 则电梯运行至 2LS 停 $t$ 秒，然后继续自动下行至 1LS 停止；

（8）电梯停在三层时，先按 2AS，后按 1AS（若先按 1AS，后按 2AS，则 2AS 为反向呼梯无效），则电梯下行至 1LS 停 $t$ 秒，然后自动上行至 2LS 停止；

（9）电梯上行途中，下降呼梯无效；电梯下行途中，上行呼梯无效；

（10）轿厢位置要求用七段数码管显示，上行、下行用上下箭头指示灯显示，楼层呼梯用指示灯显示，电梯的上行、下行通过变频器控制电动机的正反转。

2. 控制系统的 I/O 分配及系统接线

（1）I/O 分配。根据三层电梯的控制系统的控制要求，电梯呼梯按钮有一层的上呼按钮 1AS、二层的上呼按钮 2AS 和下呼按钮 2AX 及三层的下呼按钮 3AX，停靠限位行程开关分别为 1LS、2LS、3LS，每层设有上、下运行指示（▲、▼）和呼梯指示，电梯的上、下运行由变频器控制曳引电动机拖动，电动机正转则电梯上升，电动机反转则电梯下降。将各楼层厅门口的呼梯按钮和楼层限位行程开关分别接入 PLC 的输入端子；将各楼层的呼梯指示灯（L1～L3）、上行指示灯（SL1～SL3 并联）、下行指示灯（XL1～XL3

并联）、七段数码管的每一段分别接入 PLC 的输出端子。

从以上分析可知，控制系统共有开关量输入点 7 个、开关量输出点 14 个。但因篇幅有限，本系统未涉及电梯轿厢的开和关，故若考虑实际情况，PLC 可选用 FX$_{2N}$–48MR 型，I/O 设备及分配见表 4-12。

**表 4-12** I/O 设备及 I/O 点分配

| 输入口分配 | | 输出口分配 | |
|---|---|---|---|
| 输入设备 | PLC 输入继电器 | 输出设备 | PLC 输出继电器 |
| 1AS（一层的上呼按钮） | X1 | L1（一楼呼梯指示灯） | Y1 |
| 2AS（二层的上呼按钮） | X2 | L2（二楼呼梯指示灯） | Y2 |
| 2AX（二层的下呼按钮） | X10 | L3（三楼呼梯指示灯） | Y3 |
| 3AX（三层的下呼按钮） | X3 | SL1~SL3（上行指示灯） | Y4 |
| 1LS（一楼限位开关） | X5 | XL1~XL3（下行指示灯） | Y5 |
| 2LS（二楼限位开关） | X6 | 上升 STF | Y11 |
| 3LS（三楼限位开关） | X7 | 下降 STR | Y12 |
| | | 七段数码管 | Y20 ~Y26 |

（2）系统接线。根据三层电梯的控制系统的控制要求，变频器采用三菱 FR-E740。为了使 PLC 的控制与变频器有机地结合，变频器必须采用外部信号控制，即变频器的频率（电动机的转速）由可调电阻 RP 来控制，变频器的运行（即启动、停止、正转和反转）由 PLC 输出的上升（Y11）和下降（Y12）信号来控制，控制系统接线图如图 4-85 所示。

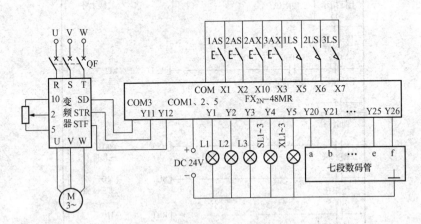

图 4-85　三层电梯控制系统接线图

3. 程序的编制

电梯由各楼层厅门口的呼梯按钮和楼层限位行程开关进行操纵和控制，其中包括控制电梯的运行方向、呼叫电梯到呼叫楼层，同时电梯的起停平稳度、加减速度和运行速度由变频器加减速时间和运行频率来控制。

（1）各楼层单独呼梯控制。根据控制要求，一楼单独呼梯应考虑以下情况：电梯停在一楼时（即 X5 闭合）、电梯在上升时（此时 Y4 有输出），一楼呼梯（Y1）应无效，其余任何时候一楼呼梯均应有效；电梯到达一楼（X5）时，一楼呼梯信号应消除。二楼上呼单独呼梯应考虑以下情况：电梯停在二楼时（即 X6 闭合）、电梯在上升至二三楼的这一段时间及电梯在下降至二一楼的这一段时间(此时 M10 闭合)，二楼上呼单独呼梯（M1）应无效，其余任何时候均应有效；电梯上行（Y4）到二楼（X6）和电梯只下行（此时 M5 的动断触点闭合）到二楼（X6）时，二楼上呼单独呼梯信号应消除。二楼下呼单独呼梯与二楼上呼单独呼梯的情况相似，三楼单独呼梯与一楼单独呼梯的情况相似，其梯形图如图 4-86 所示。

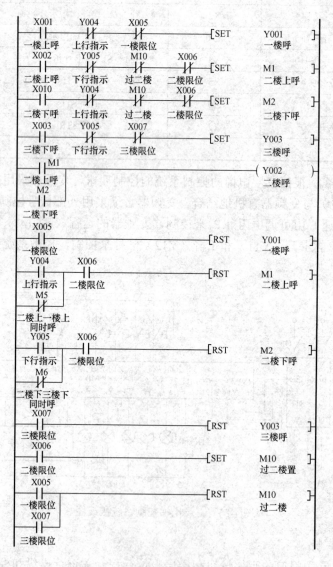

图 4-86  各楼层单独呼梯梯形图

（2）同时呼梯控制。根据控制要求，一楼上呼和二楼下呼同时呼梯（M4）应考虑以下情况：首先必须有一楼上呼（Y1）和二楼下呼（M2）信号同时有效；其次在到达二楼（X6）时（此时 M7 线圈通电）停 t 秒（t=T0 定时时间—变频器的制动时间），t 秒后（此时 M7 线圈无电）又自动下降。三楼下呼和二楼上呼同时呼梯、二楼上呼（先呼）和一楼上呼（后呼）同时呼梯、二楼下呼（先呼）三楼下呼（后呼）同时呼梯的情况与一楼上呼和二楼下呼同时呼梯的情况相似，其梯形图如图 4-87 所示。

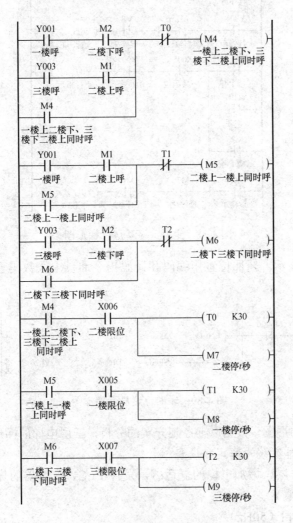

图 4-87　同时呼梯梯形图

　　（3）上升、下降运行控制。根据控制要求及上述分析，上升运行控制应考虑以下情况：

　　三楼单独呼梯有效（即 Y3 有输出）、二楼上呼单独呼梯有效（即 M1 闭合）、二楼下呼单独呼梯有效（即 M2 闭合）、三楼下呼和二楼上呼同时呼梯有效（即 M4 闭合）、二楼下呼和三楼下呼同时呼梯有效（即 M6 闭合），在上述 4 种情况下，电梯应上升运行。下行运行控制的情况与上升运行控制的情况相似，其梯形图如图 4-88 所示。

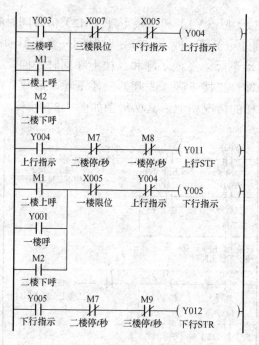

图 4-88　上升、下降运行梯形图

（4）轿厢位置显示。轿厢位置用编码和译码指令通过七段数码管来显示，梯形图如图 4-89 所示。

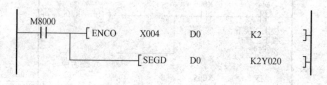

图 4-89　轿厢位置显示梯形图

（5）电梯控制梯形图。根据以上控制方案的分析，三层电梯的梯形图如图 4-90 所示。

4. PLC、变频器参数的确定和设置

为使电梯准确平层，增加电梯的舒适感，发挥 PLC、变频器的优势，设定以下参数（括号内为参考设定值）：

（1）上限频率 Pr.1（50Hz）；

（2）下限频率 Pr.2（5Hz）；

（3）加速时间 Pr.7（3s）；

（4）减速时间 Pr.8（4s）；

（5）电子过电流保护 Pr.9（等于电动机额定电流）；

（6）启动频率 Pr.13（0Hz）；

（7）适应负荷选择 Pr.14（2）；

（8）点动频率 Pr.15（5Hz）；

（9）点动加减速时间 Pr.16（1s）；

（10）加减速基准频率 Pr.20（50Hz）；

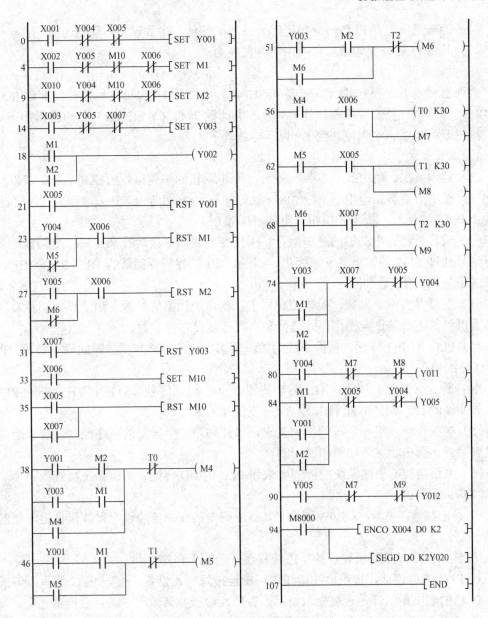

图 4-90 三层电梯控制的梯形图

（11）操作模式选择 Pr.79（2）；

（12）PLC 定时器 T0 的定时时间（6s）。

以上参数必须设定，对于实际运行中的电梯，还必须根据实际情况设定其他参数。

## ● 实训项目 PLC 与变频器的综合应用

1. 实训目的

（1）能够编制 PLC 与变频器综合应用的 I/O 分配表，并绘制系统接线图。

（2）能够运用变频器的外部端子和参数设置解决实际问题。

（3）能够按照 PLC 与变频器综合应用的控制要求编写程序。

（4）能够完成三菱 PLC 与变频器综合应用的接线、参数设置与调试。

（5）具备 PLC 与变频器综合应用的开发能力。

2．实训器材

实训器材如下：变频器 1 台（三菱 FR-E740）、电位器 1 个、可编程控制器 1 台（FX$_{2N}$-48MR）、计算机（已安装编程软件）1 台、电动机 1 台（Y-112-0.55）、电工常用工具 1 套、按钮开关 2 个、实训控制台 1，以及导线若干。

3．实训要求

（1）控制要求。用 PLC、变频器设计一个电动机的三速运行的控制系统。其控制要求如下：按下启动按钮，电动机以 30Hz 速度运行，5s 后转为 45Hz 速度运行，再过 5s 转为 20Hz 速度运行，按停止按钮，电动机即停止。

（2）设计思路。电动机的三速运行，采用变频器的多段运行来控制；变频器的多段运行信号通过 PLC 的输出端子来提供，即通过 PLC 控制变频器的 RL、RM、RH 以及 STF 端子与 SD 端子通和断。

（3）变频器的设定参数。根据控制要求，确定变频器的参数，除了设定变频器的基本参数以外，还必须设定操作模式选择和多段速度设定等参数。

（4）PLC 的 I/O 分配。根据系统的控制要求、设计思路和变频器的设定参数，PLC 的 I/O 分配如下：

X0：停止（复位）按钮，X1：起动按钮；Y0：运行信号（STF），Y1：1 速（RL），Y2：2 速（RM），Y3：3 速（RH），Y4：复位（RES）。

（5）控制程序。根据系统的控制要求，该控制是一个典型的顺序控制，要求运用状态思想编程，画出状态转移图和梯形图。

（6）系统接线。根据系统的控制要求和 PLC 的 I/O 分配，画出系统接线图。

（7）系统调试。

1）设定参数，根据系统的控制要求，按所确定的变频器的设定参数值设定变频器的参数。

2）输入程序，按照所设计的状态转移图正确输入程序。

3）PLC 模拟调试，按照系统接线图正确连接好输入设备，进行 PLC 的模拟调试，观察 PLC 的输出指示灯是否按要求指示，否则，检查并修改程序，直至指示正确。

4）空载调试，按照所设计的系统接线图，将 PLC 与变频器连接好（不接电动机），进行 PLC、变频器的空载调试，通过变频器的操作面板观察变频器的输出频率是否符合要求，否则，检查系统接线、变频器参数、PLC 程序，直至变频器按要求运行。

5）系统调试，按照所设计的系统接线图正确连接好全部设备，进行系统调试，观察电动机能否按控制要求运行，否则，检查系统接线、变频器参数、PLC 程序，直至电动机按控制要求运行。

4．实训报告要求

实训前撰写实训预习报告，根据控制的要求，写出实训器材的名称规格和数量，确定 PLC 的 I/O 分配，画出 PLC 控制系统的 I/O 接线图，设计程序，写出实训操作步骤。

5．实训思考

（1）实训中，设置了哪些参数？使用了哪些外部端子？

（2）运用 PLC 与变频器配合控制三相异步电动机的多速运行，与继电器—接触器控制的调速运行相比，有何不同？

（3）撰写 PLC 与变频器综合应用实训的心得体会和实践编程的经验、技巧，评价自己在小组合作中所发挥的作用，总结个人的不足之处，思考如何不断提升自身综合素质。

习　题

1．使用变频器的效果有哪些？

2．变频器的基本结构包括哪几个部分？

3．如何设定变频器 FR-E740 的操作模式？

4．用变频器和 PLC 设计物料传送系统，按要求设计控制程序，设置变频器参数，写出 I/O 点分配，并画出 PLC 与变频器的接线图。其控制要求如下：按下启动按钮，系统进入待机状态，当金属物料经落料口放置传送带，光电传感器检测到物料，电动机以 20Hz 频率启动正转运行，拖动皮带载物料向金属传感器方向运动。当行至电感传感器，电动机以 30Hz 频率加速运行，行至第一个光纤传感器 1 时，电动机以 40Hz 频率加速运行，当物料行至第二个光纤传感器光纤传感器 2 时，电动机以 40Hz 频率反转带动物料返回，当物料行至第一个光纤传感器 1 时，电动机减速以 30Hz 频率减速运行，当物料行至电感传感器时电动机以 20Hz 频率再次减速运行，当物料行至落料口，光电传感器检测到物料，重复上述的过程。

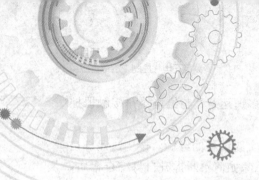

# PLC 与变频器、触摸屏在建筑设备
# 节能控制中的综合应用

## 项目背景、目标及课程思政育人教学设计

### 一、项目背景和内容

随着科技水平的发展，人们对建筑设备的要求越来越高。变频恒压供水系统以其高品质的供水质量成为供水行业的一个主流，中央空调给人们营造了舒适的环境，但是与此同时带来的能源消耗问题也变得越来越引人注目。那么如何在满足人类舒适生活需求的前提下减少对大自然的危害，减少能源的使用，这需要全人类持续不断地增强环保意识，不断地调整思维方式，持续地研发、改进降低设备耗能。而 PLC 以其自身的优势与变频器、触摸屏综合应用在恒压供水系统、中央空调节能改造技术中，达到高效节能的目的。由 PLC 控制变频器的运行频率以调节水泵的转速，触摸屏与 PLC 配套使用，灵活地设置参数、显示数据、以动画等形式描绘自动化过程，使得 PLC 的应用可视化。

本项目主要研究如何将 PLC 与变频器、触摸屏相结合，综合应用在建筑电气控制中，实现控制系统的智能升级。项目任务包括 PLC 与变频器、触摸屏在恒压供水系统中的应用、PLC 与变频器、触摸屏在中央空调节能改造技术中的应用。控制系统的发展趋势是智能化控制系统，而只有不断地创新才能发展。问题是创新的起点，也是创新的动力源，我们要精益求精，善于发现控制系统存在的问题，整合和利用好创新资源，在实践中、在交流合作中提升创新思维能力。

### 二、项目的教学目标和课程思政育人教学设计

本项目的教学目标包括知识目标、技能目标、思政育人目标，知识目标和技能目标分任务进行描述，思政育人目标是增强学生善于沟通的意识，培养学生创造性思维能力和创新能力，具体见表 5-1。本项目的课程思政育人教学设计思路是"理论与实践相结合"，基于实际工程项目的任务由简单到综合，从工作任务的知识点中挖掘与知识相关的思政要素"沟通是合作的基础""问题是创新的起点，也是创新的动力源"。并通过与任务相关的实训项目，进一步培养学生良好的职业素养、团队合作精神和勇于创新的工匠精神。项目五的课程思政育人教学设计示例见表 5-2。

表 5-1                                           项 目 五 的 教 学 目 标

| 项目名称 | 具体工作任务 | 教学目标 | | |
|---|---|---|---|---|
| | | 知识目标 | 技能目标 | 思政育人目标 |
| 项目五 PLC 与变频器、触摸屏在建筑设备节能控制中的综合应用 | 任务一 PLC 与变频器、触摸屏在恒压供水系统中的应用 | (1)掌握 $FX_{0N}$-3A 模拟量模块的特性、规格及其应用。<br>(2)了解触摸屏的性能及基本工作模式,熟悉制作用户画面的软件,掌握 PLC 与触摸屏的连接方式。<br>(3)掌握 PLC 与变频器、触摸屏配合使用的基本方法,熟悉触摸屏与 PLC 输入输出分配,掌握 PLC 与变频器、触摸屏综合应用的系统接线、程序编制、参数设置与调试 | (1)能够运用模拟量处理模块对生产现场的数据进行采集、分析和处理。<br>(2)能够按照 PLC 与变频器、触摸屏综合应用控制要求绘制系统接线图并编写程序。<br>(3)能够根据现场实际情况,制作触摸屏的人机交互界面。<br>(4)能够完成 PLC 与变频器、触摸屏综合应用的接线、参数设置与调试 | (1)增强学生善于沟通的意识,沟通是合作的基础。<br>(2)以问题为导向推动创新,培养学生的创造性思维能力和创新能力。<br>(3)培养团结协作意识,培养勇于创新的工匠精神,培养"实事求是"评价的辩证唯物主义观 |
| | 任务二 PLC 与变频器、触摸屏在中央空调节能改造技术中的应用 | (1)掌握 $FX_{2N}$-4AD-PT、$FX_{2N}$-2DA 模拟量模块的特性、规格及其应用。<br>(2)掌握 PLC 与变频器、触摸屏配合使用的基本方法,熟悉触摸屏与 PLC 输入输出分配,掌握 PLC 与变频器、触摸屏综合应用的系统接线、程序编制、参数设置与调试 | (1)能够运用模拟量处理模块对生产现场的数据进行采集、分析和处理。<br>(2)能够按照 PLC 与变频器、触摸屏综合应用控制要求绘制系统接线图并编写程序。<br>(3)能够根据现场实际情况,制作触摸屏的人机交互界面。<br>(4)能够完成 PLC 与变频器、触摸屏综合应用的接线、参数设置与调试。<br>(5)具备 PLC 与变频器、触摸屏综合应用的开发能力 | |

表 5-2                                        项目五的课程思政育人教学设计

| 任务名称<br>(或实训项目) | 知识点<br>(或实训名称) | 思政要素切入点 | 预期效果 |
|---|---|---|---|
| 任务一 PLC 与变频器、触摸屏在恒压供水系统中的应用 | 模拟量输入输出混合模块 $FX_{0N}$-3A | 分析 $FX_{0N}$-3A 是一种模拟量输入/输出模块,它应用时作为特殊功能模块与 PLC 相连接。这时就需要正确使用应用指令 FROM/TO 与 PLC 进行数据传输,实现有效"沟通",否则 PLC 系统无法完成数据的采集和处理工作。引申到人与人之间要善于沟通,沟通是合作的基础,沟通是心灵的桥梁,疏通障碍,清除误解 | 增强学生善于沟通的意识 |
| 任务二 PLC 与变频器、触摸屏在中央空调节能改造技术中的应用 | PLC 与变频器、触摸屏在中央空调节能改造技术中的应用 | 以 PLC 结合变频器、触摸屏在中央空调节能改造技术中的综合应用这一实际项目为驱动,融入"问题是创新的起点,也是创新的动力源,强调创新思维要以问题为导向。启发学生发现问题—某大楼原中央空调水系统存在的一系列问题,再综合运用知识研究问题、解决问题,实现控制系统的智能升级,控制系统的发展趋势是智能化控制系统,而只有不断地创新才能发展 | 推动创新必须坚持问题导向,培养学生的创新思维和创新意识 |

续表

| 任务名称<br>（或实训项目） | 知识点<br>（或实训名称） | 思政要素切入点 | 预期效果 |
|---|---|---|---|
| 实训项目 | PLC 与变频器的综合应用 | 采用学生分组实训的教学模式，融入辩证唯物主义"一切从实践出发，实践是检验真理的唯一标准"，同时切入工匠精神和团队合作的思政要素。<br>课前：要求学生撰写实训预习报告，提前规划完成实训任务方法和步骤，并规划完成实训任务方法和步骤，分配小组成员之间的实训任务，做到心中有数地走进实训室。<br>课中：小组成员分工合作共同完成任务，进行接线、输入程序并调试，实训任务完成后，按照管理标准，归置实训设备，整理实训室，养成良好的职业习惯。<br>课后：要求学生总结反思，撰写 PLC 实训的心得体会和实践编程的经验、技巧，评价自己在小组合作中所发挥的作用，总结个人的不足之处，思考如何不断提升自身综合素质。<br>考核方式：采用过程考核，通过教师评价+小组互评+自评的方式，培养学生"实事求是"评价的辩证唯物主义观，让学生感受到团队合作的重要性 | （1）培养良好的职业素养，树立社会主义职业道德观。<br>（2）培养团结协作意识，培养勇于创新的工匠精神，培养"实事求是"评价的辩证唯物主义观 |

# 任务一　PLC 与变频器、触摸屏在恒压供水系统中的应用

**任务要点**

以任务"PLC 与变频器、触摸屏在恒压供水系统中的应用"为驱动，介绍模拟量输入/输出混合模块 $FX_{0N}$-3A、触摸屏的使用，重点讲述 PLC 与变频器、触摸屏在恒压供水系统中应用的系统接线、触摸屏画面制作、程序设计、变频器参数的设置，并通过完成实训项目"PLC 与变频器、触摸屏的综合应用"，使学生具备 PLC 与变频器、触摸屏综合应用的开发能力，引导学生树立安全用电意识，树立社会主义职业道德观，培养良好的职业素养，培养严谨认真、精益求精、追求完美的工匠精神。

**一、模拟量输入/输出混合模块 $FX_{0N}$-3A**

PLC 不仅具有逻辑控制功能，而且如果增加 A/D、D/A 模块等硬件，还能对模拟量进行控制，如温度、湿度、压力、流量等。例如，三菱 FX 系列 PLC，用于模拟量控制的模块就有 $FX_{0N}$-3A、$FX_{2N}$-2AD、$FX_{2N}$-4AD、$FX_{2N}$-2DA、$FX_{2N}$-4DA 等。这些模块的作用是把采样的模拟量转换成数字量，存放在寄存器中，经程序处理后，再把数字量转换成模拟量输出，控制执行对象。

1. $FX_{0N}$-3A 的特点及接线

（1）特点。$FX_{0N}$-3A 是一种经济、实用的模拟量模块，它可以与 $FX_{0N}$、$FX_{1N}$、$FX_{2N}$ 等系列的 PLC 相连接，具有以下特点：

1）配备有 2 路模拟量输入和 1 路模拟量输出。

2）根据接线方法，模拟量输入可在电压输入或电流输入中进行选择。当采用电压输

入时，输入为 0～10V（DC）、0～5V（DC），当采用电流输入时，输入为 4～20mA（DC），但两路要均为同一特性。

3）模拟量输出可以为电压输出 0～10V（DC）、0～5V（DC），也可以为电流输出 4～20mA（DC）。

4）分辨率精度为 8 位。

5）使用 FROM/TO 指令与可编程控制器进行数据传输。

（2）接线。$FX_{0N}$-3A 的应用接线如图 5-1 所示。

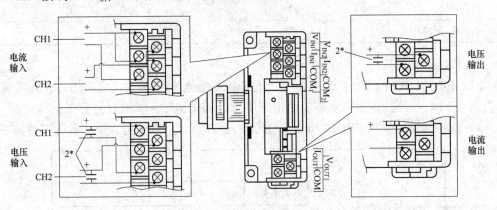

图 5-1  $FX_{0N}$-3A 的应用接线

在应用 $FX_{0N}$-3A 模拟量输入时，不能将一个通道作为电压输入，而另一个通道作为电流输入，两个通道一定要为同一特性，即要么为电压输入，要么为电流输入，而且对于电流输入，要短接 $V_{IN}$ 和 $I_{IN}$ 两个端子。但对于电流输出，无须短接 $V_{OUT}$ 和 $I_{OUT}$ 端子。

另外，当电压输入、输出存在波动或有大量噪声时，在位置 2* 处连接一个 0.1～0.47μF 的 25V 电容。

（3）使用指标。

1）模拟量输入。模拟量输入使用指标见表 5-3。

表 5-3 模拟量输入使用指标

| 项目 | 电压输入 | 电流输入 |
|---|---|---|
| 模拟输入范围 | 0～10V（DC）、0～5V（DC），输入阻抗为 200kΩ。<br>绝对最大输入：–0.5V，+15V | DC 4～20mA，输入阻抗为 250Ω。绝对最大输入：–2mA，+60mA |
| 输入特性 | 不可以混合使用电压输入和电流输入。输入特性为 2 路通道均为同一特性 | |
| 位数 | 8 位（数字值在 255 以上的，固定为 255） | |
| 分辨率 | 0～10V：40mV（10V/250）<br>0～5V：20mV（5V/250） | 4～20mA：64μA<br>［（20-4）/250］ |
| 总精度 | ±0.1V | ±0.16mA |
| 扫描执行时间 | （TO 命令处理时间×2）+FROM 命令处理时间 | |
| A/D 转换时间 | 100μs | |

2）模拟量输出。模拟量输出使用指标见表 5-4。

表 5-4 模拟量输出使用指标

| 项目 | 电压输出 | 电流输出 |
|---|---|---|
| 模拟输出范围 | 0～10V（DC）、0～5V（DC），负载阻抗为 1kΩ～1MΩ | 4～20mA（DC），负载阻抗为 500Ω 以下 |
| 位数 | 8 位 | |
| 分辨率 | 0～10V：40mV（10V/250）<br>0～5V：20mV（5V/250） | 4～20mA：64μA<br>［（20-4）/250］ |
| 总精度 | ±1V | ±0.16mA |
| 扫描执行时间 | TO 命令处理时间×3 | |

2. FX$_{0N}$-3A 的应用

（1）FROM/TO 指令。FX$_{0N}$-3A 是一种模拟量输入/输出模块，它应用时作为特殊功能模块与 PLC 相连接。这时就需要使用应用指令 FROM/TO 与 PLC 进行数据传输。

1）读特殊功能模块 FROM 指令（FNC78）。FROM 的助记符、操作数等属性如下：

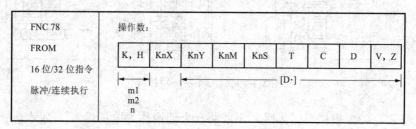

①m1：特殊功能模块号（范围 0～7）。特殊功能模块应用时是连接在 PLC 右边的扩展总线上的。不同系列的 PLC 可以连接的特殊功能模块的数量是不一样的，这时从最靠近 PLC 那个模块开始，按 NO.0→NO.1→NO.2…的顺序编号，如图 5-2 所示。

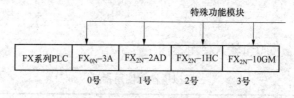

图 5-2 特殊功能模块号

②m2：缓冲存储器（BFM）号（范围 0～31）。特殊功能模块内有 32 点 16 位 RAM 存储器，这叫作缓冲存储器，其内容根据各模块的控制目的而决定。缓冲存储器的编号为#0～#31。在 32 位指令中，指定的 BFM 为低 16 位，在此之后的 BFM 为高 16 位。

③n：传送点数，用 n 指定传送的字点数。FROM 指令的使用说明如图 5-3 所示。

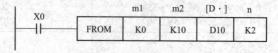

图 5-3 FROM 指令的说明

当 X0=OFF 时，FROM 指令不执行；当 X0=ON 时，将 0 号特殊功能模块内 10 号缓冲存储器（BFM#10）开始的 2 个数据读到 PLC 中，并存入以 D10 开始的寄存器中。表示如下：

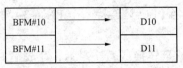

2）写特殊功能模块 TO 指令（FNC 79）。TO 指令的助记符、操作数等属性如下：

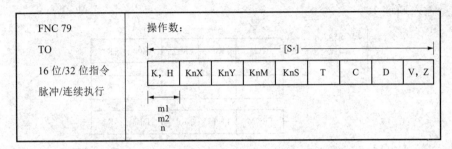

其中 m1、m2 和 n 的说明与 FROM 指令相同。TO 指令的使用说明如图 5-4 所示。

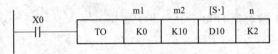

图 5-4  TO 指令的使用说明

当 X0=OFF 时，TO 指令不执行；当 X0=ON 时，将 PLC 中以 D10 开始的 2 个数据写入 0 号特殊功能模块内以 10 号缓冲存储器（BFM#10）开始的 2 个缓冲存储器中。表示如下：

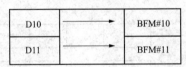

（2）缓冲存储器（BFM）的分配。FX$_{0N}$-3A 模拟量模块内各缓冲存储器的分配及作用见表 5-5。

表 5-5                            缓冲存储器的分配

| BFM 编号 | b15～b8 | b7 | b6 | b5 | b4 | b3 | b2 | b1 | b0 |
|---|---|---|---|---|---|---|---|---|---|
| #0 | 保留 | A/D 通道输入数据的当前值（8 位） | | | | | | | |
| #16 | | D/A 通道输出数据的当前值（8 位） | | | | | | | |
| #17 | 保留 | | | | | | D/A 转换 | A/D 转换 | A/D 通道 |
| #1～5、#18～31 | 保留 | | | | | | | | |

举例说明：缓冲存储器 BFM #17，b0=0，选择模拟量输入通道 1；b0=1，选择模拟量输入通道 2；b1=0→1，启动 A/D 转换；b2=1→0，启动 D/A 转换。

（3）模拟量输入、输出的应用。在应用 FX$_{0N}$-3A 模拟量模块时，要遵循它的接线方法，特别是输入 2 路一定要为同一特性。

1）模拟量输入的应用。当 PLC 只连接一个 $FX_{0N}$-3A 模块时，那么 $FX_{0N}$-3A 的编号就为 0 号特殊功能模块。

当 $FX_{0N}$-3A 采样到的模拟量转换成数字量后，存放在 $FX_{0N}$-3A 内部 0 号缓冲存储器（BFM#0）的低 8 位中，PLC 要读取转换后的数字量，可以用如图 5-5 所示程序来完成（使用模拟量输入通道 1）。

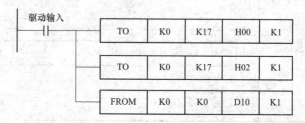

图 5-5 模拟量输入的应用（使用模拟量输入通道 1）

其中，第一条 TO 指令把 H00（十六进制数据）写入 0 号特殊功能模块内的 17 号缓冲存储器（BFM#17）中，这时 BFM#17 中 b0=0，选择了模拟量输入通道 1；第二条 TO 指令把 H02（十六进制数据）写入 0 号特殊功能模块内的 17 号缓冲存储器（BFM#17）中，这时 BFM#17 中 b1=0→1，启动 A/D 转换，并把转换后的数字量存放在 0 号缓冲存储器（BFM#0）的低 8 位中；FROM 指令将 0 号特殊功能模块内的 0 号缓冲存储器（BFM#0）中的数据（转换后的数字量）读到可编程控制器中，并存放在 D10 寄存器中。

当使用模拟量输入通道 2 时，程序如图 5-6 所示，读者可自行分析。

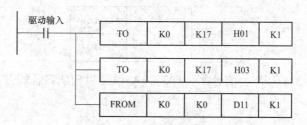

图 5-6 模拟量输入的应用（使用模拟量输入通道 2）

2）模拟量输出的应用。PLC 要把数字量转换成模拟量输出，首先要把数字量存放在 $FX_{0N}$-3A 内部 16 号缓冲存储器（BFM#16）的低 8 位中。实现模拟量输出的相关程序如图 5-7 所示（假设 D20 存放要转换的数字量）。

其中，第一条 TO 指令把 D20 中的数据写入 0 号特殊功能模块内的 16 号缓冲存储器（BFM#16）中，准备实现 D/A 转换；第二、三条 TO 指令分别把 H04、H00（十六进制数据）写入 0 号特殊功能模块内的 17 号缓冲存储器（BFM#17）中，这时 BFM#17 中 b2=1→0，启动 D/A 转换，把 16 号缓冲存储器（BFM#16）中存放的数字量转换成模拟量输出。

以上简单介绍了 $FX_{0N}$-3A 模拟量模块的典型范例，在实际的应用中，用户还是要根据具体情况来编写 A/D、D/A 的转换程序。

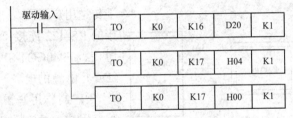

图 5-7　模拟量输出的应用

## 二、触摸屏的使用

人机界面（或称人机交互）是系统与用户之间进行信息交互的媒介，包括硬件界面和软件界面，人机界面是计算机科学与设计艺术学、人机工程学的交叉研究领域。近年来，随着信息技术与计算机技术的迅速发展，人机界面在工业控制中已得到广泛的应用。

在工业控制中，三菱常用的人机界面有触摸屏、显示模块和小型显示器（FX-10DU-E）。触摸屏是图式操作终端（Graph Operation Terminal，GOT）在工业控制中的通俗叫法，是目前最新的一种人机交互设备。三菱触摸屏有 A900 系列和 F900 系列，种类达数十种，F940GOT 触摸屏就是目前应用最广泛的一种。

1. 三菱 F940GOT 的性能及基本工作模式

（1）F940GOT 的功能。三菱 F940GOT 的显示画面为 5.7 寸（外形尺寸 162mm×130mm×57mm），分辨率为 320×240，规格具有 F940GOT-SWD-C（彩色）及 F940GOT-LWD-C（黑白）两种型号，其彩色为 8 色，黑白为 2 色，其他性能指标类似，除了能与三菱的 FX 系列、A 系列 PLC 进行连接，也可与定位模块及三菱变频器进行连接，同时还可与其他厂商的 PLC 进行连接，如 OMRON、SIEMENS、AB 等。F940GOT 具有下列基本功能：

1）画面显示功能。F940GOT 可存储并显示用户制作画面最多 500 个（画面序号 0～499），及 30 个系统画面（画面序号 1001～1030）。其中系统画面是机器自动生成的系统检测及报警类监控画面。用户画面可以重合显示并可以自由切换。画面上可显示文字、图形、图表，可以设定数据，还可以设定显示日期、时间等。

2）画面操作功能。GOT 可以作为操作单元使用，可以通过 GOT 上设置的操作键来切换 PLC 的位元件，可以通过设置的键盘输入更改 PLC 数字元件的数据。在 GOT 处于 HPP（手持式编程）状态时，还可以使用 GOT 作为编程器显示及修改 PLC 机内的程序。

3）监视功能。可以通过画面监视 PLC 内位元件的状态及数据寄存器数据的数值，并可对位元件执行强制 ON/OFF 状态。

4）数据采样功能。可以设定采样周期，记录指定的数据寄存器的当前值，并以清单或图表的形式显示或打印这些数值。

5）报警功能。可以使最多 256 点 PLC 的连续位元件与报警信息相对应，在这些元件置位时显示一定的画面，给出报警信息，并可以记录最多 1000 个报警信息。

（2）GOT 的基本工作模式及与 PC、PLC 的连接。作为 PLC 的图形操作终端，GOT 必须与 PLC 联机使用，通过操作人员手指与触摸屏上的图形元件的接触发出 PLC 的操作指令或者显示 PLC 运行中的各种信息。GOT 中存储与显示的画面是通过 PC 机运行专用的编程软件设绘的，绘好后下载到 GOT 中。

如图 5-8 所示，F940GOT 有两个连接口，一个与计算机连接的 RS-232 连接口，用于传送用户画面，一个与 PLC 等设备连接的 RS-422 连接口，用于与 PLC 进行通信。F940GOT-SWD 需要外部 24V（DC）电源供电。

图 5-8　GOT 与 PC、PLC 的连接

2. 制作用户画面软件介绍

用户画面制作都是由专用软件来实现，如 FX-PCS-DU/WIN，SW5D5-GOTR-PACK 等，由于篇幅有限，下面介绍 GT-Designer（SW5D5-GOTR-PACKE）的使用。

（1）GT-Designer 主开发界面。

1）标题栏。显示屏幕的标题，将光标移动到标题栏，则可以将屏幕拖动到希望的位置，DT-Designer 具有屏幕标题栏和应用窗口标题栏。

2）菜单栏。显示 DT-Designer 可使用的菜单名称，单击某个菜单，就会出现一个下拉菜单然后可以从下拉菜单中选择各种功能。

3）主工具栏。在菜单栏上分配的项目以按钮形式显示，将光标移动到任意按钮，然后单击，即可执行相应的功能。

4）视图工具栏。在菜单上的分配的项目（移动距离/模式等）以按钮的形式显示，将光标移动到下拉按钮处，即出现相应项目的下拉菜单，将光标移动到相应的属性上，然后单击以执行相应的功能。

5）图形/对象工具栏。图形/对象设置项目以按钮的形式排列，将光标移动到任意工具按钮上，单击即可执行相应的功能。

6）编辑工具栏。编辑工具栏上分配图形编辑项目的命令按钮，将光标移动到任意按钮上，然后单击，以执行相应的功能。

7）编辑区。制作图形画面的区域。

8）工具选项板。显示设置图形对象等按钮的地方。

9）绘图工具栏。绘图工具栏上有直线类型、模式、文本类型等，以列表的形式显示。

10）状态栏。显示当前操作状态和光标坐标。

（2）图形绘制。图形绘制的方法是在图形对象工具栏或绘图菜单的下拉菜单以及工具选项板中单击相应的绘图命令，然后在编辑区进行拖放即可。图形对象属性的调整，如颜色、线形、填充等，可以双击该图形，再在弹出的窗口中进行调整。

（3）对象功能设置。

1）数据显示功能。数据显示功能能实时显示 PLC 的数据寄存器的数据。数据可以以数字、数据列表、ASCII 字符及时钟等显示，对应的图标为 ⊗ ⒜ⓢⒸ ⊘，分别单击这些按钮会出现该功能的属性设置窗口，设置完毕按 "OK" 键，然后将光标指向编辑区，单击鼠标即生成该对象，可以随意拖动对象到任意需要的位置。

2）信息显示功能。信息显示功能可以显示 PLC 相对应的注释和出错信息，包括注释，报警记录和报警列表。按编辑工具栏或工具选项板中对应的按钮 ▨，即弹出注释设置窗口，设置好属性后按 "OK" 键即可。

3）动画显示功能。显示与软元件相对应的零件/屏幕，显示的颜色可以通过其属性来设置，同时，可以根据软元件的 ON/OFF 状态来显示不同颜色，以示区别。

4）图表显示功能。可以显示采集到 PLC 软元件的值，并将其以图表的形式显示。单击图形对象工具栏的 █ 图标，设置好软元件及其他属性后按"OK"键，然后将光标指向编辑区，单击鼠标即生成图表对象。

5）触摸按键功能。触摸键在被触摸时，能够改变位元件的开关状态和字元件的值，也可以实现画面跳转。添加触摸键须按编辑对象工具栏中的 █ 按钮，设置好软元件参数、属性或跳转页面后，按下"OK"键，然后将其放置到希望的位置即可。

6）数据输入功能。数据输入功能，可以将任意数字和 ASCII 码输入到软元件中。对应的图标是 █ █，操作方法和属性设置与上述相同。

7）其他功能，包括硬复制功能、系统信息功能、条形码功能、时间动作功能，此外还具有屏幕调用功能、安全设置功能等。

### 三、基于 PLC 与变频器、触摸屏的恒压供水系统设计

#### 1. 恒压供水系统的基本构成

恒压供水泵站的构成示意图如图 5-9 所示，图中压力传感器用于检测管网中的水压，常装设在泵站的出水口。当用水量大时，水压降低，用水量小时，水压升高。压力传感器将水压的变化转变为电流或电压的变化送给调节器。

调节器是一种电子装置，在系统中完成以下几种功能：

（1）设定水管压力的给定值。恒压供水水压的高低根据需要而设定。供水距离越远，用水地点越高，系统所需供水压力越大。给定值即是系统正常工作时的恒压值。另外有些供水系统可能有多种用水目的，如将生活用水

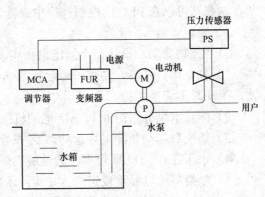

图 5-9 变频恒压供水系统的基本构成

与消防用水共用一个泵站，水压的设定值可能不止一个，一般消防用水的水压要高一些。调节器具有给定值设定功能，可以用数字量进行设定，有的调节器也可以用模拟量方式设定。

（2）接收传感器送来的管网水压的实测值。管网实测水压回送到泵站控制装置称为反馈，调节器是反馈的接收点。

（3）根据给定值与实测值的差值，依一定的调节规律发出系统调节信号。调节器接收了水压的实测反馈信号后，将它与给定值比较，得到给定值与实测值之差。如果给定值大于实测值，说明系统水压低于理想水压，要加大水泵电动机的转速。如果水压高于理想水压，要降低水泵电动机的转速。这些都由调节器的输出信号控制。为了实现调节的快速性与系统的稳定性，调节器工作中还有个调节规律问题，传统调节器的调节规律多是比例—积分—微分调节，俗称 PID 调节器。调节器的调节参数，如 P、I、D 参数均是可以由使用者设定的，PID 调节过程视调节器的内部构成而定，有数字式调节及模拟量调节两类，以微计算机为核心的调节器多为数字式调节。

调节器的输出信号一般是模拟信号 4～20mA 变化的电流信号或 0～10V 间变化的电压信号。在变频恒压供水系统中，执行设备就是变频器。

2. PLC 在恒压供水泵站中的主要任务

（1）代替调节器。实现水压给定值与反馈值的比较与调节工作，实现数字式 PID 调节。一个传统调节器往往只能实现一路 PID 设置，用 PLC 作调节器可同时实现多路 PID 设置，在多功能供水泵站的各类工况中 PID 参数可能不一样，使用 PLC 作数字式调节器就十分方便。

（2）控制水泵的运行与切换。在多泵组恒压供水泵站中，为了使设备均匀地磨损，水泵及电动机是轮换工作的。在设有变频器的多泵组泵站中，与变频器相连接的水泵（称变频泵）也是轮流担任的。变频泵在运行且达到最高频率时，增加一台工频泵投入运行，PLC 则是泵组管理的执行设备。

（3）变频器的驱动控制。恒压供水泵站中变频器常常采用模拟量控制方式，这需采用具有模拟量输入/输出的 PLC 或采用 PLC 的模拟量扩展模块，压力传感器送来的模拟信号输入到 PLC 或模拟量模块的模拟量输入端，而输出端送出经给定值与反馈值比较并经 PID 处理后得出的模拟量控制信号，并依此信号的变化改变变频器的输出频率。

（4）泵站的其他逻辑控制。除了泵组的运行管理工作外，泵站还有许多逻辑控制工作，如手动、自动操作转换，泵站的工作状态指示，泵站工作异常的报警，系统的自检等，这些都可以在 PLC 的控制程序中安排。

3. 控制实例

（1）控制要求。设计一个恒压供水实训系统，其控制要求如下：

1）共有两台水泵，要求一台运行，一台备用，自动运行时泵运行累计 100h 轮换一次，手动时不切换；

2）两台水泵分别由 M1、M2 电动机拖动，由 KM1、KM2 控制；

3）切换后起动和停电后起动须 5s 报警，运行异常可自动切换到备用泵，并报警；

4）水压在 0～1MPa 可调，通过触摸屏输入调节；

5）触摸屏可以显示设定水压、实际水压、水泵的运行时间、转速、报警信号等。

（2）控制系统的 I/O 分配及系统接线。

1）I/O 分配。根据系统控制要求，选用 F940GOT-SWD 触摸屏，触摸屏和 PLC 输入/输出分配见表 5-6。

表 5-6 触摸屏和 PLC 输入/输出分配

| 触摸屏输入、输出 | | | | PLC 输入、输出 | | | |
|---|---|---|---|---|---|---|---|
| 触摸屏输入 | | 触摸屏输出 | | PLC 输入 | | PLC 输出 | |
| 软元件 | 功能 | 软元件 | 功能 | 输入设备 | 输入继电器 | 输出设备 | 输出继电器 |
| M500 | 自动启动 | Y0 | 1 号泵运行指示 | 1 号泵水流开关 | X1 | KM1（控制 1 号泵接触器） | Y0 |
| M100 | 手动 1 号泵 | Y1 | 2 号泵运行指示 | 2 号泵水流开关 | X2 | KM2（控制 2 号泵接触器） | Y1 |
| M101 | 手动 2 号泵 | T20 | 1 号泵故障 | 过压保护开关 | X3 | 报警器 HA | Y4 |
| M102 | 停止 | T21 | 2 号泵故障 | | | 变频器正转启动端子 STF | Y10 |
| M103 | 运行时间复位 | D101 | 当前水压 | | | | |
| M104 | 清除报警 | D502 | 泵累计运行的时间 | | | | |
| D500 | 水压设定 | D102 | 电动机的转速 | | | | |

2）系统接线。根据控制系统的控制要求，PLC 选用 FX$_{2N}$-32MR 型，变频器采用三菱 FR-E540，模拟量处理模块采用输入输出混合模块 FX$_{0N}$-3A，变频器通过 FX$_{0N}$-3A 的模拟输出来调节电动机的转速。根据控制要求及 I/O 分配，控制系统接线图如图 5-19 所示。

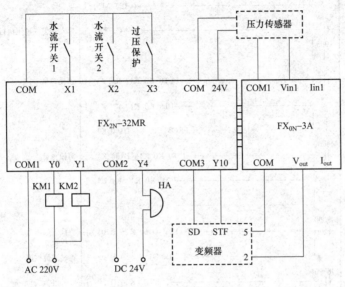

图 5-10　控制系统接线图

（3）触摸屏画面制作。根据系统控制要求，触摸屏制作画面如图 5-11 所示。

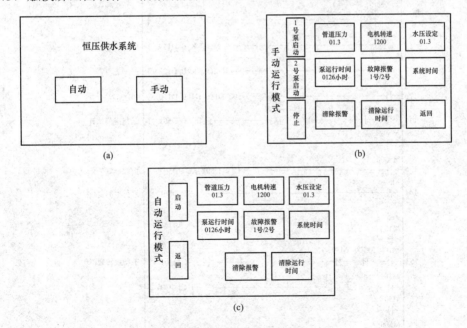

图 5-11　触摸屏制作画面
（a）触摸屏首页画面；（b）手动运行画面；（c）自动运行画面

（4）程序的编制。根据系统的控制要求，控制梯形图如图 5-12 所示。

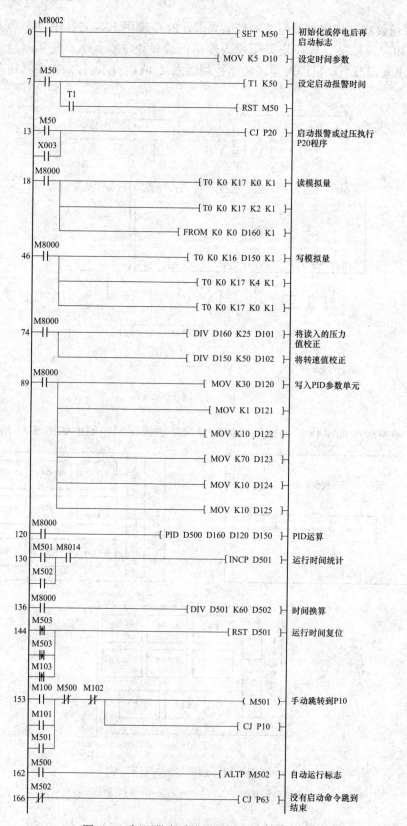

图 5-12 恒压供水系统控制梯形图（一）

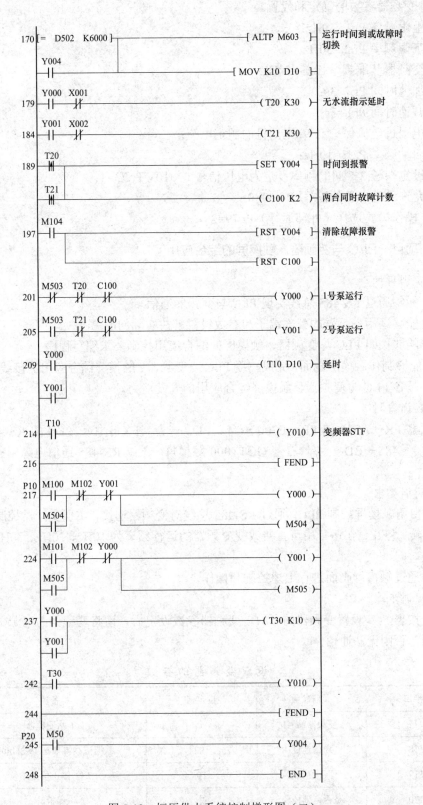

图 5-12　恒压供水系统控制梯形图（二）

（5）变频器参数的确定和设置。

1）上限频率 Pr.1 =50Hz；

2）下限频率 Pr.2 =30Hz；

3）变频器基准频率 Pr.3=50Hz；

4）加速时间 Pr.7=3s；

5）减速时间 Pr.8=3s；

6）电子过电流保护 Pr.9=电动机的额定电流；

7）启动频率 Pr.l3=10Hz；

8）设定端子 2-5 间的频率设定为电压信号 0～10V Pr.73=1；

9）允许所有参数的读/写 Pr.l60=0；

10）操作模式选择（外部运行）Pr.79=2。

### ● 实训项目  PLC 与变频器、触摸屏的综合应用

1. 实训目的

（1）能够通过 RS-485 总线实现 PLC 与变频器通信。

（2）能够运用变频器的外部端子和参数设置解决实际问题。

（3）能够按照 PLC 与变频器、触摸屏的综合应用控制要求编写程序。

（4）能够制作触摸屏画面，完成三菱 PLC 与变频器、触摸屏综合应用的接线与调试。

（5）具备 PLC 与变频器、触摸屏综合应用的开发能力。

2. 实训器材

变频器 FR－A540 或 FR－E700 一台、PLC 一台（FX$_{2N}$ 型）、PLC 的 RS-485 通信模块 FX$_{2N}$－485－BD 一块、三菱 GOT1000 触摸屏一台、RS-485 通信电缆一条、计算机一台。

3. 实训要求

（1）使用触摸屏控制 PLC，通过 RS-485 总线对变频器连接，实现变频器控制电动机正转、反转、停止；在运行中可直接改变变频器的运行频率为 10Hz、20Hz、30Hz、40Hz 或 50Hz。

（2）通过触摸屏画面进行上述控制和操作。

4. 实训步骤

（1）按表 5-7 设置变频器的参数，变频器参数设定后，请将变频器的电源关闭，再接上电源，否则无法通信。

表 5-7 　　　　　　　　　　设 置 变 频 器 的 参 数

| PU 接口 | 通信参数 | 设定值 | 备注 |
| --- | --- | --- | --- |
| Pr.117 | 变频器站号 | 1 | 1 站变频器 |
| Pr.118 | 通信速度 | 192 | 通信波特率是 19.2kbit/s |
| Pr.119 | 停止位长度 | 10 | 7 位/停止位是 1 位 |
| Pr.120 | 是否奇偶校验 | 2 | 偶检验 |

续表

| PU 接口 | 通信参数 | 设定值 | 备注 |
|---|---|---|---|
| Pr.121 | 通信重试次数 | 9999 | |
| Pr.122 | 通信检查时间间隔 | 9999 | |
| Pr.123 | 等待时间设置 | 9999 | 变频器设定 |
| Pr.124 | CR、LF 选择 | 0 | 无 CR，无 LF |
| Pr.340 | 网络操作模式 | 1 | 网络运行模式（E740 专用） |
| Pr.79 | 操作模式 | 0 | 计算机通信模式 |
| Pr.549 | 协议选择 | 0 | 三菱变频器（计算机链接）协议 |

（2）下载 PLC 的程序，PLC 的参考程序如图 5-13 所示。

（3）PLC 和变频器的 RS-485 连线。

1）拆下变频器的参数设置面板；

2）将 PLC 的通信线 RJ45 一头接入变频器，另一头接入 PLC 的 RS-485 通信模块。

（4）制作触摸屏画面，实现触摸屏控制变频器的正转、反转、停止、输出频率监视和任意频率输出。

（5）启动 PLC、变频器、触摸屏验证程序。

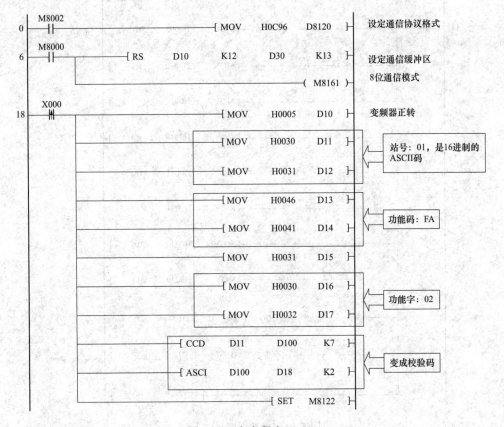

图 5-13　参考程序（一）

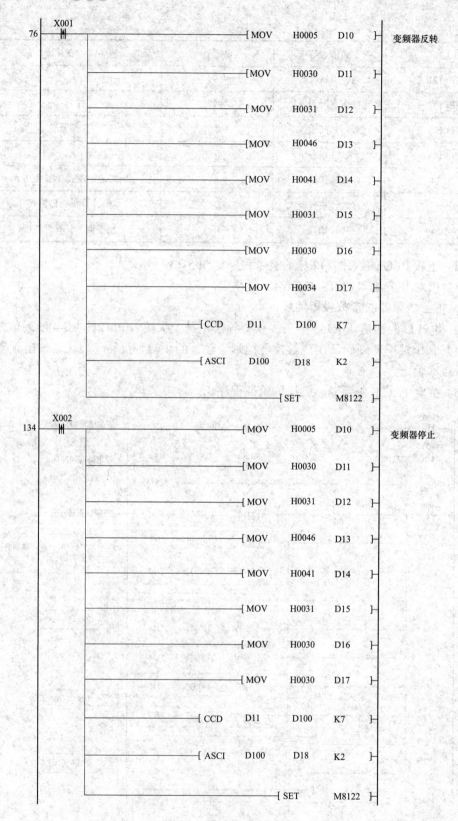

图 5-13  参考程序（二）

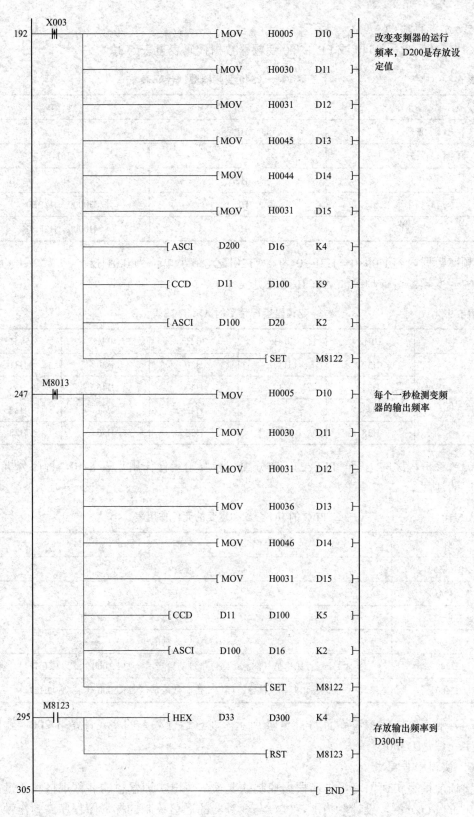

图 5-13　参考程序（三）

5. 注意事项

（1）三菱 FR－A540 或 FR-E700 变频器数据代码表见表 5-8。

表 5-8 三菱 FR－A540 变频器数据代码表

| 操作指令 | 指令代码 | 数据内容 |
|---|---|---|
| 正转 | HFA | H02 |
| 反转 | HFA | H04 |
| 停止 | HFA | H00 |
| 运行频率写入 | HED | H0000－H2EE0 |
| 频率读取 | H6F | H0000－H2EE0 |

频率数据内容 H0000－H2EE0 为 0~120Hz，最小单位为 0.01Hz。

（2）变频器运行频率的 ASCII 码表见表 5-9。

表 5-9 变频器运行频率的 ASCII 码表

| 频率 | 10Hz | 20 Hz | 30 Hz | 40 Hz | 50 Hz |
|---|---|---|---|---|---|
| 变频器运行频率 ASCII 码 | H30 | H30 | H30 | H30 | H31 |
| | H33 | H37 | H42 | H46 | H33 |
| | H45 | H44 | H42 | H41 | H38 |
| | H38 | H30 | H38 | H30 | H38 |

（3）参考程序的运行。PLC 的 I/O 分配和重要的元件作用见表 5-10，程序分析见参考程序的注解。

表 5-10 PLC 的 I/O 分配和重要的元件作用表

| 元件名 | 说明 |
|---|---|
| X0（M0） | 正转 |
| X1（M1） | 反转 |
| X2（M2） | 停止 |
| X3（M3） | 确认更改频率 |
| D200 | 设定运行频率值（注意：四位十进制数表示，如 K1000 代表 11.00Hz） |
| D300 | 实时输出频率（注意：四位十进制数表示，如 K1000 代表 11.00Hz） |

（4）触摸屏通信参考界面如图 5-14 所示。注意运行频率的字元件是 D200，输出频率的字元件是 D300。

6. 实训报告要求

实训前撰写实训预习报告，根据控制的要求，写出实训器材的名称规格和数量，确定 PLC 的 I/O 分配，设计触摸屏、PLC 与变频器的通信控制的梯形图程序，制作触摸屏通信界面，写出实训操作步骤。

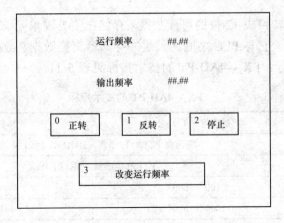

图 5-14　触摸屏通信参考界面

7. 实训思考

（1）如果把变频器的站号改为 8 号，程序应该如何编写？

（2）如果把变频器的站号改为 13 号，程序应该如何编写？

（3）撰写 PLC 与变频器、触摸屏综合应用实训的心得体会和实践接线、编程的经验、技巧，评价自己在小组合作中所发挥的作用，总结个人的不足之处，思考如何不断提升自身综合素质。

# 习　题

1. 什么是 BFM？ BFM 在特殊功能模块中具有什么作用？如何读写？

2. 模拟量输入/输出混合模块 $FX_{0N}$-3A 特点。

3. PLC 与变频器、触摸屏综合应用的优势有哪些？

## 任务二　PLC 与变频器、触摸屏在中央空调节能改造技术中的应用

### 任务要点

以任务"PLC 与变频器、触摸屏在中央空调节能改造技术中的应用"为驱动，介绍温度 A/D 输入模块、$FX_{2N}$-2DA 输出模块，重点讲述 PLC 与变频器、触摸屏在中央空调节能改造技术中应用的系统设计方案、系统接线、触摸屏画面制作、程序设计。

### 一、温度 A/D 输入模块

温度 A/D 模块的功能是把现场的模拟温度信号转换成相应的数字信号传送给 CPU。$FX_{2N}$ 有两类温度 A/D 输入模块，一种是热电偶传感器输入型；另一种是铂温度传感器输入型，但两类模块的基本原理相同。下面详细介绍 $FX_{2N}$-4AD-PT 模块。

### 1. $FX_{2N}$-4AD-PT 概述

$FX_{2N}$-4AD-PT 模拟特殊模块将来自 4 个铂温度传感器（PT100，3 线，100Ω）的输入

信号放大，并将数据转换成 12 位的可读数据，存储在主处理单元（MPU）中，摄氏度和华氏度数据都可读取。它与 PLC 之间通过缓冲存储器交换数据，数据的读出和写入通过 FROM/TO 指令来进行。FX$_{2N}$-4AD-PT 的技术指标见表 5-11。

表 5-11 　　　　　　　　　　　　FX$_{2N}$-4AD-PT 的技术指标

| 项目 | 摄氏度（℃） | 华氏度（℉） |
|---|---|---|
| 模拟量输入信号 | 箔温度 PT100 传感器（100Ω），3 线，4 通道 | |
| 传感器电流 | PT100 传感器 100Ω 时 1mA | |
| 补偿范围 | −100～+600 | −148～+1112 |
| 数字输出 | −1000～+6000 | −1480～+11120 |
| | 12 转换（11 个数据位+1 个符号位） | |
| 最小分辨率 | 0.2～0.3 | 0.36～0.54 |
| 整体精度 | 满量程的±1% | |
| 转换速度 | 15ms | |
| 电源 | 主单元提供 5V/30mA 直流，外部提供 24V/50mA 直流 | |
| 占用 I/O 点数 | 占用 8 个点，可分配为输入或输出 | |
| 适用 PLC | FX$_{1N}$，FX$_{2N}$，FX$_{2NC}$ | |

2．FX$_{2N}$-4AD-PT 的接线

（1）接线图。FX$_{2N}$-4AD-PT 的接线如图 5-15 所示。

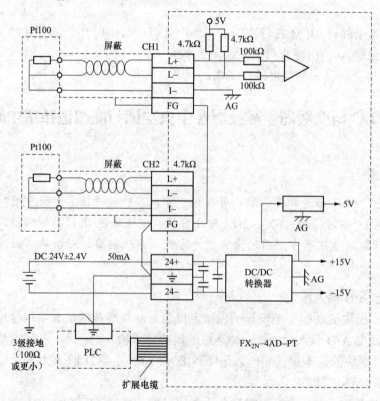

图 5-15　FX$_{2N}$-4AD-PT 的接线图

（2）注意事项。

1）$FX_{2N}$-4AD-PT 应使用 PTl00 传感器的电缆或双绞屏蔽电缆作为模拟输入电缆，并且和电源线或其他可能产生电气干扰的电线隔开。

2）可以采用压降补偿的方式来提高传感器的精度。如果存在电气干扰，将电缆屏蔽层与外壳地线端子（FG）连接到 $FX_{2N}$-4AD-PT 的接地端和主单元的接地端。如可行的话，可在主单元使用 3 级接地。

3）$FX_{2N}$-4AD-PT 可以使用可编程控制器的外部或内部的 24V 电源。

3. 缓冲存储器（BFM）的分配

$FX_{2N}$-4AD-PT 的 BFM 分配见表 5-12。

表 5-12　　　　　　　　　　　$FX_{2N}$-4AD-PT 的 BFM 分配

| BFM | 内容 | 说明 |
|---|---|---|
| *#1～#4 | CH1～CH4 的平均温度值的采样次数（1～4096），默认值=8 | ①平均温度的采样次数被分配给 BFM#1～#4。只有 1～4096 的范围是有效的，溢出的值将被忽略，默认值为 8。②最近转换的一些可读值被平均后，给出一个平均后的可读值。平均数据保存在 BFM 的#5～#8 和#13～#16 中。③BFM#9～#12 和#17～#20 保存输入数据的当前值。这个数值以 0.1℃ 或 0.1℉ 为单位，不过可用的分辨率为 0.2～0.3℃ 或者 0.36～0.54℉ |
| *#5～#8 | CH1～CH4 在 0.1℃ 单位下的平均温度 | |
| *#9～#12 | CH1～CH4 在 0.1℃ 单位下的当前温度 | |
| *#13～#16 | CH1～CH4 在 0.1℉ 单位下的平均温度 | |
| *#17～#20 | CH1～CH4 在 0.1℉ 单位下的当前温度 | |
| *#21～#27 | 保留 | |
| *#28 | 数字范围错误锁存 | |
| #29 | 错误状态 | |
| #30 | 识别号 K2040 | |
| #31 | 保留 | |

## 二、$FX_{2N}$-2DA 输出模块

D/A 输出模块的功能是把 PLC 的数字量转换为相应的电压或电流模拟量，以便控制现场设备。$FX_{2N}$ 常用的 D/A 输出模块有 $FX_{2N}$-2DA 和 $FX_{2N}$-4DA 两种，下面仅介绍 $FX_{2N}$-2DA 模块。

1. $FX_{2N}$-2DA 的概述

$FX_{2N}$-2DA 模拟输出模块用于将 12 位的数字量转换成 2 路模拟信号输出（电压输出和电流输出）。根据接线方式的不同，模拟输出可在电压输出和电流输出中进行选择，也可以是一个通道为电压输出，另一个通道为电流输出。PLC 可使用 FROM/TO 指令与它进行数据传输，其技术指标见表 5-13。

表 5-13　　　　　　　　　　　$FX_{2N}$-2DA 的技术指标

| 项目 | 输出电压 | 输出电流 |
|---|---|---|
| 模拟量输出范围 | 0～10V（DC），0～5V（DC） | 4～20mA |
| 数字输出 | 12 位 | |
| 分辨率 | 2.5mV（10V/4000）<br>1.25mV（5V/4000） | 4μA ［（20-4）mA/4000］ |

| 项目 | 输出电压 | 输出电流 |
|------|---------|---------|
| 总体精度 | 满量程 1% ||
| 转换速度 | 4ms/通道 ||
| 电源规格 | 主单元提供 5V/30mA 和 24V/85mA ||
| 占用/I/O 点数 | 占用 8 个 I/O，可分配为输入或输出 ||
| 适用 PLC | FX$_{1N}$，FX$_{2N}$，FX$_{2NC}$ ||

## 2. FX$_{2N}$-2DA 的接线

FX$_{2N}$-2DA 的接线如图 5-16 所示。

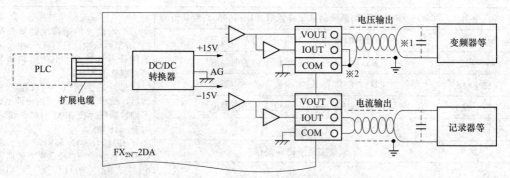

※1 当电压输出存在波动或有大量噪声时，在图中位置处连接0.1~0.47μF 25V DC的电容。
※2 对于电压输出，须将IOUT和COM进行短路。

图 5-16　FX$_{2N}$-2DA 的接线图

## 3. 缓冲存储器（BFM）分配

FX$_{2N}$-2DA 的缓冲存储器分配见表 5-14。

表 5-14　　　　　　　　　　　FX$_{2N}$-2DA 的 BFM 分配

| BFM 编号 | b15 到 b8 | b7 到 b3 | b2 | b1 | b0 |
|---------|----------|---------|-----|-----|-----|
| #0 到#15 | 保留 |||||
| #16 | 保留 | 输出数据的当前值（8 位数据） ||||
| #17 | 保留 || D/A 低 8 位数据保持 | 通道 1 的 D/A 转换开始 | 通道 2 的 D/A 转换开始 |
| #18 或更大 | 保留 |||||

BFM#16：存放由 BFM#17（数字值）指定通道的 D/A 转换数据。D/A 数据以二进制形式出现，并以低 8 位和高 4 位两部分顺序进行存放和转换。

BFM#17：b0，通过将 1 变成 0，通道 2 的 D/A 转换开始；b1，通过将 1 变成 0，通道 1 的 D/A 转换开始；b2，通过将 1 变成 0，D/A 转换的低 8 位数据保持。

### 三、基于 PLC 与变频器、触摸屏的中央空调节能改造技术

#### 1. 中央空调系统概述

中央空调系统主要由冷冻机组、冷却水塔、房间风机盘管及循环水系统（包括冷却水和冷冻水系统）、新风机等组成。在冷冻水循环系统中，冷冻水在冷冻机组中进行热交换，在冷冻泵的作用下，将温度降低了的冷冻水（称出水）加压后送入末端设备，使房间的温度下降，然后流回冷冻机组（称回水），如此反复循环。在冷却水循环系统中，冷却水吸收冷冻机组释放的热量，在冷却泵的作用下，将温度升高了的冷却水（称出水）压入冷却塔，在冷却塔中与大气进行热交换，然后温度降低了的冷却水又流进冷冻机组，如此不断循环。中央空调循环水系统的工作示意图如图 5-17 所示。

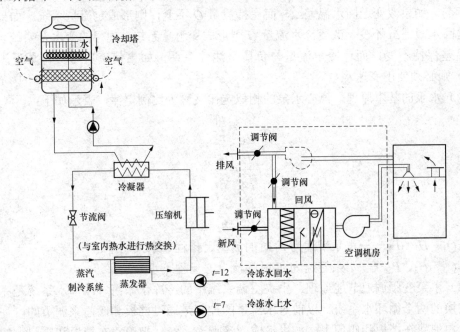

图 5-17　中央空调循环水系统的工作示意图

#### 2. 中央空调水系统的节能分析

目前国内仍有许多大型建筑中央空调水系统为定流量系统，水系统的能耗一般约占空调系统总能耗量的 15%～20%。现行定水量系统都是按设计工况进行设计，它以最不利工况为设计标准，空调负荷大都采用估算法，因此冷水机组和水泵容量往往过大。但是几乎所有空调系统，最大负荷出现的时间很少，绝大部分时间在部分负荷下运行。而在实际运行时，由于缺乏先进的中央空调控制与管理技术装备，中央空调系统一直沿用着传统的开关控制方式，不能实现空调冷媒流量跟随末端负荷的变化而动态调节，在部分负荷运行时不仅浪费水泵的能量，制冷机的效率也大大降低。而由于变水量系统中的水泵能够按实际所需的流量和扬程运行，成为一种有效的节能手段。所以，要降低空调系统的运行能耗，对现有中央空调水系统进行节能改造是十分有必要的。

（1）变水量系统的基本原理。变水量系统运行的基本原理可用热力学第一定律表述为

$$q = QC\Delta t \qquad (5-1)$$

式中　$q$ ——系统冷负荷；

$Q$ ——冷水流量；

$C$ ——水的比热；

$\Delta t$ ——冷水系统送回水温差，一般取 5℃。

热力学第一定律表明，在冷水系统中，可以根据实际冷负荷的大小调整冷水流量或冷水系统送回水温差。在冷水系统盘管或负荷末端，进行冷水系统设计时，$q$、$C$、$\Delta t$ 已经确定，因此冷水量也被确定，系统按这些值设计选择设备。当系统设计完成并投入运行后，$q$ 成了独立参数，它与室外的气象条件和室内散热量等诸多因素相关。当系统冷负荷 $q$ 变化时，为保证式（5-1）的平衡，由热力学第一定律，系统也必须相应改变冷水流量 $Q$ 或温差 $\Delta t$ 的大小。例如，当冷负荷在某一时刻为设计值的 50 %，并且冷水送水温度不变，如果改变送回水温差 $\Delta t$，而保持流量 $Q$ 不变，则形成定流量系统。如果保持冷水送回水温差 $\Delta t$ 不变，改变冷水流量 $Q$ 则形成变水量系统。理想的变水量系统，其送回水温差保持不变，而使冷水流量与负荷呈线性关系．如果使流量与负荷真正满足式（5-1），则必须使用变速水泵。

（2）水泵的基本原理。离心水泵的相似定律又称为比例定律，表示如下：

$$\frac{Q_1}{Q_2}=\frac{n_1}{n_2} \tag{5-2}$$

$$\frac{H_1}{H_2}=\frac{n_1^2}{n_2^2} \tag{5-3}$$

$$\frac{P_1}{P_2}=\frac{n_1^3}{n_2^3} \tag{5-4}$$

式中 $Q_1$、$H_1$、$P_1$ ——水泵转速为 $n_1$ 时的流量、扬程、水泵功率；

$Q_2$、$H_2$、$P_2$ ——水泵转速为 $n_2$ 时的流量、扬程、水泵功率。

（3）水泵变频调速节能原理。中央空调系统中的冷冻水系统、冷却水系统是完成外部热交换的两个循环水系统。以前对水流量的控制是通过挡板和阀门来调节的，许多电能被白白浪费在挡板和阀门上。如果换成交流调速系统，把浪费在挡板和阀门上的能量节省下来，每台冷冻水泵、冷却水泵平均节能效果就很可观。故采用交流变频技术控制水泵的运行，是目前中央空调水系统节能改造的有效途径之一。

图 5-18 给出了阀门调节和变频调速控制两种状态的扬程—流量（H—Q）关系。图中曲线①为泵在转速 $n_1$ 下的扬程—流量特性，曲线②为泵在转速 $n_2$ 下的扬程-流量特性，曲线③为阀门关小时的管阻特性曲线，曲线④为阀门正常时的管阻特性。

假设泵在标准工作点 $A$ 的效率最高，输出流量 $Q_1$ 为 100%，此时轴功率 $P_1$ 与 $Q_1$、$H_1$ 的乘积（即面积 $AH_1OQ_1$）成正比。当流量需从 $Q_1$ 减小到 $Q_2$ 时，如果采用调节阀门方法（相当于增加管网阻力），使管阻特性从曲线④变到曲线③，系统轴功率 $P_3$ 与 $Q_2$、$H_3$ 的乘积（即面积 $BH_3OQ_2$）成正比。如果采用阀门开度不变，降低转速，泵转速由 $n_1$ 降到 $n_2$，在满足同样流量 $Q_2$ 的情况下，泵扬程 $H_2$ 大幅降低，轴功率 $P_2$ 和 $P_3$ 相比较，将显著减小，节省的功率损耗 $\Delta P$ 与面积 $BH_3H_2C$ 成正比，节能的效果是十分明显的。

由前面分析可知：对于变频调速来说，转速基本上与电源频率 $f$ 成正比，而对于水泵来说，根据相似定律，即式（5-2）～式（5-4）可知：水泵流量与频率成正比，水泵扬程与频率的平方成正比，水泵消耗的功率与频率的三次方成正比。如水泵转速下降到

额定转速的 60%，即频率 $f$=30Hz 时，其电动机
轴功率下降了 78.4%，即节电率为 78.4%。因此，
用变频调速的方法来减少水泵流量是值得大力提
倡的。

3. 中央空调节能改造实例

（1）大厦原中央空调系统的概况。某商贸大厦
中央空调为一次泵系统，该大厦冷冻水泵和冷却
泵电动机全年恒速运行，冷冻水和冷却水进出水温
差都约为 2℃，采用继电器—接触器控制。

冷水机组：中央空调系统采用两台（一用一备）
开利水冷冷水机组，单机制冷量为 400USRT，电动
机功率为 300kW。

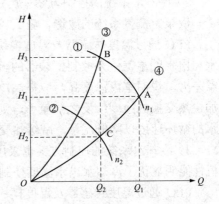

图 5-18　扬程—流量（$H$—$Q$）关系曲线

冷冻水泵：冷冻水泵两台（一用一备），电动机功率为 55kW，电动机启动方式为自
耦变压器启动。

冷却水泵：冷却水泵两台（一用一备），电动机功率为 75kW，电动机启动方式为自
耦变压器启动。

冷却塔风机：冷却塔三座，每座风机台数为一台，风机额定功率为 5.5kW，额定电
流为 13A，电动机启动方式为直接启动。

该大厦中央空调系统的最大负载能力是按照天气最热，负荷最大的条件来设计的，
存在着很大宽裕量，但实际上系统极少在这些极限条件下工作。一年中只有几十天时间
中央空调处于最大负荷。大厦原中央空调水系统除了存在很大的能量损耗，同时还会带
来以下一系列问题：

1）水流量过大使循环水系统的温差降低，恶化了主机的工作条件、引起主机热交换
效率下降，造成额外的电能损失。

2）水泵采用自耦变压器启动，电动机的启动电流较大，会对供电系统带来一定冲击。

3）传统的水泵启、停控制不能实现软启、软停，在水泵启动和停止时，会出现水锤
现象，对管网造成较大冲击，容易对机械零件、轴承、阀门、管道等造成破坏，增加维
修工作量和备件费用。

为使循环水量与负荷变化相适应，采用成熟的变频调速技术对循环系统进行改
造，是降低水循环系统能耗较好的解决方案。一方面能够控制冷冻（却）泵的转速，
即改变冷冻（却）水的流量，来跟踪冷冻（却）水的需求量，随着负载的变化调节水
流量，从而节约能源；另一方面，因变频器是软启动方式，电动机在启动时及运转过
程中均无冲击电流，可有效延长电动机、接触器及机械散件、轴承、阀门、管道的使
用寿命。

（2）节能改造措施。结合大厦原中央空调水系统的实际情况，确定大厦水系统节能
改造措施如下：

1）由于系统中冷却水泵功率为 75kW，相对主机功率接近 30%较大，故对冷却水系
统和冷冻水系统都进行变流量改造，在保证机组安全可靠运行的基础上，取得最大化的
节能效果。

2）冷冻水系统的控制方案采用定温差控制方法，因为冷冻水系统的温差控制适宜用于一次泵定流量系统的改造，施工较容易，将冷冻水的送回水温差控制在 4.5～5℃。

PLC 通过温度传感器及温度模块将冷冻水的出水温度和回水温度读入内存，根据回水和出水的温差值来控制变频器的转速，从而调节冷冻水的流量，控制热交换的速度。温差大，说明室内温度高，应提高冷冻泵的转速，加快冷冻水的循环速度以增加流量，加快热交换的速度；反之温差小，则说明室内温度低，可降低冷冻泵的转速，减缓冷冻水的循环速度以降低流量，减缓热交换的速度，达到节能的目的。

3）冷却水系统的控制方案也采用定温差控制方法，因为冷却水系统定温差控制的主机性能明显优于冷却水出水温度控制，将冷却水的进出水温差控制在 4.5～5℃。

PLC 通过温度传感器及温度模块将冷却水的出水温度和进水温度读入内存，根据出水和进水的温差值来控制变频器的转速，调节冷却水的流量，控制热交换的速度。因此，对冷却水来说，以出水和进水的温差作为控制依据，实现出水和进水的恒温差控制是比较合理的。温差大，说明冷冻机组产生的热量大，应提高冷却泵的转速，加大冷却水的循环速度；温差小，说明冷冻机组产生的热量小，应降低冷却泵的转速，减缓冷却水的循环速度，达到节能的目的。

4）由于冷却塔风机的额定功率为 5.5kW，比较小，故不考虑对风机进行变频调速。

5）两台冷却水泵 M1、M2 和两台冷冻水泵 M3、M4 的转速控制采用变频节能改造方案。正常情况下，系统运行在变频节能状态，其上限运行频率为 50Hz，下限运行频率为 30Hz；当节能系统出现故障时，可以启动原水泵的控制回路使电动机投入工频运行；在变频节能状态下可以自动调节频率，也可以手动调节频率，每次的调节量为 0.5Hz。两台冷冻水泵（或冷却水泵）可以进行手动轮换。

（3）节能改造控制系统的功能结构图。为了用户的直观方便地使用，需要给予人机界面，故采用触摸屏+PLC+变频器的控制系统结构，控制系统的功能结构图如图 5-19 所示。

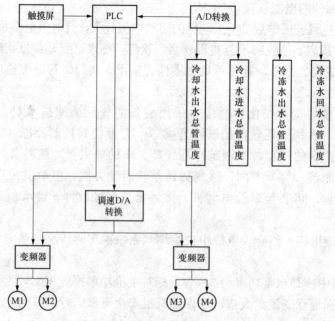

图 5-19　控制系统的功能结构图

（4）节能改造控制系统的设计。因篇幅有限，下面仅以冷却水泵为例介绍其节能改造控制系统的设计。

1）设计方案。图 5-20 所示为冷却水泵 M1 主回路电气原理图，接触器 KM3 为 M1 的旁路接触器，当 KM3 接通后，可启动原水泵的控制回路使电动机投入工频运行，接触器 KM1 为 M1 的变频接触器；而冷却水泵 M2 主回路电气原理图与 M1 相似，两台冷却水泵的变频接触器通过 PLC 进行控制，旁路接触器通过继电器电路控制，变频接触器和旁路接触器相互之间有电气互锁。

控制部分通过两个箔温度传感器（PT100）采集冷却水的出水和进水温度，然后通过与之连接的 FX$_{2N}$-4AD-PT 特殊功能模块，将采集的模拟量转换成数字量传送给 PLC，再通过 PLC 进行运算，将运算的结果通过 FX$_{2N}$-2DA 将数字量转换成模拟量（DC 0～10V）来控制变频器的转速。出水和进水的温差大，则水泵的转速就大；温差小，则水泵的转速就小，从而使温差保持在一定的范围内（4.5～5℃），达到节能的目的。

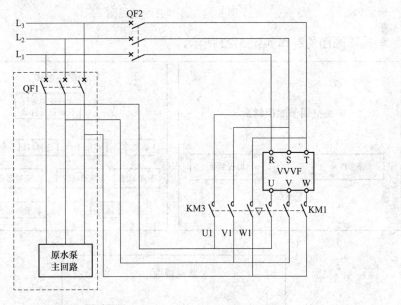

图 5-20　冷却水泵 M1 的主回路电气原理图

2）控制系统的 I/O 分配及系统接线。

①I/O 分配。根据系统控制要求，选用 F940GOT-SWD 触摸屏，PLC 选用 FX$_{2N}$-48MR 型触摸屏和 PLC 输入、输出分配如下：

X0：变频器报警输出信号；M0：冷却泵起动按钮；M1：冷却泵停止按钮；M2：冷却泵手动加速；M3：冷却泵手动减速；M5：变频器报警复位；M6：冷却泵 M1 运行；M7：冷却泵 M2 运行；M10：冷却泵手/自动调速切换。

Y0：变频运行信号（STF）；Y1：变频器报警复位；Y4：变频器报警指示；Y6：冷却泵自动调速指示；Y10：冷却泵 M1 变频运行；Y11：冷却泵 M2 变频运行。

数据寄存器 D20 为冷却水回水温度，D21 为冷却水出水温度，D25 为冷却水出回水温差，D1001 为变频器运行频率显示，D1010 为 D/A 转换前的数字量。

②系统接线。根据控制系统的控制要求，其冷却泵的接线图如图 5-21 所示。

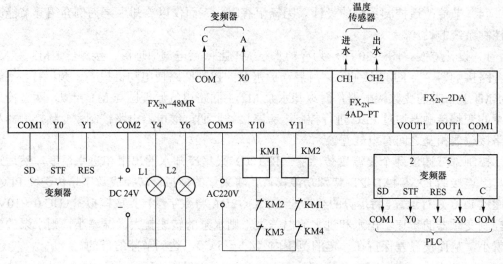

图 5-21　冷却泵的接线图

3）触摸屏画面的制作如图 5-22 所示。

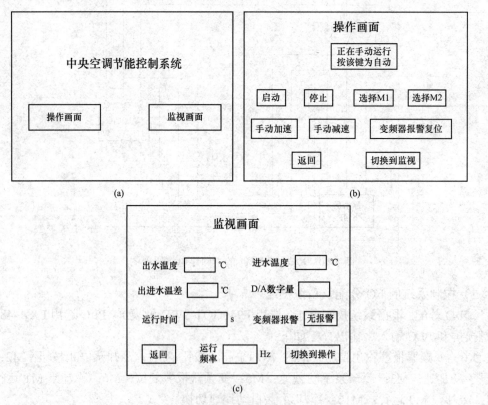

图 5-22　触摸屏画面

（a）触摸屏首页画面；（b）触摸屏操作画面；（c）触摸屏监视画面

4）编制程序。控制程序主要由以下几部分组成：

①冷却水出进水温度检测及温差计算程序。CH1 通道为冷却水进水温度（D20），CH2 通道为冷却水出水温度（D21），D25 为冷却水出进水温差，其程序如图 5-23 所示。

②D/A 转换程序。进行 D/A 数模转换的数字量存放在数据寄存器 D1010 中，它通过 FX$_{2N}$-2DA 模块将数字量变成模拟量，由 CH 1 通道输出给变频器，从而控制变频器的转速以达到调节水泵转速的目的，其程序如图 5-24 所示。

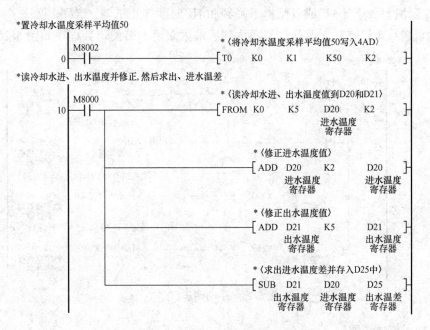

图 5-23　冷却水出进水温度检测及温差计算程序

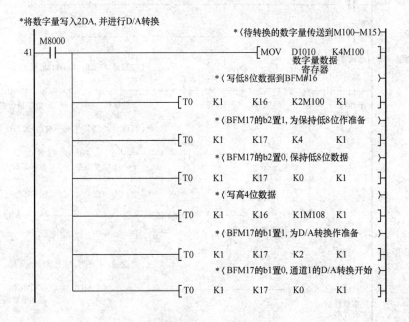

图 5-24　D/A 转换程序

③手动调速程序。M2 为冷却泵手动转速上升，每按一次频率上升 0.5Hz，M3 为冷却泵手动转速下降，每按一次频率下降 0.5Hz，冷却泵的手动/自动频率调整的上限都为 50Hz，下限都为 30Hz，其程序如图 5-25 所示。

④自动调速程序。因冷却水温度变化缓慢，温差采集周期 4s 比较符合实际需要。当温差大于 5℃时，变频器运行频率开始上升，每次调整 0.5Hz，直到温差小于 5℃或者频率升到 50Hz 时才停止上升；当温差小于 4.5℃时，变频器运行频率开始下降，每次调整 0.5Hz，直到温差大于 4.5℃或者频率下降到 30Hz 时才停止下降。这样，保证了冷却水出进水的恒温差（4.5～5℃）运行，从而达到了最大限度的节能，其程序如图 5-26 所示。

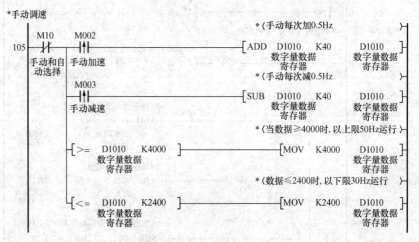

图 5-25　手动调速程序

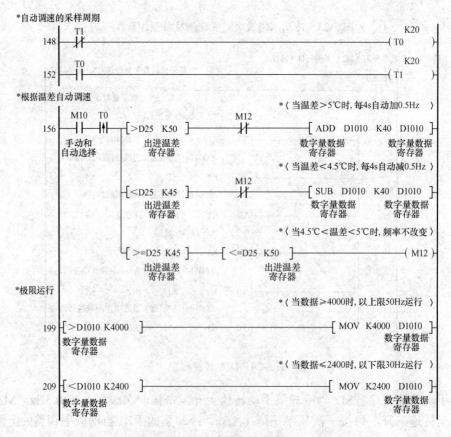

图 5-26　自动调速程序

⑤变频器、水泵启停报警的控制程序。变频器的启、停、报警、复位，冷却泵的轮换及变频器频率的设定、频率和时间的显示等均采用基本逻辑指令来控制，其控制程序如图 5-27 所示。将图 5-23~图 5-27 的程序组合起来，即为系统的控制程序。

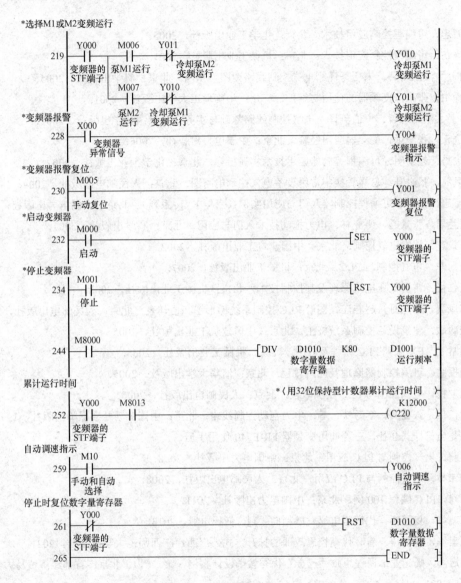

图 5-27　变频器、水泵启停报警的控制程序

## 习　题

1. 温度 A/D 模块的功能是什么？$FX_{2N}$-4AD-PT 的接线有什么要求？
2. D/A 输出模块的功能是什么？$FX_{2N}$-2DA 的接线有什么要求？
3. 简述中央空调水系统节能原理。
4. 简述 PLC 与变频器、触摸屏在建筑设备节能控制中应用案例。

# 参 考 文 献

1. 张万忠. 可编程控制应用技术. 北京：化学工业出版社，2005.

2. 王也仿. 可编程控制应用技术. 北京：机械工业出版社，2001.

3. ［日］大滨庄司著. 宋巧苓译. 电气控制线路读图与识图. 北京：科学出版社，2005.

4. 冯垛生，张淼. 变频器的使用与维护. 广州：华南理工大学出版社，2001.

5. ［日］大滨庄司著. 卢伯英译. 电气控制线路基础与实务. 北京：科学出版社，2005.

6. 张选正，张金远. 变频器应用经验. 北京：中国电力出版社，2006.

7. 李俊秀，赵黎明. 可编程控制器应用技术实训指导. 北京：化学工业出版社，2002.

8. 郑凤翼，杨洪升. 怎样看楼宇常用设备电气控制电路图. 北京：人民邮电出版社，2004.

9. 张万忠，孙晋. 可编程控制器入门与应用实例（三菱 FX$_{2N}$ 系列）. 北京：中国电力出版社，2005.

10. 王兰君，张景皓，谭亚林. 电力拖动技术入门与应用. 北京：科学出版社，2007.

11. 孙景芝. 楼宇电气控制. 北京：中国建筑工业出版社，2002.

12. 李向东. 电气控制与 PLC. 北京：机械工业出版社，2007.

13. 王仁祥. 常用低压电气原理及其控制技术. 北京：机械工业出版社，2002.

14. 郑凤翼，郑丹丹，赵春江. 图解 PLC 控制系统梯形图和语句表. 北京：人民邮电出版社，2006.

15. 张毅敏. 建筑设备控制系统施工. 北京：中国建筑工业出版社，2005.

16. 廖常初. FX 系列 PLC 编程及应用. 北京：机械工业出版社，2005.

17. 孙振强. 可编控制器原理及应用教程. 北京：清华大学出版社，2005.

18. 阮友德. 电气控制与 PLC 实训教程. 北京：人民邮电出版社，2006.

19. 赵仁良，张显文，李芳侠，等. 电力拖动控制线路. 北京：中国劳动社会保障出版社，1995.

20. 三菱电机株式会社. 三菱通用变频器 FR-E740 使用手册.

21. 巫莉. 电气控制与 PLC 应用. 北京：中国电力出版社，2008.

22. 张伟林. 电气控制与 PLC 应用. 北京：人民邮电出版社，2008.

23. 肖峰. PLC 编程 100 例. 北京：中国电力出版社，2011.

24. 何瑞华. 我国新一代低压电器发展趋向 ［J］. 低压电器，2013.

25. 施索华，斐晓涛. 新时代高校思政课的打开方式. 广西：广西师范大学出版社，2021.

26. 张启鸿，嫚光业. 课程思政"三金"优秀教学设计案例（第二辑）. 北京：首都经济贸易大学出版社，2021.

27. 王英龙，曹茂永. 课程思政我们这样设计. 北京：清华大学出版社，2021.

28. 齐宝林. 电工线路图识读. 福州：福建科学技术出版社，2009.